新编工科化学立体化教材

无 机 化 学

徐甲强　康诗钊　邢彦军　安保礼　主编

科 学 出 版 社

北 京

内 容 简 介

本书是新编工科化学立体化教材之一，由上海大学、东华大学和上海应用技术学院合作编写，适合无机化学课程教学在40～70课时的化学及近化学类专业开设。

全书共十一章，第一至五章为化学反应基础理论，包括化学反应中的基本概念与能量关系、化学反应速率和化学平衡、酸碱平衡和沉淀-溶解平衡、氧化-还原反应和电化学；第六至八章为物质结构，包括原子结构和元素周期律、分子结构和晶体结构、配位化学；第九至十一章为无机元素化学，包括元素单质和无机化合物制备、结构、性质与应用。全书注重化学基本原理的系统性，更加重视对基础理论的理解与应用，避免了篇幅过大给教学组织带来的麻烦。

本书可作为高等学校化学化工类、材料类、环境类、生命类、轻纺类、安全类等专业、卓越工程师计划专业化学基础课程的教材，以及工程技术人员的参考书。

图书在版编目(CIP)数据

无机化学/徐甲强等主编. —北京：科学出版社，2014.8

新编工科化学立体化教材

ISBN 978-7-03-041456-4

Ⅰ.①无… Ⅱ.①徐… Ⅲ.①无机化学-高等学校-教材 Ⅳ.①O61

中国版本图书馆CIP数据核字(2014)第164356号

责任编辑：谭宏宇　王艳丽　郭建宇

责任印制：刘　学 / 封面设计：殷　靓

科学出版社 出版

北京东黄城根北街16号

邮政编码：100717

http://www.sciencep.com

南京展望文化发展有限公司排版

广东虎彩云印刷有限公司印刷

科学出版社出版　各地新华书店经销

*

2014年8月第　一　版　开本：B5(720×1000)

2023年1月第九次印刷　印张：24 1/2

字数：480 000

定价：75.00元

《无机化学》编辑委员会

前 言

化学是自然科学的一门中心学科，也是一门实用性学科，它与物理学、生命科学以及工程技术的交叉渗透，催生出纳米技术、基因工程和信息技术等前沿学科以及材料科学与工程、环境科学与工程、能源科学与工程、轻化工程、生物医药、安全技术与工程等交叉学科，推动了科学与技术的进步。同时化学也在汲取物理学、生物学和计算科学的营养，不断地完善本学科的理论和方法，从而成为科学界最活跃的古老学科之一，不断地为全球的能源、环境、粮食安全等社会难题贡献着自己的智慧。

无机化学是化学及其相关专业必修的第一门化学基础课，也是分析化学、物理化学和有机化学等后续课程的基础，在化学课程的学习中起着承上启下的作用。近年来，随着高等学校的扩招、高考科目的改革和国际化的推进，各高校都在深化培养方案和课程教学改革，正视学生水平参差不齐、教学课时压缩和创新能力培养之间的矛盾，培养高素质的创新性人才。为此，在科学出版社的组织下，上海大学、东华大学和上海应用技术学院三所工科学校教学经验丰富、知识结构合理的教师们合作编写了这本《无机化学》教材。本书为科学出版社新编工科化学立体化教材之一，可与《无机化学学习指导》和《无机化学实验》配套使用，学生可通过自学和实验加深对课堂讲授内容的理解，满足有限课时内高素质人才培养的要求。

全书共十一章，第一章至第五章为化学反应基础理论，包括化学热力学基础、化学反应速率和化学平衡，强调化学在解决能源和环境问题方面的作用以及在材料保护方面的应用；第六章至第八章为物质结构，包括原子结构及其元素周期律、分子结构和晶体结构及配合物结构，强调化学对材料性质的预测、材料性能与物质结构的关系；第九章至第十一章为无机元素化学，包括元素单质和无机化合物制备、结构、性质与应用，强调的是化合物结构与性质的规律性以及国民经济和高科技领域的代表性化合物。全书注重化学基本原理的系统性，更加重视对基础理论的理解与应用，避免了篇幅过大给组织教学带来的麻烦。

本书由徐甲强主编，参加本书编写的人员还有康诗钊（上海应用技术学院，第一章）、李向清（上海应用技术学院，第二章）、林昆华（上海大学，第三章）、林苗与黄芳（东华大学，第四章）、邢彦军（东华大学，第五章）、安保礼（上海大学，第六章）、邢菲菲（上海大学，第七章）、李明星（上海大学，第八章）、向群（上海大学，第九章）、包新华（上海大学，第十章），徐甲强（上海大学，第十一章）和冯利（上海大学，附录）。最后由徐甲强统稿。

本书编写过程得到了穆劲教授和赵曙辉教授的指导，科学出版社、上海大学和上海应用技术学院分别组织了教材编审会，并给予大力支持，在此向他们表示深深的谢意。

由于作者水平所限，疏漏和不足之处在所难免，恳请读者和同行专家不吝指教，使本书在重印时进一步完善。

徐甲强
2014 年 5 月

目　录

第一章
化学反应中的基本概念和能量关系

众所周知，物质的变化是在化学反应中完成的，并且伴随着能量的产生和转化。对化学反应的规律以及反应中的能量转化研究是化学的学科基础。因此，深刻认识化学反应中的能量关系及其转化规律对于化学知识的学习具有重要意义。

本章内容包括化学反应的基本概念，化学反应中的质量关系和能量关系。重点介绍热化学方程式的应用以及由物质的标准摩尔生成焓计算标准摩尔反应焓变。

第一节　化学的基本概念和基本定律

一、相对原子质量和相对分子质量

构成物质的基本微粒主要为原子、离子与分子。其中，分子是保持物质化学性质的最小微粒，原子是物质进行化学反应的基本微粒。在化学反应中，原子不能再分，不会由一种原子转变为另一种原子，而分子却可以由一种分子转变为一种或几种分子。例如，氯气与氢气反应可以生成氯化氢。在这个过程中，氯原子和氢原子本身没有发生改变，只是氯原子和氢原子之间的组合发生了改变。

原子由质子、中子构成的原子核及核外电子组成。人们把具有相同质子数的一类原子称为元素；具有确定质子数和中子数的一类原子称为核素；质子数相同而中子数不同的核素互称为同位素。它们之间既有联系又有不同：元素是原子核内质子数相同的原子的总称；同位素是同一种元素的不同原子品种。例如，氧元素有三种同位素：^{16}O、^{17}O、^{18}O，它们核内质子数均为 8，在周期表中占据同一位置，都属于氧元素，区别仅在于中子数不同。

作为组成物质的基本微粒，原子具有一定的质量，但很小，例如^{12}C原子的质量

为 1.99×10^{-26} kg。因此，如果在研究中使用原子的绝对质量会带来很大的不便。为了解决这个问题，国际原子量委员会选择了一个衡量原子质量的标准，并以此标准定义了相对原子质量(A_r)概念，即元素的平均原子质量与核素^{12}C原子质量的1/12(约 1.66×10^{-27} kg)之比为该元素的相对原子质量，简称为原子量。由定义可知，原子量是一个纯数，没有单位，其大小为该元素的天然同位素相对原子质量的加权平均值。

例如，Cl 元素具有两种同位素^{35}Cl和^{37}Cl，含量为 75.77%和 24.23%，相对原子质量分别为 34.969 和 36.966，则 Cl 元素的相对原子质量为

$$A_r(\mathrm{Cl}) = 34.969\times75.77\% + 36.966\times24.23\% = 35.453$$

同样地，相对分子质量(M_r)被定义为物质的分子或特定单元的平均质量与核素^{12}C原子质量的 1/12 之比，简称为分子量。它也是一个纯数，其大小为组成该分子的原子的原子量之和。

例如：H_2O 的相对分子量为

$$M_r(\mathrm{H_2O}) = 2A_r(\mathrm{H}) + A_r(\mathrm{O}) = 2\times1.008 + 15.999 = 18.015$$

二、物质的量及单位

在化学中，“物质的量”指的是某物质的数量，即组成物质的微观基本单元的数量，其单位为摩尔，单位符号 mol。所谓的微观基本单元包括原子、离子、分子、电子、原子团、光子等，或者上述粒子的特定组合。组成 1 mol 物质的微观基本单元数与 0.012 kg ^{12}C 所含的碳原子数相等。0.012 kg ^{12}C 中含有 6.022×10^{23} 个碳原子，该数目被称为阿伏加德罗常数(N_A)。因此，某物质所含微观基本单元数是阿伏加德罗常数的几倍，那么该物质的量即为几摩尔。由此可见，同一物质如以不同的基本单元来表示其量时，量的多少是不同的。例如，所谓的 1 mol H_2 是以氢分子作为基本单元的，如以氢原子作为基本单元，则其量为 2 mol。因此，使用摩尔这个单位时必须指明所选择的基本单元才有真实的含义，否则意义不明。

1 mol 物质所具有的质量被定义为该物质的摩尔质量(M)，其单位为 $\mathrm{kg\cdot mol^{-1}}$ 或 $\mathrm{g\cdot mol^{-1}}$。原子、分子、离子的摩尔质量在数值上与相应的相对原子质量、相对分子质量、相对离子质量相等。物质的质量、物质的量、摩尔质量之间的关系为

$$M = m/n \qquad (1-1)$$

其中，M 为物质的摩尔质量，m 为物质的质量，n 为物质的量。

对于气体，人们将 1 mol 气体所具有的体积定义为该气体的摩尔体积(V_m)：

$$V_m = V/n \tag{1-2}$$

其中，V 为气体体积，n 为物质的量。在标准状态下(273.15 K，101.325 kPa)，任何理想气体的摩尔体积均为 0.022 414 $m^3 \cdot mol^{-1}$，约为 22.4 $L \cdot mol^{-1}$。

三、质量守恒定律

化学反应是反应物的原子重新组合而转变为产物的过程。在此过程中，物质的原子种类没有改变，数目没有增减，原子的质量也没有改变，即各反应物的质量总和等于各产物的质量总和，这就是质量守恒定律。它是自然界的基本定律之一。据此，我们可以配平化学方程式，并从已知物质的量来计算未知物质的量。例如：

$$2H_2 + O_2 = 2H_2O$$

$$C + O_2 = CO_2$$

例 1-1 Al 和 Fe_2O_3 按下式进行反应时，124 g Al 和 601 g Fe_2O_3 反应可生成多少克 Al_2O_3？

$$2Al + Fe_2O_3 = Al_2O_3 + 2Fe$$

解： 设 124 g Al 完全反应，所需 Fe_2O_3 为 x g

$$2Al + Fe_2O_3 = Al_2O_3 + 2Fe$$

$124/27 : x/160 = 2 : 1$

$x = 367(g)$

∴ 124 g Al 完全反应，而 Fe_2O_3 过剩。

∴ 生成的 Al_2O_3 质量为：$[124/(27 \times 2)]102 = 234(g)$

四、(简单)无机化合物的命名

(一) 无机化合物命名的一般规则

无机化合物的名称是由各基本组成部分的名称通过化学介词连缀而成的。常见的基本组成部分有离子、基、根。

元素的离子名称是根据元素名称及其氧化态来命名的，如 F^-、Cl^-、Br^-、I^- 分别被称为氟离子、氯离子、溴离子、碘离子；Zn^{2+} 被命名为锌离子；Fe^{3+} 被命名为三价铁离子、Fe^{2+}被命名为二价铁离子或亚铁离子。

基和根指的是化合物中特定的原子团。当其以共价键与其他组分结合时称为基，以离子键与其他组分结合时称为根。具体命名规则如下：基和根可以根据其母体化合物进行命名，叫做某基或某根。例如，H_2SO_4称为硫酸，HSO_4^-和SO_4^{2-}分别被叫做硫酸氢根和硫酸根；NH_3称为氨，NH_2^-被命名为氨基。也可以通过将所包含的元素名称连缀在一起来进行命名。命名顺序是价已满的元素名放在前面，未满的放在后面，如OH^-可称为氢氧根。对于称为根的原子团，如要指明其为离子时，则称为某根离子，如SO_4^{2-}可称为硫酸根离子。此外，为了简便起见，一些基和根有特定的名称，在无机化合物命名中常用的有：CO 羰基、—O—O—过氧基、—S—S—过硫基。

所谓的化学介词指的是用来将基本构成部分名称连缀起来的连缀词。下面列举了几个无机化学中常用的化学介词：化，表示简单的化合，如氯原子(Cl)与钾原子(K)化合而成的物质就叫做氯化钾。合，表示分子与分子或离子相结合，如$CuSO_4 \cdot 5H_2O$叫五水合硫酸铜。代，有两个含义，一是表示母体化合物中氢原子被其他原子取代，如$SiClH_3$叫做一氯代硅烷；二是表示硫(硒、碲)取代母体化合物中的氧，如$Na_2S_2O_3$叫做硫代硫酸钠。聚，表示两个以上同种的分子互相聚合，如$(KPO_3)_6$叫做六聚偏磷酸钾。

(二) 简单的二元无机化合物的命名

由两种元素组成的无机化合物称为二元无机化合物。它的名称是由两组成元素的名称中间以“化”连缀而成。其中，电负性较强的元素名称在前，电负性较弱的元素名称在后。两者的比例可用两种方法表示：一是用电负性较弱元素的氧化数来表示；另一种是用化学组成来表示。

(1) 用电负性较弱元素的氧化数来表示

用“正”字表示化合物中电负性较弱的元素的氧化数为其最常见的氧化数。但“正”字在名称中一般予以省略。用“亚”字表示化合物中元素的氧化数低于其常见氧化数，用“高”字表示氧化数高于常见氧化数。例如：Fe_2O_3称为氧化铁，FeO 称为氧化亚铁；$SnCl_4$称为氯化锡，$SnCl_2$称为氯化亚锡；CuI_2称为碘化铜，CuI 称为碘化亚铜；CoO 称为氧化钴，Co_2O_3称为氧化高钴。

当电负性较弱元素仅有一种氧化数时，在名称中其氧化数不需另加标明。例如，KCl 称为氯化钾，$MgCl_2$称为氯化镁，Al_2O_3称为氧化铝，K_2O称为氧化钾。

(2) 用化学组成来表示

当电负性较弱元素有两种以上的氧化数时，通常用该法来命名，例如，MnO 命名为一氧化锰，MnO_2命名为二氧化锰，Mn_3O_4命名为四氧化三锰。

当二元化合物中含有过氧基或过硫基时，该化合物命名为过氧化某或过硫化某，例如，H_2O_2命名为过氧化氢，Na_2S_2命名为过硫化钠。

(三) 简单的三元、四元无机化合物的命名

对于三元、四元无机化合物，应尽可能采用二元化合物的命名方法进行命名。命名时，各元素的顺序为：电负性较强的元素放在前面，电负性较弱的元素放在后面。如果不会产生歧义，则可省去元素名称前面的数字。例如，$KAl(SO_4)_2$命名为硫酸铝钾，$POCl_3$命名为氯氧化磷，$Li[AlH_4]$命名为氢化锂铝。当组成化合物的根或基具有特定的名称时，则使用这些名称按照二元化合物的命名规则来对化合物命名，例如，KCN 被称为氰化钾，Na_2SO_4被称为硫酸钠，KNO_3被称为硝酸钾。

(四) 简单含氧酸和简单含氧酸盐的命名

1. 简单含氧酸的命名

简单含氧酸是指分子中仅含有一种成酸元素的含氧酸。当分子中仅含一个成酸原子且其所呈现的氧化数为常见氧化数时，则该酸被称为正某酸，一般正字省略称某酸。该元素的其余含氧酸按照其呈现的氧化数比正酸高、低或有无—O—O—结构等，分别用下列的词头加以命名。比正酸氧化数高的冠以“高”字，比正酸氧化数低的冠以“亚”字，氧化数更低的冠以“次”字，例如，$HClO_4$称为高氯酸、$HClO_3$称为氯酸、$HClO_2$称为亚氯酸、HClO 称为次氯酸。由一分子正酸缩去一分子水而成的酸被冠以“偏”字，如 H_2SiO_3称为偏硅酸。由两分子正酸缩去一分子水而成的酸被冠以“焦”或“重”字，例如，$H_2Cr_2O_7$的名称为重铬酸、$H_2S_2O_7$的名称为焦硫酸。氢氧基的数目等于成酸元素氧化数的含氧酸被冠以“原”字，如 H_4SiO_4称为原硅酸。含有—O—O—结构的被冠以“过”字，该类酸可视为过氧化氢的衍生物，如

```
        O                      O         O
        ‖                      ‖         ‖
   HO—S—O—OH             HO—S—O—O—S—OH
        ‖                      ‖         ‖
        O                      O         O
     过一硫酸                     过二硫酸
```

当分子中含有两个以上直接相连的成酸原子时，该酸称为“连几某酸”。例如，$H_2S_2O_4$称为连二亚硫酸，$H_2S_4O_6$称为连四硫酸。

2. 简单含氧酸盐的命名

含氧酸中能电离的氢全部被其他阳离子取代而成的盐被称为某酸某，如 $ZnSO_4$可称为硫酸锌。对于单一氧化数的金属元素，其在含氧酸盐中的氧化数不必标明，如 $BaSO_4$可称为硫酸钡。若金属元素氧化数较多，则用“正”、“亚”、“高”等字来区别其氧化数，使用规则与二元化合物命名规则相同，例如，$FeSO_4$可称为硫

酸亚铁，$Fe_2(SO_4)_3$ 可称为硫酸铁。

五、系统与环境

当人们进行研究时，常需要把所关注的一部分物质和空间作为研究对象与其余的物质和空间分开，这部分被人为划分出来的物质和空间被称为系统。系统之外的物质和空间被称为环境。系统和环境是根据研究的需要来进行划分的。它们之间可以有实际的界面，如水和盛水的容器；也可以用一想象的界面加以区分，例如，当研究空气中的氮气时，氮气是系统，氧气等其余气体则为环境，它们之间可以设计一个想象的界面加以隔开。

系统和环境之间存在着密切的联系，并通过界面相互作用。其中包括两者之间的物质交换和能量交换。根据系统和环境之间物质、能量交换情况的不同，可将系统分为三类：如系统和环境之间存在着能量的交换，但没有物质的交换，则该系统称为封闭系统；如系统和环境之间不仅存在着能量的交换还有物质的交换，则该系统称为敞开系统；如系统和环境之间既无物质的交换也无能量的交换，则该系统称为孤立系统。如图 1-1 所示，将瓶子和其所盛的水作为系统，当瓶子敞开时，系统为敞开体系；当盖上盖子时，系统为封闭系统；当瓶壁为密封、绝热时，系统为孤立系统。

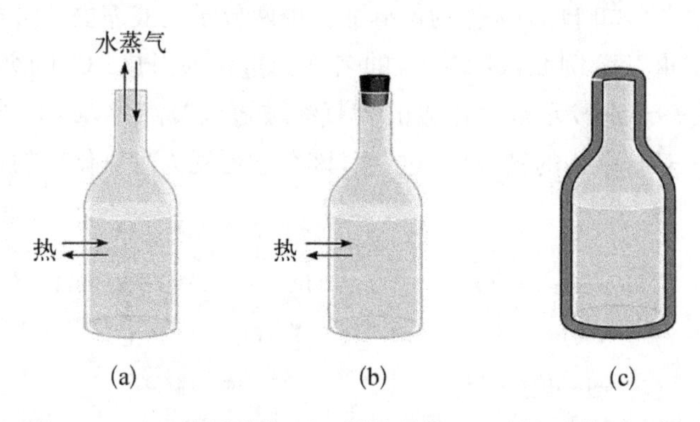

图 1-1 (a) 敞开系统；(b) 封闭系统；(c) 孤立系统示意图

六、状态与状态函数

(一) 状态

对于一个具体的系统来说，它不仅含有确切的物质，还具有可用宏观物理量描述的性质，如物质的种类、质量、体积、压力、温度等。这些性质的总和即为体系的状态。状态是系统物理与化学性质的综合体现。当系统的性质都确定时，体系的状态就一定。当系统的性质发生变化时，系统的状态也发生变化。在本书中，系统的状态大都是指系统的热力学平衡态，即系统的所有性质不随时间而变化。热力学平衡系统的特点是需同时满足以下四个平衡：

1）热平衡，系统与环境之间没有热量的交换，即系统各部分均与环境温度相同。对于绝热系统，则允许系统与环境的温度不同。

2）力平衡，如只考虑压力时，系统与环境之间达到压力平衡。如果系统与环境间存在着不可移动的界面，则系统的压力可与环境的不同。例如，尽管钢瓶中的气体压力比大气压高，仍认为钢瓶中的气体与环境达到了力平衡。

3）相平衡，系统中各相之间不存在物质的净转移，即各相组成和各物质的数量不随时间而变化。

4）化学平衡，化学反应系统的组成不随时间而变化。

(二) 状态函数

由上可知，系统的性质一定时，系统的状态就一定，因此可用这些性质来描述系统的状态。这些用来描述和确定系统状态的物理量被称为状态函数。其特点是：① 系统的各个状态函数之间相互关联，当系统中的某几个状态函数确定时，其他状态函数也随之确定，如对于理想气体来说，只需确定压力、体积、温度、物质的量四个状态函数中的任意三个，即可确定第四个状态函数。② 状态一定则状态函数的值也一定，当状态发生变化时，状态函数的变化值与变化的途径无关，而只与系统的始态、终态有关，如系统经变化最终回到起始态，则状态函数恢复原值。所谓系统的始态指的是系统发生变化前的状态，系统的终态指的是系统发生变化后的状态。

根据状态函数的值与系统中物质的数量有无关系，可将其分为两类：一类是其大小仅由系统中物质本身特性所决定，没有加和性，系统中物质数量的变化不引起其值的变化，这类状态函数称之为强度性质，如温度、黏度、压力等。另一类是其大小与体系中物质数量的多少有关，在一定条件下具有加和性，这类状态函数称之为广度性质，如体积、物质的量等。

(三) 标准状态

系统所处的状态多种多样。为了给研究提供一个统一的基准，人们将某一状态定义为标准状态，又称热力学标准状态。根据 IUPAC 的规定，标准态包括以下几个方面：

1）气体物质的标准状态用压力表示，为 100 kPa，符号为 $p^\ominus$。对于气体纯物质，其标准态为 $p^\ominus$ 压力下的理想气体状态。对于混合气体，其标准态为各组分分压为 $p^\ominus$ 时的状态。

2）液体、固体物质的标准态为标准压力 $p^\ominus$ 下理想的纯液体或纯固体。

3）对于溶液，标准态为压力为 $p^\ominus$，各溶质浓度为 1 mol·kg^{-1}时的状态。如溶液较稀，则可用物质的量浓度代替质量摩尔浓度。本书中的溶液标准态采用溶质浓度为 1 mol·L^{-1}，符号为 $c^\ominus$。

4）在标准态中未对温度有所规定，即温度可选任意值。

七、相

所谓相指的是系统中具有相同组成、物理和化学性质完全一致的均匀部分。相可以由纯物质组成也可以由均匀混合物组成，相与相之间存在着明确的界面。一个系统中可以仅含有一个也可以含有多个相。由一个相组成的系统称为均相系统或单相系统，如酒和盐的水溶液等；含有多个相的系统称为非均相系统或多相系统，如油-水系统。

八、过程与途径

过程是指系统从一个平衡态（始态）变化到另一个平衡态（终态）的经历。当系统由某一状态变到另一状态时，可以通过不同方式加以实现。这些用来实现系统状态变化的具体步骤称之为途径。

根据系统状态变化的特点及其与环境之间的相互作用，可把过程分为不同的类型。对于封闭体系，最为常见的过程有如下几种。

1）恒压过程，系统状态发生变化时系统压力恒定不变的过程。

2）恒容过程，系统状态发生变化时系统体积恒定不变的过程。

3）恒温过程，系统状态发生变化时系统温度恒定不变的过程。

4）绝热过程，系统状态变化时系统与环境之间不存在热量交换的过程。

5）循环过程，系统经变化从始态出发又重新回到始态的过程。

6）可逆过程，可以简单逆转、完全复原的过程。

过程与途径是关系十分密切的两个概念。有过程则必然存在着途径。始态、终态相同的过程可以通过多种途径加以实现，而一个途径也可以由几个过程组成。其关系如图 1-2 所示：

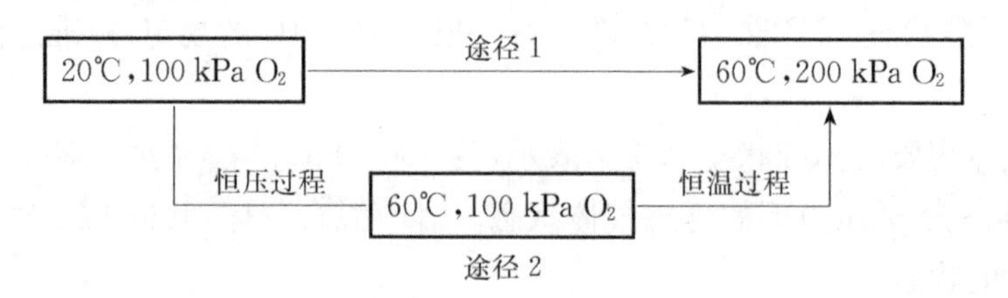

图 1-2　过程与途径之间关系的示意图

九、热和功

系统状态发生变化时，系统与环境之间往往存在着能量的交换或传递，其形式为热和功。热指的是由于系统与环境温度不同而导致的由高温物质向低温物质的能量传递，用符号“Q”表示。热力学规定，热量由环境向系统传递，即系统从环境吸热，$Q>0$；热量由系统向环境传递，即系统向环境放热，$Q<0$。需要注意的是：首先，我们只能说系统从环境吸收了多少热或向环境放出了多少热，而不能说系统具有多少热；其次，热的传递具有方向性，它自动地由高温物质向低温物质传递；最后，热不是一个状态函数，它的大小与系统变化的途径有关。

系统与环境之间除热之外的所有以其他形式传递或交换的能量都被称为功，用符号“W”来表示。热力学规定，环境对系统做功，$W>0$；系统对环境做功，$W<0$。一般来说，人们将功分为两类，即体积功和非体积功。

体积功指的是系统对抗外压，体积变化时所做的功。如图 1-3 所示，当截面积为 S 的汽缸中的气体被压缩时，如果忽略活塞质量、活塞与缸壁间的摩擦力，那么系统所做的功为

$$W = F \times l \tag{1-3}$$

$$F = p_{外} \times S \tag{1-4}$$

$$W = p_{外} \times S \times l \tag{1-5}$$

$$l = \Delta V / S \tag{1-6}$$

$$W = p_{外} \times \Delta V = p_{外} \times (V_2 - V_1) \tag{1-7}$$

上述式中，F 为活塞所对抗的力，l 为活塞移动距离，$p_{外}$ 为外压，V 为汽缸体积。

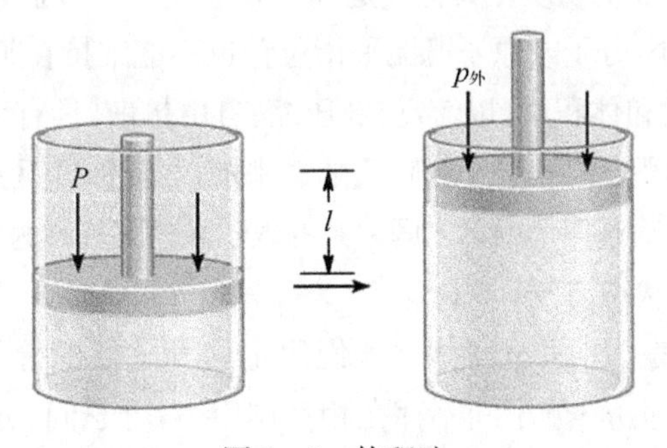

图 1-3　体积功

需要注意的是：① 计算体积功时必须使用外压。② W 的正负需人为规定。当系统膨胀时，即 $V_2>V_1$，则 $W<0$，系统对环境做功；体系压缩时，即 $V_2<V_1$，

$W > 0$，环境对系统做功。

例 1-2 恒温时，1.6 L 氮气膨胀到 5.4 L，当环境为真空时，系统所做的体积功为多少？

解： $W = p_{外} \times \Delta V$

$\Delta V = 5.4 - 1.6 = 3.8(L)$

∵ 环境为真空

∴ $p_{外} = 0$

∴ $W = 0$

非体积功指的是除体积功以外的所有其他形式的功，如电功、表面功等。与热相同，功也不是一个状态函数，其大小也取决于系统变化途径。

第二节　物质的聚集状态

在自然界中，物质不是单个的分子或原子，而是它们的集合体。其存在形式随环境的不同而各有不同。这些物质存在的形式，即分子或原子集合的状态，被称为物质的聚集状态。其中最常见的物质聚集状态有三种，即气态、液态和固态。在特定的环境下，物质还能以等离子体或超固态的形式存在，这两种物质聚集状态分别被称为物质第四态和第五态。

一、气体

气体是以气态存在的物质。其特点是气体分子或原子的能量大，无规则的热运动剧烈，分子间作用力小，分子或原子既无平衡位置也不能维持在某个特定位置。因此，气体没有固定的形状和体积，可以流动、被压缩、自由扩散，具有无限的膨胀性和渗混性。它的状态可由体积、压力、温度和物质的量来加以描述，并且这四个物理量之间存在着确切的关系。反映这四个因素之间关系的数学表达式被称为气体的状态方程。

(一) 理想气体状态方程

所谓理想气体是一种假想气体。人们假定这种气体的分子仅是一个几何点，大小忽略不计，只有质量；分子间不存在相互作用力；分子间、分子与器壁间的碰撞是完全弹性碰撞。由此可见，理想气体在实际中并不存在，仅仅是一个抽象的概念。它反映的是气体在一定条件下的普遍性质。实际气体在低压、高温下，其分子间距很大，相互间的作用力可以忽略；分子本身的大小相对于气体体积也可以忽略不计。因此，在低压、高温下，实际气体可以近似地看作是理想气体。

理想气体状态方程是描述理想气体体积、压力、温度和物质的量四者之间关系的数学表达式。它于19世纪中叶由法国科学家克拉佩龙在波义耳定律、查理定律、盖·吕萨克定律、阿伏加德罗定律的基础上提出，即一定量的气体，其体积和压力的乘积与热力学温度成正比。其数学表达式为

$$pV = nRT \tag{1-8}$$

其中，p 为气体的压力，单位为 Pa 或 kPa；V 为气体的体积，单位为 L 或 m^3；n 为物质的量，单位为 mol；T 为气体的热力学温度，单位为 K；R 为气体常数，其数值和单位随 p、V 单位的不同而不同，表 1-1 列出了常用的 R 值。

表 1-1　气体常数 *R* 的数值与单位

p 的单位	V 的单位	R 的数值与单位
atm	L	$0.082\,1\ L \cdot atm \cdot mol^{-1} \cdot K^{-1}$
kPa	L	$8.314\ kPa \cdot L \cdot mol^{-1} \cdot K^{-1}$
Pa	m^3	$8.314\ J \cdot mol^{-1} \cdot K^{-1}$

例 1-3　有一体积为 946 mL 的充满氯气的容器，氯气的压力为 1 000 Pa。当氯气的体积被恒温压缩至 156 mL 时，气体的压力是多少？

解： $pV = nRT$

∵ 恒温压缩

∴ T、n 保持不变

∴ $p_1V_1 = p_2V_2$　　∵ $V_1 = 946$ mL　$V_2 = 156$ mL

∴ $p_2 = p_1V_1/V_2 = 946 \times 1\,000/156 = 6\,064$(Pa)

例 1-4　温度为 0℃、压力为 1 atm 时，49.8 g HCl 气体的体积是多少？

解： $T = 0 + 273.15 = 273.15$ K，$p = 1$ atm，$n = 49.8/36.45 = 1.37$(mol)

$$pV = nRT$$

$$V = nRT/p = 1.37 \times 0.082\,1 \times 273.15/1 = 30.7\text{(L)}$$

例 1-5　在一体积为 2.10 L 的容器中，所储存的气体质量为 4.65 g，压力为 1 atm，温度为 27℃，该气体的摩尔质量是多少？

解：设该气体的摩尔质量为 M

$$T = 27 + 273.15 = 300.15\ \text{K}, n = 4.65/M$$

$$pV = nRT$$

$$n = pV/(RT) = 4.65/M$$

$$M = 4.65RT/(pV) = 4.65 \times 0.0821 \times 300.15/(2.10 \times 1) = 54.6(\text{g} \cdot \text{mol}^{-1})$$

(二) 气体分压定律

上面所讨论的均为单一组分的气体，而实际中人们所遇到的往往是几种气体的混合物。因此，了解混合气体状态函数间的关系具有重要的实际意义。经长时间的研究，科学家们发现当混合气体各组分间不发生化学反应时，每种气体都均匀地充满这个容器，所产生的压力互不影响，就像单独存在时一样。人们将几种气体组成的混合气体中第 i 种气体在相同温度下，单独占据与混合气体相同体积时所产生的压力称为该种气体的分压，记作 p_i，单位 Pa。

1801 年，英国化学家道尔顿在前人研究的基础上，总结出了混合气体各组分气体的分压与混合气体总压力之间的关系，即当温度恒定时，混合气体的总压力等于各组分气体分压之和。

$$p_{总} = p_1 + p_2 + p_3 + \cdots + p_i = \sum p_i \tag{1-9}$$

理想气体状态方程是气体所遵循的普遍规律，与气体的组成无关。理想混合气体也应遵循理想气体状态方程。所以对于理想混合气体

$$n_{总} = n_1 + n_2 + n_3 + \cdots + n_i = \sum n_i \tag{1-10}$$

$$p_{总}V = n_{总}RT \tag{1-11}$$

$$\begin{aligned} p_{总} &= n_{总}RT/V = n_1RT/V + n_2RT/V + n_3RT/V + \cdots + n_iRT/V \\ &= p_1 + p_2 + p_3 + \cdots + p_i \end{aligned} \tag{1-12}$$

$$p_i = n_iRT/V = p_{总}x_i \tag{1-13}$$

其中，x_i 为第 i 种组分的摩尔分数。

此外，人们有时为了研究方便，还采用分体积的概念来描述混合气体的状态函数间的关系。所谓分体积是指温度恒定时，某组分气体具有与总压力相同的压力时所占有的体积，记作 V_i。根据理想气体状态方程，可以推出

$$V_{总} = V_1 + V_2 + V_3 + \cdots\cdots + V_i = \sum V_i \tag{1-14}$$

$$V_i = n_i RT / p_{总} = V_{总} x_i \tag{1-15}$$

需要注意的是，对于混合气体中某组分的分压是无法测量的，人们所能测量的是混合气体的总压力。而分体积仅仅是一个理论上的概念。实际上混合气体中各组分均会充满整个容器。提出这个概念是因为对于有些混合气体使用分体积处理更为方便。总之，各组分气体的分压是指其体积等于总体积时的压力；分体积是指其压力等于总压力时的体积。使用气体分压定律处理问题时，分压要对应总体积，分体积要对应总压力。

例 1-6 一天然气样品中含有 8.24 mol 甲烷、0.421 mol 乙烷和 0.116 mol 丙烷，其总压力为 1.37 atm，其中丙烷的分压是多少？

解： $p_i = p_{总} x_i$

$$p_{丙烷} = 1.37 \times 0.116/(8.24 + 0.421 + 0.116) = 0.018\,1(\text{atm})$$

例 1-7 将 0.001 00 mol 的 O_2、0.002 00 mol 的 He 和 0.003 00 mol 的 Ne 放入 0.010 0 m³ 的容器中，25℃时，各个气体的分压是多少？混合气体的总压是多少？

解： $p_i = n_i RT/V$

$\therefore p(O_2) = 0.001\,00 \times 8.314 \times (25 + 273.15)/0.010\,0 = 248(\text{Pa})$

$p(\text{He}) = 0.002\,00 \times 8.314 \times (25 + 273.15)/0.010\,0 = 496(\text{Pa})$

$p(\text{Ne}) = 0.003\,00 \times 8.314 \times (25 + 273.15)/0.010\,0 = 744(\text{Pa})$

$$p_{总} = \sum p_i = 248 + 496 + 744 = 1\,488(\text{Pa})$$

例 1-8 当环境压力为 101.3 kPa 时，将 1.00 L 的干燥 N_2 于 273 K 下通过二甲醚液体。发现有 0.033 5 g 二甲醚被带入 N_2，求混合气体中二甲醚的分压是多少？

解： 二甲醚的相对分子质量为 46，混合气体中二甲醚的量为：

$$n_1 = 0\,.033\,5/46 = 7.28 \times 10^{-4}(\text{mol})$$

当环境压力为 101.3 kPa 时，1.00 L N_2 的量为：

$$n_2 = pV/(RT) = 101.3 \times 1.00/(8.314 \times 273) = 0.044\,6(\text{mol})$$

混合气体中二甲醚的摩尔分数为：

$$x_1 = n_1/(n_1 + n_2) = 7.28 \times 10^{-4}/(7.28 \times 10^{-4} + 0.0446) = 0.0161$$

由于环境压力恒定，体系总压力保持为 101.3 kPa，因此二甲醚的分压为：

$$p_1 = p_{总} x_1 = 101.3 \times 0.0161 = 1.63(\text{kPa})$$

二、液体

当物质以液态存在时称之为液体。它具有以下特点：具有一定的体积，但没有固定的形状，其外形与盛放它的容器形状相同；可流动且有一定的渗混性，但压缩性、膨胀性很小；具有一定的表面张力；当压力恒定时，具有一定的沸点和凝固点。从微观角度来看，液体分子间距远远小于气体分子间距，分子间存在较强的分子间作用力。液体分子是聚集在一起的，其运动主要是在不固定的平衡位置附近振动。在以任一分子为中心，大小为两、三个分子直径尺度的局部区域内，液体分子为有序排列。然而，在距该分子较远的地方，液体分子排列的有序性会逐渐减弱，直至变为无序，即液体的微观结构特征是短程有序而长程无序。

(一) 液体的蒸发及蒸气压

当温度一定时，如把某一纯液体放入一个预先抽成真空的密闭容器中，则一些能量较高的液体分子有可能克服分子间的吸引力而从液体表面逸出，从而成为蒸气分子，这个过程叫做蒸发。同时，蒸气分子在做无规则的热运动时，有可能碰撞到液面并被吸引而重新成为液体分子，这个过程叫做凝聚。蒸发和凝聚是两个相反的过程。蒸发过程在开始时占优势。随着时间的延长，凝聚的速度会增大，直至等于蒸发速度。这时，蒸发和凝聚达到了动态平衡，脱离液体变成蒸气的分子数等于重新返回液体的分子数，蒸气的压力不再改变。此时的气体被称为饱和蒸气。饱和蒸气的压力即为该温度下液体的饱和蒸气压，简称蒸气压(图 1－4)。

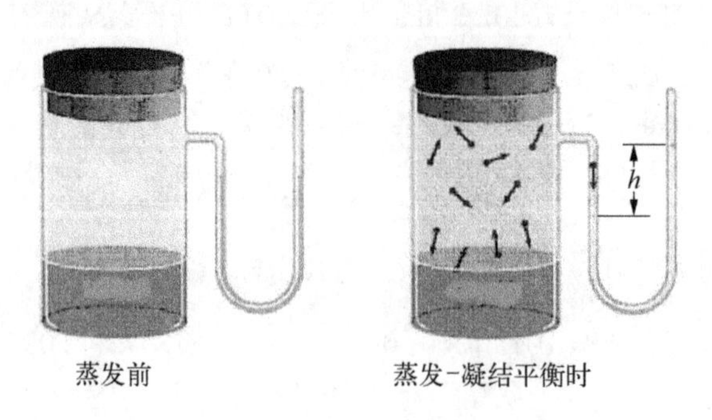

图 1－4　蒸发-凝结过程示意图

液体的饱和蒸气压是液体物质的特性。其大小取决于液体物质的本性，并与温度有关。在一定的温度下，确定的物质只有一个确定的饱和蒸气压。液体量的多少以及容器的大小均不能使饱和蒸气压有所改变。

蒸气压与温度之间的关系可用克劳修斯-克拉佩龙方程来描述

$$\lg p = -\frac{\Delta H^{\ominus}_{\text{vap}}}{2.303RT} + B \tag{1-16}$$

其中，p 为一定温度下的液体的饱和蒸气压；$\Delta H^{\ominus}_{\text{vap}}$ 为液体的摩尔蒸发热，其定义为使 1 mol 液体蒸发变为蒸气所需的能量；R 为气体常数；B 为由液体本性决定的常数。由于在实际中 B 往往是未知的，因而实际使用的公式为

$$\lg(p_1/p_2) = \frac{\Delta H^{\ominus}_{\text{vap}}}{2.303R} \cdot \frac{T_1 - T_2}{T_1 \cdot T_2} \tag{1-17}$$

即通过测定两个温度下的饱和蒸气压，来求算该液体的摩尔蒸发热。或者通过某一温度下的饱和蒸气压和摩尔蒸发热来求算另一温度下的饱和蒸气压。此外，在工程上用来估算液体饱和蒸气压的公式是安托因公式

$$\ln p = A - \frac{B}{C + t} \tag{1-18}$$

其中，A、B、C 是经验常数，其大小取决于物质本性，可由专门手册中查出；t 为液体的温度，单位为摄氏度。

(二) 液体的沸腾及凝固

如上所述，纯液体的饱和蒸气压随温度的升高而升高。当液体被加热至某一温度，其饱和蒸气压等于外压时，液体内部发生气化，产生大量的气泡，这个现象被称为沸腾。由此可见，液体沸腾时，液体的气化不仅在表面发生，在液体内部也有气化发生。而蒸发仅仅是液体在表面发生气化。液体发生沸腾时的温度称为该物质的沸点。它与外部压力有关，外压越大，液体的沸点越高。通常把外压为 1 atm 时液体的沸点称为该物质的正常沸点。但是，并不是在任何情况下液体达到沸点就立即沸腾。有时，液体的温度已经达到了其沸点，仍不出现沸腾现象，必须超过沸点一定的温度，液体才开始沸腾，人们将这种现象称为过热现象，这时的液体称为过热液体。过热液体会突然而急剧地沸腾，这就是爆沸现象。发生爆沸时，液体很容易冲出容器，造成人身和财产损失。因此，人们通常需要在液体中加入沸石、瓷片等来防止爆沸的发生。

如果将液体冷却，液体分子的运动将逐渐减弱。达到某一温度时，液体分子定向排列，液体转变为固体。这一过程称为液体的凝固。在恒定的外压和某一温度

下，如果液体的饱和蒸气压与固体的相等，则固体和液体可以平衡共存，这时的温度即为该液体的凝固点，或固体的熔点。要指出的是，只有当液体为纯物质时，凝固点和熔点才是相同的。与液体的沸点类似，外压也是影响凝固点高低的重要因素。随着外压的升高，有的液体的凝固点会升高，而有的液体却可能会降低。人们将外压为 1 atm 时液体的凝固点称为该物质的正常凝固点。冷却液体时，同样可以观察到过冷现象。过冷现象是指虽然液体的温度已达到甚至低于其凝固点，液体仍不发生凝固的现象。过冷时的液体很不稳定，一旦凝固被引发，其速度非常迅速，因而形成的固体缺陷很多。在实际工作中，人们通常需要避免过冷现象的发生，但有时又会有意识地利用它来制备特殊材料。

(三) 液体的表面能及表面张力

气体与液体共存时，两者之间有一个界面，该界面通常被称为气-液表面。气-液表面不是一个简单的几何面，而是气、液两相的过渡层，其厚度约为几个分子，性质与气、液两相的体相性质大不相同，因而又被称为表面相。

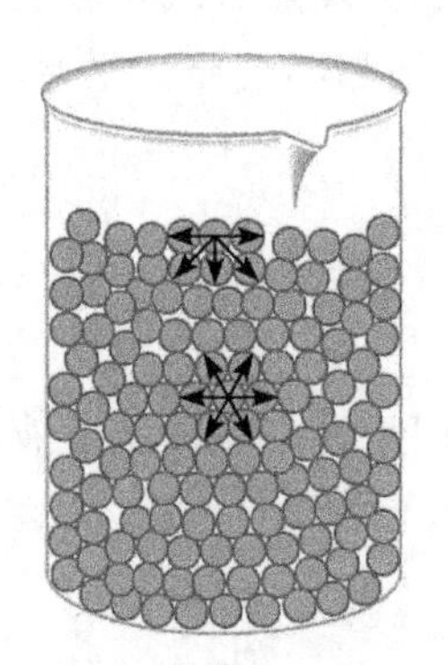

图 1-5 表面分子与体相分子受力情况示意图

如图 1-5 所示，液体分子在体相中的环境与其在表面上的受力情况不同。当一个分子在体相中运动时，由于周围分子对其的吸引力是对称的，因此不做功。然而，对于一个表面上的分子而言，它与周围分子的相互作用是不对称的，液体分子对其的作用要比气体分子对其作用大得多，所以该分子受到了方向指向液体内部的拉力，具有向液体内部运动的倾向，这使得液体表面表现出自发变小的趋势。从另外一个角度看，当一个分子从液体内部运动到表面时，需要克服指向液体内部引力对它做功。由此可见，当液体表面积增加时，体系的能量也将随之增加。在一定的压力和温度下，增加液体表面积对系统所需做的功(W)应与表面积的增量(ΔS)成正比

$$W = -\sigma \Delta S \qquad (1-19)$$

σ 为比表面能或比表面自由焓，单位 $J \cdot m^{-2}$。其物理含义为恒温、恒压下扩展单位面积的表面所引起的系统能量的增量，或单位面积上的表面分子与相同数量的体相分子之间的能量差。

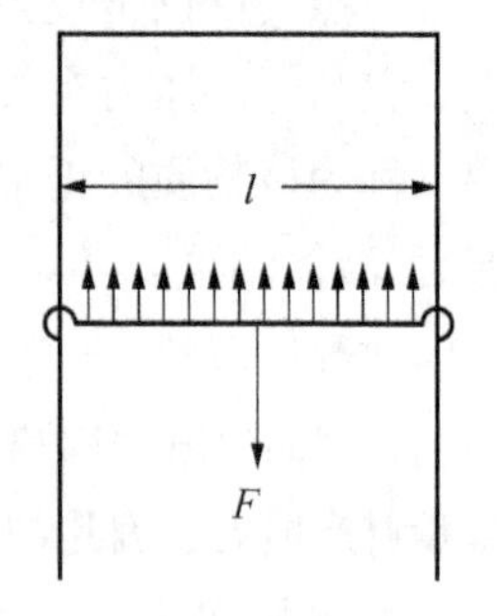

图 1-6 表面张力实验示意图

当我们将一边可以自由活动的铁框从肥皂水中拉出时，可发现框架中的肥皂水膜会自动收缩(图 1-6)。这种

引起膜自动收缩的力被称为表面张力,用 γ 表示。若我们在相反方向上施加一个力 F,正好制止肥皂水膜的收缩,则 F 为

$$F = \gamma \times 2l \tag{1-20}$$

其中,式中的 l 是滑动边的长度,$2l$ 是由于该膜有两个表面的缘故。由式 1-20,我们还可以把 γ 看作引起液体表面收缩的单位长度上的力,单位为 $mN \cdot m^{-1}$。对于平液面,该力的方向与液面平行,对于弯曲液面,则与液面的切面方向一致。

三、固体

固体是以固态存在的物质。其特点为:具有一定的形状、体积,不可流动,可压缩性和扩散性很小。从微观角度来看,构成固体的基本粒子(原子、分子、离子)的相对位置固定,相互之间间距较小,作用力很强;粒子不能自由运动,只能在固定的平衡位置上做很小范围内的振动。固体通常被分为晶体和非晶体(无定形体)两类,它们之间的主要区别在于:

1) 组成晶体的粒子在空间中的排列有序,具有规律性;而组成非晶体的粒子排列无序。

2) 晶体具有规则的几何外形,而非晶体外形不规则。

3) 晶体的某些物理性质,如光学性质、导电性、导热性、力学性质等具有方向性,即各向异性;而非晶体则各向同性。但是并非所有晶体都具有各向异性,如 NaCl 晶体就是各向同性的。这是由于组成这些晶体的粒子在空间各个方向上的排列都相同的缘故。

4) 晶体的熔点固定;而非晶体不具备确切的熔点,只有熔化温度范围。

自然界中存在的固体绝大多数是晶体,只有少部分是非晶体。晶体和非晶体之间可以互相转化,例如,采用熔体急冷法可将金属转变为非晶金属,采用高温退火可将非晶体转变为晶体。

四、等离子体

当在一定条件下(如加热或放电)使气体获得足够大的能量时,气体分子会解离或电离为自由电子和正离子。若带电粒子的密度达到或超过了一定数值,通常是气体电离部分所占比例大于 0.1%,气体性质将发生根本性改变,变为一种新的流体。在这种流体中,正电荷总数与负电荷总数相等,流体宏观上呈电中性。因而,这种新的流体被称为等离子体。等离子体是物质的第四种存在状态。它包含有电子、离子、自由基、原子以及分子,具有许多与原来气体完全不同的特殊性质。

1）尽管等离子体整体上呈电中性，但由于它含有浓度较大的自由电子和正离子，因而其导电性很强。

2）带电粒子间的库仑力是粒子间主要的相互作用，中性粒子间的相互作用起次要作用，因此，其运动为粒子群的集体运动。

3）由于包含带电粒子，因而电、磁场对其分布和运动具有很大的影响。

4）由于自由电子、自由基以及激发态的原子和分子均为高化学反应活性物质，所以等离子体的化学反应活性很高。

5）等离子体的温度决定于其中重粒子的温度。

根据温度的不同，可将等离子体分为热等离子体（高温等离子体）和冷等离子体（低温等离子体）两类。当等离子体中的电子温度等于离子温度时，电子温度与重粒子温度都很高，一般在 $5\times10^3\sim2\times10^4$ K 时的等离子体称为热等离子体。当电子温度远远大于离子温度时，电子温度在 10^4 K 以上，而重粒子的温度仅为 300～500 K，此时的等离子体称为冷等离子体。对于热等离子体，可以将其近似地看成是达到了热平衡状态，而冷等离子体则是处于非平衡态。

获得等离子体的方法很多，其中比较常用的有以下几种。

1）气体放电法　即利用外加电场使电场中的气体发生电离而形成等离子体的方法。它是最常用的方法，有直流放电、低频放电、高频放电、微波放电等多种类型。

2）热致电离法　即通过加热来产生等离子体的方法。从理论上来说，该方法非常简单。但在实际中，只有碱金属的等离子体可以利用该方法来进行制备。

3）光电离法　即利用激光产生的高温使气体或金属发生电离从而产生等离子体的方法。

4）射线辐照法　即利用 α 射线、β 射线、γ 射线、X 射线以及经加速器加速的电子束或离子束等照射气体来使其电离从而获得等离子体的方法。

自 20 世纪 50 年代以来，等离子体被广泛应用于难熔金属的焊接、切割、喷涂，照明，微电子技术，薄膜制备，新材料的制备，材料的表面改性，微量元素的分析等领域。特别是近几十年，等离子体化学方面的研究尤其引人关注。其中比较有代表性的应用有如下几种。

1）等离子体化学气相沉积　目前，它已被广泛用于薄膜和新材料的制备。其原理是利用两种或两种以上的等离子体反应生成固体产物，并将其沉积于基片上。

2）等离子体表面改性　主要应用于聚合物、金属等材料的表面改性。其原理是通过一种等离子体与固体表面反应并生成新化合物，从而改变固体的表面性质。

3）等离子体催化　其原理是反应物经等离子体活化后，在催化剂的催化作用下进行反应。这方面的研究内容非常广泛，是目前十分活跃的研究领域之一。

4）等离子体刻蚀　已在微电子工业中得到广泛应用。其原理是等离子体与固体表面物质发生反应，生成挥发性物质，从而将其选择性除去。

总之，等离子体技术涉及物理、化学、电磁学等前沿交叉学科。关于它的应用越来越受到人们的关注。可以预计，随着有关研究的深入与完善，等离子体将为人们提供更多的新方法、新实验手段、新工艺以及新材料。

五、溶液

溶液是指一种物质以分子、原子或离子状态均匀地分散于另一种物质中所形成的稳定的分散体系，可分为气态溶液（如空气）、液态溶液、固态溶液（又叫固溶体，如 Pb-Sn 合金）三类。通常情况下，人们将溶液中含量少的物质叫做溶质，含量多的物质叫做溶剂。当溶质溶于溶剂形成溶液时，往往可以观察到系统能量的变化（放热或吸热）以及体积的变化，这表明溶液不是简单的混合物。在溶液中，溶质的结构和性质与原来相比均有所变化。同样地，与加入溶质前相比，溶剂的结构和性质也会发生一定的改变。

（一）溶液浓度的表示方法

一定量溶剂或溶液中所含溶质的量被称为溶液的浓度。当溶质、溶剂或溶液使用不同单位来描述其量时，溶液浓度的表示方法也随之不同。因此，浓度有很多种表示方法，其中常见的有以下几种。

1）溶质的质量百分数，其定义为溶质 B 的质量与溶液质量之比，用 w_B 表示。

$$w_B = m_B / m_{溶液} \times 100\% \tag{1-21}$$

式中，m_B 为溶质 B 的质量，$m_{溶液}$ 为溶液质量。

2）溶质的摩尔分数，其定义为溶质 B 的摩尔数与溶液各组分总摩尔数之比，用 x_B 来表示液相和固相溶质的摩尔分数。

$$x_B = n_B / (n_1 + n_2 + \cdots + n_i + n_{溶剂}) \times 100\% \tag{1-22}$$

式中，n_B 为溶质 B 的摩尔数，n_1、n_2、$\cdots$ n_i 为溶液中各溶质的摩尔数，$n_{溶剂}$ 为溶剂的摩尔数。

3）体积摩尔浓度（溶质的物质的量浓度），其定义为单位体积的溶液中所含溶质 B 的物质的量，用 c_B 或[B]来表示，单位通常为 $mol \cdot L^{-1}$。

$$c_B = n_B / V \tag{1-23}$$

式中，n_B 为溶质 B 的摩尔数，V 为溶液的体积。

4）质量摩尔浓度，其定义为每千克溶剂中溶解的溶质 B 的物质的量，用 m_B 或 b_B 来表示，单位为 $mol \cdot kg^{-1}$。

$$m_B = n_B / m_{溶剂} \qquad (1-24)$$

式中，n_B为溶质B的摩尔数，$m_{溶剂}$为溶剂的质量。

5）质量浓度，其定义为溶质B的质量除以溶液体积，用ρ_B来表示，单位为$mg \cdot mL^{-1}$或$g \cdot L^{-1}$。

$$\rho_B = m_B / V \qquad (1-25)$$

式中，m_B为溶质B的质量，V为溶液体积。

上述浓度的表示方法是从不同的角度来描述溶液中溶质和溶剂的相对含量。对于一个确定的溶液，它们之间可以互相换算。

例 1-9 一乙醇水溶液的浓度为$5.86\ mol \cdot L^{-1}$，密度为$0.927\ g \cdot mL^{-1}$，请问其质量摩尔浓度是多少？

解： 假设溶液体积为1 L

$$n_{乙醇} = 5.86 \times 1 = 5.86(mol), m_{乙醇} = 5.86 \times 46 = 270(g)$$

$$m_{溶液} = 0.927 \times 1\,000 = 927(g)$$

$$m_{溶剂} = 927 - 270 = 657(g) = 0.657(kg)$$

∴ 该溶液的质量摩尔浓度为$5.86/0.657 = 8.92(mol \cdot kg^{-1})$

（二）稀溶液的性质

通过大量的实验，人们发现难挥发非电解质的稀溶液具有四个性质：蒸气压降低、沸点升高、凝固点降低、渗透压。并且当溶剂种类确定时，这四个性质只与溶液中溶质的粒子数有关，而与溶质自身的性质无关。故这个现象被称为稀溶液的依数性。

1. 蒸气压下降及拉乌尔定律

温度确定时，纯液体的饱和蒸气压是一确定值。若将少量的难挥发非电解质（如甘油、苯、葡萄糖等）溶入该液体时，则溶液的饱和蒸气压总是比纯溶剂的低。这是由于溶质的加入使得气-液间的部分表面被溶质分子所占据，导致单位面积的气-液表面上的溶剂分子数减少。这样在同一温度下，单位时间内由单位面积表面逸出的溶剂分子数就减少了，只需较少的蒸气分子即可达到蒸发-凝结平衡（图1-7）。因此，溶液的饱和蒸气压比纯溶剂的低。

通过总结实验数据，拉乌尔得出了一个描述蒸气压下降值与溶液浓度之间关系的经验规律，即拉乌尔定律

$$p_1 = p_1^0 x_1 \tag{1-26}$$

式中，p_1为溶液的饱和蒸气压，p_1^0为纯溶剂的饱和蒸气压，x_1为溶剂的摩尔分数。由上式可知，在一定的温度下，溶液的饱和蒸气压等于纯溶剂的饱和蒸气压与溶剂摩尔分数之积。此外

$$p_1 = p_1^0 x_1 = p_1^0(1 - x_2) \tag{1-27}$$

$$p_1^0 - p_1 = p_1^0 x_2 \tag{1-28}$$

$$\Delta p = p_1^0 x_2 \tag{1-29}$$

式中，x_2为溶质的摩尔分数。式(1-29)说明，拉乌尔定律还可以表述为溶液蒸气压的下降值与溶液中溶质的摩尔分数成正比。

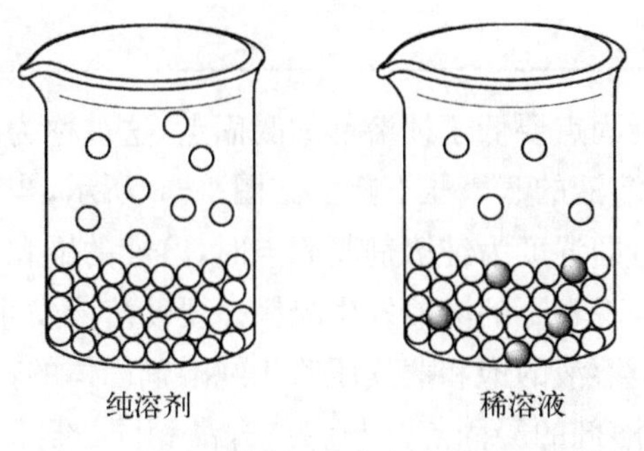

图1-7　纯溶剂与稀溶液的蒸发示意图

2. 沸点升高和凝固点下降

如图1-8所示，溶液的饱和蒸气压总是低于纯溶剂的饱和蒸气压。因此，当纯溶剂的饱和蒸气压等于外压 p_0时，溶液的饱和蒸气压还低于外压。要使溶液的饱和蒸气压等于外压 p_0，其所对应的温度就要比纯溶剂的沸点高。由此可以看出，沸点升高还是源自溶液蒸气压降低，升高的数值与溶液蒸气压下降值有关。拉乌尔在实验基础上得出，难挥发非电解质稀溶液的沸点升高值与溶液的质量摩尔浓度成正比。

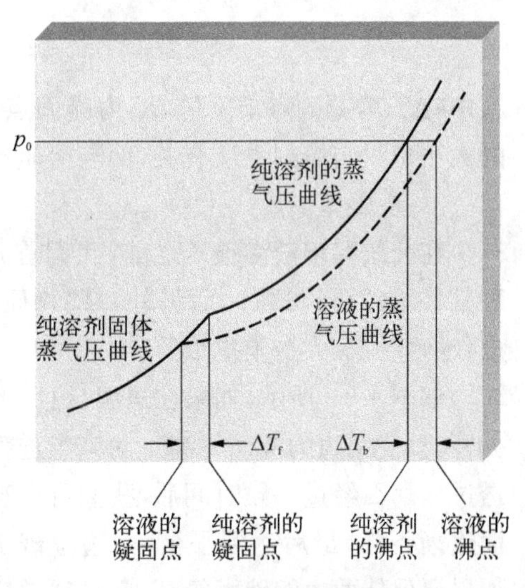

图1-8　稀溶液沸点升高和凝固点下降示意图

$$\Delta T_b = K_b m \tag{1-30}$$

式中，ΔT_b为沸点升高值，K_b为沸点升高常数，m 为溶质的质量摩尔浓度。K_b的大小只与溶剂性质有关，而与溶质本性无关。表 1－2 列出了常见溶剂的 K_b值。

表 1－2　常见溶剂的 K_b和 K_f值

溶　剂	$K_b/(K \cdot kg \cdot mol^{-1})$	$K_f/(K \cdot kg \cdot mol^{-1})$
水	0.515	1.853
苯	2.53	5.12
四氯化碳	4.48	29.8
醋酸	2.53	3.90
萘	5.80	6.94
乙醇	1.22	—
丙酮	1.71	—
氯仿	3.63	—
硝基苯	5.24	7.00

同样的，溶液的凝固点要低于纯溶剂的凝固点，这被称为凝固点下降。产生这个现象的原因仍旧是溶液的蒸气压下降。如图 1－8 所示，当纯溶剂固体蒸气压等于纯溶剂液体蒸气压，即温度为纯溶剂凝固点时，溶液的饱和蒸气压仍低于纯溶剂固体的蒸气压。因此，观察不到溶液发生凝固。要使溶液发生凝固，就需要进一步使溶液温度下降，直至溶液的饱和蒸气压等于纯溶剂固体的蒸气压，这就造成溶液的凝固点总是低于纯溶剂的凝固点。与沸点升高相同，难挥发非电解质的稀溶液的凝固点下降值也与溶液的质量摩尔浓度成正比。

$$\Delta T_f = K_f m \qquad (1-31)$$

式中，ΔT_f为凝固点下降值，K_f为凝固点下降常数，m 为溶质的质量摩尔浓度。K_f的大小也只与溶剂性质有关，而与溶质本性无关。常见溶剂的 K_f值见表 1－2。

3. *渗透压*

在介绍稀溶液渗透压之前，我们首先要了解一下半透膜的性质。半透膜是一种某些物质可以透过，而另外一些物质不能透过的薄膜，如火棉胶、细胞膜、水果皮、动物肠衣、人造羊皮纸等。

如图 1－9 所示，如果在恒温、恒压下，用半透膜将溶液和纯溶剂在一个容器中分开，并使两边的液面等高。而该半透膜仅允许溶剂分子透过，而不允许溶质分子透过。那么经过一段时间后，我们可以观察溶液的液面逐渐升高，同时纯溶剂的液面逐渐下降，最后达到平衡，两边呈现出一个固定的液位差，这个现象称为渗透。如果要保持两边的液面等高，就必须向溶液施加一个额外的压力。这时，溶剂向溶液的渗透被阻止。这个压力是向溶液施加的、可以阻止渗透作用进行的最小压力，称为渗透压。渗透压产生的原因是：由于溶液的饱和蒸气压小于纯溶剂的饱和蒸气压，溶剂分子穿过半透膜进入溶液的速度大于溶剂分子自溶液进入纯溶剂的速度，因此，溶液的体积增大，液面升高。当溶液液面升到一定的高度后，在静压力的作用下，溶剂分子自溶液进入纯溶剂的速度逐渐增大。当半透膜两边溶剂分子的迁移速率相等时，渗透达到了平衡。由此可见，产生渗透现象的原因还是在于稀溶液的蒸气压降低。

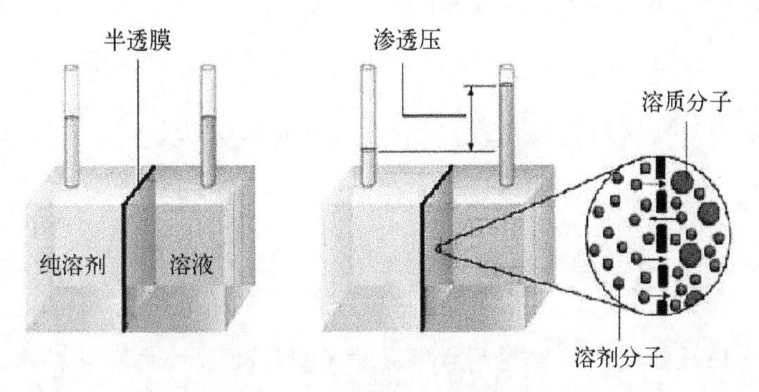

图 1-9 渗透压产生示意图

1887 年，范特霍夫提出了一个描述稀溶液渗透压与其浓度和温度之间关系的方程

$$\Pi = cRT \tag{1-32}$$

其中，Π 为稀溶液的渗透压，c 是溶液的体积摩尔浓度，R 是气体常数，T 是热力学温度。

需要指出的是，必须具备两个条件才能产生渗透现象：一是存在一个半透膜；二是半透膜两边的溶液浓度必须不同，也就是说渗透不仅可以在纯溶剂和溶液之间发生，还可以发生在不同浓度的溶液之间。半透膜两边溶液浓度差越大，渗透压越大。浓度相同的溶液之间，则不会发生渗透。

4. 稀溶液依数性的应用

依数性是稀溶液的重要性质，已被广泛地应用于相对分子质量测定、冷冻剂、防冻剂、医药、海水淡化等领域。下面对这些应用做简要介绍。

(1) 在冷冻剂、防冻剂方面的应用

利用稀溶液的凝固点下降，人们将冰、盐混合物作为冷冻剂可以获得零下二十度左右的低温。还可以在汽车的散热器中加入甘油或乙二醇等以避免汽车水箱中的水在冬天结冰。在道路的积雪上撒盐使其融化也是利用稀溶液凝固点下降的作用。

(2) 分子量的测量

通过测量稀溶液沸点上升、凝固点下降及渗透压可以准确地测定未知物质的分子量。如与其他实验手段相结合,可以进一步获得其分子式等信息。

例 1-10 将 6.50 g 乙二醇加入到 200 g 水中时,该溶液的凝固点为 −0.97℃,问乙二醇的摩尔质量是多少?

解: $\Delta T_f = K_f \times c_{乙二醇} = (0 + 273.15) - (-0.97 + 273.15) = 0.97(K)$

$$c_{乙二醇} = n_{乙二醇}/m_{H_2O} = (m_{乙二醇}/M_{乙二醇})/m_{H_2O}$$

$$M_{乙二醇} = K_f \times m_{乙二醇}/(\Delta T_f \times m_{H_2O}) = 1.85 \times 6.50/(0.97 \times 1.86)$$

$$=62(g \cdot mol^{-1})$$

∴ 乙二醇的摩尔质量是 62 $g \cdot mol^{-1}$

例 1-11 通过实验发现尼古丁是由 C、N、H 三种元素组成的,且三者之间的摩尔比为 C∶H∶N = 5∶7∶1。当将 0.496 g 尼古丁溶于 10.0 g 水中时,该溶液在 101 kPa 下的沸点为 100.17℃。请根据上述实验结果推导出尼古丁的分子式。

解: $\Delta T_b = (100.17 + 273.15) - (100.00 + 273.15) = 0.17(K)$

$$c_{尼古丁} = n_{尼古丁}/m_{H_2O} = (m_{尼古丁}/M_{尼古丁})/m_{H_2O}$$

$$\Delta T_b = K_b c_{尼古丁} = K_b \times (m_{尼古丁}/M_{尼古丁})/m_{H_2O}$$

$$M_{尼古丁} = K_b \times m_{尼古丁}/(\Delta T_b \times m_{H_2O}) = 0.513 \times 0.496/(0.17 \times 0.0100)$$

$$=150(g \cdot mol^{-1})$$

设尼古丁分子式为 $C_{5x}H_{7x}N_x$,则

$$M_{尼古丁} = 12 \times 5x + 1 \times 7x + 14 \times x = 81x = 150$$

$$x \approx 2$$

∴ 尼古丁的分子式为 $C_{10}H_{14}N_2$

此外,当分子较大时,可以利用稀溶液的渗透压测量其分子量。

例 1-12 293 K 下,将 1.00 g 血红蛋白溶于 100 mL 水中,制得血红蛋白的稀溶液。测得该溶液的渗透压为 369 Pa,问血红蛋白的相对分子质量是多少?

解：$\Pi = cRT = [(m_{血红蛋白}/M_{血红蛋白})/V]RT$

$$M_{血红蛋白} = m_{血红蛋白}RT/(\Pi V) = 1.00 \times 8.314 \times 293/[(369 \times 10^{-3}) \times (100 \times 10^{-3})]$$
$$= 6.6 \times 10^{4}$$

∴ 血红蛋白的相对分子质量为 6.6×10^{4}

第三节 化学反应中的能量关系

一、热力学能及热力学第一定律

对于任一系统，它都具有一定的能量。该能量通常分为整个系统运动的动能、整个系统的势能以及系统的热力学能三个部分。但在热力学研究中，一般不考虑整个系统运动的动能和整个系统的势能。系统的能量通常指的是系统的热力学能。所谓热力学能就是系统内部能量的总和，也称作内能，用符号“U”表示。它包括分子的移动能、分子的转动能、分子的振动能、分子之间相互作用的势能、电子运动能、原子核内能量等。显然，当系统状态一定时，其热力学能的大小也应有一确定的数值。因此，系统的热力学能是一个状态函数，其改变量仅由系统的始态、终态决定，而与系统的具体变化途径无关。由于系统内部各物质的运动形态、相互作用非常复杂，以及多种多样的物质结构，使得目前系统的热力学能的绝对值还无法测量，但是，其变化值可以测定。而在实际研究中人们并不需要知道系统的热力学能的绝对值，人们所关心的是系统在变化过程中热力学能的变化量。因此，尽管系统的热力学能的绝对值不能确定，但不影响实际问题的解决。

众所周知，自然界物质的运动遵循着一些基本规律，能量守恒定律就是其中的一条。其表述为自然界的一切物质都具有能量。能量具有多种形式，并且不同形式能量之间可以相互转化。在转化的过程中，能量不会自生自灭，只能从一种形式转化成另一种形式，并保持能量的总值不变。根据能量守恒定律，我们可以推导出：系统得到或失去的能量之和应该等于环境失去或得到的能量之和，即总的能量保持不变，这就是热力学第一定律。对于一个封闭系统来说，当其从一个状态转变到另一个状态时，系统热力学变化量（$\Delta U = U_2 - U_1$）等于系统吸收的热与环境对系统所做功之和，即

$$\Delta U = U_2 - U_1 = Q + W \quad (1-33)$$

上式即为热力学第一定律的数学表达式，其中系统放出热量 Q 为负值，系统吸收热量 Q 为正值；系统对环境做功 W 为负值，环境对系统做功 W 为正值。

例 1-13 如果一个体系从环境吸收了 500 kJ 的热量，对环境做了 100 kJ 的功，请问其热力学能变化值是多少？

解： $\Delta U = Q + W = 500 + (-100) = 400(\text{kJ})$

∴ 其热力学能变化值为 400 kJ

二、反应热及热容

(一) 反应热

大多数的化学反应过程都伴随着热量的放出或吸收。人们规定，反应终了以后，系统温度恢复到系统起始温度时，系统所放出或吸收的热量即为该反应的反应热或热效应。根据反应条件的不同，反应热可分为恒容反应热和恒压反应热两类。

当化学反应在密闭容器中进行时，即为恒容过程。经恒容过程进行的反应，其反应热称为恒容反应热(Q_v)。如果在反应过程中系统只做体积功，则 $W = 0$。根据热力学第一定律，

$$\Delta U = Q_v + W = Q_v \tag{1-34}$$

即恒容反应热等于系统热力学能的增量。

当化学反应在敞口容器进行时，系统压力 p 等于环境压力 $p_{外}$ 并保持不变，即为恒压过程。经恒压过程进行的反应，其反应热称为恒压反应热(Q_p)。

(二) 热容

当系统与环境之间以热的形式进行能量转移时，系统的温度也会随之变化。如果系统与环境之间的热传递无穷小，则系统温度的升高值正比于系统所吸收的热量，即

$$\mathrm{d}T \propto \mathrm{d}Q \tag{1-35}$$

经数学变换可得

$$\mathrm{d}Q = C\mathrm{d}T \tag{1-36}$$

式(1-36)中的 C 被称为热容。将式(1-36)进行数学变换，可得热容的数学表达式

$$C = \mathrm{d}Q/\mathrm{d}T \tag{1-37}$$

根据变化过程的不同，可将热容分为等压热容(C_p)和恒容热容(C_V)两类。此外，为便于比较，人们还规定了系统的摩尔热容(C_m)。其定义式为

$$C_m = C/n \tag{1-38}$$

三、焓及标准摩尔生成焓

(一) 焓

通常条件下，化学反应都是在敞口容器中进行的，即大部分化学反应过程是等压过程。如在反应过程中，系统不做非体积功，则根据热力学第一定律可知，

$$\Delta U = Q_p + W \tag{1-39}$$

$$W = -p(V_2 - V_1) \tag{1-40}$$

经数学转换，可得

$$\Delta U = Q_p - p(V_2 - V_1)$$

$$Q_p = \Delta U + p(V_2 - V_1)$$

$$Q_p = (U_2 - U_1) + p(V_2 - V_1)$$

$$Q_p = (U_2 + pV_2) - (U_1 + pV_1)$$

将$U+pV$定义为焓，即

$$H = U + pV \tag{1-41}$$

则

$$Q_p = H_2 - H_1 = \Delta H \tag{1-42}$$

由式(1-41)可以看到，焓是由U、p、V三个状态函数组合而成的。因此，焓也是一个状态函数。它与热力学能一样，具有加和性，但绝对值无法确定。当系统发生恒压变化且不做非体积功时，其吸收或放出的热量等于系统的焓变。焓是一个状态函数，它的大小仅与系统的始态、终态有关。这为反应热的测定提供了一个方便的途径。因此，在研究化学反应热效应时，通常用焓变ΔH代替反应热Q_p。但需要注意的是，系统在任意条件下都具有一定的焓变(ΔH)，只是在其他条件下焓变与Q之间没有直接的关系。它只有在恒压条件且系统不做非体积功时才与Q相等。

在恒压过程中，式(1-42)还可以写作

$$\Delta H = H_2 - H_1 = (U_2 + pV_2) - (U_1 + pV_1)$$
$$= \Delta U + p(V_2 - V_1) = \Delta U + p\Delta V \quad (1-43)$$

因此，在恒压条件且系统不做非体积功时，系统的焓变即 Q_p 是系统热力学能变化值与系统所做体积功之和。由于液体、固体之间的体积差异不大，因而化学反应过程中系统所做体积功主要源于反应过程中气体体积的改变。如反应物、产物中的气体遵循理想气体状态方程，则

$$\Delta H = \Delta U + p\Delta V = \Delta U + (n_{气体产物} - n_{气体反应物})RT = \Delta U + \Delta n_{气体}RT \quad (1-44)$$

式(1-44)即为恒压条件且系统不做非体积功时，ΔH 与 ΔU 之间的关系。由此，我们可以通过测量系统的焓变来计算系统的热力学能的变化。

例 1-14 298 K、100 kPa 下，0.5 mol 的 C_2H_4 和 H_2 反应放出 68.2 kJ 的热，求 1 mol C_2H_4 反应时的 ΔH 和 ΔU。

解：反应方程式为 $C_2H_4(g) + H_2(g) \xlongequal{} C_2H_6(g)$

∵ 反应是在恒压条件下进行，且系统不做非体积功

$\therefore \Delta H = Q_p = 2 \times (-68.2) = -136.4(kJ)$

$\Delta H = \Delta U + \Delta n_{气体}RT$

$\Delta U = \Delta H - \Delta n_{气体}RT = -136.4 - [(1-2) \times 8.314 \times 298]/1\,000$

$= -133.92(kJ)$

由上例我们可以发现，ΔH 和 ΔU 比较接近。因此，在某些情况下，如产物和反应物中不含气体时，可以近似地认为 ΔH 和 ΔU 相等。

(二) 标准摩尔生成焓

尽管物质焓的绝对值无法确定，但如果能够确定反应中各物质焓的相对值，也可以使得系统焓变的计算大大简化。为此，科学家们制定了一套用于计算系统焓变的各物质焓的相对标准值。其定义是：在标准状态下，给定温度时，由最稳定单质生成 1 mol 某物质的焓变称为该物质在此温度下的标准摩尔生成焓，符号为 $\Delta_f H_m^\ominus$(如温度不为 298.15 K，则需要标明)。例如，298.15 K、100 kPa 下，石墨与氢反应生成 1 mol 甲烷时的焓变为 -74.6 kJ。

$$C(s,石墨) + 2H_2(g) \xlongequal{} CH_4(g)$$

甲烷的标准摩尔生成焓 $\Delta_f H_m^\ominus$ 为 $-74.6\ kJ \cdot mol^{-1}$。需要注意的是，当甲烷不为

1 mol，而是 2 mol 时，则反应的焓变不等于甲烷的标准摩尔生成焓，而是 $\Delta H = 2\Delta_f H_m^\ominus$。

根据标准摩尔生成焓的定义可知，稳定单质的标准摩尔生成焓为零。如果一种元素存在多种单质时，只有最稳定的单质的标准摩尔生成焓为零。最稳定单质指的是在给定温度的标准状态下的最稳定单质。例如，C(s)有多种同素异形体石墨、无定形碳、金刚石和 C_{60} 等，在 298 K、100 kPa 下石墨最稳定，故 $\Delta_f H_m^\ominus$(石墨) = 0，$\Delta_f H_m^\ominus$(金刚石) = 1.896 $kJ \cdot mol^{-1}$。一般来说，我们能够查阅的物质的标准摩尔生成焓基本上都是在 298 K 下的热力学数据。因此，在本书中如不特殊说明，反应均在 298.15 K、100 kPa 下进行。此外，还要注意的是，当物质的聚集态不同时，其标准摩尔生成焓也会有所不同。例如

$$\Delta_f H_m^\ominus(H_2O,\ l) = -285.838\ kJ \cdot mol^{-1}$$

$$\Delta_f H_m^\ominus(H_2O,\ g) = -241.825\ kJ \cdot mol^{-1}$$

四、标准摩尔燃烧焓及盖斯定律

(一) 标准摩尔燃烧焓

所谓的标准摩尔燃烧焓指的是在标准状态下，1 mol 物质完全燃烧(氧化)生成指定产物时的焓变，符号为 $\Delta_c H_m^\ominus$(如温度不为 298.15 K，则需要标明)。由于物质燃烧时的产物不止一种，燃烧产物的聚集态也多种多样。因此，在使用标准摩尔燃烧焓时必须确定物质燃烧的最终产物及其聚集态。一般情况下，人们指定物质中的 C 燃烧后的产物为 CO_2(g)，H 的产物为 H_2O (l)，S 的产物为 SO_2(g)，N 的产物为 N_2(g)，金属变为单质等。需要指出的是上述产物并非总是与实际的产物吻合。它们仅仅是人为制定的一个基准。表 1－3 列出了一些常见物质的标准摩尔燃烧焓。

表 1－3 一些常见物质的标准摩尔燃烧焓

物质	$\Delta_c H_m^\ominus/(kJ \cdot mol^{-1})$	物质	$\Delta_c H_m^\ominus/(kJ \cdot mol^{-1})$
H_2(g)	−285.5	甲醇(l)	−726.6
C(石墨)	−393.5	乙醇(l)	−1 366.7
CO(g)	−283.0	甲醛(g)	−563.6
甲烷(g)	−890.3	乙醛(g)	−1 192.4
乙烷(g)	−1 559.9	甲酸(l)	−269.9
乙烯(g)	−1 411.0	乙酸(l)	−871.5
乙炔(g)	−1 299.6	草酸(s)	−246.0

与标准摩尔生成焓类似，物质的标准摩尔燃烧焓也与物质的聚集态有关。同一物质，聚集态不同时，其标准摩尔燃烧焓也有所差异。

(二) 盖斯定律

在对大量反应热数据进行了分析、归纳后，盖斯于 1840 年提出了一条经验规律：一个化学反应不论是一步完成还是分步完成，其热效应完全相同，这就是盖斯定律。

由于绝大多数的化学反应是在恒压或恒容条件下进行的，且不做非体积功，因此，化学反应的热效应就分别等于系统的焓变或热力学能的改变值。由于热力学能和焓是状态函数，其变化量只与反应始态、终态有关，而与反应途径无关。因此，盖斯定律实质是热力学第一定律的体现。实验结果也证明了这一点。严格说来，盖斯定律仅对恒压反应或恒容反应有效。然而，盖斯定律仍为获取一些难以测定或不能测定的反应热效应数据提供了一个方便而有效的工具。

五、化学反应热的计算

(一) 化学反应计量数和反应进度

对于任一反应 $aA + cC \xlongequal{} gG + dD$，$a$ mol 物质 A 与 c mol 物质 C 反应，将生成 g mol 物质 G 和 d mol 物质 D。人们将这种情况定义为发生了 1 mol 上述反应。根据物质守恒定律，上述反应方程式经数学变换后，可写作

$$gG + dD - aA - cC = 0$$

若令 $a = -v_A$、$c = -v_C$、$g = v_G$、$d = v_D$，则

$$v_G G + v_D D + v_A A + v_C C = 0$$

写作通式

$$\sum v_B B_i = 0 \tag{1-45}$$

式(1-45)被称为反应的化学计量式，v_B 被称作物质 B 的化学反应计量数。化学反应计量数是一个无量纲的纯数，其绝对值大小等于方程式中物质 B 的系数。物质 B 如为反应物其化学反应计量数为负值，如为产物则为正值。

反应进度是一个用来描述化学反应进行程度的物理量，符号为 ξ。其定义为

$$\xi = (n_B(\xi) - n_B(0))/v_B \tag{1-46}$$

$n_B(0)$ 是反应开始时刻物质 B 的量，$n_B(\xi)$ 是反应进度为 ξ 时物质 B 的量，v_B 为物质 B 的化学反应计量数。由此可见，反应进度的单位为 mol，数值可以是正整数、分数

或零。反应进度为 1 mol 表示的是有 v_A mol 的 A 物质与 v_C mol 的 C 物质反应，生成了 v_G mol 物质 G 和 v_D mol 物质 D。

需要注意的是，对于同一化学反应，同一时刻不同物质的反应进度相同。但当化学反应方程写法发生改变时，同一数值的反应进度的含义有所差别。例如

$$2H_2 + O_2 = 2H_2O$$

$\xi = 1$ mol 表示的是已有 2 mol H_2 与 1 mol O_2 反应，生成了 2 mol H_2O。

$$H_2 + 1/2O_2 = H_2O$$

$\xi = 1$ mol 表示的是已有 1 mol H_2 与 0.5 mol O_2 反应，生成了 1 mol H_2O。因此，使用反应进度时必须明确具体的化学反应方程式，否则其意义不明确。

(二) 热化学反应方程式

热化学反应方程式指的是反映化学反应与反应热效应之间关系的方程式。例如 298 K、标准状态下

$$C(s) + O_2(g) = CO_2(g),\ \Delta_r H_m^\ominus = -393.5\ kJ \cdot mol^{-1}$$

$$H_2(g) + 1/2O_2(g) = H_2O(g),\ \Delta_r H_m^\ominus = -241.82\ kJ \cdot mol^{-1}$$

$$H_2(g) + 1/2O_2(g) = H_2O(l),\ \Delta_r H_m^\ominus = -285.8\ kJ \cdot mol^{-1}$$

上面反应式中的 $\Delta_r H_m^\ominus$ 被称为标准摩尔反应焓变。其值为正时，表示该反应为吸热反应；其值为负时，表示该反应为放热反应。

书写热化学反应方程式需要注意以下几点

1) 需注明反应温度和反应压力。如果是 298.15 K、100 kPa 可略去不写。

2) 反应物、生成物均需标明聚集状态。一般使用 g、l、s 表示气态、液态和固态。

3) 写明化学计量方程式。同一反应，反应式系数不同，$\Delta_r H_m^\ominus$ 或 Q 不同。如：

$$2H_2(g) + O_2(g) = 2H_2O(g),\ \Delta_r H_m^\ominus = -483.64\ kJ \cdot mol^{-1}$$

4) 正、逆反应的 $\Delta_r H_m^\ominus$ 数值相等，符号相反。例如

$$H_2(g) + 1/2O_2(g) = H_2O(g),\ \Delta_r H_m^\ominus = -241.82\ kJ \cdot mol^{-1}$$

$$H_2O(g) = H_2(g) + 1/2O_2(g),\ \Delta_r H_m^\ominus = 241.82\ kJ \cdot mol^{-1}$$

5) 化学反应方程式与 $\Delta_r H_m$ 间用逗号或分号分开。

6) $\Delta_r H_m$ 中的 m 表示按照反应方程式各物质进行了完全反应，反应进度为 1 mol。

(三) 利用盖斯定律计算化学反应的热效应

由于在恒压或恒容、不做非体积功的条件下化学反应热具有状态函数的特征，因此可以将一个化学反应看作是若干个热化学方程式相加或相减的结果。这些热化学方程式可被视作该反应的中间步骤。这样，该化学反应的热效应可通过各个步骤热效应相加或相减得到。这就为获取一些难以测定或不能测定的反应热效应数据提供了一个方便而有效的工具。

对于这些不易测定的化学反应，可以设想其由一系列反应热已知的化学反应组成的途径进行反应。根据盖斯定律，由于反应始态、终态不变，因此由上述途径进行反应所产生的总热效应与该化学反应的热效应相等。

例 1-15 $C(s) + O_2(g) \xlongequal{\quad} CO_2(g)$，$\Delta_r H_m^\ominus(1) = -393.5\ kJ \cdot mol^{-1}$

$CO(g) + 1/2O_2(g) \xlongequal{\quad} CO_2(g)$，$\Delta_r H_m^\ominus(2) = -283.0\ kJ \cdot mol^{-1}$

求：$C(s) + 1/2O_2(g) \xlongequal{\quad} CO(g)$ 的 $\Delta_r H_m^\ominus(3)$

解： $C(s) + 1/2O_2(g) \xlongequal{\quad} CO(g)$ 可通过如下图所示的两个途径进行：

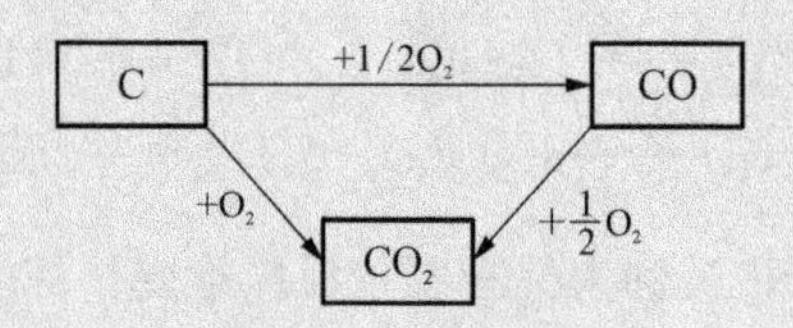

$$\Delta_r H_m^\ominus(3) = \Delta_r H_m^\ominus(1) - \Delta_r H_m^\ominus(2) = -393.5 - (-283.0) = -110.5(kJ \cdot mol^{-1})$$

此外，也可以通过直接将热化学方程式相加或相减来计算总反应的热效应。

例 1-16 已知下列反应的热效应

(1) $Fe_2O_3(s) + 3CO(g) \xlongequal{\quad} 2Fe(s) + 3CO_2(g)$，$\Delta_r H_1 = -27.6\ kJ \cdot mol^{-1}$

(2) $3Fe_2O_3(s) + CO(g) \xlongequal{\quad} 2Fe_3O_4(s) + CO_2(g)$，$\Delta_r H_2 = -58.6\ kJ \cdot mol^{-1}$

(3) $Fe_3O_4(s) + CO(g) \xlongequal{\quad} 3FeO(s) + CO_2(g)$，$\Delta_r H_3 = 38.1\ kJ \cdot mol^{-1}$

求(4) $FeO(s) + CO(g) \xlongequal{\quad} Fe(s) + CO_2(g)$ 的 $\Delta_r H_4$

解： 由上述方程式可以推出

$$\begin{array}{rl} & 3Fe_2O_3(s) + 9CO(g) \xlongequal{\quad} 6Fe(s) + 9CO_2(g) \\ - & 3Fe_2O_3(s) + CO(g) \xlongequal{\quad} 2Fe_3O_4(s) + CO_2(g) \\ \hline & 2Fe_3O_4(s) + 8CO(g) \xlongequal{\quad} 6Fe(s) + 8CO_2(g) \end{array}$$

$$
\begin{array}{l}
-\quad 2Fe_3O_4(s)+2CO(g) = 6FeO(s)+2CO_2(g) \\
\hline
6FeO(s)+6CO(g) = 6Fe(s)+6CO_2(g)
\end{array}
$$

∴ 方程式(4)=[方程式(1)×3−方程式(2)−方程式(3)×2]/6

$$
\begin{aligned}
\therefore \Delta_r H_4 &= (3\Delta_r H_1 - \Delta_r H_2 - 2\Delta_r H_3)/6 \\
&= [-27.6\times 3-(-58.6)-38.1\times 2]/6 = -16.73(\text{kJ}\cdot\text{mol}^{-1})
\end{aligned}
$$

需要指出的是，这些反应可以根据解决问题的需要人为地进行设置，不必考虑其能否真实发生。

（四）利用标准摩尔燃烧焓计算化学反应热效应

利用物质的标准摩尔燃烧焓可以计算出另一些反应的热效应。对于一个化学反应：$aA + bB = cC + dD$，其热效应 $\Delta_r H$ 为：

$$
\Delta_r H = a\Delta_c H_m^\ominus(A) + b\Delta_c H_m^\ominus(B) - c\Delta_c H_m^\ominus(C) - d\Delta_c H_m^\ominus(D)
$$

$$
\Delta_r H = \sum \nu_i \Delta_c H_m^\ominus(\text{反应物}) - \sum \nu_i \Delta_c H_m^\ominus(\text{生成物}) \qquad (1-47)
$$

式(1－47)为由标准摩尔燃烧焓计算化学反应热效应的通式，式中的 v_i 为反应方程式中各物质的系数。

例 1－17　由物质的标准摩尔燃烧焓数据，计算乙烷脱氢反应的热效应。

解： 乙烷脱氢反应为：$C_2H_6(g) = C_2H_4(g) + H_2(g)$

查表可知 $C_2H_6(g)$ 的标准摩尔燃烧焓为－1 559.9 kJ·mol^{-1}，$C_2H_4(g)$ 的标准摩尔燃烧焓为－1 411.0 kJ·mol^{-1}，$H_2(g)$ 的标准摩尔燃烧焓为－285.5 kJ·mol^{-1}。

$$
\begin{aligned}
\Delta_r H &= \sum \nu_i \Delta_c H_m^\ominus(\text{反应物}) - \sum \nu_i \Delta_c H_m^\ominus(\text{生成物}) \\
&= -1\,559.9-[-1\,411.0+(-285.5)] = 136.6(\text{kJ}\cdot\text{mol}^{-1})
\end{aligned}
$$

（五）通过标准摩尔生成焓计算标准摩尔反应焓变

对于一个化学反应，利用物质的标准摩尔生成焓，可以很方便地计算出该反应的标准摩尔反应焓变。根据盖斯定律，可以推导出，任一化学反应 $aA + bB = cC + dD$ 的标准摩尔反应焓变 $\Delta_r H_m^\ominus$ 为

$$
\Delta_r H_m^\ominus = c\Delta_f H_m^\ominus(C) + d\Delta_f H_m^\ominus(D) - a\Delta_f H_m^\ominus(A) - b\Delta_f H_m^\ominus(B)
$$

$$
\Delta_r H_m^\ominus = \sum \nu_i \Delta_f H_m^\ominus(\text{生成物}) - \sum \nu_i \Delta_f H_m^\ominus(\text{反应物}) \qquad (1-48)
$$

式(1-48)为由标准摩尔生成焓计算标准摩尔反应焓变的通式，式中的 ν_i 为反应方程式中各物质的系数。

例 1-18 298.15 K、标准状态下，双甘氨肽与 O_2 反应生成尿素和水

$$C_4H_8N_2O_3(s)+3O_2(g)=\!=\!=CH_4N_2O(s)+3CO_2(g)+2H_2O(l)$$

求该反应的标准摩尔反应焓变

解： $C_4H_8N_2O_3(s)+3O_2(g)=\!=\!=CH_4N_2O(s)+3CO_2(g)+2H_2O(l)$

查表得 $C_4H_8N_2O_3(s)$ 的标准摩尔生成焓为 $-745.25\ kJ\cdot mol^{-1}$，$O_2(g)$ 的标准摩尔生成焓为 0，$CH_4N_2O(s)$ 的标准摩尔生成焓为 $-333.17\ kJ\cdot mol^{-1}$，$CO_2(g)$ 的标准摩尔生成焓为 $-393.51\ kJ\cdot mol^{-1}$，$H_2O(l)$ 的标准摩尔生成焓为 $-285.83\ kJ\cdot mol^{-1}$。

$$\begin{aligned}\Delta_r H_m^\ominus &= \sum \nu_i \Delta_f H_m^\ominus(\text{生成物}) - \sum \nu_i \Delta_f H_m^\ominus(\text{反应物})\\ &=[-333.17+3\times(-393.51)+2\times(-285.83)]-(-745.25+3\times0)\\ &=-1\,340.11(kJ\cdot mol^{-1})\end{aligned}$$

思考题与习题

1. 什么是系统，什么是环境？它们之间的关系如何？

2. 状态函数有什么样的特性？

3. 什么是恒压反应热和恒容反应热？它们与热力学能变和焓变之间的关系是什么？

4. 化学方程式中的系数与化学计量数之间的区别是什么？

5. 相同质量的乙醇和甘油分别溶于 100 g 水中，比较各自溶液的凝固点、沸点和渗透压。

6. 请命名下列无机化合物。

$FeCl_3$　Cu_2O　$KMnO_4$　$KClO_3$　$Na_2S_2O_3$　$H_2S_2O_4$

7. 相对湿度指的是空气中水蒸气的分压与同温度时水的饱和蒸汽压之比。试求 20℃，空气相对湿度 45%时每升空气中水蒸气的质量。

8. 20℃时，将 20.0 L、压力为 101.3 kPa 的空气缓慢地通过盛有 30℃溴苯的容器。经检测，空气通过后，溴苯质量减少了 0.950 g。假设空气通过溴苯后即被溴苯饱和，且容器前后压力差忽略不计，则 30℃时溴苯饱和蒸汽压是多少？

9. 将 0.450 g 非电解质溶于 30.0 g 水中。该溶液的凝固点较纯水下降了 0.15℃，那么该物质的相对分子质量是多少？

10. 在冬天，为了防止汽车水箱中的冷却水结冰，需将其凝固点下降到 −3℃。要达到这个要求，需要向 1 000 g 的水中加入多少克甘油？

11. 298.15 K 时，$MnO_2(s) = MnO(s) + 1/2O_2(g)$ 的 $\Delta_r H_m^\ominus(1)$ 为 134.8 kJ・mol^{-1}，$MnO_2(s) + Mn(s) = 2MnO(s)$ 的 $\Delta_r H_m^\ominus(2)$ 为 −250.4 kJ・mol^{-1}，请求出 $MnO_2(s)$ 的 $\Delta_f H_m^\ominus$。

12. 某一系统在变化过程中对环境做功 25 kJ，同时吸收了 100 kJ 的热量，请问其热力学能变化量是多少？

13. 糖在生命活动中的代谢过程为 $C_{12}H_{22}O_{11}(s) + 12O_2(g) = 12CO_2(g) + 11H_2O(l)$

查表可知 $C_{12}H_{22}O_{11}(s)$、$O_2(g)$、$CO_2(g)$、$H_2O(l)$ 的 $\Delta_f H_m^\ominus$ 分别为 −2 225.5 kJ・mol^{-1}、0、−393.509 kJ・mol^{-1}、−285.83 kJ・mol^{-1}。请问恒压条件下该反应的热效应是多少？

14. 苯和氧的反应如下所示：$C_6H_6(l) + 7.5O_2(g) = 6CO_2(g) + 3H_2O(l)$

298.15 K、100 kPa 下，0.25 mol 液态苯与氧气完全反应放出 817 kJ 热量，求该反应的 $\Delta_r H_m^\ominus$ 和 $\Delta_r U_m^\ominus$。

15. 已知液态苯的燃烧焓 $\Delta_c H_m^\ominus$ 为 −3 267.6 kJ・mol^{-1}、C（石墨，s）的燃烧焓 $\Delta_c H_m^\ominus$ 为 −393.5 kJ・mol^{-1}、氢气的燃烧焓 $\Delta_c H_m^\ominus$ 为 −285.8 kJ・mol^{-1}。计算 298 K 时液态苯的标准摩尔生成焓 $\Delta_f H_m^\ominus$。

16. 已知下列化学反应的热效应

(1) $C_2H_2(g) + 5/2O_2(g) = 2CO_2(g) + H_2O(g)$，$\Delta_r H_m^\ominus = -1\,256.2$ kJ・mol^{-1}

(2) $C(s) + 2H_2O(g) = CO_2(g) + 2H_2(g)$，$\Delta_r H_m^\ominus = 90.1$ kJ・mol^{-1}

(3) $2H_2O(g) = 2H_2(g) + O_2(g)$，$\Delta_r H_m^\ominus = 483.6$ kJ・mol^{-1}

求乙炔的生成焓 $\Delta_f H_m^\ominus$。

第二章 化学反应速率

在化学反应中涉及反应速率的领域属于化学动力学范畴。在宏观表现上"动力学"意味着移动或改变，即研究各种宏观因素，如浓度、温度、催化剂等对反应速率的影响及建立化学反应的速率方程。在微观领域着重从分子水平上揭示反应机理，建立基元反应的速率理论和速率方程。本章所述化学反应速率是反应动力学的一部分，指反应物或产物的浓度随时间的变化规律和机理。

任何反应可用"反应物$\longrightarrow$产物"表示，在反应达到平衡前，随着反应物被消耗，产物的量逐渐增加。因此，我们可以通过反应物浓度的降低或产物浓度的升高去监测一个反应的进程。有些反应，如中和反应和爆炸反应等，反应非常迅速，甚至在瞬间就能完成。但有些反应，例如，$CaCO_3$在常温下的分解、石油的形成等，它们进行得很慢，以致在有限的时间内难以察觉。

第一节　反应速率概念

衡量化学反应快慢程度的物理量称为化学反应速率。对任意一个总反应：$a\mathrm{A}+b\mathrm{B}\longrightarrow e\mathrm{E}+f\mathrm{F}$，化学反应速率通常是指在一定条件下反应物转变为生成物的速率，经常用单位时间内反应物浓度的减少或生成物浓度的增加表示。浓度的单位常用$\mathrm{mol\cdot L^{-1}}$，时间的单位根据实际情况可以用秒(s)，分钟(min)或小时(h)。因此根据反应速率的快慢，反应速率的单位可以用$\mathrm{mol\cdot L^{-1}\cdot s^{-1}}$，$\mathrm{mol\cdot L^{-1}\cdot min^{-1}}$或$\mathrm{mol\cdot L^{-1}\cdot h^{-1}}$表示。

一、平均速率

通常讲的化学反应速率实际上是平均速率，即用单位时间间隔内反应物浓度的减少或生成物浓度的增加表示。很明显，某物质（反应物或生成物）的平均反应速率与单位时间内该物质的摩尔浓度的变化值成正比。平均速率为正值。

比如反应 A $\longrightarrow$ B，根据平均速率的定义，可用：$\bar{v}=-\dfrac{\Delta c_A}{\Delta t}$ 或 $\bar{v}=\dfrac{\Delta c_B}{\Delta t}$ 表示反应平均速率。Δc_A 和 Δc_B 分别代表 Δt 时间内反应物浓度和生成物浓度的变化，$\bar{v}$ 表示平均速率。因为反应物的浓度随时间的变化降低，所以 Δc_A 是一个负值，为了保证反应速率是正值，因此在用单位时间内反应物的浓度变化表示反应速率时，需要在速率表达式前加一个负号。

例 2-1 如氮气与氢气按下式反应生成氨气

$$N_2(g)+3H_2(g) = 2NH_3(g)$$

测得的有关数据如表 2-1 所示：

	N_2	H_2	NH_3
起始浓度/($mol \cdot L^{-1}$)	2.0	3.0	0.0
2s 末浓度/($mol \cdot L^{-1}$)	1.8	2.4	0.4

根据表 2-1 计算合成氨反应的反应速率。

解：从表中的数据可知，该反应时间间隔 $\Delta t = t_2 - t_1 = 2-0 = 2\ s$。对反应物 N_2，起始浓度为 2.0 $mol \cdot L^{-1}$，2 s 末的浓度为 1.8 $mol \cdot L^{-1}$，所以在 2 s 内其浓度变化 Δc 为 $1.8-2.0=-0.2(mol \cdot L^{-1})$，$N_2$ 的反应速率计算过程如式(2-1)所示，因为 N_2 为反应物，其浓度随反应的进行逐渐降低，式中的负号是为了使反应速率保持正值。

$$\bar{v}(N_2)=-\frac{\Delta c(N_2)}{\Delta t}=-\frac{(1.8-2.0)}{(2-0)}=0.1(mol \cdot L^{-1} \cdot s^{-1}) \quad (2-1)$$

类似地，我们可以计算 H_2 的反应速率

$$\bar{v}(H_2)=-\frac{\Delta c(H_2)}{\Delta t}=-\frac{(2.4-3.0)}{(2-0)}=0.3(mol \cdot L^{-1} \cdot s^{-1}) \quad (2-2)$$

对于产物 NH_3，在达到平衡之前，由于其浓度随时间延长而增加，所以其反应速率可直接通过单位时间内其浓度的变化计算

$$\bar{v}(NH_3)=+\frac{\Delta c(NH_3)}{\Delta t}=+\frac{(0.4-0.0)}{(2-0)}=0.2(mol \cdot L^{-1} \cdot s^{-1}) \quad (2-3)$$

很明显，同一时间间隔内，用 N_2、H_2或 NH_3表示的反应速率值是不一样的。但它们反映的问题的实质却是一致的，所以 N_2、H_2和 NH_3的反应速率之间一定存在着某种关系。根据式(2-1)至式(2-3)的结果，可见 N_2、H_2、NH_3的反应速率之间的关系为：$\bar{v}(N_2):\bar{v}(H_2):\bar{v}(NH_3)=1:3:2$，即各物质反应速率之比为化学反应方程式中各物质前化学计量系数之比，生成 1 mol NH_3需要消耗 0.5 mol N_2和 1.5 mol H_2，H_2的消耗速率是 N_2的 3 倍。

进一步地，得出该反应的速率与反应物 N_2、H_2和生成物 NH_3表示的反应速率之间的关系如下

$$\bar{v}=-\frac{\Delta c(N_2)}{\Delta t}=-\frac{\Delta c(H_2)}{3\Delta t}=+\frac{\Delta c(NH_3)}{2\Delta t} \tag{2-4}$$

由 N_2、H_2、NH_3的反应速率之间的关系，对于一般的反应 $aA+bB \longrightarrow eE+fF$，我们可以得出如下关系式

$$\bar{v}=-\frac{1}{a}\frac{\Delta c_A}{\Delta t}=-\frac{1}{b}\frac{\Delta c_B}{\Delta t}=\frac{1}{e}\frac{\Delta c_E}{\Delta t}=\frac{1}{f}\frac{\Delta c_F}{\Delta t} \tag{2-5}$$

即

$$\bar{v}=\frac{v_A}{a}=\frac{v_B}{b}=\frac{v_E}{e}=\frac{v_F}{f} \tag{2-6}$$

式(2-5)和(2-6)中，a、b、e 和 f 分别为反应物 A、B 和产物 E、F 的化学计量系数。原则上，用单位时间内任何一种反应物或生成物的浓度随时间的变化均可表示化学反应速率。但实际上，我们经常采用浓度变化易于测量的那种物质来研究某一反应的速率。

二、瞬时速率

某一时刻，即 $\Delta t \rightarrow 0$ 的化学反应速率称为瞬时速率。瞬时速率可用反应物的浓度对时间作图求得。通式为 $v=dc_A/dt$，如乙酸乙酯在碱性条件下水解的反应：

$$CH_3COOC_2H_5+OH^- = CH_3COO^-+CH_3CH_2OH$$

表 2-2 中给出了部分数据。利用表 2-2 中 OH^- 的浓度对时间作图(图 2-1)，曲线上任一点的斜率即为该时刻的瞬时反应速率。实验表明，在一定温度下，增加反应物的浓度可以提高反应速率。从图中可观察 0 min (A 点)、5 min (B 点)、10 min (C 点)、15 min (D 点)时的各条切线，看出它们的斜率依次减小，即从

0 min 至 15 min 各时刻所代表的瞬时速率依次减小。

表 2-2 $CH_3COOC_2H_5$ 在 NaOH 溶液中的分解速率(298 K)

时间 t/min	时间变化 Δt/min	$\frac{c(OH^-)}{mol \cdot L^{-1}}$	$\frac{-\Delta c(OH^-)}{mol \cdot L^{-1}}$	反应速率 $\bar{v}/(mol \cdot L^{-1} \cdot min^{-1})$
0	0	0.010	—	—
3	3	0.007 4	0.002 6	8.67×10^{-4}
5	2	0.006 3	0.001 06	5.3×10^{-4}
7	2	0.005 5	0.000 84	4.2×10^{-4}
10	3	0.004 6	0.000 86	2.87×10^{-4}
15	5	0.003 6	0.001 01	2.02×10^{-4}
21	6	0.002 9	0.000 75	1.25×10^{-4}
25	4	0.002 5	0.000 34	0.85×10^{-4}

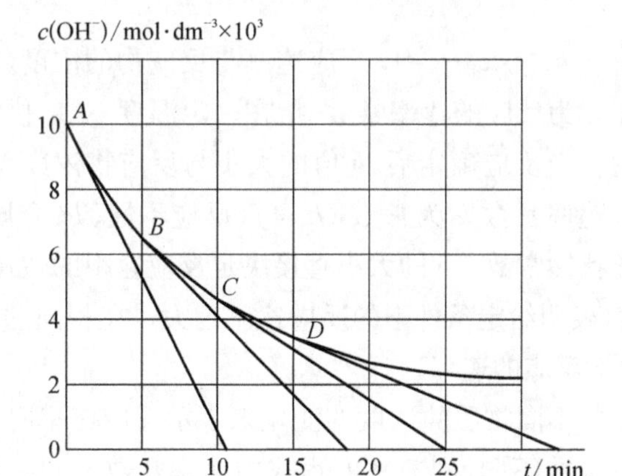

图 2-1 $CH_3COOC_2H_5$ 水解过程中 NaOH 的浓度与反应时间的关系图

第二节 反应速率方程

一、反应速率方程的基本形式

对于一个一般的反应 $mA + nB \longrightarrow eE + fF$，反应的速率方程可以表示为

$$v = kc_A^{\alpha} \cdot c_B^{\beta} \quad (2-7)$$

v 表示该反应的速率，k 为速率常数，α，β 分别为反应物 A 和 B 的反应级数，称为分反应级数。总反应的反应级数 n 为各分反应级数之和，即 $n = \alpha + \beta$。如果已知速率

常数 k，反应级数 α，β 和反应物 A，B 的浓度，根据 $v = kc_{\mathrm{A}}^{\alpha} \cdot c_{\mathrm{B}}^{\beta}$，可以求算反应的速率。

在书写速率方程时，应注意下列情况。

对于在稀溶液中有溶剂参加的化学反应，其速率方程中不必列出溶剂的浓度。如下列葡萄糖水解的反应，水作为溶剂虽然参与反应但在速率方程中不必列出。

$$C_{12}H_{22}O_{11} + H_2O \xrightarrow{\text{酸催化}} C_6H_{12}O_6 + C_6H_{12}O_6$$

$$v = kc^{m}(C_{12}H_{22}O_{11}) \tag{2-8}$$

另外，固体或纯液体参加的化学反应，在速率方程中也不必列出。

二、反应速率常数

在速率方程 $v = kc_{\mathrm{A}}^{\alpha} \cdot c_{\mathrm{B}}^{\beta}\cdots$ 中，反应速率与反应物的浓度（或浓度的幂）成正比，比例常数是 k。k 为反应的速率常数，指在一定温度下，单位浓度的反应速率，是通过实验确定的。当反应确定后，k 值的大小与反应物浓度无关。在一定温度下，对于指定反应，速率常数 k 为常数，$k = f$（反应本性、T、介质、$cat\cdots$），它是由反应物本性决定的特性常数。k 的大小直接决定反应速率的快慢及反应进行的难易程度。k 值越大，表明给定条件下的反应速率越大。在相同的浓度条件下，可用 k 的大小来比较化学反应的速率。

当用反应体系中不同物质的浓度的变化来表示反应速率时，如果反应方程式中各物质前的计量系数不同，则速率方程式中速率常数不同。如对于反应 $a\mathrm{A} + b\mathrm{B} \longrightarrow e\mathrm{E} + f\mathrm{F}$

$$v(\mathrm{A}) = -\frac{\Delta c_{\mathrm{A}}}{\Delta t} = k_{\mathrm{A}} c_{\mathrm{A}}^{\alpha} c_{B}^{\beta} \tag{2-9}$$

$$v(\mathrm{B}) = -\frac{\Delta c_{\mathrm{B}}}{\Delta t} = k_{\mathrm{B}} c_{\mathrm{A}}^{\alpha} c_{B}^{\beta} \tag{2-10}$$

$$v(\mathrm{E}) = \frac{\Delta c_{\mathrm{E}}}{\Delta t} = k_{\mathrm{E}} c_{\mathrm{A}}^{\alpha} c_{B}^{\beta} \tag{2-11}$$

$$v(\mathrm{F}) = \frac{\Delta c_{\mathrm{F}}}{\Delta t} = k_{\mathrm{F}} c_{\mathrm{A}}^{\alpha} c_{B}^{\beta} \tag{2-12}$$

由式(2-9)至式(2-12)可见，分别用不同的反应物和生成物表示这个反应的速率时，在速率方程表达式中速率常数不同。根据式(2－5)至式(2－6)，我们可以得出该反应中不同物质反应速率之间有如下关系

$$\frac{v(\mathrm{A})}{a}=\frac{v(\mathrm{B})}{b}=\frac{v(\mathrm{E})}{e}=\frac{v(\mathrm{F})}{f} \tag{2-13}$$

将不同物质表示的速率方程或(2－9)至式(2－12)代入式(2－13)，得出如下关系

$$\frac{k_\mathrm{A}}{a}=\frac{k_\mathrm{B}}{b}=\frac{k_\mathrm{E}}{e}=\frac{k_\mathrm{F}}{f} \tag{2-14}$$

即对于指定反应，不同物质的速率常数之比等于反应方程式中各物质的计量系数之比。进一步地，根据式(2－15)可知，速率常数 k 的单位与反应级数有关。

$$v=kc_\mathrm{A}^{\alpha}\cdot c_\mathrm{B}^{\beta}\cdots\Rightarrow k=\frac{v}{c_\mathrm{A}^{\alpha}\cdot c_\mathrm{B}^{\beta}\cdots} \tag{2-15}$$

若浓度的单位用 $\mathrm{mol\cdot L^{-1}}$，时间的单位用 s，反应速率的单位用 $\mathrm{mol\cdot L^{-1}\cdot s^{-1}}$。如反应是零级反应，即 $\alpha+\beta+\cdots=0$，则 k 的单位为 $\mathrm{mol\cdot L^{-1}\cdot s^{-1}}$。如反应是一级反应，$\alpha+\beta+\cdots=1$，则 k 的单位为 $\mathrm{s^{-1}}$。如反应是二级反应，$\alpha+\beta+\cdots=2$，则 k 的单位为 $(\mathrm{mol\cdot L^{-1}})^{-1}\cdot\mathrm{s^{-1}}$。推而广之，如反应为 n 级反应，即 $\alpha+\beta+\cdots=n$，则 k 的单位为 $(\mathrm{mol\cdot L^{-1}})^{1-n}\cdot\mathrm{s^{-1}}$。很明显，由反应级数 n 很容易推出 k 的单位，或由 k 的单位推出反应级数 n。

三、反应级数

反应级数是反应速率方程中各反应物浓度的指数之和。对于反应 $m\mathrm{A}+n\mathrm{B}\longrightarrow e\mathrm{E}+f\mathrm{F}$，如其反应速率方程 $v=kc_\mathrm{A}^{\alpha}\cdot c_\mathrm{B}^{\beta}$，则反应级数 $n=\alpha+\beta$。反应级数可通过测定不同反应阶段反应物的浓度来确定，与产物的浓度无关。通过反应级数，我们能更好地评价反应速率与反应物浓度之间的关系。当 $\alpha=2$，$\beta=2$ 时，如果 A 物质的浓度加倍，B 物质的浓度保持不变，根据 $v=kc_\mathrm{A}^{\alpha}\cdot c_\mathrm{B}^{\beta}$ 可知，则反应的速率是原速率的 4 倍；如果保持 A 物质的浓度不变，B 物质的浓度加倍，则反应的速率是原速率的 4 倍。

再如，对于化学反应 $2\mathrm{H_2}+2\mathrm{NO}=\!=\!=2\mathrm{H_2O}+\mathrm{N_2}$，通过实验确定其速率方程为 $v=kc_{\mathrm{H_2}}c_{\mathrm{NO}}^2$，反应分级数对 $\mathrm{H_2}$ 是 1 级，对 NO 是 2 级。反应级数为反应分级数之和，即 $1+2=3$，是三级反应。反应级数不但可以是正整数，还可以是零、负数或者分数。例如反应

$$2Na(s) + 2H_2O(l) =\!=\!= 2NaOH(aq) + H_2(g)$$

其速率方程为 $v = k$，很明显反应级数 $n = 0$，零级反应的反应速率与反应物浓度无关。有的反应速率方程较复杂，不属于 $v = kc_A^{\alpha} \cdot c_B^{\beta}$ 形式，如 $H_2(g) + Br_2(g) =\!=\!= 2HBr(g)$ 的速率方程为

$$v(H_2) = \frac{kc_{H_2} c_{Br_2}^{1/2}(H_2)}{1 + k' \dfrac{c_{HBr}}{c_{Br_2}}} \tag{2-16}$$

对于这样的反应，我们一般不谈反应级数。

第三节　影响反应速率的因素

在实际工作中，常常要知道在一定条件下，化学反应以怎样的速率进行，反应条件的改变将如何影响反应速率，这就需要讨论影响反应速率的因素及其规律。化学反应速率的首要影响因素是反应物的本性，如 Br_2 与 H_2 的反应，在常温下难以察觉。而 F_2 和 H_2 的反应，即使在很低的温度下也会发生爆炸。此外，实验表明，对于给定的反应，温度、反应物的浓度、催化剂、反应介质、光、电、超声波等外界因素，均能影响反应速率。

一、浓度对反应速率的影响

对于多数反应，各反应物的分级数为正整数，因此在一定温度下，反应物浓度增大时，反应速率加快。也可以这样理解，当增大反应物浓度时，单位体积内分子总数增多，增加了单位时间单位体积内反应物分子有效碰撞的几率，因此常能加快反应速率。然而还有一些反应，如药物非那西丁生产中的一个反应 $CH_3COOH + p\text{-}NH_2C_6H_4OC_2H_5 \longrightarrow p\text{-}CH_3CONHC_6H_4OC_2H_5 + H_2O$，其速率方程为 $v = kc_{CH_3COOH}^2$，从反应的速率方程看，对于 $p\text{-}NH_2C_6H_4OC_2H_5$ 是零级，即 $p\text{-}NH_2C_6H_4OC_2H_5$ 的浓度与反应的速率无关。因此增加其浓度，对反应速率没有影响，只有增加 CH_3COOH 的浓度，才能加快反应速率。从这个例子可以看出，尽管增加反应物的浓度会提高某些反应的速率，但实际上却不能简单地采用这种方法。比如反应物的浓度会受到其在溶剂中溶解度的限制。还有一些反应，增加反应物的浓度，还会存在安全问题。另外，在某些反应中，对参与反应的某反应物的分级数为负值，这表明增加该物质的浓度反而会使反应速率下降。总之，浓度对反应速率的影响包括浓度的高低和反应级数的大小和正负。只有当温度和催化剂确定后，浓度才是

影响反应速率的决定性因素。

1. 基元反应

讨论反应物的浓度与反应速率的定量关系，我们需要从最简单的反应开始探讨。最简单的反应是那些由反应物分子(原子、自由基、质子)直接碰撞一步完成的反应，又称基元反应。基元反应是动力学研究中最简单的反应，一步完成，反应过程中没有任何中间产物。如

$$I_2 \longrightarrow 2I\cdot \tag{1}$$

$$2NO_2 \longrightarrow N_2O_4 \tag{2}$$

$$2I\cdot + H_2 \longrightarrow 2HI \tag{3}$$

上面的三个反应都是一步完成的反应，是基元反应。在基元反应中直接参与反应的反应物的数目称为反应分子数。如反应(1)中直接参与反应的是 I_2，其前面化学计量系数为 1，因而是单分子反应；同理，反应(2)是两分子反应，反应(3)是三分子反应。

2. 基元反应的速率方程

在一定温度下，基元反应的反应速率与反应物的浓度以其反应分子数为幂的乘积成正比，这就是质量作用定律。质量作用定律只适用于基元反应。如任意反应 $aA+bB \longrightarrow P$ 是基元反应，我们可以根据质量作用定律直接写出该反应的速率方程

$$v = kc_A^a c_B^b \tag{2-17}$$

反应级数 $n=a+b$，即基元反应的反应级数等于各个反应物前化学计量系数之和。

对于给定的基元反应，我们也可以根据质量作用定律写出其速率方程
如基元反应 $2NO_2 \longrightarrow N_2O_4$，其速率方程为 $v = k_1 c_{NO_2}^2$；再如基元反应 $2I\cdot + H_2 \longrightarrow 2HI$ 其速率方程为 $v_2 = k_2 c_{I\cdot}^2 c_{H_2}$ 。

3. 非基元反应的速率方程

由两个或两个以上的基元反应组成的反应是非基元反应，又称复杂反应。非基元反应的速率方程中的分级数与化学计量系数不一定一致，因而不能直接写出速率方程，复杂反应的速率方程只能通过实验获得。如任意反应 $aA+bB \longrightarrow P$ 是复杂反应，其速率方程则写成 $v = kc_A^m c_B^n$。其中 m, n 的数值由实验确定，而与反应物 A, B 前面的计量系数无直接关系。

例 2-2　已知 $2NO + 2H_2 = N_2 + 2H_2O$ 是非基元反应，由实验测定该反应是由两个基元反应组成

(1) $2NO + H_2 \longrightarrow N_2 + H_2O_2$　慢

(2) $H_2O_2 + H_2 \longrightarrow 2H_2O$　快

试写出该反应的速率方程。

解：反应(1)是基元反应，其速率方程可以根据质量作用定律写出 $v_1 = k_1 c_{NO}^2 c_{H_2}$。由于反应(1)为慢反应，所以总反应的速率由反应(1)控制，反应(1)的速率方程即为总反应的速率方程，所以反应 $2NO + 2H_2 = N_2 + 2H_2O$ 的速率方程也为 $v_1 = k_1 c_{NO}^2 c_{H_2}$。

判断一个反应是否是基元反应的依据是该反应是否是一步完成的反应，只有那些一步完成的简单反应才是基元反应。以下我们通过例 2-3 看一下如何根据实验数据获得复杂反应的速率方程。

例 2-3　273℃时，测得反应 $2NO + Br_2 = 2NOBr(g)$ 在不同的反应物初始浓度下的初始反应速率如下表 2-3 所示。试求：(1) 反应级数；(2) 速率常数；(3) 速率方程式。

表 2-3　不同反应物初始浓度下的初始反应速率

实验编号	初始浓度/($mol \cdot L^{-1}$)		初始速率/($mol \cdot L^{-1} \cdot s^{-1}$)
	NO	Br_2	
1	0.10	0.10	12
2	0.10	0.20	24
3	0.10	0.30	36
4	0.20	0.10	48
5	0.30	0.10	108

解：(1) 设该反应的速率方程式为

$$v = k c_{NO}^{\alpha} c_{Br_2}^{\beta} \tag{2-18}$$

将实验 1 和实验 4 的数据分别代入式(2-18)得

$$12 = k 0.1^{\alpha} 0.1^{\beta} \tag{1}$$

$$48 = k 0.2^{\alpha} 0.1^{\beta} \tag{2}$$

(2)式除以(1)式得：$4 = 2^{\alpha} \Rightarrow \alpha = 2$

将实验1和实验2的数据分别代入式(2-18)得

$$12 = k0.1^{\alpha}0.1^{\beta} \tag{3}$$

$$24 = k0.1^{\alpha}0.2^{\beta} \tag{4}$$

(4)式除以(3)式得　　$2 = 2^{\beta} \Rightarrow \beta = 1$

所以,反应的总级数为　　$\alpha + \beta = 2 + 1 = 3$

(2) 将$\alpha = 2$,$\beta = 1$和任何一组实验数据代入所设速率方程$v = kc_{NO}^{\alpha}c_{Br_2}^{\beta}$,求反应的速率常数$k$值。用实验数据求速率常数时,应该至少求出三个$k$值,最后结果是这些$k$值的平均值。对于本例$\bar{k} = 1.2 \times 10^4\ L^2 \cdot mol^{-2} \cdot s^{-1}$。

(3) 将反应的分级数及速率常数带入$v = kc_{NO}^{\alpha}c_{Br_2}^{\beta}$中,确定该反应的速率方程为$v = 1.2 \times 10^4 c_{NO}^2 c_{Br_2}$。

虽然反应的分级数恰好与化学计量系数一致,但该反应也不一定是基元反应。

二、温度对反应速率的影响

温度对反应速率的影响显著。对于大多数化学反应,温度升高,分子的运动速度加快,分子间的碰撞频率增加,反应速率加快,如图2-2中的曲线Ⅰ和Ⅱ。但有些反应随温度的升高,反应速率的变化比较复杂,有先升高后降低(如图2-2中曲线Ⅲ),或先升高后降低再升高的情况(如图2-2中曲线Ⅳ),还有少量反应随反应温度的升高,反应速率降低的情况,如图2-2中的曲线Ⅴ。通常我们讨论随温度升高反应速率加快的反应。

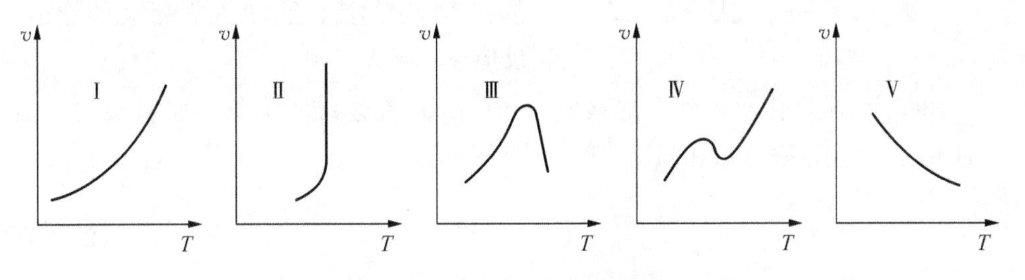

图2-2　温度对反应速率的影响

温度对反应速率的影响,主要体现在对速率常数k的影响上。大量实验结果表明,温度每上升10 K,反应速率增加约2～4倍,这就是范特霍夫(Van't Hoff)规则,相应的表达式如下

$$\frac{v_{(T+10n)}}{v_T}=\frac{k_{(T+10n)}}{k_T}=(2\sim 4)^n \tag{2-19}$$

范特霍夫规则在实际生产中是很有用的，特别是在缺少实验数据的情况下，可以估算反应温度升高，反应速率的变化情况。

例 2-4 计算反应温度为 262 K 的速率大约是 182 K 时速率的多少倍？（假设温度每上升 10 K，反应速率增加约 2 倍）

解：根据 $\frac{v_{(T+10n)}}{v_T}=\frac{k_{(T+10n)}}{k_T}=2^n$

相应数据代入得

$$\frac{v_{182+10\times 8}}{v_{182}}=\frac{k_{182+10\times 8}}{k_{182}}\approx 2^8=256$$

即反应温度为 262 K 的速率大约是 182 K 时速率的 256 倍。可见提高反应温度对反应速率的影响显著。

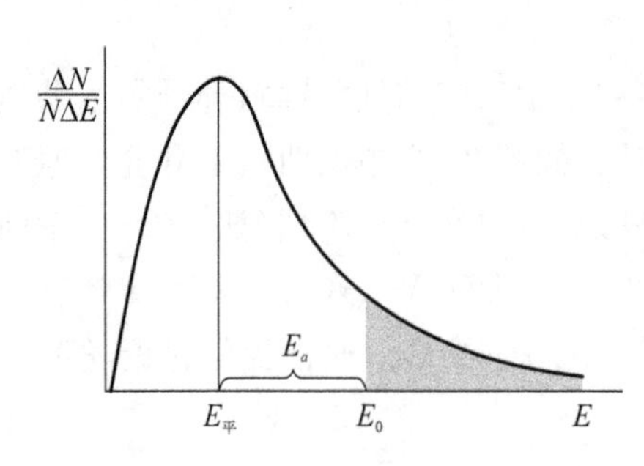

图 2-3 分子的能量分布曲线

反应物分子的能量有一个分布，如图 2-3 所示。从图中显示可见，只有极少数分子具有比平均能量 $E_平$ 高得多的能量，它们碰撞时能导致原有化学键破裂而发生反应，这些分子称为活化分子。活化分子所具有的最低能量 E_0 与分子的平均能量 $E_平$ 之差，就是反应的活化能 E_a。每一个反应都有其特定的活化能，反应的活化能越小，反应速率越大。

1889 年，瑞典化学家阿仑尼乌斯（Arrhenius）在总结了大量实验事实的基础上，归纳出反应速率常数和温度之间的定量关系

$$k=Ae^{\frac{-E_a}{RT}} \tag{2-20}$$

对式(2-20)两边取自然对数得

$$\ln k=\ln A-\frac{E_a}{RT} \tag{2-21}$$

式(2-20)、式(2-21)均称为阿仑尼乌斯方程。式中 k 代表反应速率常数；R 指摩

尔气体常数；A 代表频率因子或指前因子，是给定反应的特性常数，单位与速率常数的单位一致；E_a 为反应的活化能，单位 $J \cdot mol^{-1}$ 或 $kJ \cdot mol^{-1}$；T 为绝对温度。由式(2-20)可见，温度 T 和活化能 E_a 在 e 的指数项中，所以 T 和 E_a 的微小变化将引起 k 值的显著变化。根据式(2-21)，我们可以从理论上推得，温度一定，活化能越大，反应的速率常数越小。

在浓度相同的条件下，我们可以用速率常数 k 来衡量反应速率。从式(2-20)可见，速率常数 k 与绝对温度 T 成指数关系，温度的微小变化，将导致速率常数 k 变化很多，尤其活化能 E_a 较大时更是如此。在用阿仑尼乌斯方程讨论速率常数与温度之间的关系时，可以认为在一定的温度范围内活化能与指前因子均不随温度的变化而改变。对于同一反应，若温度 T_1、T_2 时反应所对应的速率常数分别为 k_1、k_2，设在此温度范围内指前因子 A 和活化能 E_a 为常数，根据式(2-21)推得

$$\ln k_1 = \ln A - \frac{E_a}{RT_1} \tag{2-22}$$

$$\ln k_2 = \ln A - \frac{E_a}{RT_2} \tag{2-23}$$

将式(2-23)—式(2-22)整理得

$$\ln \frac{k_2}{k_1} = \frac{E_a}{R} \frac{T_2 - T_1}{T_1 T_2} \tag{2-24}$$

根据式(2-24)可知，同一反应，活化能一定，温度升高，速率常数 k 增加，与反应吸热或放热无关。这是因为化学反应的反应热是由反应前反应物的能量与反应后生成物的能量之差来计算的。若反应物的能量高于产物的能量，反应放热，反之则反应吸热。无论反应吸热还是放热，在反应过程中反应物必须越过一个能垒才能进行反应，这个能垒就是反应的活化能。

例 2-5 有两个不同的反应，它们的反应速率常数与温度的关系均服从阿仑尼乌斯方程。已知其中一个反应的活化能是 $100\ kJ \cdot mol^{-1}$，另一个反应的活化能是 $120\ kJ \cdot mol^{-1}$。假设它们的指前因子相同，试估算，当两个反应的温度都由 220 K 升高到 250 K 时，反应速率分别是原来的多少倍？

解： 温度对反应速率的影响，主要体现在对速率常数 k 的影响上。根据阿仑尼乌斯方程：$\ln k = \ln A - \frac{E_a}{RT}$

对于第一个反应,温度变化后有 $\ln\dfrac{k_{250\ \mathrm{K}}}{k_{220\ \mathrm{K}}}=\dfrac{100\ 000}{8.314}\dfrac{(250-220)}{250\times 220}$,求得

$$\frac{k_{250\ \mathrm{K}}}{k_{220\ \mathrm{K}}}=706.7$$

对于第二个反应,温度变化后有 $\ln\dfrac{k_{250\ \mathrm{K}}}{k_{220\ \mathrm{K}}}=\dfrac{120\ 000}{8.314}\dfrac{(250-220)}{250\times 220}$,求得

$$\frac{k_{250\ \mathrm{K}}}{k_{220\ \mathrm{K}}}=2\ 624.9$$

从以上计算的结果可见,升高温度对活化能大的反应速率影响更大。

对于同一反应,若已知活化能 E_a 和温度 T_1 时的速率常数 k_1,则可以根据式(2-24)计算温度 T_2 时的速率常数 k_2。

例 2-6 已知反应 $2NOCl(g) \longrightarrow 2NO(g)+Cl_2(g)$ 的活化能为 101 $\mathrm{kJ\cdot mol^{-1}}$,400 K 时,速率常数 k_1 为 0.698 $\mathrm{L\cdot mol^{-1}\cdot s^{-1}}$,试求 450 K 时的速率常数 k_2。

解: 根据 $\ln\dfrac{k_2}{k_1}=\dfrac{E_a}{R}\dfrac{T_2-T_1}{T_1T_2}$

$$\ln\frac{k_2}{0.698}=\frac{101\times 10^3}{8.314}\frac{450-400}{450\times 400}$$

$$k_2=20.4(\mathrm{L\cdot mol^{-1}\cdot s^{-1}})$$

例 2-7 已知反应 $CO(g)+NO_2(g) = CO_2(g)+NO(g)$ 在 650 K 时的速率常数为 0.22 $\mathrm{L\cdot mol^{-1}\cdot s^{-1}}$,若 800 K 时的速率常数为 23.0 $\mathrm{L\cdot mol^{-1}\cdot s^{-1}}$,求反应的活化能。

解: 根据 $\ln\dfrac{k_2}{k_1}=\dfrac{E_a}{R}\dfrac{T_2-T_1}{T_1T_2}$

$$\ln\frac{23}{0.22}=\frac{E_a}{8.314}\frac{800-650}{800\times 650}$$

$$E_a=134(\mathrm{kJ\cdot mol^{-1}})$$

另外,根据 $\ln k=\ln A-\dfrac{E_a}{RT}$,已知某一温度下的速率常数和反应的活化能,也

可以计算指前因子 A。

由式 $\ln k=\ln A-\frac{E_a}{RT}$ 可知，对于给定的反应，$\ln k$ 对 $1/T$ 作图应为一直线，直线的斜率为 $-\frac{E_a}{R}$，截距为 $\ln A$。因此通过 $\ln k$ 对 $1/T$ 作图，可以求算反应的活化能 E_a 和指前因子 A。斜率不同的两条直线，分别代表活化能不同的两个反应。较小的斜率对应反应的活化能较小，较大的斜率对应反应的活化能较大。如图 2-4，$E_a(1)>E_a(2)$。很明显，升高相同的温度，活化能 E_a 大的反应速率常数 k 变化大，所以升高温度更有利于活化能较大的反应进行。

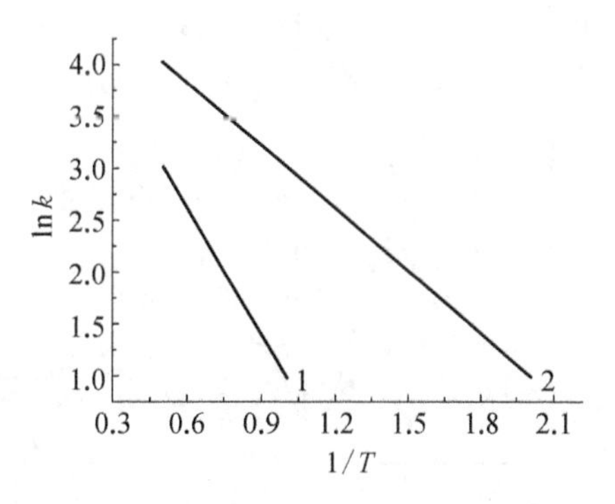

图 2-4　温度与反应速率常数的关系

三、催化剂对反应速率的影响

一般地，升高温度可以较明显地提高反应的速率，但对那些受温度变化影响较小的反应或升高温度明显促进副反应的反应，通过升高温度的方法去提高反应的速率就会受到限制。催化剂是能改变反应速率，而在反应前后其自身的组成、质量和化学性质基本保持不变的物质。分为能加快反应速率的正催化剂和降低反应速率的负催化剂。例如，在制取 H_2SO_4 过程中，在中间步骤 SO_2 氧化为 SO_3 的过程中加入的 V_2O_5，就是正催化剂；合成 NH_3 生产中使用的铁触媒以及促进生物体化学反应的各种酶(如蛋白酶，淀粉酶等)也是正催化剂；防止塑料、橡胶老化的防老剂和减慢金属腐蚀的缓蚀剂等都是负催化剂。还有一类反应，由于它的生成物对反应有催化作用，所以无须另外再添加催化剂。例如，在酸性溶液中，如下反应

$$2MnO_4^- + 5H_2O_2 + 6H^+ = 2Mn^{2+} + 8H_2O + 5O_2$$

反应产物 Mn^{2+} 就是反应的催化剂。开始反应时，由于 Mn^{2+} 在溶液中的量很少，因此溶液的颜色褪色很慢。随着 Mn^{2+} 的生成，溶液褪色越来越快。这说明随着 Mn^{2+} 在溶液中量不断增多，反应的速度越来越快，这种反应称为自催化反应。

如果不加特别说明，我们所说的催化剂都是指正催化剂。催化剂提高反应速率的作用机理为：加入催化剂后，催化剂与反应物形成一种势能较低的活化配合物，改变了反应历程，与无催化反应的历程相比，所需的活化能明显较低，这样会使更多的分子成为活化分子参与碰撞，因此分子有效碰撞次数增多，导致反应速率加

快。如 $2SO_2+O_2 \longrightarrow 2SO_3$，不加入催化剂，反应的活化能约为 251 kJ · mol^{-1}，加入 Pt 催化剂后，反应的活化能为 63 kJ · mol^{-1}。

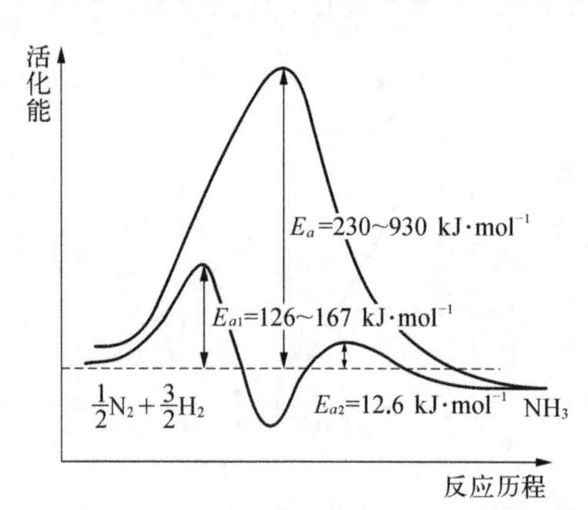

图 2-5　加入催化剂前后反应活化能与反应历程的关系示意图

研究表明，在化学反应前后，虽然催化剂的组成、质量和化学性质不发生变化，但在许多反应中发现它实际参与了化学反应，而且发生相应的变化，只是在反应后又被复原。如合成 NH_3 的反应，使用铁触媒作为催化剂，首先反应物 N_2 在 α-Fe(111)晶面 Fe 原子簇活性中心垂直吸附而活化，同时另一反应物 H_2 在铁原子簇某些表面铁原子上吸附，然后在同一活化中心的氢与活化的 N_2 反应。由图 2-5 可见，未加催化剂时反应一步进行，加入催化剂后反应分两步进行，两步反应的活化能比一步反应的活化能要小。所以加入催化剂后反应速率增大。也有某些反应，催化剂参与反应后，活化能值改变不大，但指前因子 A 值明显增大，也导致反应速率加快。

使用催化剂时要注意以下几点。

1) 催化剂只能通过改变反应途径加快热力学可能进行的反应的速率，不能改变反应的方向，反应的焓变和反应的限度。

2) 催化剂对反应速率的影响体现在对反应速率常数的影响上。对确定的反应来说，反应温度一定时，采用不同的催化剂一般有不同的反应速率常数 k 值。

3) 对同一个可逆反应来说，催化剂的加入改变了反应途径，同等程度地降低了正、逆反应的活化能，因此同等程度地加快正、逆反应的速率，缩短了反应到达平衡的时间。

4) 催化剂具有选择性。选择性是催化剂的重要性质之一，指在能发生多种反应的反应系统中，同一催化剂促进不同反应的程度的比较。如乙醇在高温时可脱氢转变成乙醛，亦可脱水转变成乙烯，银催化剂能促进前一反应，氧化铝催化剂则促进后一反应。在工业上则利用催化选择性使原料向指定的方向转化，减少副反应。当催化剂的活性与选择性不能同时满足时，应根据工业生产过程的要求综合考虑。如果反应原料昂贵与副产物很难分离，最好选用高选择性催化剂。反之，如果原料价廉且与产物易于分离，则宜采用高活性(即高转化率)的催化剂。选择性实质上是反应系统中目的反应与副反应间反应速率竞争的表现，它们与这些反应的特性、促成这些反应的活性中心的活性、反应条件等有关。

四、影响多相反应速率的因素

根据体系和相的概念，可以把化学反应分为单相反应和多相反应。

单相反应是指在反应体系中，只存在一个相的反应。如纯的液相反应和气相反应。多相反应是指反应体系中同时存在着两个或两个以上相的反应。如气-固相反应（如 N_2 在铁触媒表面的加氢反应），液-固相反应（如水溶液中有机污染物在 TiO_2 表面的光催化降解反应）。在多相反应中，由于反应在相与相间的界面上进行，因此多相反应的反应速率除了上述的几种影响因素外，还可能与反应物的接触面大小和接触概率多少有关。因此，化工生产上往往把固态反应物先进行粉碎、搅拌均匀，然后再进行反应；将液态反应物喷淋、雾化，使其与气态反应物充分混合、接触，对于溶液中进行的多相反应则普遍采用搅拌、震荡的方法，增加反应物的碰撞频率并使生成物及时脱离反应界面等方法提高反应速率。

多相催化反应，如气固相催化反应，气相组分在固体催化剂作用下的反应过程，是化学工业中应用最广、规模最大的一种反应过程。据统计，90%左右的催化反应过程是气固相催化反应过程。最早的一个工业气固相催化反应过程是 1832 年建成的 SO_2 在固体铂催化剂上氧化成 SO_3 的反应过程。目前，工业上很多重要的反应过程，如有机化工中的萘氧化制苯酐和苯氧化制顺酐，石油炼制中的催化裂化和催化重整等，均属此类。气固相催化反应过程通常包括以下步骤。

(1) 反应物从气相主体扩散到固体催化剂颗粒外表面；

(2) 反应物经颗粒内微孔扩散到固体催化剂颗粒内表面；

(3) 反应物被催化剂表面活性中心吸附；

(4) 在表面活性中心上进行反应；

(5) 反应产物从表面活性中心脱附；

(6) 反应产物经颗粒内微孔扩散到催化剂颗粒外表面；

(7) 反应产物由催化剂颗粒外表面扩散返回气流主体。

步骤(1)和(7)合称为外扩散过程，步骤(2)和(6)合称为内扩散过程，均属传质过程。步骤(3)、(4)和(5)合称为表面反应；步骤(2)至(6)可视作催化剂内部过程。若其中某一步骤的阻力远较其他步骤大，则该步骤为控制步骤。

第四节 反应速率理论

消除汽车尾气的污染，可采用如下的反应

$$CO(g) + NO(g) \longrightarrow CO_2(g) + 1/2N_2(g)$$
$$\Delta_r G_m^\ominus = -334\ \text{kJ} \cdot \text{mol}^{-1}$$

从以上反应的吉布斯自由能变可见，正反应的可能性足够大，只是反应速率不够快，不能在汽车尾气管中完成，以致 CO 与 NO 散到大气中造成污染。若能使上述反应达到足够快的速率，则具有非常重要的实际意义。有些反应，如橡胶的老化，人们常常希望它慢一些。从分子水平上对化学反应速率做出初步的解释是反应速率理论的研究内容。20 世纪，反应速率理论的研究取得了进展。1918 年路易斯(Lewis)在气体分子运动论的基础上提出了化学反应速率的碰撞理论；30 年代艾林(Eyring)等在量子力学和统计力学的基础上提出了化学反应速率的过渡状态理论。

一、碰撞理论

化学反应的发生，总要以反应物之间的接触为前提，即反应物分子之间的碰撞是反应的先决条件。1918 年，英国科学家路易斯首先提出了一个反应速率理论——双分子反应的简单碰撞理论。这个理论是建立在一个简单模型的基础上，即将气体分子看作没有内部结构的硬球，而把化学反应看作是硬球间的有效碰撞，化学反应的速率由这些有效碰撞所决定。没有粒子间的碰撞，反应的进行则无从说起。因此，化学反应发生的必要条件是反应物分子必须碰撞，但是反应物分子间的每一次碰撞并非都能导致反应发生。在亿万次的碰撞中，只有极少数的碰撞才是有效的。能发生化学反应的碰撞称为有效碰撞。有效碰撞的理论要点如下。

1) 反应的先决条件是碰撞，而且要沿着一定的方向碰撞。如反应 $CO + NO_2 \longrightarrow CO_2 + NO$，具有如图 2-6 所示三种常见的碰撞方式，但只有当 NO_2 分子中的 O 原子与 CO 分子中的 C 原子相碰撞时，才能发生有效反应；而其他取向的碰撞则不会发生有效的反应。

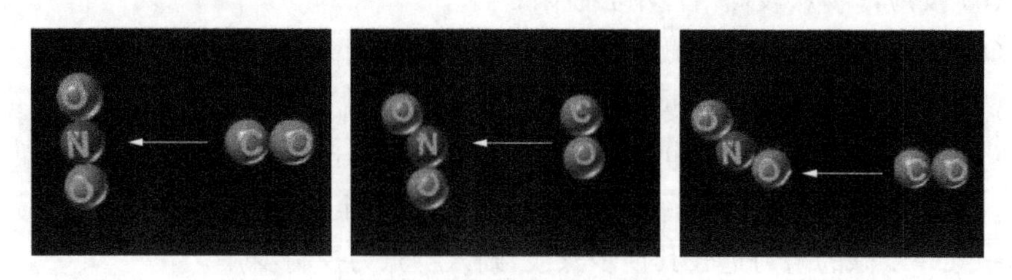

图 2-6 分子碰撞的不同取向

2) 反应的活化能 E_a 越低，活化分子数越多，有效碰撞的频率越高，反应速率越快。

碰撞中能发生反应的一组分子首先必须具有足够的能量，用以克服分子无限接近时电子云之间的斥力，从而导致分子中的原子重排，发生化学反应。气体分子的能量有一个分布。只有极少数分子具有比平均值高得多的能量，它们碰撞时能导致原有化学键断裂而发生反应，这些分子称为活化分子。

3）温度高时分子运动速率快，活化分子的百分数增加，有效碰撞的反应分子百分数增加，反应速率加快。

碰撞理论对于解释简单反应比较成功，但由于碰撞理论简单地把分子看成没有内部结构和内部运动的刚性球，因此对于涉及结构复杂的分子的反应，该理论的适应性较差。

二、过渡状态理论

过渡状态理论认为，在反应过程中，当两个具有足够平均能量的反应物分子相互靠近时，反应物必须爬过一个能垒，分子中的化学键要重排，能量要重新分配。经过一个中间的过渡状态，即反应物分子先形成活化络合物，如图 2－7 所示。活化络合物分解成产物的几率和速率均将影响化学反应的速率。

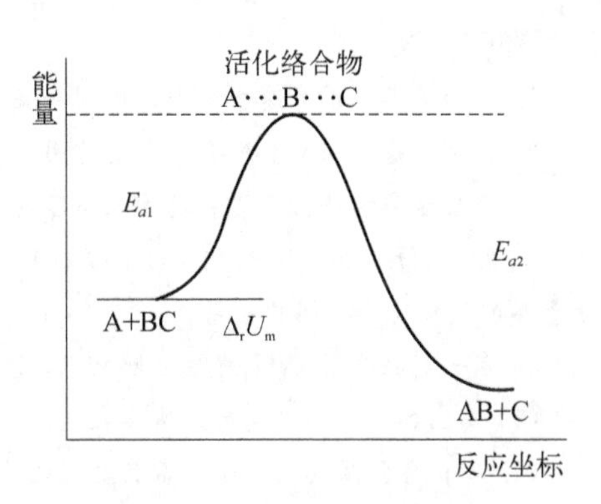

图 2－7　反应过程的能量变化

图 2－7 中 E_{a1} 为正反应的活化能，E_{a2} 为逆反应的活化能，反应的内能为正反应的活化能与逆反应的活化能之差，$\Delta_r U_m = E_{a1} - E_{a2}$。对于封闭体系，只做体积功的无气体参与的反应，$\Delta_r U_m = \Delta_r H_m$。当 $E_{a1} > E_{a2}$ 时，$\Delta_r H_m > 0$，反应吸热；当 $E_{a1} < E_{a2}$ 时，$\Delta_r H_m < 0$，反应放热。对同一反应的正、逆反应来说，吸热反应的活化能总是大于放热反应的活化能。不论正反应是放热还是吸热反应，反应物必须先爬过一个能垒反应才能进行。

三、反应速率与活化能的关系

活化能 E_a 是活化分子所具有的最低能量 E_0 与分子的平均能量 $E_{平}$ 之差。活化能的大小取决于反应物的本性，它是决定化学反应速率的内在因素。不同的反应因具有不同的活化能而有不同的化学反应速率。在一定温度下，活化能大的反应，反应速率小，这可以通过阿仑尼乌斯方程 $\ln k = \ln A - \frac{E_a}{RT}$ 得以证明。在一定的温度范围内，活化能与指前因子 A 不随温度的改变而改变。活化能较大的反应，其反应速率随温度升高增加较快，如图 2－4 所示。每一个反应都有其特定的活化能，反应的活化能越小，反应速率越大。活化能可以通过实验进行测定，一般反应的活化能在60～250 kJ·mol^{-1}之间。活化能小于40 kJ·mol^{-1}的反应，其反应速率非常快，甚至可瞬间完成。活化能大于400 kJ·mol^{-1}的反应，其反应速率非常慢。一般认为E_a小于63 kJ·mol^{-1}的反应为快反应。

综合上述两种反应速率理论，温度升高，不仅使分子间的碰撞频率增加，更重要的是使更多的分子获得能量而成为活化分子。结果导致单位时间内分子有效碰撞次数明显增加，从而大大加快了反应速率。

思考题与习题

1. 平均速率和瞬时速率之间的区别和联系分别是什么？

2. 什么是基元反应？什么是质量作用定律？

3. 反应速率的碰撞理论和过渡状态理论的理论要点是什么？

4. 已知$2H_2O(g) = 2H_2(g) + O_2(g)$，请写出该反应的速率与反应物$H_2O$和生成物$H_2$，$O_2$表示的反应速率之间的关系。

5. 在一定温度下，NH_3发生分解反应，$2NH_3(g) = N_2(g) + 3H_2(g)$

(1) 写出各物质的平均反应速率表达式；

(2) 写出各物质的反应速率常数之间的关系式。

6. 实验测得反应$CO(g) + NO_2(g) = CO_2(g) + NO(g)$在650 K时的动力学数据为

实验编号	$c(CO)$ /(mol·L^{-1})	$c(NO_2)$ /(mol·L^{-1})	$dc(NO)/dt$ /(mol·L^{-1}·s^{-1})
1	0.025	0.040	2.2×10^{-4}
2	0.050	0.040	4.4×10^{-4}
3	0.025	0.120	6.6×10^{-4}

(1) 计算并写出反应的速率方程。

(2) 求650 K时的速率常数。

(3) 当$c(CO) = 0.25$ mol·L^{-1}，$c(NO_2) = 0.1$ mol·L^{-1}时，求650 K时的反应速率。

(4) 若800 K时的速率常数为23.0 L·mol^{-1}·s^{-1}，求反应的活化能。

7. 已知反应$2NO + 2H_2 \longrightarrow N_2 + 2H_2O$分两步进行

$2NO + H_2 \longrightarrow N_2 + H_2O_2$　慢

$H_2O_2 + H_2 \longrightarrow 2H_2O$　快

(1) 写出该反应的速率方程式。

(2) 如果该反应中浓度的单位以mol·L^{-1}表示，时间的单位用s表示，反应速率常数k的单位是什么？

8. 时间用s作单位，浓度用mol·L^{-1}作单位，则二级反应的速率常数k的单位如何表示？

9. 在高温时 NO_2 分解为 NO 和 N_2，在 525 K，其速率常数是 0.35 L·mol^{-1}·s^{-1}，在 650 K，其速率常数为 3.8 L·mol^{-1}·s^{-1}，计算该反应的活化能。

10. 如果一个反应的活化能为 250 kJ·mol^{-1}，请问在什么温度时反应的速率常数 k 的值是 300 K 时速率常数的 3 倍？

11. 已知一个反应在 250 K 时的速率常数是 2.5 mol·L^{-1}·s^{-1}，320 K 时的速率常数是 6.2 mol·L^{-1}·s^{-1}，试计算在 280 K 时该反应的速率常数。

12. $A+B \rightleftharpoons C$ 是一可逆的基元反应，正反应的活化能为 250 kJ·mol^{-1}，逆反应的活化能为 138 kJ·mol^{-1}，(1) 计算正反应的反应热；(2) 判断正反应是吸热反应还是放热反应？

13. 判断下列说法是否正确。

(1) 对大多数化学反应而言，升高温度，吸热反应速率增大，而放热反应的反应速率下降。

(2) 已知反应 $aA+bB \longrightarrow cC+dD$ 的速率方程式为 $v=kc_A^a c_B^b$，则此反应一定是基元反应。

(3) 反应级数和反应分子数是同义词。

(4) 为了测定某反应的活化能，理论上只要知道该反应在两个温度时的反应速率常数即可，但这样得到的活化能的数据往往不精确。

(5) 使用合适的催化剂能加快反应速率，反应结果是催化剂本身组成不发生改变，质量也不变。催化剂并不参与反应，仅起促进反应进行的作用。

(6) 反应速率的大小就是反应速率常数的大小。

(7) 从反应速率常数的单位可以判断该反应的级数。

14. 写出基元反应 $A+2B \longrightarrow C$ 的速率方程表达式，并讨论下列各种条件变化对反应初始速率有何影响？

(1) A 的浓度增加一倍。

(2) 降低温度。

(3) 将反应器的体积减小一半。

(4) 加入催化剂。

第三章 化学反应的方向和化学平衡

化学反应的方向、限度和速率是化学反应研究的核心内容，一个反应能不能用到实际生产上，首先必须满足自发进行的要求，还要有理想的收率，反应的速率应该可控，既不能太快，也不能太慢。第二章我们已经掌握了化学反应速率的表示方法，了解了影响反应速率的因素及其原因，在实际生产中可以利用温度、浓度或压力和催化剂等调控反应的速率，满足生产的需要。本章将在第二章的基础上探讨化学平衡的建立以及基于化学平衡的计算；在第一章的基础上探讨化学反应自发进行的判据以及影响反应自发性的因素。

第一节 化学反应方向和限度的判断

化学反应的方向是人们最感兴趣和最关心的问题之一。因为在实际应用中反应能否发生，即反应的可能性问题是首要的。所以，从理论和实际应用上判断一个反应能否发生是非常重要的。

一、化学反应的自发性

在一定条件下，无须外界做功，一经引发自动发生的反应称为自发反应。例如，暴露在潮湿空气中的铁块会生锈；存放过长时间的食物会腐烂变质等。自发反应的逆过程是非自发的，即铁锈不能在空气中自动变化为铁单质，也即自发反应具有不可逆性。

自发反应的发生除了具有方向性外，还具有一定的限度。自发反应的最大限度是反应体系达到的平衡状态。自发性只是可能性，不一定是迅速的，自发反应如果进行得很慢，也不一定能实现，如空气中氢气和氧气有自发生成水的趋势，如果没有明火引燃，则看不到水的生成。而非自发反应要发生，则必须对它做功。

判断化学反应的自发性或预知某个反应能否自发进行，对实际工作是十分有益的。如何判断反应的自发性呢？我们知道，一个反应的发生总是伴随着能量的变化，那么反应的焓变是不是主导自发反应的因素呢？

法国化学家 M. Berthelot (1827～1907)和丹麦化学家 J. Thomsen (1826～1909)通过对自然现象的观察在 1878 年总结了一个经验规则：在没有外界能量的参与下，化学反应总是朝着放热更多的方向进行，即反应体系的焓减少($\Delta H<0$)，反应能自发进行。这种以反应焓变作为判断反应方向的依据，简称焓变判据。

例如，$C(s) + O_2(g) = CO_2(g)$　　$\Delta_r H_m^\ominus = -394.35\ kJ$

$HCl(g) + NaOH(s) = NaCl(s) + H_2O(l)$　　$\Delta_r H_m^\ominus = -177.80\ kJ$

从反应系统的能量变化来看，放热反应发生以后，系统的能量降低。反应放出的热量越多，系统的能量降低得越多，反应越完全，系统就越稳定。这就是说，在反应过程中，反应体系倾向于降低能量的方向，此为能量最低原理。不仅化学变化有趋向于最低能量状态的倾向，相变化也具有这种倾向。例如，－10℃过冷的水会自动地凝固为冰，同时放出热量，使系统的能量降低。系统的能量降低($\Delta H<0$)，有利于反应正向进行。

M. Berthelot 和 J. Thomsen 所提出的能量最低原理是许多实验事实的概括，对多数放热反应，特别是在温度不高的情况下是可以适用的。但有许多化学反应都是例外，如有些吸热反应(过程)也能自发进行。例如冰融化($\Delta_r H_m^\ominus = 6.03\ kJ \cdot mol^{-1}$)和氯化铵的溶解($NH_4Cl \longrightarrow NH_4^+(aq) + Cl^-(aq)$；$\Delta_r H_m^\ominus = 9.76\ kJ \cdot mol^{-1}$)。这说明放热条件($\Delta H<0$)只是影响反应自发性的因素之一，而不是唯一的影响因素。根据反应焓变的正负值大小，并不能完全准确地判断反应的自发性。

二、化学反应的熵变

1. 熵与熵变

人们注意到反应的发生除了与反应的热效应有关外，还与反应体系的混乱程度有关。如冰的融化过程就是水分子的排列混乱程度增加的过程。德国物理学家克劳修斯(Clausius，1822～1888)于 1865 年提出了“熵”(entropie)的概念。用熵表示反应体系中微观粒子混乱度的量度。熵用符号 S 表示，为容量性质，单位为 $J \cdot K^{-1} \cdot mol^{-1}$，物质熵的大小与其量成正比。熵不同于能量，温度与熵的乘积才等于能量(或说熵是能量与温度之商，即热温熵)。Boltzmann 从微观上指出熵是体系的微观状态数的量度，表示系统中微观粒子的混乱度。系统的混乱程度越大，熵值愈大，熵把系统的微观量(微观状态数)与宏观量(热温熵)联系起来。统计力学证明，$S = k\ln \Omega$，此式称为玻尔兹曼方程。玻尔兹曼方程中的 k 为玻尔兹曼常数，$k = R/B_A = 8.314/6.022 \times 10^{23} = 1.3807 \times 10^{-23}\ J \cdot K^{-1}$，$\Omega$ 表示物质存在的微观状态数。熵也是一个状态函数，体系变化过程中的熵变化(ΔS)取决于体系的始终态，与途径无关。

规定熵是纯物质在温度 T 时的熵值称为规定熵(也称绝对熵，记为 $S(T)$)，1 mol 物质的规定熵称为摩尔规定熵，记为 $S_m(T)$。在 298.15 K 及标准压力下，1 mol 纯物质 B 的规定熵又叫做 B 的标准摩尔熵，用 $S_m^\ominus$(B，相态 T) 表示。熵变是反应或过程中的熵值变化值，记为 ΔS。一些物质的标准摩尔熵列于书末附录中。

普朗克(M Planck，1858～1947)于 1927 年提出假设：任何纯净物质完美晶体在 0 K 时的熵值为零。即 0 K 时，$\Omega=1$，$S^\ominus$(完整晶体，0 K)$=k\ln\Omega=0$。这就是热力学第三定律，是对低温实验的总结表述。在可逆条件下，熵变等于热温熵之和而纯物质在任意温度的规定熵 $S(T)$ 可根据下式求得

$$0\text{K} \xrightarrow{\Delta S1} T_f(s) \xrightarrow{\Delta S_2} T_f(\text{l}) \xrightarrow{\Delta S_3} T_b(\text{l}) \xrightarrow{\Delta S_4} T_b(\text{g}) \xrightarrow{\Delta S_5} T(\text{g})$$

$$\Delta S_1 = \int_{0\text{K}}^{T_f} \frac{C_p(\text{s})dT}{T} \qquad \Delta S_2 = \frac{\Delta_s^l H}{T_f}$$

$$\Delta S_3 = \int_{T_f}^{T_b} \frac{C_p(\text{l})dT}{T} \qquad \Delta S_4 = \frac{\Delta_l^g H}{T_b} \qquad \Delta S_5 = \int_{T_b}^{T} \frac{C_p(\text{g})dT}{T} \tag{3-1}$$

ΔS_2 和 ΔS_4 为相变熵变，$\Delta_s^l H$ 和 $\Delta_l^g H$ 为熔化热和汽化热。

$$S(T) = \Delta S_1 + \Delta S_2 + \Delta S_3 + \Delta S_4 + \Delta S_5 \tag{3-2}$$

所有物质在 298.15 K 的标准摩尔熵均大于零。冰的熵值为 $S_{m冰}^\ominus = 39.33\ J \cdot K^{-1} \cdot mol^{-1}$，水的熵值为 $S_{m水}^\ominus = 69.91\ J \cdot K^{-1} \cdot mol^{-1}$，水汽的熵值为 $S_{m汽}^\ominus = 189\ J \cdot K^{-1} \cdot mol^{-1}$。$S_m^\ominus$ (单质，298.15 K)＞0 即单质的标准摩尔熵均不等于零。这一点与单质的标准摩尔生成焓等于零不相同，热力学中还规定 $S_m^\ominus(H^+$，298.15 K$)=0$，以此为基准计算出水溶液中其他离子的标准摩尔熵。显而易见，熵变数值的大小与规定零值无关。

2. 化学反应熵变和热力学第二定律

判断一个反应过程的自发性，不能只考虑物质的变化和能量的变化，还要考虑熵的变化。

一般而言，凡气体分子总数增多的反应，一定是熵增大反应；反之，是熵减小反应；反应前后气体分子总数不变则熵变的数值不大。没有气体参与的反应，熵值变化也不会很大。在标准态下，产物熵值的总和减去反应物熵值的总和称为该反应

的反应熵，用符号 $\Delta_r S_m^\ominus(T)$ 表示。

即
$$\Delta_r S_m^\ominus(298.15\ \text{K}) = \sum_B v_B S_m^\ominus(B) \tag{3-3}$$

该式等号右面表示的是物质的标准熵，前面并无变化量符号 Δ。如反应

$$aA + bB = dD + eE$$

$$\Delta_r S_m^\ominus = dS_m^\ominus(D) + eS_m^\ominus(E) - aS_m^\ominus(A) - bS_m^\ominus(B) \tag{3-4}$$

即 $\Delta_r S_m^\ominus = \sum S_m^\ominus$ 产物 $- \sum S_m^\ominus$ 反应物。当 $\Delta_r S_m^\ominus > 0$ 时，有利于反应正向自发进行。由附录中 298 K 时的标准熵值，可以计算化学反应的标准熵变。

例 3-1 求反应 $2HCl(g) = H_2(g) + Cl_2(g)$ 的标准熵变。

解： 查表得知

$$S_m^\ominus(HCl) = 187\ \text{J} \cdot \text{K}^{-1} \cdot \text{mol}^{-1} \quad S_m^\ominus(H_2) = 130\ \text{J} \cdot \text{K}^{-1} \cdot \text{mol}^{-1}$$
$$S_m^\ominus(Cl_2) = 223\ \text{J} \cdot \text{K}^{-1} \cdot \text{mol}^{-1}$$

所以 $\Delta_r S_m^\ominus = S_m^\ominus(Cl_2) + S_m^\ominus(H_2) - 2S_m^\ominus(HCl) = -21\ (\text{J} \cdot \text{K}^{-1} \cdot \text{mol}^{-1})$

在任何自发过程中，体系和环境的熵变的总和是增加的，或孤立系统的熵永不减少。这是判断化学反应自发性的熵变判据（熵增加原理），也是热力学第二定律的统计学表述。

热力学第二定律还有另两种著名的表述：一，开尔文说法，不可能从单一热源取热，使之完全变为功而不引起其他变化。也即第二类永动机不可能制造出来。二，克劳修斯说法，不可能把热从低温物体传到高温物体而不引起其他变化。即热传导具有不可逆性。

用等式表示即为 $\Delta S_{总} = \Delta S_{体系} + \Delta S_{环境}$。但当 $\Delta S_{总} > 0$ 时，是自发变化；当 $\Delta S_{总} < 0$，是非自发变化；当 $\Delta S_{总} = 0$，无变化，是平衡状态。但也存在一些熵值变小的自发过程，如当温度低于 0℃ 时，液态水会自动结成固体冰，也是自发进行。因此，ΔS 的大小和符号也不能作为自发性判断的普遍依据。同时表明温度对化学反应自发性有重要的影响。

三、吉布斯(Gibbs)自由能和化学反应方向的关系

1. 吉布斯(Gibbs)自由能

考虑到温度对反应自发性的影响，1878 年美国物理化学家吉布斯(J. W.

Gibbs，1839～1903)提出了一个综合考虑焓变、熵变及温度三者对反应自发性影响的函数，称为吉布斯函数或吉布斯自由能，该函数也是一个状态函数。它的定义式为

$$G = H - TS \tag{3-5}$$

因为 H 的绝对值无法测量，则 G 的绝对值也无法测得。但其吉布斯变化值 ΔG 是确定的(推导从略)

$$\Delta G = \Delta H - T\Delta S \tag{3-6}$$

2. 标准摩尔生成 Gibbs 函数- $\Delta_f G_m^\ominus$(B，相态，T)

标态下，由稳定单质生成 1 mol B 物质时反应的标准摩尔吉布斯函数变称为标准摩尔生成吉布斯函数，单位为 $kJ \cdot mol^{-1}$。单质的标准摩尔生成吉布斯函数均为零，即 $\Delta_f G_m^\ominus$(单质，T)=0。例如，$\Delta_f G_m^\ominus$(C，石墨，T)=0，$\Delta_f G_m^\ominus$(P_4，S，T)=0。另外规定，$\Delta_f G_m^\ominus$(H^+，aq，T)=0。

对于一个化学反应或过程，人们更关心的是其吉布斯函数变化值 ΔG，ΔG 包含了 ΔH 与 $T\Delta S$ 两项。即 ΔG 既考虑了焓变 ΔH 的影响，又考虑了温度与熵变($T\Delta S$)的影响。所以 ΔG 的大小是恒温恒压下反应或过程自发性判定的普遍标准。

$\Delta G < 0$　反应是自发的，能正向进行。

$\Delta G > 0$　反应是非自发的，能逆向进行。

$\Delta G = 0$　反应处于平衡状态。

这就是吉布斯自由能判据。该判据的实质就是热力学第二定律，可用来判断封闭系统反应自发进行的方向。

根据吉布斯公式，温度对 ΔG 有明显影响，因为 ΔH 和 ΔS 随温度变化的改变值很小，大多数情况下可以忽略不计。但温度对 ΔG 的影响是不能忽略的。

在不同温度下反应自发进行的方向取决于 ΔH 和 $T\Delta S$ 的相对大小：

1) 若 $\Delta H < 0$，$\Delta S > 0$，则一定总是 $\Delta G < 0$，在所有温度下反应是自发过程。

2) 若 $\Delta H > 0$，$\Delta S < 0$，则一定总是 $\Delta G > 0$，在所有温度下反应是非自发过程。

3) 若 $\Delta H < 0$，$\Delta S < 0$，低温时，则 $\Delta G < 0$，反应是自发过程。
高温时，则 $\Delta G > 0$，反应是非自发过程。

4) 若 $\Delta H > 0$，$\Delta S > 0$，低温时，则 $\Delta G > 0$，反应是非自发过程。
高温时，则，$\Delta G < 0$ 反应是自发过程。

ΔH 、ΔS 的正负符号相同的情况下，温度决定了反应进行的方向。在其中任一

种情况下都有一个这样的温度，在此温度下，$\Delta H = T\Delta S$，$\Delta G = 0$。在吸热增熵的情况下，这个温度是反应能正向进行的最低温度；低于这个温度反应就不能正向进行；在放热减熵时，这个温度是反应能正向进行的最高温度；高于这个温度反应不能正向进行。因此，这个温度是反应能否正向进行的转变温度。如果忽略温度、压力的影响，$\Delta_r H_m \approx \Delta_r H_m^\ominus(298\ K)$，$\Delta_r S_m \approx \Delta_r S_m^\ominus(298\ K)$，则在转变温度下

$$T_{转}\ \Delta_r S_m^\ominus(298\ K) = \Delta_r H_m^\ominus(298\ K)$$

$$T_{转} = \frac{\Delta_r H_m^\ominus(298\ K)}{\Delta_r S_m^\ominus(298\ K)} \tag{3-7}$$

化学反应的自由能变化也是与量有关的。如

$$H_2(g) + \frac{1}{2}O_2(g) \longrightarrow H_2O(g) \quad \Delta_r G_m^\ominus(298.15\ K) = -228.572\ kJ \cdot mol^{-1}$$

$$2H_2(g) + O_2(g) \longrightarrow 2H_2O(g) \quad \Delta_r G_m^\ominus(298.15\ K) = -457.144\ kJ \cdot mol^{-1}$$

G 是状态函数，Hess 定律也适用于化学反应的吉布斯函变的计算，根据附表中的 $\Delta_f G_m^\ominus$ 可以计算出 $\Delta_r G_m^\ominus$。对于化学反应 $\sum_B v_B B = 0$ 来说：

$$\Delta_r G_m^\ominus(298.15\ K) = \sum v_B \Delta_f G_m^\ominus(B,相态,298.15\ K) \tag{3-8}$$

在标准状态下反应 $\sum_B v_B B = 0$ 的吉布斯函数变也可以用以下计算公式

$$\Delta_r G_m^\ominus = \Delta_r H_m^\ominus - T\Delta_r S_m^\ominus \tag{3-9}$$

由于一般热力学数据表中，只能查到 $\Delta_f G_m^\ominus(B,相态,298.15\ K)$，根据上式只能计算 298.15 K 下的 $\Delta_r G_m^\ominus$。要计算 $T \neq 298.15\ K$ 下的 $\Delta_r G_m^\ominus$，可用下列近似式

$$\Delta_r G_m^\ominus(T) \approx \Delta_r H_m^\ominus(298.15\ K) - T \cdot \Delta_r S_m^\ominus(298.15\ K) \tag{3-10}$$

根据 $\Delta_r G_m^\ominus$ 数据大小，可以判断反应的自发性。但只能判断在标准状况下反应能否正向自发进行，而不能用来判断非标准状态条件下反应进行的方向。

例 3-2 利用物质的标准摩尔生成吉布斯函数计算反应 $4NH_3(g) + 5O_2(g) \longrightarrow 4NO(g) + 6H_2O(l)$ 的 $\Delta_r G_m^\ominus$，并指出反应是否自发？

解： 查表得 $H_2O(l)$ 的 $\Delta_f G_m^\ominus = -237\ kJ \cdot mol^{-1}$；$NO(g)$ 的 $\Delta_f G_m^\ominus = 86.6\ kJ \cdot mol^{-1}$；$NH_3(g)$ $\Delta_f G_m^\ominus = 16.5\ kJ \cdot mol^{-1}$；$O_2(g)$ 的 $\Delta_f G_m^\ominus = 0\ kJ \cdot mol^{-1}$

$$\Delta_r G_m^\ominus = 4 \times (86.6) + 6 \times (-237) - 4 \times (-16.5)$$
$$= -1\,010.8(\text{kJ} \cdot \text{mol}^{-1}) < 0$$

所以该反应在标态时是自发的。

例 3-3 已知反应：$W(s) + I_2(g) = WI_2(g)$

	W(s)	$I_2(g)$	$WI_2(g)$	
$\Delta_f H_m^\ominus$	0	62.44	−8.37	$\text{kJ} \cdot \text{mol}^{-1}$
$\Delta S_m^\ominus$	33.5	260.6	251	$\text{J} \cdot \text{mol}^{-1} \cdot \text{K}^{-1}$

(1) 求 623 K 时上式的 $\Delta_r G_m^\ominus$。(2) 求反应逆向进行的最低温度。

解: (1) $\Delta_r H_m^\ominus = -70.81\ \text{kJ} \cdot \text{mol}^{-1}$；$\Delta_r S_m^\ominus = -43.1\ \text{J. mol}^{-1} \cdot \text{K}^{-1}$

$$\Delta_r G_m^\ominus = \Delta_r H_m^\ominus - T\Delta_r S_m^\ominus = -70.81 \times 1\,000 - 623 \times (-43.1)$$
$$= -43\,958.7(\text{J} \cdot \text{mol}^{-1}) = 43.96(\text{kJ} \cdot \text{mol}^{-1})$$

(2) 令 $\Delta_r G_m^\ominus = 0$，$-70.81 \times 1\,000 - T \times (-43.1) = 0$

得 $T = 1\,642\text{K}$

四、化学反应限度的判据

$\Delta_r G_m^\ominus$ 能用来判断标准状态下反应的方向。但实际应用中反应混合物很少处于标准状态。跟热力学能变、焓变随温度与压力的改变不会发生大的改变完全不同，反应自由能随温度与压力的改变将发生很大的改变。因此 $\Delta_r G_m^\ominus$ 不能用于其他温度与压力条件下反应方向的判据。在反应进程中，气体物质的分压和溶液中溶质的浓度均在不断变化中，直至达到平衡，$\Delta_r G_m = 0$。$\Delta_r G_m$ 不仅与温度有关，而且与反应体系组成有关。在化学热力学(物理化学)中推导出了在 T 温度下 $\Delta_r G_m$ 与反应体系组成(压力)间的关系

$$\Delta_r G_m(T) = \Delta_r G_m^\ominus(T) + RT\ln J \tag{3-11}$$

当反应达到平衡时，　　$\Delta_r G_m = 0 \quad J = K^\ominus$

$$\Delta_r G_m^\ominus(T) = -RT\ln K^\ominus(T) \tag{3-12}$$

根据此式可计算反应的标准平衡常数。将此式代入上式中，得

$$\Delta_r G_m(T) = -RT\ln K^\ominus(T) + RT\ln J \tag{3-13}$$

此式称为化学反应的范特霍夫(van't Hoff plot，1852～1911)等温方程。式中 $\Delta_r G_m(T)$是温度为 T 的非标准状态下反应的吉布斯函数变；J 为反应商。对气体反应，J 是以计量系数为幂的非标态下各气体的分压与标准压力(100 kPa)之比的连乘积。若是溶液反应，J 是以计量系数为幂的非标态下各组分浓度与标准浓度之比的连乘积。若反应中既有溶液又有气体，则 J 是以计量系数为幂的非标态下各气体的分压与标准压力(100 kPa)之比乘以计量系数为幂的非标态下各组分浓度与标准浓度之比的连乘积。

判断定温定压处于任意状态下反应进行方向的判据是 $\Delta_r G_m \neq 0$。但是从热力学数据表中查到的数据直接计算出的是 $\Delta_r G_m^\ominus$。在等温方程中，$\ln J$ 往往比较小，J 对 $\Delta_r G_m$ 的影响不很显著。根据经验，在通常情况下，若 $\Delta_r G_m^\ominus < -40\ \text{kJ} \cdot \text{mol}^{-1}$，往往 $\Delta_r G_m < 0$。这样就有一个经验的 $\Delta_r G_m^\ominus$ 判据，可用来判断反应方向

一般而言，$\Delta_r G_m^\ominus < -40\ \text{kJ} \cdot \text{mol}^{-1}$，反应正向进行；$\Delta_r G_m^\ominus > 40\ \text{kJ} \cdot \text{mol}^{-1}$，反应逆向进行。如果 $\Delta_r G_m^\ominus$ 在$(-40 \sim +40)\ \text{kJ} \cdot \text{mol}^{-1}$范围内时，应该用 $\Delta_r G_m$ 来判断反应方向。

第二节　化学反应的限度——化学平衡

研究化学反应除了要研究在一定条件下反应进行的快慢，即化学反应的速率问题，还要研究在一定条件下反应进行的程度，即有多少反应物转化为生成物，也就是化学平衡问题。只有对由反应物向产物转化是可能的反应，才有可能改变或控制外界条件，使其以一定的反应速率达到反应的最大限度——化学平衡。下面介绍有关化学反应的标准平衡常数和平衡组成的计算、平衡移动的规律以及与化学反应进行方向和限度判据有关的热力学函数与平衡常数的关系。

一、化学平衡及其特征

1. 可逆反应与不可逆反应

根据化学反应进行的特征，化学反应可分为可逆反应和不可逆反应。

不可逆反应是在一定条件下反应物几乎完全转变为生成物，同时生成物几乎不能反向生成反应物的反应。如

$$2KClO_3(s) = 2KCl(s) + 3O_2(g)$$

通常认为 KCl 不能和 O_2 直接反应生成 $KClO_3$。放射性元素蜕变反应就是典型的不可逆核反应。实际上只有极少数反应是不可逆的。

绝大多数化学反应都是可逆反应，如

$H_2(g) + I_2(g) \rightleftharpoons 2HI(g)$

$CO(g) + H_2O(g) \rightleftharpoons CO_2(g) + H_2(g)$　　可逆程度小

$N_2(g) + 3H_2(g) \rightleftharpoons 2NH_3(g)$　　可逆性显著

$Ag^+(aq) + Cl^-(aq) \rightleftharpoons AgCl(s)$　　可逆程度小

将化学反应计量式中从左向右进行的反应叫正反应，自右向左进行的反应叫逆反应，用两个相反的箭头$\rightleftharpoons$表示可逆。用单箭头表示不可逆反应。

可逆反应是在同一条件(温度、压力、浓度等)下，反应在正向进行的同时也逆向进行的反应。一般来说，反应的可逆性是化学反应的普遍特征。由于正、逆反应共处于同一反应体系内，在密闭容器中可逆反应不能单向进行到底，也就是反应物不能全部转化为产物，不可能有100%的转化率。

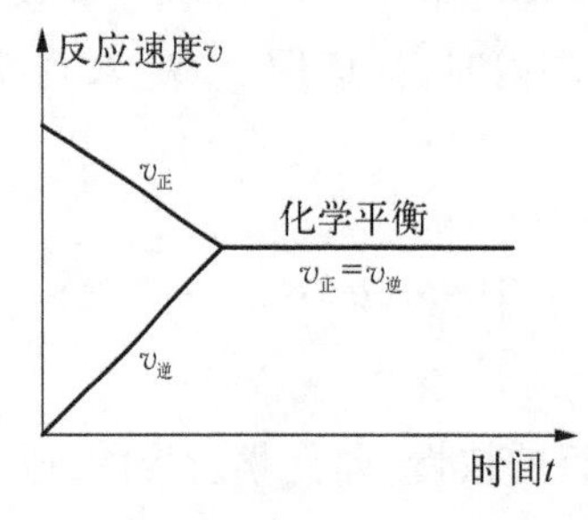

图3-1　可逆反应与化学平衡

2. 化学平衡的基本特征

在一定条件下，正反应速率等于逆反应速率时反应体系所处的状态，称为化学平衡。当可逆反应进行到一定程度，正反应速率和逆反应速率相等，反应物和生成物浓度不再随时间而改变，此时的平衡状态是该条件下反应进行的最大限度。如图3-1所示：

化学平衡有以下的基本特征：

1) 化学平衡时可逆反应的正逆反应速率相等，即 $v_正=v_逆$。

2) 化学平衡是动态平衡，由于达化学平衡时，反应体系中各组分含量不再随反应时间而变化，反应似乎是“终止”了，但实际上正反应和逆反应始终都在进行。只是由于 $v_正=v_逆$，单位时间内各物质的生成量和消耗量相等，所以各物质的浓度都保持不变，即反应物与生成物处于动态平衡。

3) 化学平衡是条件平衡。化学平衡只能在恒定的外界条件下才能保持，当外界条件改变时，原平衡就会被破坏，随后在新的条件下建立新的平衡。

4) 在一定条件下，反应体系的平衡组成与达到平衡状态的途径无关。

例如，425℃时氢气与碘蒸气的反应

$$H_2(g) + I_2(g) \rightleftharpoons HI(g)$$

当 $H_2(g)$和 $I_2(g)$置于密闭的容器中加热至425℃时，起初只有反应物，正反应速度 $v_正$ 最大，随着反应进行，当 $H_2(g)$和 $I_2(g)$不断减少，$v_正$ 逐渐减慢，而且，由于 HI

的生成，逆反应也开始发生，开始时，随着生成的 HI 量不断增多，正反应速率减慢，逆反应速率逐渐加快，最后 $v_{正} = v_{逆}$，即单位时间内，各物质的量不再发生变化，反应处于平衡状态。

再如，$N_2O_4(g) \rightleftharpoons 2NO_2(g)$

无色　　　　　红棕色

在恒温槽中反应一段时间后，反应混合物颜色不再变化，显示已达平衡。

二、实验平衡常数

在一定温度下，可逆反应达到平衡时，各物质的浓度不随时间而变化，这时的浓度或分压称为平衡浓度或平衡分压。

实验平衡常数就是在一定温度时，可逆反应达到平衡时，生成物的浓度或分压以反应方程式计量系数为指数的乘积与反应物浓度或分压以计量系数的绝对值为指数的乘积之比，表示符号为 K。这一规律称为"化学平衡定律"。

实验平衡常数可分为浓度平衡常数 K_c 和压力平衡常数 K_p。分别对应各生成物平衡浓度或分压幂的乘积与反应物平衡浓度或分压幂的乘积比值。如对于反应

$$aA + bB \rightleftharpoons nC + mD$$

$$K_c = \frac{c_C^n c_D^m}{c_A^a c_B^b} \tag{3-14}$$

$$K_p = \frac{p_C^n p_D^m}{p_A^a p_B^b} \tag{3-15}$$

式中，K_c 为浓度平衡常数；K_p 为压力平衡常数。

浓度平衡常数和压力平衡常数之间可以相互换算。根据理想气体状态方程

$$c_i = \frac{n_i}{V_{总}} = \frac{p_i}{RT}$$

$$K_c = \frac{c_C^n c_D^m}{c_A^a c_B^b} = \frac{p_C^n \cdot p_D^m}{p_A^a \cdot p_B^b}(RT)^{-(n+m-a-b)}$$

$$= K_p \cdot (RT)^{-\Delta n}$$

$$\Delta n = (n + m) - (a + b) \tag{3-16}$$

平衡常数表示在一定条件下，可逆反应所能进行的极限值。通常情况下，如果 $K > 10^7$，则表示正向反应完全；$K < 10^{-7}$，表示逆向反应完全；如果 $K = 10^{-7} \sim 10^7$，应为可逆反应。

平衡常数只与温度有关系。K 随温度的变化而变化，而与反应物或产物的起始浓度无关。平衡常数越大，即 K 值越大，正反应越彻底，正向反应进行的程度越大，反应物的转化率越大。反应 $N_2O_4(g) \rightleftharpoons 2NO_2(g)$ 在不同温度下的 K 值如下：

T/K	273	323	373
K_c	5×10^{-4}	2.2×10^{-2}	3.7×10^{-1}

平衡常数与反应时间及反应速率无关。$2SO_2(g)+O_2(g) = 2SO_3(g)$，$K_p = 3.6\times10^{24}$(298 K)，$K_p$ 很大，但室温时反应速率很小。$N_2 + O_2(g) \rightleftharpoons 2NO(g)$，$K_c = 10^{-30}$，平衡常数很小，说明常温下几乎不反应。但这并不意味着该反应根本不能进行。

三、标准平衡常数——热力学平衡常数

根据热力学函数计算得到的平衡常数称为标准平衡常数，又称为热力学平衡常数，用符号 $K^\ominus$ 来表示。平衡时各物种的浓度均以各自的标准态为参考态，反应物的浓度使用相对浓度、相对分压时所得的平衡常数。$K^\ominus$ 是无量纲的量。

标准平衡常数是表明化学反应限度的一种特征常数，对于一般的化学反应

$$aA(g) + bB(aq) + cC(s) \rightleftharpoons xX(g) + yY(aq) + zZ(l)$$

$$K^\ominus = \frac{(p(X)/p^\ominus)^x (c(Y)/c^\ominus)^y}{(p(A)/p^\ominus)^a (c(B)/c^\ominus)^b} \tag{3-17}$$

在该平衡常数表达式中，各物种均以各自的标准态为参考态。如果是气体，要用分压表示，但分压要除以 $p^\ominus(=100\ \text{kPa})$；若是溶液中的某物质，其浓度要除以 $c^\ominus(=1\ \text{mol}\cdot\text{L}^{-1})$；若是液体或固体，其标准态为相应的纯液体或纯固体，因此，表示液体和固体状态的相应物理量不出现在标准平衡常数表达式中(称其活度为 1)。

四、多重平衡规则

在一个化学平衡系统中往往同时存在多个化学平衡，并且相互联系，有的物质同时参加多个化学反应，这种一个系统中同时存在几个相互联系的平衡称为多重平衡。

系统中的平衡状态不是独立存在的，而是相互联系的。其联系符合多重平衡规则：如果某个反应可以由几个反应相加(或相减)得到，则该反应的平衡常数等于几个反应平衡常数之积(或商)，这种关系称为多重平衡规则。

(1) $Mg(OH)_2(s) = Mg^{2+} + 2OH^-$ $\qquad K_1^\ominus$

(2) $NH_3 + H_2O \rightleftharpoons NH_4^+ + OH^-$　　$K_2^{\ominus}$

(3) $Mg(OH)_2(s) + 2NH_4^+ \rightleftharpoons Mg^{2+} + 2NH_3 + 2H_2O$　　$K_3^{\ominus}$

反应(3)＝反应(1)－2×反应(2)，

则标准平衡常数的关系为：$K_3^{\ominus} = K_1^{\ominus} \Big/ (K_2^{\ominus})^2$

计算多重平衡常数时应注意，如方程式计量数有变动，对应的标准平衡常数应有方次的变动。多重平衡中，有些物质同时参加多个化学平衡，但由于是在一个系统中，每种物质的浓度或分压只有一个值，同时满足各平衡式。

例 3－4　已知：2 800 K 时反应 $CO + 1/2O_2 \longrightarrow CO_2$ 的平衡常数 $K^{\ominus} = 6.443$。求同温度下，下列反应(1)、(2)的 $K^{\ominus}$。

(1) $2CO + O_2 \longrightarrow 2CO_2$

(2) $CO_2 \longrightarrow CO + 1/2O_2$

解： $K_1^{\ominus} = (K^{\ominus})^2 = 41.51$

$K_2^{\ominus} = 1/K^{\ominus} = 0.155\ 2$

平衡常数表达式必须与化学反应计量式相对应，同一化学反应以不同的化学反应计量式表示时，$K^{\ominus}$ 的表达式不同，$K^{\ominus}$ 的数值也不同。反应计量式乘以 m(m不等于 0)，则标准平衡常数 $K^{\ominus}$ 变为$(K^{\ominus})^m$。

五、化学平衡的计算

化学反应的标准平衡常数是表明反应系统处于平衡状态的一种数量标志，利用它能回答许多问题。如判断反应程度(或限度)、预测反应方向以及计算平衡组成等。

1．求算标准平衡常数

确定标准平衡常数数值的最基本方法是通过实验确定，只要知道某温度下平衡时各组分的浓度或分压，就很容易计算出反应的标准平衡常数。通常在实验中只要确定最初各反应物的浓度或分压以及平衡时某一物种的分压或浓度，根据化学反应的计量关系，再推算出平衡时其他反应物和产物的分压或浓度。最后计算出标准平衡常数 $K^{\ominus}$。

例 3－5　从实验得知五氯化磷蒸气分解如下：$PCl_5(g) \rightleftharpoons PCl_3(g) + Cl_2(g)$。起先只含纯 PCl_5，在 200 kPa 下加热到一定温度时有 69% $PCl_5(g)$ 离解，计算在该温度下此离解反应的 $K^{\ominus}$。

解：设起始 $PCl_5(g)$ 为 a mol，则平衡时 $PCl_5(g)$，$PCl_3(g)$ 和 $Cl_2(g)$ 物质的量分别为 0.31a，0.69a，0.69a，总摩尔数为 1.69a。对应的摩尔分数为0.366，0.816 和 0.816。

	$PCl_5(g)$ $\rightleftharpoons$	$PCl_3(g)$ +	$Cl_2(g)$	
起始时(mol)	a	0	0	
平衡时(mol)	$(1-69\%)a$	$69\% \times a$	$69\% \times a$	总：1.69a mol
分压	$0.31a \div 1.69a \times 2 = 0.366$	$0.69a \div 1.69a \times 2 = 0.816$	$0.69a \div 1.69a \times 2 = 0.816$	

所以 $K^{\ominus} = 0.816 \times 0.816 \div 0.366 = 1.82$

2. 求算转化率 $\alpha(A)$，判断反应程度

平衡常数可以用来求算反应体系中有关物质的浓度和某一反应物的平衡转化率(或理论转化率)，以及从理论上计算欲达到一定转化率所需的合理原料配比等。

例 3-6 3L 的瓶内装有压力为 50 kPa 的氯气，再加入 0.1 mol 的 PCl_5。求在 250℃ 时 PCl_5 的转化率。(已知：$PCl_5 \rightleftharpoons PCl_3 + Cl_2$，当 $t = 250$℃ 时，$K^{\ominus} = 1.78$)

解：250℃ 时 0.1 mol PCl_5 压力为：$p = nRT/V = 0.1 \times 8.314 \times 523.15/3 \times 10^{-3} = 1.45$ kPa

设转化率为 x，则：

	PCl_5 $\rightleftharpoons$	PCl_3 +	Cl_2
起始压强	1.45	0	50
平衡压力	$1.45(1-x)$	$1.45x$	$0.5 + 1.45x$

所以：$1.45x \times (0.5 + 1.45x) \div 1.45(1-x) = 1.78$

解得：$x = 57.3\%$

不难理解，如果 $K^{\ominus}$ 的数值很小，表明平衡使产物对反应物的比例很小，反应正向进行的程度很小，反应进行得很不完全。$K^{\ominus}$ 愈小，反应进行的愈不完全。如果 $K^{\ominus}$ 数值不太大也不太小(如：$10^3 > K^{\ominus} > 10^{-3}$)，平衡混合物中产物和反应物的分压(或浓度)相差不大，反应大部分地转化为产物。对同类反应而言，$K^{\ominus}$ 越大，反应进行得越完全。反应进行的程度也常用平衡转化率来表示。一般而言，$K^{\ominus}$ 愈大，往往 $\alpha(A)$ 也愈大。

3. 求算 $\Delta_r G_m^\ominus$，预测反应方向

对于给定反应在给定温度 T 下，标准平衡常数 $K^\ominus(T)$ 具有确定值。如果按照 $K^\ominus(T)$ 表达式的同样形式来表示反应

$$aA(g) + bB(aq) + cC(s) \rightleftharpoons xX(g) + yY(aq) + zZ(l)$$

$$J = \frac{(p_j(X)/p^\ominus)^x (c_j(Y)/c^\ominus)^y}{(p_j(A)/p^\ominus)^a (c_j(B)/c^\ominus)^b} \tag{3-18}$$

式中 p_j，c_j 分别表示某时刻 j 物种的分压和浓度，J 被称为反应商。J 与 $K^\ominus$ 的数学表达式形式上是相同的，表达式中的分子是产物 $p_B/p^\ominus$ 或 $c_B/c^\ominus$ 幂的乘积；分母是反应物的 $p_B/p^\ominus$ 或 $c_B/c^\ominus$ 幂的乘积；幂与相关物种的计量数绝对值相同。但是，反应商 J 与平衡常数 $K^\ominus$ 却是两个不同的量。$K^\ominus(T)$ 是由反应物、产物平衡时的 $p_B/p^\ominus$ 或 $c_B/c^\ominus$ 计算得到的。当系统处于非平衡态时 $J \neq K^\ominus$。表明反应仍在进行中。随着时间的推移，J 在不断变化，直到 $J = K^\ominus$，$v_{正} = v_{逆}$，反应达到平衡。$J < K^\ominus$ 时，反应向正方向进行，$J > K^\ominus$ 时，反应向逆方向进行。

例 3-7　查表求算 $CO_2(g) + C(石墨) \rightleftharpoons 2CO(g)$ 在标态下的 $\Delta G^\ominus$，并说明在该条件下反应能否进行。如升温至 1 200 K 下反应，则平衡混合物中 CO 占摩尔分数为 98.3%，CO_2 占 1.69% 时，总压为 100 kPa，问此时：(1) CO 和 CO_2 分压为多少？(2) 平衡常数 $K^\ominus$ 为多少？(3) 此反应的 $\Delta G^\ominus$ 为多少？反应方向如何？

解： 查表知：CO 和 CO_2 的 ΔG 分别为 $-137.3\ kJ \cdot mol^{-1}$ 和 $-394.4\ kJ \cdot mol^{-1}$

标态下该反应的 $\Delta G = 2 \times (-137.3) - (-394.4) = 119.8\ kJ \cdot mol^{-1} > 0$，不能发生。

(1) 气体摩尔分数＝分压数，所以 CO 和 CO_2 分压为 98.3 kPa 和 1.69 kPa。

(2) $K^\ominus = (P(CO)/P^\ominus)^2/(P(CO_2)/P^\ominus) = (98.3/100)^2/(1.69/100) = 57.17$

(3) $\Delta G = -RT\ln K^\ominus = -8.314 \times 1\,200 \times \ln 57.17 = -40.4\ kJ \cdot mol^{-1} < 0$，反应可以进行。

4. 求算平衡组成

例 3-8　在 25℃、100 kPa 时 N_2O_4 和 NO_2 的平衡混合物的密度为 $3.18\ g \cdot L^{-1}$，求：

(1) 混合气体的平均相对分子质量。

(2) NO_2和N_2O_4的分压。

(3) 反应 $N_2O_4 \rightleftharpoons 2NO_2$ 的平衡常数 $K^\ominus$。

解：(1) $M = \rho RT/P = 3.18 \times 8.314 \times 298.15/100 = 78.8$

(2) 设N_2O_4的摩尔分数(也即为分压)为 x，则

$$92x + 46(1 - x) = 78.8$$

$$x = 0.713,\ 1 - x = 0.287$$

(3) $K^\ominus = (P(NO_2)/\rho^\ominus)^2/(P(N_2O_4)/\rho^\ominus) = (28.7/100)^2/(71.3/100) = 0.116$

第三节 化学平衡的移动——影响化学平衡的因素

化学平衡时，宏观上化学反应已停止，但是在微观上正、逆反应仍在进行，只是两者的速率相等。此时影响反应速率的外界因素，如浓度、压力和温度等对化学平衡也同样产生影响。当这些外界条件改变时，向某一方向进行的反应速率与相反方向进行的速率不再相等，原平衡状态就被破坏，直到正、逆反应速率再次相等，系统的组成都发生了改变，建立起与新条件相适应的新的平衡。像这样因外界条件的改变使化学反应从一种平衡状态转换到另一种平衡状态的过程，叫做化学平衡的移动。

影响平衡的因素有浓度、压力、温度、光波等。催化剂能改变反应达到平衡的时间，但不能使化学平衡移动。

一、浓度对化学平衡的影响

根据任意状态下 J 与 $K^\ominus$的相对大小关系，可判断平衡移动的方向。温度一定时，增加反应物的浓度或减少生成物的浓度，$J < K^\ominus$平衡向正反应方向移动；相反，减小反应物的浓度或增大生成物的浓度，$J > K^\ominus$平衡向逆反应方向移动；$J = K^\ominus$，平衡不移动。

浓度虽然可以使化学平衡发生移动，但是它不能改变标准平衡常数的数值，因为温度一定，$K^\ominus$一定。

二、压力对化学平衡的影响

气体参与化学反应，其分压的变化等同浓度的变化，能使反应熵的数值改变，

当 $J \neq K^{\ominus}$，平衡发生移动。但压力的改变也不改变标准平衡常数的数值。由于改变系统压力的方法不同，所以改变压力对平衡移动的影响要视具体情况而定。

1. 体积不变

对于定温定容条件下的反应，增大反应物的分压，或者减小产物的分压，能使反应熵减小，$J < K^{\ominus}$，平衡向正方向移动。反之亦然。这种情形与上述浓度变化对平衡移动的影响是一致的。

2. 体积改变

对于非定容反应 $\sum v_{B(g)} = 0$ 时，在反应前后气体分子数不变，恒温压缩或恒温膨胀时，各气体物种的分压变化倍率相等，$J = K^{\ominus}$，平衡不发生移动。

对于 $\sum v_{B(g)} \neq 0$ 的反应，在反应前后气体分子数变化的反应，恒温压缩时，系统的总压力增大，平衡向气体分子数减小的反应方向移动，即向减小压力的方向移动；恒温膨胀时，系统的总压力减小，平衡向气体分子数增多的反应方向移动，即向增大压力的方向移动。

3. 惰性气体的影响

惰性气体指不参与化学反应但存在于反应系统内的气态物质。惰性气体的引入对化学平衡的影响依据体积是否改变分为两种情况。

1）对恒温恒压下达到的平衡，引入惰性气体，为了保持总压不变，可使系统的体积相应增大。在这种情况下，各组分气体分压相应减小，若 $\sum v_{B(g)} \neq 0$，平衡向气体分子数增多的方向移动。

2）对恒温恒容下达到的平衡，加入惰性气体，系统的总压力增大，但各反应物和产物的分压不变，$J = K^{\ominus}$，平衡不发生移动。

综上所述，压力对化学平衡移动的影响，关键在于各反应物和产物的分压是否改变，同时要考虑反应前后气体分子数是否改变。基本判据仍然是 J 与 $K^{\ominus}$ 的相对大小关系。

三、温度对化学平衡的影响

浓度和压力对化学平衡的影响是通过改变系统的组成，使 J 改变，但是 $K^{\ominus}$ 并不改变。温度对化学平衡的影响则不然，温度变化引起标准平衡常数的改变，从而使化学平衡发生移动。

$$\Delta_r G_m^{\ominus} = -RT\ln K^{\ominus},\ \Delta_r G_m^{\ominus} = \Delta_r H_m^{\ominus} - T\Delta_r S_m^{\ominus}$$

$$-RT\ln K^{\ominus} = \Delta_r H_m^{\ominus} - T\Delta_r S_m^{\ominus}$$

温度变化时，$K^\ominus$也有变化，由

$$\ln K_1^\ominus = -\frac{\Delta_r H_m^\ominus}{RT_1} + \frac{\Delta_r S_m^\ominus}{R}, \ \ln K_2^\ominus = -\frac{\Delta_r H_m^\ominus}{RT_2} + \frac{\Delta_r S_m^\ominus}{R}$$

两式合并 $$\ln \frac{K_2^\ominus}{K_1^\ominus} = \frac{\Delta_r H_m^\ominus}{R} \frac{T_2 - T_1}{T_2 T_1} \tag{3-19}$$

此式称为范特霍夫方程，表达了温度与平衡常数的关系：

1）若$\Delta_r H_m^\ominus > 0$，为吸热反应，升高温度（$T_2 > T_1$）时，$K_1^\ominus < K_2^\ominus$，标准平衡常数随温度升高而增大。这时$J < K^\ominus$，平衡正向移动（吸热方向）。

2）若$\Delta_r H_m^\ominus < 0$，为放热反应，升高温度（$T_2 > T_1$）时，$K_1^\ominus > K_2^\ominus$，标准平衡常数随温度升高而下降。这时$J > K^\ominus$，平衡逆向移动（吸热方向）。

由上可知，升高温度，平衡向吸热方向移动；降低温度，平衡向放热方向移动。

如：$N_2(g) + 3H_2(g) = 2NH_3(g)$，$\Delta_r H_m^\ominus = -92.2\ kJ \cdot mol^{-1}$（放热）

$$T_1 = 298\ K, K_1^\ominus = 6.2 \times 10^5;$$

$$T_2 = 473\ K, K_2^\ominus = 6.2 \times 10^{-1};$$

$$T_3 = 673\ K, K_3^\ominus = 6.0 \times 10^{-4}。$$

即T下降，平衡向放热反应（正反应）的方向移动，且$K^\ominus$升高。

总之，在平衡系统中，温度升高，平衡总是向吸热方向移动；反之，降低温度，平衡总是向放热方向移动。

综上所述，改变平衡体系的条件之一，如温度、压力或浓度，平衡就向减弱这个改变的方向移动，这就是著名的勒夏特里原理。勒夏特里原理不仅适用于化学平衡系统，也适用于相平衡系统。勒夏特里原理只适用于已处于平衡状态的系统，而不适用于未达到平衡状态的系统。如果某系统处于非平衡态且$J<K^\ominus$，反应向正方向进行。若适当减少反应物的浓度或分压，同时仍然维持$J<K^\ominus$，反应方向是不会因这种减少而改变的。

思考题与习题

1. 下列从左到右的过程，熵是增加的还是减少的？

(1) $H_2O(s) \longrightarrow H_2O(g)$

(2) $C(s) + 2H_2(g) \longrightarrow CH_4(g)$

(3) $2CO_2(g) \longrightarrow 2CO(g) + O_2(g)$

(4) $N_2(g, 300\ kPa) \longrightarrow N_2(g, 200\ kPa)$

(5) $CaCO_3(s)+2H^+(aq) \longrightarrow Ca^{2+}(aq)+CO_2(g)+H_2O(l)$

(6) $NaCl(s) \longrightarrow Na^+(aq)+Cl^-(aq)$

2. 在 100 kPa 及 146.5℃下，$AgI_{(\alpha)}=AgI_{(\beta)}$ 是一个可逆转变。1 mol 的 $AgI_{(\beta)}$ 变为 $AgI_{(\alpha)}$ 的熵变化量 $\Delta_r S_m^\ominus$ 是 $-15.25\ J \cdot mol^{-1} \cdot K^{-1}$，其转换能是多少？

3. 求(1) 100 g 0℃的冰融化成同温度的水时，熵的增量是多少？(其中冰的溶解热为 $334.4\ J \cdot g^{-1}$)

(2) 100 kPa 下，100℃时 100 g 水蒸发成同温度的水蒸气时熵的增量是多少？(其中水的汽化热为 $2.253\ kJ \cdot g^{-1}$)

4. 对于 298 K 时的 CO_2 和石墨的反应　$CO_2(g)+C(石墨) \rightleftharpoons 2CO(g)$

$\Delta_r H_m^\ominus=+172.3\ kJ \cdot mol^{-1}$　$\Delta_r S_m^\ominus=+175.3\ J \cdot mol^{-1} \cdot K^{-1}$

试说明：

(1) 此反应的 $\Delta_r S_m$ 为正值的理由。

(2) 问此反应能否自发进行(用计算来说明)。

(3) 试求在什么温度以上，此反应能自发进行。

5. 已知反应(1)、(2)的 $\Delta_r G_m^\ominus$ 分别为 $\Delta_r G_m^\ominus=-142.0\ kJ \cdot mol^{-1}$，$\Delta_r G_m^\ominus=-355.0\ kJ \cdot mol^{-1}$

(1) $16H^+ +2MnO_4^- +10Cl^- \longrightarrow 5Cl_2(g)+2Mn^{2+}+8H_2O(l)$

(2) $8H^+ +MnO_4^- +5Fe^{2+} \longrightarrow 5Fe^{3+}+Mn^{2+}+4H_2O(l)$

试求下面反应的 $\Delta_r G_m^\ominus$。

$Cl_2(g)+2Fe^{2+} \longrightarrow 2Fe^{3+}+2Cl^-$

6. 已知：

	$CH_4(g)$	$O_2(g)$	$CO_2(g)$	$H_2O(l)$
$\Delta_r H_m^\ominus$	-74.82	—	-392.9	-285.5 ($kJ \cdot mol^{-1}$)
$S_m^\ominus$	186.01	49.0	51.06	16.75 ($J \cdot mol^{-1} \cdot K^{-1}$)

试求下面反应的标准自由能的变化 $\Delta_r G_m^\ominus$。

$CH_4(g)+2O_2(g) \longrightarrow CO_2(g)+2H_2O(l)$

7. 在 100 kPa 下，碳能够还原 Fe_2O_3 的温度是多少？

$2C+O_2 = 2CO$　　$\Delta_r H_m^\ominus=-221\ kJ \cdot mol^{-1}$

$2Fe+3/2O_2 = Fe_2O_3$　　$\Delta_r H_m^\ominus=-820\ kJ \cdot mol^{-1}$

$S_m^\ominus(C)=5.5\ J \cdot mol^{-1} \cdot K^{-1}$　　$S_m^\ominus(O_2)=205\ J \cdot mol^{-1} \cdot K^{-1}$

$S_m^\ominus(Fe_2O_3)=180\ J \cdot mol^{-1} \cdot K^{-1}$　　$S_m^\ominus(Fe)=27\ J \cdot mol^{-1} \cdot K^{-1}$

$S_m^\ominus(CO)=198\ J \cdot mol^{-1} \cdot K^{-1}$

8. 写出下列各可逆反应的平衡常数 $K^\ominus$ 的表达式。

(1) $2NaHCO_3(s) \rightleftharpoons Na_2CO_3(s)+CO_2(g)+H_2O(g)$

(2) $CO_2(s) \rightleftharpoons CO_2(g)$

(3) $(CH_3)_2CO(l) \rightleftharpoons (CH_3)_2CO(g)$

(4) $CS_2(l) + 3Cl_2(g) \rightleftharpoons CCl_4(l) + S_2Cl_2(l)$

(5) $2Na_2CO_3(s) + 5C(s) + 2N_2(g) \rightleftharpoons 4NaCN(s) + 3CO_2(g)$

9. 在0℃时$N_2O_4(g) \rightleftharpoons 2NO_2(g)$的平衡常数$K^\ominus=0.01$。如果1.0 mol的$NO_2$放入一个0.5 L密闭容器中，平衡时$NO_2$和$N_2O_4$的浓度各为多少？

10. 在某温度下，1个标准大气压的$2Na(g) \rightleftharpoons Na_2(g)$平衡蒸气的质量组成为：Na(g) 71.30%，$Na_2(g)$ 28.70%，计算此反应的$K^\ominus$值。

11. 在27℃和100 kPa下，$2NO_2 \rightleftharpoons N_2O_4$平衡体系中气体相对于$H_2$的密度为38，求：

(1) NO_2的转化率为多少？

(2) 这温度下的平衡常数$K^\ominus$为多少？

12. 在1 000℃时$FeO + CO \rightleftharpoons Fe + CO_2$的$K^\ominus=0.4$，求欲得1 mol Fe需通入多少摩尔CO？

13. 在一定温度下的密闭体系中，PCl_5有50%解离为PCl_3和Cl_2，试说明在下列情况下，解离度是增加还是减少？

(1) 降低压强，使体积倍增。

(2) 保持体积不变，加入N_2，使压强倍增。

(3) 保持压强不变，加入N_2使体积倍增。

(4) 保持压强不变，加入Cl_2使体积倍增。

(5) 保持体积不变，加入PCl_3使压强倍增。

14. C(石墨)$+2H_2(g) = CH_4(g)$，25℃时的平衡常数$K^\ominus=7.8\times10^8$，$\Delta_r H_m^\ominus=-74.78\ kJ\cdot mol^{-1}$，试求算其$\Delta_r S_m^\ominus$值是多少？

15. 在448℃时反应$H_2(g) + I_2(g) \rightleftharpoons 2HI(g)$的$K^\ominus=66.9$，该反应在300～500℃温度范围内的$\Delta_r H_m^\ominus=-11.097\ kJ\cdot mol^{-1}$。试计算：

(1) 在350℃该反应的$K^\ominus$。

(2) 计算在这两个温度下，反应的$\Delta_r G_m^\ominus$。($\Delta_r G_m^\ominus=-23.45\ kJ\cdot mol^{-1}$，$\Delta_r G_m^\ominus=-21.77\ kJ\cdot mol^{-1}$)

第四章
酸碱平衡和沉淀-溶解平衡

第一节　弱酸、弱碱的解离平衡

一、酸碱理论

1. 阿仑尼乌斯电离理论

最早，人们对酸碱的认识是从物质所表现出来的性质来加以区分的，如酸有酸味，使石蕊试液变红等；碱有涩味，使石蕊试液变蓝，能与酸中和等。

1880 到 1890 年间，瑞典化学家阿仑尼乌斯发展了包括酸碱在内的电解质溶液理论。该理论认为：解离时所生成的正离子全部都是 H^+ 的化合物叫做酸，所生成的负离子全部都是 OH^- 的化合物叫做碱。阿仑尼乌斯首先赋予酸碱科学的定义，是人类对酸碱认识从现象到本质的一次飞跃。这种酸碱电离理论对化学学科的发展起到了积极作用，直到现在仍普遍地应用着。

这个理论的主要缺点是把酸碱限制在以水为溶剂的体系，并把碱仅看作为氢氧化物。实际上，像氨这种碱，在其水溶液中并不存在 NH_4OH，因而就无法解释氨在水中也是碱这一事实。另外，许多物质在非水溶液中不能电离出 H^+ 和 OH^-，却也表现出酸和碱的性质，如氯化氢和氨在苯中均不电离，但它们能在苯中反应生成氯化铵，与水中所得到的氯化铵完全相同。这些现象都是电离理论解释不了的。

2. 布朗斯特-劳莱酸碱质子理论

1923 年丹麦化学家布朗斯特(J. N. Brǿnsted)和英国化学家劳莱(T. M. Lowry)各自独立地提出酸碱质子理论，认为凡是能放出质子的物质都是酸，任何能与质子结合的物质都是碱。这个定义就不再局限于以水作溶剂。

根据酸碱质子理论，酸给出质子后剩余的那部分就是碱；反过来，碱接受质子

后就成为酸，即

$$酸 \rightleftharpoons 碱 + H^+$$

这种关系叫做共轭关系，左边的酸是右边碱的共轭酸，右边的碱是左边酸的共轭碱，彼此形成共轭酸碱对，如

$$HCl \rightleftharpoons H^+ + Cl^-$$

$$NH_4^+ \rightleftharpoons NH_3 + H^+$$

$$HSO_4^- \rightleftharpoons SO_4^{2-} + H^+$$

$$[Fe(H_2O)_6]^{3+} \rightleftharpoons [Fe(H_2O)_5(OH)]^{2+} + H^+$$

从以上这些例子可以看出，质子理论中的酸、碱可以是分子，也可以是正离子或负离子。有酸才有碱，有碱才有酸。酸与碱互相联系，互相制约。

按照酸碱质子理论，解离质子能力强的物质是较强的酸，接受质子能力强的物质是较强的碱。较强的酸(如 HCl)的共轭碱(如 Cl^-)是弱碱；反之弱酸(如 NH_4^+)的共轭碱(如 NH_3)是较强的碱。因此，酸越强，它的共轭碱则越弱；酸越弱，它的共轭碱必定越强。

酸能给出质子，但如果没有一个碱来接受质子，反应仍然是不能进行的。根据酸碱质子理论，酸碱反应实际上是非共轭的酸碱之间的质子传递过程，并可用一个通式来表示

$$酸_1 + 碱_2 \rightleftharpoons 酸_2 + 碱_1$$

如在水溶液中，HCl 解离放出质子给 H_2O，而生成共轭碱 Cl^-

$$\underset{碱_1}{H_2O} + \underset{酸_2}{HCl} \rightleftharpoons \underset{酸_1}{H_3O^+} + \underset{碱_2}{Cl^-} \quad (H^+: HCl \rightarrow H_2O)$$

又如在水溶液中，NH_3 接受 H_2O 给出的质子，而生成共轭酸 NH_4^+

$$\underset{酸_1}{H_2O} + \underset{碱_2}{NH_3} \rightleftharpoons \underset{碱_1}{OH^-} + \underset{酸_2}{NH_4^+} \quad (H^+: H_2O \rightarrow NH_3)$$

由上可见，H_2O 既可以作为酸，又可以作为碱，是两性物质。

一些常见共轭酸碱及其强弱的递变顺序如下。

酸从弱到强（↑）　　碱从弱到强（↓）

$$\text{酸} \rightleftharpoons \text{质子} + \text{碱}$$
$$HClO_4 \rightleftharpoons H^+ + ClO_4^-$$
$$HNO_3 \rightleftharpoons H^+ + NO_3^-$$
$$HCl \rightleftharpoons H^+ + Cl^-$$
$$H_2SO_4 \rightleftharpoons H^+ + HSO_4^-$$
$$HSO_4^- \rightleftharpoons H^+ + SO_4^{2-}$$
$$H_3PO_4 \rightleftharpoons H^+ + H_2PO_4^-$$
$$HAc \rightleftharpoons H^+ + Ac^-$$
$$H_2PO_4^- \rightleftharpoons H^+ + HPO_4^{2-}$$
$$NH_4^+ \rightleftharpoons H^+ + NH_3$$
$$H_2O \rightleftharpoons H^+ + OH^-$$
$$HCO_3^- \rightleftharpoons H^+ + CO_3^{2-}$$

众所周知，HCl 在水中是强酸，HAc 在水中是弱酸，这是因为

$$\underset{\text{强碱}_1}{H_2O} + \underset{\text{强酸}_2}{HCl} \xrightarrow{H^+} \underset{\text{弱酸}_1}{H_3O^+} + \underset{\text{弱碱}_2}{Cl^-}$$

HCl 的酸性比 H_2O 强，H_2O 的碱性比 Cl^- 强。反应从强酸、强碱的方向朝着弱酸、弱碱的方向进行，且进行得很完全。

而在下列反应中

$$\underset{\text{弱碱}_1}{H_2O} + \underset{\text{弱酸}_2}{HAc} \rightleftharpoons \underset{\text{强酸}_1}{H_3O^+} + \underset{\text{强碱}_2}{Ac^-}$$

HAc 的酸性比 H_3O^+ 弱，H_2O 的碱性比 Ac^- 弱，所以这个反应进行得很不完全。

酸碱的相对强弱与溶剂有关。例如，当 HCl 和 HAc 在碱性比水强的液态氨中时，两个质子传递反应都进行得很完全，所以在液氨中 HCl 和 HAc 都是强酸。

$$\underset{\text{强酸}_1}{HCl} + \underset{\text{强碱}_2}{NH_3} \xrightarrow{H^+} \underset{\text{弱酸}_2}{NH_4^+} + \underset{\text{弱碱}_1}{Cl^-}$$

$$\overset{H^+}{HAc + NH_3 \longrightarrow NH_4^+ + Ac^-}$$

强酸$_1$ 强碱$_2$ 弱酸$_2$ 弱酸$_1$

酸碱质子理论扩大了酸碱及酸碱反应的范围(排除了“盐”的概念),摆脱了酸碱反应必须在水中进行的局限性,解决了非水溶液或气体间的酸碱反应,并可把水溶液中进行的各类离子反应(电离、中和、水解等反应)系统地归纳为质子传递式酸碱反应,从而加深了人们对酸碱反应的认识。但是对于不含质子(或不交换质子)的酸碱性物质不适用,如该理论无法解释酸性的 SO_3 和碱性的 CaO。

3. 酸碱电子理论

1923 年路易斯根据化学反应中电子对的给予和接受的关系,提出了酸碱的电子理论。该理论定义,凡能接受电子对的物质称为酸;凡能给出电子对的物质称为碱。根据酸碱的电子理论,酸碱反应的本质就是形成配位键并产生酸碱加合物,其酸碱概念摆脱了物质必须含有氢的限制,所包括的范围更为广泛。

电离理论、质子理论和电子理论各有其应用范围。电离理论通常应用在水溶液中;质子理论除水溶液外还用于质子型的非水溶剂体系中;电子理论则多用于配合物和有机化合物中。

二、水的解离平衡

在研究电解质溶液时往往涉及溶液的酸碱性,电解质溶液的酸碱性与水的解离有着密切的关系。要想从本质上了解溶液的酸碱性,就要了解水的解离。

1. 水的解离

水是一种极弱的电解质,它能微弱地电离出 H^+ 和 OH^-。实验测得,在 25℃时,1 L 纯水中只有 1×10^{-7} mol 的 H_2O 解离。因此,纯水中 H^+ 浓度和 OH^- 浓度各等于 $1\times10^{-7}\,mol\cdot L^{-1}$。在一定温度时,$c(H^+)$与 $c(OH^-)$ 的乘积是一个常数,通常用 $K_w^\ominus$ 表示,即

$$c(H^+)\cdot c(OH^-) = K_w^\ominus \tag{4-1}$$

$K_w^\ominus$ 叫做水的离子积常数,简称为水的离子积。在 25℃时,纯水中

$$K_w^\ominus = c(H^+)\cdot c(OH^-) = 1\times10^{-7}\times1\times10^{-7} = 1\times10^{-14}$$

水的解离是一个吸热过程,随着温度的升高,平衡向解离成 H^+ 和 OH^- 的方向移动,因而 $K_w^\ominus$ 的数值增大。例如在 100℃时,$K_w^\ominus = 55.1\times10^{-14}$。

2. 溶液的酸碱性和 pH

常温时,由于水的解离平衡的存在,不仅是纯水,就是在酸性或碱性的稀溶液

中，H^+浓度和OH^-浓度的乘积总是一个常数1×10^{-14}。在中性溶液中，H^+浓度和OH^-浓度相等，都是$1\times10^{-7}\ mol\cdot L^{-1}$，在酸性溶液中不是没有$OH^-$，而是其中的$H^+$浓度比$OH^-$浓度大；同理，在碱性溶液中的$OH^-$浓度比$H^+$浓度大。所以，溶液的酸碱性决定于$H^+$浓度和$OH^-$浓度的相对大小。常温时

中性溶液 $c(H^+) = c(OH^-) = 1\times10^{-7}\ mol\cdot L^{-1}$

酸性溶液 $c(H^+) > c(OH^-)$，$c(H^+) > 1\times10^{-7}\ mol\cdot L^{-1}$

碱性溶液 $c(H^+) < c(OH^-)$，$c(H^+) < 1\times10^{-7}\ mol\cdot L^{-1}$

在酸性溶液中，$c(H^+)$越大，溶液的酸性越强；$c(H^+)$越小，溶液的酸性越弱。在碱性溶液中，$c(H^+)$越小，溶液的碱性越强；反之越弱。在稀溶液中，氢离子的浓度很小，如纯水的$c(H^+) = 1\times10^{-7}\ mol\cdot L^{-1}$，$0.1\ mol\cdot L^{-1}$醋酸溶液的$c(H^+) = 1.34\times10^{-3}\ mol\cdot L^{-1}$。而用这些数值来表示溶液的酸碱性很不方便，因此，在化学上采用氢离子浓度的负对数值来表示溶液的酸碱性。这个值记为pH。表示如下

$$pH = -\lg c(H^+) \tag{4-2}$$

例如：$c(H^+) = 1\times10^{-3}\ mol\cdot L^{-1}$，$pH = -\lg(1\times10^{-3}) = 3$；纯水的$c(H^+) = 1\times10^{-7}\ mol\cdot L^{-1}$，$pH = 7$

常温下，溶液的酸碱性与pH的关系为：

中性溶液 $c(H^+) = 1\times10^{-7}\ mol\cdot L^{-1}$，$pH = 7$

酸性溶液 $c(H^+) > 1\times10^{-7}\ mol\cdot L^{-1}$，$pH < 7$

碱性溶液 $c(H^+) < 1\times10^{-7}\ mol\cdot L^{-1}$，$pH > 7$

$pH = 7$时为中性溶液，pH越小，酸性越强；pH越大，碱性越强。当$c(H^+) = 1\ mol\cdot L^{-1}$时，$pH = 0$；当$c(H^+) > 1\ mol\cdot L^{-1}$时，$pH < 0$。当$c(OH^-) = 1\ mol\cdot L^{-1}$时，$pH = 14$；当$c(OH^-) > 1\ mol\cdot L^{-1}$时，$pH > 14$。此时用pH表示溶液的酸碱性并不方便，因而不用pH表示，而直接用H^+的浓度或OH^-的浓度来表示。所以，pH的适用范围是$0\sim14$。

例4-1 计算$0.01\ mol\cdot L^{-1}$ HCl溶液的pH。

解： $HCl \longrightarrow H^+ + Cl^-$

由于盐酸是强电解质，在水溶液中全部解离为H^+和Cl^-，所以，$c(H^+) = c(HCl) = 0.01\ mol\cdot L^{-1}$。

$$pH = -\lg c(H^+) = -\lg 0.01 = 2。$$

例 4-2 0.1 $mol \cdot L^{-1}$ $NH_3 \cdot H_2O$溶液中OH^-的浓度为1.34×10^{-3} $mol \cdot L^{-1}$，计算它的 pH。

解: $c(OH^-) = 1.34 \times 10^{-3}$ $mol \cdot L^{-1}$

则 $c(H^+) = K_w^\ominus / c(OH^-) = 1\times10^{-14}/1.34\times10^{-3} = 7.46\times10^{-12}(mol \cdot L^{-1})$

$$pH = -\lg[c(H^+)] = -\lg(7.46 \times 10^{-12}) = 11.13$$

3. 酸碱指示剂

在生产和科研工作中，常需要测定溶液的 pH。测定 pH 的方法有很多，通常采用酸碱指示剂、pH 试纸或酸度计。酸碱指示剂通常是染料类的有机弱酸或弱碱，在溶液的 pH 改变时，由于它们结构上的变化而引起颜色的变化。因此，指示剂在不同的 pH 范围内就能显示不同的颜色。这个使指示剂发生颜色变化的 pH 范围就称为指示剂的变色范围。甲基橙、酚酞、石蕊为三种常用的酸碱指示剂，它们的变色范围见表 4-1。

表 4-1 常用指示剂的变色范围

指示剂名称	变色范围(pH)		
甲基橙	<3.1 红色	3.1～4.4 橙色	>4.4 黄色
石蕊	<5.0 红色	5.0～8.0 紫色	>8.0 蓝色
酚酞	<8.0 无色	8.0～10.0 粉色	>10.0 玫瑰红色

pH 试纸是由多种指示剂的混合溶液浸透试纸后，经晾干而制成的。使用 pH 试纸测定溶液的酸碱度时，将待测溶液滴在 pH 试纸上，试纸显示的颜色与标准比色板相比较，就可以知道该溶液的 pH。若要精确地测定溶液的 pH，可采用酸度计测量。

有趣的是一些常见的液体(溶液)都具有一定范围的 pH，如表 4-2 所示。

表 4-2 一些常见液体的 pH

液　体	pH	液　体	pH
柠檬汁	2.2～2.4	牛　奶	6.3～6.5
酒	2.8～3.8	人的唾液	6.5～7.5
醋	约 3.0	饮用水	6.5～8.0
番茄汁	约 3.5	人的血液	7.35～7.45
人　尿	4.8～8.4	海　水	约 8.3

三、一元弱酸、弱碱的解离平衡

1. 解离常数

除了少数强酸、强碱外，大多数的酸和碱皆为弱电解质，在溶液中存在着解离平衡，其平衡常数 $K_i^\ominus$ 叫做解离常数。通常弱酸的解离常数用 $K_a^\ominus$ 表示，弱碱的解离常数用 $K_b^\ominus$ 表示，室温时某些弱电解质的解离常数见附录 1。

解离常数 $K_i^\ominus$ 值的大小反映弱电解质解离成离子的能力。$K_i^\ominus$ 值越大，表示解离倾向越大，该弱电解质也相对较强。通常把 $K_i^\ominus$ 在 $10^{-3}\sim10^{-2}$ 之间的称为中强电解质，$K_i^\ominus$ 在 $10^{-7}\sim10^{-4}$ 的电解质称为弱电解质，$K_i^\ominus<10^{-7}$ 的则称为极弱电解质。

以醋酸(HAc)为例

$$HAc+H_2O \rightleftharpoons H_3O^+ + Ac^-$$

可简写为：$HAc \rightleftharpoons H^+ + Ac^-$

根据化学平衡常数表达式，可以得到：

$$K_a^\ominus(HAc)=\frac{[c(H^+)/c^\ominus]\cdot[c(Ac^-)/c^\ominus]}{c(HAc)/c^\ominus} \tag{4-3}$$

可见 $K_a^\ominus$ 无量纲，而 $c^\ominus=1.0\ mol\cdot L^{-1}$。

2. 稀释定律

解离度是解离达到平衡时，弱电解质的解离百分率，其计算式为

$$\alpha=\frac{\text{解离的弱电解质浓度}}{\text{解离前弱电解质浓度}}\times100\% \tag{4-4}$$

解离常数和解离度都能反映弱电解质解离能力的大小，但解离常数是平衡常数的一种形式，不随浓度的变化而变化；而解离度与弱电解质的本性有关，当温度一定时，解离度随浓度的改变而改变。因此，解离常数应用比解离度更广泛。

解离常数与解离度之间有一定的关系，这一关系可用稀释定律来表示。

设某一元弱酸 MA 的浓度为 $c(mol\cdot L^{-1})$，解离度为 α，则

$$MA \rightleftharpoons M^+ + A^-$$

	MA	M^+	A^-
开始时浓度/($mol\cdot L^{-1}$)	c	0	0
平衡时浓度/($mol\cdot L^{-1}$)	$c-c\alpha$	$c\alpha$	$c\alpha$

$$K_a^\ominus=\frac{c\alpha\cdot c\alpha}{c(1-\alpha)}=\frac{c\alpha^2}{1-\alpha}$$

弱电解质的$K_a^\ominus$值越小，浓度c越大，则α越小。一般地，当$c/K_a^\ominus>500$时，α值远小于1，此时可进行近似计算，即$1-\alpha\approx1$，则

$$K_a^\ominus \approx c\alpha^2 \tag{4-5}$$

$$\alpha \approx \sqrt{K_a^\ominus/c} \tag{4-6}$$

$$c(H^+) = c\alpha \approx \sqrt{K_a^\ominus \cdot c} \tag{4-7}$$

上式表明，溶液的解离度近似与其浓度的平方根成反比，即溶液的浓度越稀，解离度也就越大。这个关系式叫做稀释定律。

例 4-3 求 0.10 mol·L^{-1} HAc 水溶液的$c(H^+)$、pH 和解离度。

解： 设平衡时已解离的 HAc 的浓度为 x mol·L^{-1}

$$HAc \rightleftharpoons H^+ + Ac^-$$

	HAc	H^+	Ac^-
开始时浓度(mol·L^{-1})	0.10	0	0
平衡时浓度(mol·L^{-1})	$0.10-x$	x	x

则 $K_a^\ominus = [c(H^+)\cdot c(Ac^-)]/c(HAc) = x^2/(0.10-x) = 1.75\times10^{-5}$

由于 $c(HAc)/K_a^\ominus > 500$，$c(HAc) >> c(H^+)$，因此可近似地看作 $0.10-x\approx0.10$

解得 $x = 1.32\times10^{-3}$，pH = 2.88

$\alpha = (1.32\times10^{-3}/0.10)\times100\% = 1.32\%$

注意：当$c/K_a^\ominus>500$时，方可进行近似计算。若不满足此条件而进行近似计算，则误差较大。

与一元弱酸相似，在一元弱碱的解离平衡中

$$K_b^\ominus = \frac{c\alpha\cdot c\alpha}{c(1-\alpha)} = \frac{c\alpha^2}{1-\alpha}$$

当α很小时

$$K_b^\ominus \approx c\alpha^2 \tag{4-8}$$

$$\alpha \approx \sqrt{K_b^\ominus/c} \tag{4-9}$$

$$c(OH^-) = c\alpha \approx \sqrt{K_b^\ominus \cdot c} \tag{4-10}$$

在一元弱酸和一元弱碱的 H^+ 与 OH^- 的计算公式中，形式是完全相同的，只是对于一元弱酸用 $K_a^\ominus$ 表示平衡常数，$c(H^+)$ 表示氢离子浓度；对于一元弱碱用 $K_b^\ominus$ 表示平衡常数，$c(OH^-)$ 表示氢氧根离子浓度。

式(4－7)和式(4－10)不仅可用来计算一元弱酸和一元弱碱溶液的 pH，也可用来计算离子碱如 Ac^- 等水溶液的 pH。

例 4－4　计算 0.10 $mol \cdot L^{-1}$ NaAc 水溶液的 pH。（已知 $K_b^\ominus(Ac^-, aq)=5.68\times10^{-10}$）。

解： $c(OH^-) \approx [K_b^\ominus(Ac^-) \times c(Ac^-)]^{1/2} = [5.68 \times 10^{-10} \times 0.10]^{1/2} = 7.54 \times 10^{-6}(mol \cdot L^{-1})$

$$c(H^+) = K_w^\ominus / c(OH^-) = 1.0 \times 10^{-14} / 7.54 \times 10^{-6} = 1.33 \times 10^{-9}(mol \cdot L^{-1})$$

$$pH = -\lg(1.33 \times 10^{-9}) = 8.88$$

例 4－5　某一元弱酸 HA 在 0.10 $mol \cdot L^{-1}$ 溶液中有 2.0%电离。试计算：(1) 该一元弱酸的解离常数 $K_a^\ominus$。(2) 在 0.05 $mol \cdot L^{-1}$ 溶液中的解离度。(3) 在多大浓度时其解离度为 1.0%？

解： (1) $\because \alpha=\sqrt{\frac{K_a^\ominus}{c}}$　　$\therefore 2.0\%=\sqrt{\frac{K_a^\ominus}{0.10}}$　　$K_a^\ominus=4.0\times10^{-5}$

(2) $\because \alpha=\sqrt{\frac{K_a^\ominus}{c}}$　　$\therefore \alpha=\sqrt{\frac{4.0\times10^{-5}}{0.05}}=2.83\%$

(3) $\because \alpha=\sqrt{\frac{K_a^\ominus}{c}}$　　$\therefore 0.01=\sqrt{\frac{4.0\times10^{-5}}{c}}$　　$c=0.40(mol \cdot L^{-1})$

四、多元弱酸的解离平衡

分子中含有两个及以上可被金属置换的氢原子的酸称为多元酸。多元弱酸的解离是分级进行的，每一级都有一个解离常数，以氢硫酸为例，其解离过程按以下两步进行。

一级解离为：$H_2S(aq) \rightleftharpoons H^+(aq) + HS^-(aq)$

$$K_{a1}^\ominus = [c(H^+) \times c(HS^-)]/c(H_2S) = 1.07 \times 10^{-7}$$

二级解离为：$HS^-(aq) \rightleftharpoons H^+(aq) + S^{2-}(aq)$

$$K_{a2}^{\ominus} = [c(H^+) \times c(S^{2-})]/c(HS^-) = 1.26 \times 10^{-13}$$

式中，$K_{a1}^{\ominus}$和$K_{a2}^{\ominus}$分别表示 H_2S 的一级解离常数和二级解离常数。一般情况下，二元弱酸的 $K_{a1}^{\ominus} >> K_{a2}^{\ominus}$，由 H_2S 的二级解离常数可知，使 HS^- 进一步给出 H^+，比一级解离要困难得多。因此，在计算多元弱酸的 H^+ 浓度时，可忽略二级解离平衡。

例 4-6 已知室温下 H_2S 的 $K_{a1}^{\ominus}$ 为 1.07×10^{-7}，$K_{a2}^{\ominus}$ 为 1.26×10^{-13}。计算饱和 H_2S 水溶液中 H^+、HS^-、S^{2-} 和 H_2S 的平衡浓度。

解： 饱和 H_2S 水溶液的浓度为 0.10 mol·L^{-1}，设 $c(H^+)$ 的浓度为 x mol·L^{-1}。

$$H_2S \rightleftharpoons H^+ + HS^-$$

平衡浓度(mol·L^{-1})　　$0.10-x$　　x　　x

$$K_{a1}^{\ominus} = x^2/(0.10-x) = 1.07\times10^{-7}$$

由于 $c(H_2S)/K_{a1}^{\ominus} > 500$，所以 $c(H^+)$ 很小，可近似地看作 $0.10-x \approx 0.10$，代入上式得

$$x = c(H^+) = c(HS^-) = 1.05\times10^{-4},\ c(H_2S) \approx 0.10(\text{mol}\cdot\text{L}^{-1})$$

S^{2-} 离子由 H_2S 的第二步解离产生，设 $c(S^{2-})$ 的浓度为 y mol·L^{-1}。

$$HS^- \rightleftharpoons H^+ + S^{2-}$$

平衡浓度(mol·L^{-1})　　$x-y$　　$x+y$　　y

$$K_{a2}^{\ominus} = (x+y)y/(x-y) = 1.0\times10^{-19}$$

由于 $K_{a2}^{\ominus}$ 很小，HS^- 解离很少，即 y 非常小，则

$$x-y \approx x,\ x+y \approx x,\ y = c(S^{2-}) = K_{a2}^{\ominus} = 1.26\times10^{-13}$$

$$c(S^{2-}) = 1.26\times10^{-13}(\text{mol}\cdot\text{L}^{-1})$$

可见，在纯的 H_2S 水溶液中 S^{2-} 离子浓度在数值上与 $K_{a2}^{\ominus}$ 相等。

由例 4-6 可得出以下结论。

1）在多元弱酸溶液中，H^+ 离子主要来自第一级解离反应，计算溶液中 H^+ 离子浓度时可以按一元弱酸的解离平衡处理。

2）在纯的二元弱酸 H_2A 的水溶液中，酸根离子（A^{2-}）的浓度在数值上与其第二级解离常数 $K_{a2}^{\ominus}$ 相等，而与 H_2A 的起始浓度无关。前提是 $K_{a1}^{\ominus}$ 比 $K_{a2}^{\ominus}$ 大 10^3 倍以上，对于多数多元弱酸而言这一结论具有普遍意义。

五、同离子效应

在离子平衡系统中，某一物种浓度的变化将使平衡发生移动。例如，在 HAc 溶液中加入一定量 NaAc，由于 NaAc 是强电解质，在溶液中全部离解为 Ac^- 和 Na^+，因此溶液中 Ac^- 离子浓度大大增加，使下列酸碱平衡向左移动，从而降低了 HAc 的解离度 α。

$$HAc \rightleftharpoons H^+ + Ac^-$$

同样，在氨水溶液中加入 NH_4Cl，由于 NH_4^+ 离子浓度大大增加，使下列酸碱平衡向左移动，从而使 $NH_3 \cdot H_2O$ 的解离度 α 大大降低。

$$NH_3 \cdot H_2O \rightleftharpoons NH_4^+ + OH^-$$

这种在弱酸或弱碱溶液中，加入与这种酸或碱含有相同离子的强电解质，使弱酸或弱碱的解离度降低的作用，称作同离子效应。

例 4-7　在 0.10 $mol \cdot L^{-1}$ 的 HAc 溶液中，加入 NaAc 晶体，使 NaAc 浓度为 0.10 $mol \cdot L^{-1}$。计算该溶液的 pH 值和 HAc 的解离度 α。

解：因 NaAc 是强电解质，所以解离后 $c(Ac^-) = 0.10\ mol \cdot L^{-1}$

设：平衡时 $c(H^+) = x\ mol \cdot L^{-1}$

$$HAc \rightleftharpoons H^+ + Ac^-$$

	HAc	H^+	Ac^-
起始浓度（$mol \cdot L^{-1}$）	0.10	0	0.10
平衡浓度（$mol \cdot L^{-1}$）	$0.10-x$	x	$0.10+x$

则 $K_a^{\ominus} = [c(H^+) \cdot c(Ac^-)]/c(HAc) = x(0.10+x)/(0.10-x)$

$= 1.75 \times 10^{-5}$

通过近似计算 $0.10 \pm x \approx 0.10$，得 $c(H^+) \approx 1.75 \times 10^{-5}$，pH = 4.76

$$\alpha = (1.75 \times 10^{-5}/0.10) \times 100\% = 0.0175\%$$

由例 4-3 与例 4-7 比较知道，0.10 $mol \cdot L^{-1}$ HAc 溶液中，因 0.10 $mol \cdot L^{-1}$ 的 NaAc 加入，使 HAc 的解离度由 1.32% 降低至 0.017 5%（约降低到原来的

1/75),pH 由 2.88 增至 4.76。可见,因同离子效应使得弱电解质 HAc 的解离度大大降低。

第二节 缓冲溶液

一、缓冲溶液的概念

水溶液中进行的许多反应都与溶液的 pH 有关,其中有些反应要求在一定的 pH 范围内进行,这就需要使用缓冲溶液。为了了解缓冲溶液的概念,先分析表 4-3所列实验数据。

表 4-3 缓冲溶液与非缓冲溶液性质的比较

	1.75×10^{-5} mol·L^{-1}HCl	0.10 mol·L^{-1}HAc-0.10 mol·L^{-1} NaAc
1.0 L溶液的 pH 值	4.76	4.76
加 0.010 mol NaOH(s)后	12.00	4.85
加 0.010 mol HCl 后	2.00	4.67

由表 4-3 可见,在稀盐酸(1.75×10^{-5} mol·L^{-1})溶液中,加入少量 NaOH 或 HCl,溶液的 pH 有较明显的变化,说明该溶液不具有保持 pH 相对稳定的性能。但在 0.10 mol·L^{-1} HAc-0.10 mol·L^{-1} NaAc 组成的溶液中,加入少量的强酸或强碱,溶液的 pH 改变极小。这种能保持 pH 相对稳定的溶液叫做缓冲溶液,缓冲溶液具有不因加入少量的强酸或强碱而显著改变其溶液的 pH 的性能。

从组成上看,通常缓冲溶液是由弱酸和它的共轭碱或弱碱和它的共轭酸所组成,常见的缓冲溶液及其缓冲范围见表 4-4。

表 4-4 常见缓冲溶液及其缓冲范围

弱 酸	共轭碱	$pK_a^\ominus$	pH 范围
邻苯二甲酸	邻苯二甲酸氢钾	1.3×10^{-3}	1.89~3.89
HAc	NaAc	1.75×10^{-5}	3.76~5.76
NaH_2PO_4	Na_2HPO_4	6.17×10^{-8}	6.21~8.21
NH_4Cl	NH_3	5.62×10^{-10}	8.25~10.25
Na_2HPO_4	Na_3PO_4	4.79×10^{-13}	11.32~13.32

二、缓冲作用原理

缓冲溶液为何具有缓冲作用?以 HAc 和 NaAc 混合溶液所组成的缓冲溶液

为例，HAc 是弱电解质，解离度较小，NaAc 是强电解质，完全解离；因而溶液中 HAc 和 Ac^- 的浓度都较大。由于同离子效应，抑制了 HAc 的解离，而使 H^+ 浓度变得更小。

$$HAc \rightleftharpoons H^+ + Ac^-$$

当往该溶液中加入少量强酸时，外加的 H^+ 与 Ac^- 结合形成 HAc 分子，则平衡向左移动，使溶液中 HAc 浓度略有增加，Ac^- 浓度略有减少，但溶液中 H^+ 浓度不会显著变化；反之，如果加入少量强碱，外加的强碱会与 H^+ 结合，平衡右移，使 HAc 浓度略有减少，Ac^- 浓度略有增加，H^+ 浓度仍不会有显著变化；当向此溶液加入少量水稀释时，则由于溶液中 $c(HAc)$ 和 $c(Ac^-)$ 降低倍数相等，根据 $c(H^+) = [c(HAc)/c(Ac^-)] \times K_a^\ominus$ 可知，H^+ 浓度仍无显著变化。

由以上讨论可知，HAc－NaAc 溶液的缓冲作用是由于溶液中存在着大量抗酸（Ac^-）和抗碱（HAc 分子）这对物质（称作缓冲对）的缘故。显然，当加入大量的强酸或强碱，溶液中的弱酸及其共轭碱或弱碱及其共轭酸中的一种消耗将尽时，就失去缓冲能力了，所以缓冲溶液的缓冲能力是有一定限度的（表 4－4）。

三、缓冲溶液 pH 的计算

在讨论缓冲溶液的缓冲原理时，我们已经了解到缓冲溶液中的 H^+ 浓度取决于弱酸的解离常数和共轭酸碱浓度的比值，即

$$c(H^+) = [c(HA)/c(A^-)] \times K_a^\ominus(HA)$$

这一关系式实际上来源于弱酸 HA 的平衡组成的计算，与同离子效应的计算完全相同。将上式两边分别取负对数，则：

$$-\lg c(H^+) = -\lg K_a^\ominus(HA) - \lg [c(HA)/c(A^-)]$$

$$pH = pK_a^\ominus(HA) - \lg [c(HA)/c(A^-)] \qquad (4-11)$$

对共轭酸碱对来说，25℃时，$pK_a^\ominus + pK_b^\ominus = 14.00$，故式（4－11）还可表示为

$$pH = 14.00 - pK_b^\ominus + \lg [c(BOH)/c(B^+)] \qquad (4-12)$$

式（4－12）往往用来计算像 NH_3－NH_4Cl 这类的碱性缓冲溶液的 pH。

需要注意的是，式（4－11）和式（4－12）中共轭酸、碱的浓度是平衡时的 $c(HA)$ 和 $c(A^-)$，除了 $pK_a^\ominus$（或 $pK_b^\ominus$）<2 的情况外，由于同离子效应的存在，将平衡时的 $c(HA)$ 和 $c(A^-)$ 用两者的初始浓度代替，来计算缓冲溶液的 pH 一般是可行的，不会产生较大的误差。

例 4-8 取含有 0.100 mol·L^{-1}的 HAc 和 0.100 mol·L^{-1}的 NaAc 缓冲溶液三份，每份 90.0 mL。分别加入(1) 0.010 mol·L^{-1}的 HCl 溶液 10.0 mL；(2) 0.010 mol·L^{-1}的 NaOH 溶液 10.0 mL；(3) 水 10.0 mL。试计算三种溶液的 pH。

解： 假设混合后三份溶液的体积为混合前体积之和，则混合后三份溶液体积均为 100 mL。

(1) $c(\mathrm{HAc})=c(\mathrm{NaAc})=(0.100\times90.0)/100=0.090(\mathrm{mol}\cdot\mathrm{L}^{-1})$

$$c(\mathrm{HCl})=(0.010\times10.0)/100=0.001(\mathrm{mol}\cdot\mathrm{L}^{-1})$$

HCl 溶液的加入，与 Ac^- 反应生成 HAc，则溶液中 $c(\mathrm{HAc})$ 约增大 0.001 mol·L^{-1}；$c(\mathrm{NaAc})$约减小 0.001 mol·L^{-1}。代入式 4-7 得

$$\begin{aligned}\mathrm{pH} &= \mathrm{p}K_a^\ominus(\mathrm{HAc})-\lg\left[c(\mathrm{HAc})/c(\mathrm{Ac}^-)\right]\\ &=4.76-\lg\left[(0.090+0.001)/(0.090-0.001)\right]=4.75\end{aligned}$$

(2) 同理，NaOH 溶液的加入，与 HAc 反应生成了 NaAc，则 $c(\mathrm{HAc})$ 约减小 0.001 mol·L^{-1}；而 $c(\mathrm{NaAc})$ 约增大 0.001 mol·L^{-1}。

$$\begin{aligned}\mathrm{pH}&=\mathrm{p}K_a^\ominus(\mathrm{HAc})-\lg\left[c(\mathrm{HAc})/c(\mathrm{Ac}^-)\right]\\ &=4.76-\lg\left[(0.090-0.001)/(0.090+0.001)\right]=4.77\end{aligned}$$

(3) 加入 10.0 mL 水，则 $c(\mathrm{HAc})=c(\mathrm{NaAc})=0.090\ \mathrm{mol}\cdot\mathrm{L}^{-1}$，显然，

$$\begin{aligned}\mathrm{pH}&=\mathrm{p}K_a^\ominus(\mathrm{HAc})-\lg\left[c(\mathrm{HAc})/c(\mathrm{Ac}^-)\right]\\ &=4.76-\lg[(0.090)/(0.090)]=4.76\end{aligned}$$

可见，缓冲溶液中加入少量强酸、强碱，或用少量水稀释，溶液的 pH 可维持基本不变。

四、缓冲溶液的应用

缓冲溶液在工农业生产、生物学、医学和化学等方面都有十分重要的意义。例如，某些反应必须在一定的 pH 范围内进行，所以必须使用缓冲溶液。在土壤中，由于含有 H_2CO_3-$NaHCO_3$、土壤腐殖质酸及其盐等缓冲对，使土壤维持在一定的 pH，有利于微生物的正常活动和农作物的生长发育。

人体内的活细胞对于 pH 的极其微小的变化都是非常敏感的，其原因是酶只有在一个很小的 pH 范围内才对代谢反应起催化作用，改变 pH 就会使酶的催化作用减

慢或停止。人体血液的 pH 必须保持在 7.35～7.45 范围内，以利于细胞代谢和整个机体的生存，倘若 pH 低于 7 或者高于 7.8，其后果将是致命性的。人体进行新陈代谢所产生的酸或碱进入血液内，并不能显著改变血液的 pH，因为血液中存在着许多缓冲对，主要有 H_2CO_3 - HCO_3^-、$H_2PO_4^-$ - HPO_4^{2-}、血浆蛋白-血浆蛋白共轭碱、血红蛋白-血红蛋白共轭碱等。其中以 H_2CO_3 - HCO_3^- 在血液中的浓度最高，缓冲能力最大，对维持血液正常的 pH 起主要作用。当人体新陈代谢过程中产生的酸(如磷酸、硫酸、乳酸等)进入血液时，缓冲对中的抗酸组分 HCO_3^- 便立即与代谢酸中的 H^+ 结合，生成 H_2CO_3 分子。H_2CO_3 被血液带到肺部并以 CO_2 形式排出体外。当人们吃的碱性物质进入血液时，缓冲对中的抗碱组分 H_2CO_3 解离出来的 H^+ 就与之结合，H^+ 的消耗可不断由 H_2CO_3 的解离来补充，使血液中的 H^+ 浓度保持在一定范围内。

在实际工作中常会遇到缓冲溶液的选择的问题。从缓冲溶液的计算公式可以看出，缓冲溶液的 pH 取决于缓冲对中的 $K_a^\ominus$ 值以及缓冲对的浓度之比。缓冲对中任一种物质的浓度过小都会使缓冲溶液丧失缓冲能力，因此两者浓度之比最好接近于 1。当两者比值为 1 时，则

$$c(H^+) = K_a^\ominus,\ pH = pK_a^\ominus$$

所以，在选择具有一定 pH 的缓冲溶液时，应当选用 $pK_a^\ominus$ 接近或等于该 pH 的缓冲对。当两者比值在 0.10～10.0 之间改变时，缓冲溶液的 pH 变化幅度在 2 个 pH 单位之内，即

$$pH = pK_a^\ominus \pm 1 \text{ 或 } pH = 14.00 - pK_b^\ominus \pm 1$$

这就是缓冲溶液的有效缓冲范围或称为缓冲范围。

例 4-9　怎样配置 pH 为 7.40 的磷酸盐缓冲溶液？

解： 磷酸是三元酸，其三步解离平衡方程式及相应的 $K_a^\ominus$ 值为

$$H_3PO_4 \rightleftharpoons H^+ + H_2PO_4^- \qquad K_{a1}^\ominus = 6.92\times10^{-3} \qquad pK_{a1}^\ominus = 2.16$$

$$H_2PO_4^- \rightleftharpoons H^+ + HPO_4^{2-} \qquad K_{a2}^\ominus = 6.17\times10^{-8} \qquad pK_{a2}^\ominus = 7.21$$

$$HPO_4^{2-} \rightleftharpoons H^+ + PO_4^{3-} \qquad K_{a3}^\ominus = 4.79\times10^{-13} \qquad pK_{a3}^\ominus = 12.32$$

在三种缓冲系统中，最适宜的是 $H_2PO_4^-$ - HPO_4^{2-}，因为其 $pK_a^\ominus$ 与要求的 pH 最接近。

$$pH = pK_a^\ominus(H_2PO_4^-) - \lg[c(H_2PO_4^-)/c(HPO_4^{2-})]$$

$$7.40 = 7.21 - \lg[c(H_2PO_4^-)/c(HPO_4^{2-})]$$

$$\lg[c(H_2PO_4^-)/c(HPO_4^{2-})] = -0.19, \text{即 } \lg[c(HPO_4^{2-})/c(H_2PO_4^-)] = 0.19$$

$$c(HPO_4^{2-})/c(H_2PO_4^-) \approx 1.5$$

因此，按照 $n(HPO_4^{2-}) : n(H_2PO_4^-) = 1.5 : 1$，将 Na_2HPO_4 和 NaH_2PO_4 溶解在水中。如将 1.5 mol Na_2HPO_4 和 1.0 mol NaH_2PO_4 溶解在足量的水中配置成 1.0 L 溶液，即可得到 1.0 L pH 为 7.40 的磷酸盐缓冲溶液。

第三节 盐的水解

当盐类溶于水时，其水溶液可能是中性的、酸性的或是碱性的。这是因为盐的离子会与水解离产生的 H^+ 或 OH^- 作用，生成弱酸或弱碱，从而引起水的解离平衡发生移动，改变了原有溶液中 H^+ 浓度和 OH^- 浓度的相对大小，最终使溶液 pH 发生变化。例如

$$\begin{array}{l} NaCN \longrightarrow Na^+ + CN^- \\ \qquad\qquad\qquad\qquad\quad + \\ H_2O \rightleftharpoons OH^- + H^+ \\ \qquad\qquad\qquad\qquad\quad \Updownarrow \\ \qquad\qquad\qquad\qquad HCN \end{array}$$

因此，NaCN 水溶液呈碱性。像这种盐的离子与水解离出来的 H^+ 或 OH^- 作用产生弱电解质的过程称为盐的水解。本节就各种盐类的水解情况作详细讨论。

一、盐的水解平衡及水解常数

1. 强酸强碱盐

强酸强碱盐(如 NaCl)的离子在水中不会发生水解，因此其水溶液呈中性。

2. 弱酸强碱盐

以 NaAc 为例，NaAc 在水中完全解离产生 Na^+ 和 Ac^-，其中 Na^+ 不会发生水解，但 Ac^- 会与水解离产生的 H^+ 结合生成弱酸 HAc，具体反应如下

$$\begin{array}{l} NaAc \longrightarrow Na^+ + Ac^- \\ \qquad\qquad\qquad\qquad\quad + \\ H_2O \rightleftharpoons OH^- + H^+ \\ \qquad\qquad\qquad\qquad\quad \Updownarrow \\ \qquad\qquad\qquad\qquad HAc \end{array}$$

由于 HAc 的生成，使溶液中 H^+ 的浓度下降，水的解离平衡向右移动，最终溶液中

$[OH^-]>[H^+]$, pH>7,溶液呈碱性。

上述水解过程包含了两个平衡

$$H_2O \rightleftharpoons OH^- + H^+ \qquad K_w^\ominus$$

$$Ac^- + H^+ \rightleftharpoons HAc \qquad \frac{1}{K_a^\ominus}$$

$$\text{水解反应：} Ac^- + H_2O \rightleftharpoons HAc + OH^- \qquad K_h^\ominus$$

其中,$K_h^\ominus$ 为水解反应的平衡常数,即水解常数。

根据多重平衡规则,水解常数

$$K_h^\ominus = \frac{K_w^\ominus}{K_a^\ominus} = \frac{c(OH^-)c(HAc)}{c(Ac^-)} \tag{4-13}$$

显然,组成盐的酸越弱,$K_a^\ominus$ 越小,则 $K_h^\ominus$ 越大,盐的水解倾向越大。

利用水解常数和盐类的水解平衡式,我们可以求得此类盐溶液的 pH。

另外,盐类的水解程度通常可用水解度 h 来表示

$$h = \frac{\text{已水解盐的浓度}}{\text{盐的起始浓度}} \times 100\% \tag{4-14}$$

例 4-10　计算 0.20 mol·L^{-1} NaAc 溶液的(1) pH 和(2) h。已知 HAc 的 $K_a^\ominus = 1.75 \times 10^{-5}$。

解：(1) 求 pH

设水解平衡时,溶液中 $c(OH^-) = x$ mol·L^{-1},

	Ac^- + H_2O $\rightleftharpoons$	HAc +	OH^-
起始浓度/(mol·L^{-1})	0.20	0	0
变化浓度/(mol·L^{-1})	$-x$	x	x
平衡浓度/(mol·L^{-1})	$0.20-x$	x	x

$$\because K_h^\ominus = \frac{K_w^\ominus}{K_a^\ominus} = \frac{1.0 \times 10^{-14}}{1.75 \times 10^{-5}} = 5.71 \times 10^{-10}$$

$$K_h^\ominus = \frac{c(HAc)c(OH^-)}{c(Ac^-)} = \frac{x^2}{0.20 - x} = 5.71 \times 10^{-10}$$

$$\because \frac{c_{\text{盐}}}{K_h^\ominus} > 500$$

$\therefore 0.20 - x \approx 0.20$

$\therefore x = c(OH^-) = \sqrt{K_h^\ominus \times 0.20} = \sqrt{5.71 \times 10^{-10} \times 0.20} = 1.07 \times 10^{-5}(mol \cdot L^{-1})$

$$pOH = 4.97$$

$$pH = 14 - 4.97 = 9.03$$

(2) 求水解度 h

$$h = \frac{c(OH^-)}{c_{盐}} \times 100\% = \frac{1.07 \times 10^{-5}}{0.20} \times 100\% = 0.0054\%$$

通过上述例题的计算，可导出一元弱酸强碱盐 OH^- 浓度的近似计算公式以及相应的水解度计算公式

$$c(OH^-) = \sqrt{c_{盐} \cdot K_h^\ominus} = \sqrt{\frac{c_{盐} \cdot K_w^\ominus}{K_a^\ominus}} \tag{4-15}$$

$$h = \frac{c(OH^-)}{c_{盐}} = \sqrt{\frac{K_w^\ominus}{K_a^\ominus \cdot c_{盐}}} \tag{4-16}$$

3. 强酸弱碱盐

以 NH_4Cl 为例

$$\begin{array}{ccc} NH_4Cl = & NH_4^+ & + Cl^- \\ & + & \\ H_2O \rightleftharpoons & OH^- & + H^+ \\ & \Updownarrow & \\ & NH_3 \cdot H_2O & \end{array}$$

NH_4^+ 与 H_2O 解离产生的 OH^- 作用生成弱碱 $NH_3 \cdot H_2O$，从而使水的解离平衡往正向移动，最终$[H^+]>[OH^-]$，$pH<7$，溶液呈酸性。

显然，NH_4^+ 的水解过程也包含了两个平衡

$$H_2O \rightleftharpoons OH^- + H^+ \qquad K_w^\ominus$$

$$NH_4^+ + OH^- \rightleftharpoons NH_3 \cdot H_2O \qquad \frac{1}{K_b^\ominus}$$

水解反应：$NH_4^+ + H_2O \rightleftharpoons NH_3 \cdot H_2O + H^+ \qquad K_h^\ominus$

$$K_h^\ominus = \frac{K_w^\ominus}{K_b^\ominus} = \frac{c(NH_3 \cdot H_2O)c(H^+)}{c(NH_4^+)} \tag{4-17}$$

类似处理，可以导出一元强酸弱碱盐 H^+ 浓度的近似计算公式为

$$c(H^+) = \sqrt{c_{盐} \cdot K_h^\ominus} = \sqrt{c_{盐} \cdot \frac{K_w^\ominus}{K_b^\ominus}} \tag{4-18}$$

例 4-11　计算 0.50 mol·L⁻¹ NH_4Cl 溶液的 pH。($K_b^\ominus = 1.78 \times 10^{-5}$)

解: $NH_4^+ + H_2O \rightleftharpoons NH_3 \cdot H_2O + H^+$

$$K_h^\ominus = \frac{K_w^\ominus}{K_b^\ominus} = \frac{1.0 \times 10^{-14}}{1.78 \times 10^{-5}} = 5.62 \times 10^{-10}$$

$\because \dfrac{c_{盐}}{K_h^\ominus} > 500$

$\therefore c(H^+) = \sqrt{c_{盐} \cdot K_h^\ominus} = \sqrt{0.50 \times 5.62 \times 10^{-10}} = 1.68 \times 10^{-5}(mol \cdot L^{-1})$

$\therefore pH = 4.77$

4. *弱酸弱碱盐*

以 NH_4Ac 为例，NH_4^+ 和 Ac^- 都会在水溶液中发生水解，其水解过程包含三个平衡

$$H_2O \rightleftharpoons OH^- + H^+ \qquad K_w^\ominus$$

$$NH_4^+ + OH^- \rightleftharpoons NH_3 \cdot H_2O \qquad \frac{1}{K_b^\ominus}$$

$$Ac^- + H^+ \rightleftharpoons HAc \qquad \frac{1}{K_a^\ominus}$$

水解反应　$NH_4^+ + Ac^- + H_2O \rightleftharpoons NH_3 \cdot H_2O + HAc \quad K_h^\ominus$

$$K_h^\ominus = \frac{K_w^\ominus}{K_a^\ominus \cdot K_b^\ominus} \tag{4-19}$$

可见，一元弱酸和一元弱碱所生成的弱酸弱碱盐，其水解产物为弱酸和弱碱。因此，溶液的酸碱性将取决于弱酸和弱碱的相对强弱。

当 $K_a^\ominus = K_b^\ominus$，溶液呈中性，如 NH_4Ac

当 $K_a^\ominus > K_b^\ominus$，溶液呈酸性，如 NH_4F

当 $K_a^\ominus < K_b^\ominus$，溶液呈碱性，如 NH_4CN

二、多元弱酸盐的水解

多元弱酸强碱盐的水解类似于 NaAc，其水溶液呈碱性。由于多元弱酸是分步解离的，因此，多元弱酸强碱盐的水解也是分步进行的，以 Na_2CO_3 为例

$$CO_3^{2-} + H_2O \rightleftharpoons HCO_3^- + OH^-$$

$$K_{h1}^{\ominus} = \frac{K_w^{\ominus}}{K_{a2}^{\ominus}} = \frac{1.0 \times 10^{-14}}{4.68 \times 10^{-11}} = 2.14 \times 10^{-4}$$

$$HCO_3^- + H_2O \rightleftharpoons H_2CO_3 + OH^-$$

$$K_{h2}^{\ominus} = \frac{K_w^{\ominus}}{K_{a1}^{\ominus}} = \frac{1.0 \times 10^{-14}}{4.47 \times 10^{-7}} = 2.24 \times 10^{-8}$$

由于 $K_{a1}^{\ominus} \gg K_{a2}^{\ominus}$，所以 $K_{h1}^{\ominus} \gg K_{h2}^{\ominus}$，多元弱酸强碱盐的水解一般只考虑第一级水解，第二级水解可忽略不计。

同样，多元弱碱强酸盐的水解类似于 NH_4Cl，其水溶液呈酸性。以 $FeCl_3$ 为例

$$Fe^{3+} + H_2O \rightleftharpoons Fe(OH)^{2+} + H^+$$

$$Fe(OH)^{2+} + H_2O \rightleftharpoons Fe(OH)_2^+ + H^+$$

$$Fe(OH)_2^+ + H_2O \rightleftharpoons Fe(OH)_3 + H^+$$

三、影响水解反应的因素

盐类的水解平衡与其他平衡一样，当外界条件改变时，平衡也会发生移动。

盐类的水解程度首先取决于盐的本性。除此之外，还与浓度、温度和酸度等外界因素有关。

1. 盐的浓度

NaAc 水溶液

$$Ac^- + H_2O \rightleftharpoons HAc + OH^-$$

$$K_h^{\ominus} = \frac{c(HAc)c(OH^-)}{c(Ac^-)}$$

当溶液被稀释至原来的 3 倍时，各物质浓度均为原浓度的$\frac{1}{3}$，反应商

$$J = \frac{\frac{1}{3}c(HAc) \cdot \frac{1}{3}c(OH^-)}{\frac{1}{3}c(Ac^-)} = \frac{1}{3}K_h^{\ominus}$$

$J < K_h^\ominus$，水解平衡向右移动，水解度增大。因此，当盐类被稀释时，其水解程度将增大。

2. 温度

水解反应是中和反应的逆反应，由于中和反应是放热的，因此，水解反应是吸热的。根据化学平衡移动规律，升温将有利于水解反应的进行。纳米材料研究者依据温度对水解的影响，近年来开发了水热法和水解法纳米材料制备技术，合成的纳米材料颗粒均匀、结晶度高。

3. 酸度

由于盐类水解反应会产生弱酸或弱碱，使溶液酸碱性发生变化。因此，可利用调节溶液的酸碱度来促进或抑制盐的水解。

例

$$SnCl_2 + H_2O \rightleftharpoons Sn(OH)Cl\downarrow + HCl$$

因此，配制 $SnCl_2$ 溶液时，必须加入少量的 HCl 来抑制其水解。

类似的，实验室配制 Fe^{3+}、Sb^{3+}、Bi^{3+}、Pb^{2+} 等盐类的水溶液时，都需要加入相应的酸来抑制水解。

第四节　难溶强电解质的沉淀——溶解平衡

前面我们分别讨论了弱电解质的解离平衡和盐类的水解平衡，它们都属于单相平衡。本节将讨论难溶电解质饱和溶液中存在的固体和水合离子间的沉淀溶解平衡，即多相平衡。

一、沉淀-溶解平衡常数——溶度积

1. 溶度积常数

AgCl 是难溶电解质，将难溶的 AgCl 固体放入水中，固体表面的 Ag^+ 和 Cl^- 在水分子作用下，不断地以水合离子形式进入溶液，即溶解。同时，溶液中 Ag^+ 和 Cl^- 在运动过程中碰到固体表面会受到固体表面离子的吸引而析出，即产生沉淀。当溶解和沉淀的速率相等时，AgCl 在溶液中存在这样一个平衡关系

$$AgCl(s) \underset{沉淀}{\overset{溶解}{\rightleftharpoons}} Ag^+ + Cl^-$$

这个平衡是建立在固体与溶液中离子间的平衡，属于多相平衡。该平衡体系的平衡常数表达式为

$$K_{sp}^{\ominus} = c(Ag^+)c(Cl^-)$$

式中 $K_{sp}^{\ominus}$ 是难溶强电解质的溶度积常数，简称溶度积。它反映了难溶强电解质在溶液中溶解的程度。作为一种平衡常数，溶度积的表达式要根据配平的难溶强电解质的沉淀溶解平衡方程式来书写，并且符合平衡常数的一般书写规则。

例如

$$Fe(OH)_3(s) \rightleftharpoons Fe^{3+} + 3OH^- \quad K_{sp}^{\ominus} = c(Fe^{3+})[c(OH^-)]^3$$

$$Ag_2CrO_4(s) \rightleftharpoons 2Ag^+ + CrO_4^{2-} \quad K_{sp}^{\ominus} = [c(Ag^+)]^2 c(CrO_4^{2-})$$

可见，溶度积等于沉淀溶解平衡中各相关离子浓度幂的乘积，各离子浓度的幂为配平的沉淀溶解平衡方程式中离子的系数。

具体可用通式表示为

$$A_mB_n(s) \rightleftharpoons mA^{n+} + nB^{m-}$$

$$K_{sp}^{\ominus} = [c(A^{n+})]^m[c(B^{m-})]^n \tag{4-20}$$

与其他平衡常数一样，$K_{sp}^{\ominus}$ 与浓度无关，它只与难溶强电解质的本性和温度有关。温度改变时，溶度积 $K_{sp}^{\ominus}$ 也改变，但变化不大。在实际工作中，常见难溶电解质的溶度积常数见表 4-5。

表 4-5　难溶电解质的溶度积常数(298.15 K)

物　质	$K_{sp}^{\ominus}$	物　质	$K_{sp}^{\ominus}$
AgCl	1.77×10^{-10}	$Cu(OH)_2$	2.2×10^{-20}
AgBr	5.35×10^{-13}	$Fe(OH)_3$	2.79×10^{-39}
AgI	8.52×10^{-17}	$Fe(OH)_2$	4.87×10^{-17}
Ag_2CrO_4	1.12×10^{-12}	FeS	6.3×10^{-18}
Ag_2S	6.3×10^{-50}	$Mg(OH)_2$	5.61×10^{-12}
$BaCO_3$	2.58×10^{-9}	MnS	2.5×10^{-13}
$BaSO_4$	1.08×10^{-10}	$PbCO_3$	7.40×10^{-14}
$BaCrO_4$	1.17×10^{-10}	$PbCrO_4$	2.8×10^{-13}
$CaCO_3$	3.36×10^{-9}	$Pb(OH)_2$	1.43×10^{-20}
$CaSO_4$	4.93×10^{-5}	$PbSO_4$	2.53×10^{-8}
CaF_2	3.45×10^{-11}	PbS	8.0×10^{-28}
CuS	6.3×10^{-36}	ZnS(β)	1.6×10^{-24}
CuI	1.27×10^{-12}	$Zn(OH)_2$	3×10^{-17}

2. 溶解度和溶度积的关系

溶度积和溶解度有一定的关系。对于某些难溶强电解质，溶度积和溶解度两者之间可相互换算，但在换算时必须采用物质的量浓度($mol \cdot L^{-1}$)作为单位。另外，由于难溶强电解质的溶解度很小，溶液很稀，难溶强电解质饱和溶液的密度可以近似等于水的密度，即 $1\ kg \cdot L^{-1}$。下面举例来展开讨论。

例 4-12　已知室温下，$Mg(OH)_2$ 的溶解度为 $6.53 \times 10^{-3}\ g \cdot L^{-1}$，求 $Mg(OH)_2$ 的 $K^{\ominus}_{sp}$。

解： $M_{(Mg(OH)_2)} = 58.31\ g \cdot mol$，$Mg(OH)_2$ 的溶解度

$$S = \frac{6.53 \times 10^{-3}}{58.31} = 1.12 \times 10^{-4}(mol \cdot L^{-1})$$

$$Mg(OH)_2(s) \rightleftharpoons Mg^{2+} + 2OH^-$$

$Mg(OH)_2$ 饱和溶液中：$c(Mg^{2+}) = 1.12 \times 10^{-4}(mol \cdot L^{-1})$

$$c(OH^-) = 2 \times 1.12 \times 10^{-4} = 2.24 \times 10^{-4}(mol \cdot L^{-1})$$

则 $K^{\ominus}_{sp(Mg(OH)_2)} = c(Mg^{2+})[c(OH^-)]^2 = (1.12 \times 10^{-4}) \times (2.24 \times 10^{-4})^2 = 5.62 \times 10^{-12}$

例 4-13　已知室温下，AgCl 的 $K^{\ominus}_{sp} = 1.77 \times 10^{-10}$，$Ag_2CrO_4$ 的 $K^{\ominus}_{sp} = 1.12 \times 10^{-12}$，问纯水中哪个溶解度大？

解： (1) 设 AgCl 在纯水中的溶解度为 $x\ mol \cdot L^{-1}$，

$$AgCl(s) \rightleftharpoons Ag^+ + Cl^-$$

平衡浓度/($mol \cdot L^{-1}$)　　　　x　　x

$$K^{\ominus}_{sp(AgCl)} = c(Ag^+)c(Cl^-) = x^2$$

$$x = \sqrt{K^{\ominus}_{sp(AgCl)}} = \sqrt{1.77 \times 10^{-10}} = 1.33 \times 10^{-5}(mol \cdot L^{-1})$$

(2) 设 Ag_2CrO_4 在纯水中的溶解度为 $y\ mol \cdot L^{-1}$，

$$Ag_2CrO_4(s) \rightleftharpoons 2Ag^+ + CrO_4^{2-}$$

平衡浓度/($mol \cdot L^{-1}$)　　　　$2y$　　y

$$K^{\ominus}_{sp(Ag_2CrO_4)} = [c(Ag^+)]^2 c(CrO_4^{2-}) = (2y)^2 \cdot y = 4y^3$$

$$y=\sqrt[3]{\frac{K^{\ominus}_{sp(AgCl)}}{4}}=\sqrt[3]{\frac{1.12\times10^{-12}}{4}}=6.54\times10^{-5}(mol\cdot L^{-1})$$

因此，Ag_2CrO_4在纯水中的溶解度大。

下面我们来概括一下不同类型的难溶强电解质其溶度积和溶解度的关系。

电解质类型 A_nB 或 AB_n	沉淀-溶解平衡	换算关系
1∶1	$AB(s)\rightleftharpoons A^{+}+B^{-}$	$s=\sqrt{K^{\ominus}_{sp}}$
1∶2 2∶1	$AB_2(s)\rightleftharpoons A^{2+}+2B^{-}$ $A_2B(s)\rightleftharpoons 2A^{+}+B^{2-}$	$s=\sqrt[3]{\frac{K^{\ominus}_{sp}}{4}}$
1∶3 3∶1	$AB_3(s)\rightleftharpoons A^{3+}+3B^{-}$ $A_3B(s)\rightleftharpoons 3A^{+}+B^{3-}$	$s=\sqrt[4]{\frac{K^{\ominus}_{sp}}{27}}$

显然，溶解度和溶度积常数的关系取决于难溶强电解质的组成。同类型的难溶强电解质，如 AgCl、AgBr、$BaSO_4$、$CaSO_4$等，$K^{\ominus}_{sp}$越大，溶解度就越大。但不同类型的难溶强电解质，$K^{\ominus}_{sp}$大，溶解度不一定大。如例题中，$K^{\ominus}_{sp(AgCl)}>K^{\ominus}_{sp(Ag_2CrO_4)}$，但 AgCl 的溶解度比 Ag_2CrO_4的溶解度小。因此，只有对于同类型的难溶强电解质才可以用溶度积比较它们溶解能力的大小。

另外，要注意，难溶强电解质的溶度积和溶解度的相互换算是有条件的：① 上述讨论的简单换算方法只适用于溶解度很小的难溶电解质，而且解离出来的离子不发生任何副反应。② 只有当难溶强电解质一步完全解离时才有效。

二、溶度积规则

(一) 溶度积规则

对于难溶强电解质，可利用溶度积来判断沉淀、溶解反应进行的方向。

例如：一定温度下，某溶液有如下反应

$$A_mB_n(s)\rightleftharpoons mA^{n+}+nB^{m-}$$

其反应商表达式为：$J=C^{m}_{A^{n+}}\cdot C^{n}_{B^{m-}}$

式中反应商 J 通常称为离子积；$C^{m}_{A^{n+}}$、$C^{m}_{B^{m-}}$ 分别为溶液中 A^{n+}、B^{m-} 的实际浓度。

利用平衡移动原理，通过比较同一温度下，J 与 $K^{\ominus}_{sp}$的大小可以判断沉淀、溶解反应的进行方向，具体有以下三种情况。

1) $J<K_{sp}^{\ominus}$　不饱和溶液，无沉淀析出。若体系中有固体存在，反应向沉淀溶解方向进行。

2) $J=K_{sp}^{\ominus}$　饱和溶液，达到动态平衡。

3) $J>K_{sp}^{\ominus}$　过饱和溶液，溶液中有沉淀析出，直到饱和为止。

以上规则就是溶度积规则。根据溶度积规则，我们就能掌握沉淀生成和溶解的规律。

(二) 沉淀的生成和溶解

1. 沉淀的生成

根据溶度积规则，当 $J>K_{sp}^{\ominus}$时，有沉淀析出。

例 4-14　将等体积的 0.060 mol·L^{-1} $Pb(NO_3)_2$ 溶液和 0.060 mol·L^{-1} KI 溶液混合，是否会析出 PbI_2 沉淀？（已知 $K_{sp(PbI_2)}^{\ominus}=9.8\times10^{-9}$）

解：

$$PbI_2(s) \rightleftharpoons Pb^{2+} + 2I^-$$

混合后：

$$c_{Pb^{2+}} = \frac{0.060}{2} = 0.030(\text{mol}\cdot\text{L}^{-1})$$

$$c_{I^-} = \frac{0.060}{2} = 0.030(\text{mol}\cdot\text{L}^{-1})$$

$$J = c_{Pb^{2+}} \cdot c_{I^-}^2 = 0.030\times0.030^2 = 2.7\times10^{-5}$$

$$K_{sp(PbI_2)}^{\ominus} = 9.8\times10^{-9}$$

∵ $J>K_{sp}^{\ominus}$

∴ 有 PbI_2 沉淀析出

例 4-15　在 20.0 mL 0.015 mol·L^{-1} $MnSO_4$ 溶液中，加入 10.0 mL 0.15 mol·L^{-1}氨水，是否能生成 $Mn(OH)_2$ 沉淀？（$K_{sp[Mn(OH)_2]}^{\ominus}=1.9\times10^{-13}$，$K_{b(NH_3\cdot H_2O)}^{\ominus}=1.78\times10^{-5}$）

解： 溶液混合后

$$c_{MnSO_4} = \frac{0.015\times20.0}{30.0} = 0.010(\text{mol}\cdot\text{L}^{-1})$$

$$c_{NH_3 \cdot H_2O} = \frac{0.15 \times 10.0}{30.0} = 0.050(mol \cdot L^{-1})$$

$NH_3 \cdot H_2O$ 解离产生 OH^- 的浓度为：

$$NH_3 \cdot H_2O \rightleftharpoons NH_4^+ + OH^-$$

	$NH_3 \cdot H_2O$	NH_4^+	OH^-
起始浓度/($mol \cdot L^{-1}$)	0.050	0	0
平衡浓度/($mol \cdot L^{-1}$)	$0.050-x$	x	x

$$K_b^\ominus = \frac{[NH_4^+][OH^-]}{[NH_3 \cdot H_2O]} = \frac{x^2}{0.050 - x} = 1.78 \times 10^{-5}$$

$\because \frac{c}{K_b^\ominus} > 500 \quad \therefore 0.050 - x \approx 0.050$

$\therefore x = 9.4 \times 10^{-4}(mol \cdot L^{-1})$

$$c_{OH^-} = 9.4 \times 10^{-4}\ mol \cdot L^{-1}$$

$$Mn(OH)_2(s) \rightleftharpoons Mn^{2+} + 2OH^-$$

$$J = c_{Mn^{2+}} \cdot c_{OH^-}^2 = 0.010 \times (9.4 \times 10^{-4})^2 = 8.8 \times 10^{-9}$$

$\because J > K_{sp}^\ominus$

$\therefore$ 能生成 $Mn(OH)_2$ 沉淀

2. *沉淀的溶解*

根据溶度积规则，沉淀溶解的条件是 $J < K_{sp}^\ominus$。也就是说，只要减少多相离子平衡体系中有关离子浓度，使 $J < K_{sp}^\ominus$，就能使沉淀溶解平衡向沉淀溶解方向移动。具体有以下几种方法。

(1) 生成弱电解质

例如 $CaCO_3$ 溶于盐酸

$$CaCO_3 + 2H^+ \rightleftharpoons Ca^{2+} + H_2O + CO_2 \uparrow$$

原因是

$$CaCO_3(s) \rightleftharpoons Ca^{2+} + CO_3^{2-}$$
$$+$$
$$2HCl \longrightarrow 2Cl^- + 2H^+$$
$$\Updownarrow$$
$$H_2CO_3 \longrightarrow H_2O + CO_2 \uparrow$$

由于盐酸提供的 H^+ 和 CO_3^{2-} 结合成弱酸 H_2CO_3，从而降低 CO_3^{2-} 浓度，使 $J < K^{\ominus}_{sp(CaCO_3)}$，沉淀溶解平衡向右移动，引起 $CaCO_3$ 的溶解。其实 $CaCO_3$ 溶于盐酸的过程包含三个平衡

$$CaCO_3(s) \rightleftharpoons Ca^{2+} + CO_3^{2-} \qquad K^{\ominus}_{sp(CaCO_3)}$$

$$CO_3^{2-} + H^+ \rightleftharpoons HCO_3^- \qquad \frac{1}{K^{\ominus}_{a2}}$$

$$HCO_3^- + H^+ \rightleftharpoons H_2CO_3 \qquad \frac{1}{K^{\ominus}_{a1}}$$

根据多重平衡规则，总反应的平衡常数

$$K^{\ominus} = \frac{K^{\ominus}_{sp(CaCO_3)}}{K^{\ominus}_{a1} \cdot K^{\ominus}_{a2}} = \frac{3.36 \times 10^{-9}}{4.47 \times 10^{-7} \times 4.68 \times 10^{-11}} = 1.61 \times 10^{8}$$

由于 $K^{\ominus}$ 较大，因此 $CaCO_3$ 的酸溶性很好。类似的，FeS、CaC_2O_4 等难溶弱酸盐能溶于强酸的主要原因是由于它们能与强酸作用生成弱酸，从而使沉淀溶解。

例 4-16　要使 0.050 mol ZnS 沉淀溶于 0.50 L 盐酸溶液中，求所需盐酸的最低浓度为多少？（$K^{\ominus}_{sp(ZnS)} = 1.6 \times 10^{-24}$，$H_2S$ 的 $K^{\ominus}_{a1} = 1.07 \times 10^{-7}$，$K^{\ominus}_{a2} = 1.26 \times 10^{-13}$）

解： ZnS 溶于盐酸的总反应为

$$ZnS + 2H^+ \rightleftharpoons Zn^{2+} + H_2S$$

总反应包含三个平衡

$$ZnS(s) \rightleftharpoons Zn^{2+} + S^{2-} \qquad K^{\ominus}_{sp(ZnS)}$$

$$S^{2-} + H^+ \rightleftharpoons HS^- \qquad \frac{1}{K^{\ominus}_{a2}}$$

$$HS^- + H^+ \rightleftharpoons H_2S \qquad \frac{1}{K^{\ominus}_{a1}}$$

根据多重平衡规则，

$$\text{总反应的 } K^{\ominus} = \frac{K^{\ominus}_{sp(ZnS)}}{K^{\ominus}_{a1} \cdot K^{\ominus}_{a2}} = \frac{c(Zn^{2+})c(H_2S)}{[c(H^+)]^2}$$

当 0.050 mol ZnS 溶于 0.5 L 盐酸时，$c(Zn^{2+})=0.10\ mol\cdot L^{-1}$，而 H_2S 的饱和溶液浓度为 $0.10\ mol\cdot L^{-1}$，因此

$$c(H^+)=\sqrt{\frac{K^\ominus_{a1}\cdot K^\ominus_{a2}\cdot c(Zn^{2+})c(H_2S)}{K^\ominus_{sp(ZnS)}}}=\sqrt{\frac{1.07\times10^{-7}\times1.26\times10^{-13}\times0.10\times0.10}{1.6\times10^{-24}}}$$

$$=9.17(mol\cdot L^{-1})$$

这个浓度是总反应平衡时溶液中 H^+ 浓度，而 ZnS 溶解过程还消耗 $c(H^+)=0.20\ mol\cdot L^{-1}$

最终所需盐酸的最低浓度为：$9.17+0.20=9.37(mol\cdot L^{-1})$

按上例方法计算用 1 L 盐酸溶解 0.10 mol CuS 所需 $[H^+]=3.8\times10^3\ mol\cdot L^{-1}$，而最浓盐酸的浓度为 $12\ mol\cdot L^{-1}$，因此 CuS 不能溶于盐酸，但能溶于 HNO_3，这在后面会讨论。

另外，一些难溶氢氧化物易溶于强酸，是因为它们能跟强酸作用生成弱电解质 H_2O。

例如 $Mg(OH)_2$ 能溶于 HCl。

$$\begin{array}{l} Mg(OH)_2(s) \rightleftharpoons Mg^{2+} + 2OH^- \\ \qquad\qquad\qquad\qquad\qquad\quad + \\ \qquad\quad 2HCl \longrightarrow 2Cl^- + 2H^+ \\ \qquad\qquad\qquad\qquad\qquad\quad \Downarrow \\ \qquad\qquad\qquad\qquad\qquad 2H_2O \end{array}$$

由于 $Mg(OH)_2$ 沉淀溶解平衡中的 OH^- 与酸提供的 H^+ 结合生成弱电解质 H_2O，结果溶液中 OH^- 浓度降低，$J<K^\ominus_{sp[Mg(OH)_2]}$，平衡向沉淀溶解方向移动。只要加入足量酸，$Mg(OH)_2$ 将全部溶解。上述反应体系包含两个平衡：

$$Mg(OH)_2(s) \rightleftharpoons Mg^{2+} + 2OH^- \qquad K^\ominus_{sp[Mg(OH)_2]}$$

$$2OH^- + 2H^+ \rightleftharpoons H_2O \qquad \left(\frac{1}{K^\ominus_w}\right)^2$$

总反应为

$$Mg(OH)_2 + 2H^+ \rightleftharpoons Mg^{2+} + 2H_2O$$

$$K^{\ominus} = \frac{K^{\ominus}_{sp[Mg(OH)_2]}}{(K^{\ominus}_w)^2} = \frac{5.61 \times 10^{-12}}{(10^{-14})^2} = 5.61 \times 10^{16}$$

$K^{\ominus}$很大，所以 $Mg(OH)_2$很容易溶于强酸，这也是一些难溶氢氧化物易溶于强酸的主要原因。

由于 $Mg(OH)_2$的 $K^{\ominus}_{sp}$较大，因此，其不但能溶于强酸，还能溶于铵盐。

例如，$Mg(OH)_2$溶于 NH_4Cl 溶液。

$$\begin{array}{rcl} Mg(OH)_2(s) \rightleftharpoons Mg^{2+} + & 2OH^- & \\ & + & \\ 2NH_4Cl \longrightarrow 2Cl^- + & 2NH_4^+ & \\ & \Updownarrow & \\ & 2NH_3 \cdot H_2O & \end{array}$$

由于弱电解质 $NH_3 \cdot H_2O$ 的生成，使溶液中 OH^- 浓度降低，使 $J < K^{\ominus}_{sp[Mg(OH)_2]}$，沉淀溶解。

$$K^{\ominus} = \frac{K^{\ominus}_{sp[Mg(OH)_2]}}{(K^{\ominus}_b)^2} = \frac{5.61 \times 10^{-12}}{(1.78 \times 10^{-5})^2} = 0.018$$

显然，难溶氢氧化物能否溶于铵盐，主要取决于难溶氢氧化物的溶度积和 $NH_3 \cdot H_2O$ 的解离常数。因此，溶度积较大的 $Mg(OH)_2$、$Mn(OH)_2$可溶于铵盐，而溶度积较小的 $Fe(OH)_3$、$Al(OH)_3$不能溶于铵盐，但能溶于强酸。

(2) 氧化还原反应

利用氧化剂或还原剂使溶液中某一离子发生氧化还原反应，以降低该离子浓度，使 $J < K^{\ominus}_{sp}$，最终使沉淀溶解。如溶度积特别小的 CuS 不溶于 HCl，但能溶于 HNO_3，这是因为 HNO_3 与 S^{2-} 发生氧化还原反应并生成 S，使溶液中 S^{2-} 浓度降低，$J < K^{\ominus}_{sp}$，其反应如下

$$CuS(s) \rightleftharpoons Cu^{2+} + S^{2-}$$

$$3S^{2-} + 2NO_3^- + 8H^+ \longrightarrow 3S\downarrow + 2NO\uparrow + 4H_2O$$

总的反应为

$$3CuS + 8HNO_3 \longrightarrow 3Cu(NO_3)_2 + 2NO\uparrow + S\downarrow + 4H_2O$$

(3) 生成配位化合物

加入配位剂，使溶液中某一离子发生配位反应，生成稳定配离子，从而降低该

离子浓度,使沉淀溶解。例如,AgCl 难溶于稀 HNO_3,却易溶解于氨水,就是因为 Ag^+ 与 NH_3 发生了配位反应,生成稳定的配离子$[Ag(NH_3)_2]^+$,从而降低 Ag^+ 浓度,使 $J<K_{sp}^{\ominus}$。反应如下

$$\begin{array}{l} AgCl\,(s) \rightleftharpoons Ag^+ + Cl^- \\ \qquad\qquad\qquad + \\ \qquad\qquad\quad 2NH_3 \\ \qquad\qquad\qquad \upharpoonleft\downharpoonright \\ \qquad\qquad [Ag(NH_3)_2]^+ \end{array}$$

3. 同离子效应和盐效应

(1) 同离子效应

根据溶度积规则,一定温度下,$BaSO_4$ 饱和溶液的 $J=K_{sp}^{\ominus}$,体系处于平衡状态。往此溶液中加入少量 $BaCl_2$,

$$BaSO_4\,(s) \rightleftharpoons Ba^{2+} + SO_4^{2-}$$

$$BaCl_2 \longrightarrow Ba^{2+} + 2Cl^-$$

则溶液中 Ba^{2+} 浓度增加,此时 $J = c_{Ba^{2+}} \cdot c_{SO_4^{2-}} > K_{sp}^{\ominus}$,平衡向析出沉淀方向移动。结果 $BaSO_4$ 的溶解度降低。

像这种在难溶强电解质的饱和溶液中,加入与其有相同离子的强电解质,使难溶强电解质溶解度降低的现象称为同离子效应。

例 4-17 求 298 K 时,AgCl 在 0.10 mol·L^{-1} NaCl 溶液中的溶解度。$[K_{sp(AgCl)}^{\ominus}=1.77\times10^{-10}]$

解: 设 AgCl 的溶解度 s mol·L^{-1}

$$AgCl\,(s) \rightleftharpoons Ag^+ + Cl^-$$

平衡浓度 /(mol·L^{-1})　　　　s　$0.10+s$

$$K_{sp(AgCl)}^{\ominus} = [Ag^+][Cl^-] = s(0.10+s)$$

由于 $K_{sp(AgCl)}^{\ominus}$ 很小,s 值将远远小于 0.10,因此 $0.10+s\approx0.10$

$$K_{sp(AgCl)}^{\ominus} = s\times0.10 = 1.77\times10^{-10}$$

$$s = 1.77\times10^{-9}(\text{mol}\cdot\text{L}^{-1})$$

即 AgCl 在 0.10 mol·L^{-1} NaCl 溶液中的溶解度为 1.77×10^{-9} mol·L^{-1}。

计算结果表明，AgCl 的溶解度由纯水中的 1.33×10^{-5} mol·L^{-1}降至 1.77×10^{-9} mol·L^{-1}，两者之比为 7 514∶1。

由上可知，若要使某一离子沉淀完全，可加大沉淀剂的用量。但是也不能片面地理解为沉淀剂加得越多越好，沉淀剂加得过多，溶液中正、负离子的浓度增大，会产生盐效应，反而使沉淀的溶解度增大。一般沉淀剂过量 20%～50%即可。

（2）盐效应

若在 $BaSO_4$ 饱和溶液中加入不含相同离子的强电解质（如 KNO_3 等），则溶液中离子浓度将增大，离子间相互牵制作用增大，离子的自由运动会受到阻碍，从而减少了离子与晶体表面碰撞次数，降低结晶速度，结果溶解的速度暂时超过离子沉淀回到晶体表面的速度，使平衡向沉淀溶解方向移动，最终使难溶强电解质的溶解度略有增加。

像上述这种由于在难溶强电解质饱和溶液中加入其他强电解质，使难溶强电解质的溶解度略有增加的现象称为盐效应。

值得注意的是，加入过量沉淀剂使离子沉淀完全时，在产生同离子效应的同时，也会产生盐效应，只不过前者的影响比后者大得多，所以一般只考虑同离子效应。

三、溶度积规则的应用

1. 分步沉淀

前面讨论的都是溶液中只有一种离子产生沉淀的情况，体系比较简单。而实际溶液常常同时含有几种离子，当加入某种沉淀剂时，这些离子均可能发生沉淀反应，生成难溶电解质。例如，往含有 S^{2-} 和 CrO_4^{2-} 的混合溶液中，滴加 $Pb(NO_3)_2$ 溶液，首先会产生黑色的 PbS 沉淀，然后才会产生黄色的 $PbCrO_4$ 沉淀。像这种先后沉淀的现象称为分步沉淀。

那么为什么会出现分步沉淀的现象呢？具体可用溶度积规则来展开讨论。

根据溶度积规则，当 $J>K_{sp}^{\ominus}$ 时，就会有沉淀产生。也就是说往混合液中滴加沉淀剂时，哪种离子先满足 $J>K_{sp}^{\ominus}$，那么该离子先沉淀出来。

假定溶液中含有 0.020 mol·L^{-1} S^{2-} 和 0.020 mol·L^{-1} CrO_4^{2-}，现往此溶液中逐滴加入 $Pb(NO_3)_2$ 溶液（忽略体积变化），根据溶度积规则，可以计算出 PbS 沉淀和 $PbCrO_4$ 沉淀所需 Pb^{2+} 的最低浓度

$$\text{PbS: } c(\text{Pb}^{2+})_{\min}=\frac{K_{sp(\text{PbS})}^{\ominus}}{c(\text{S}^{2-})}=\frac{8.0\times10^{-28}}{0.020}=4.0\times10^{-26}(\text{mol}\cdot\text{L}^{-1})$$

$$PbCrO_4: c(Pb^{2+})_{min} = \frac{K^{\ominus}_{sp(PbCrO_4)}}{c(CrO_4^{2-})} = \frac{2.8 \times 10^{-13}}{0.020} = 1.4 \times 10^{-11}(mol \cdot L^{-1})$$

显然，沉淀 S^{2-} 所需 Pb^{2+} 浓度比沉淀 CrO_4^{2-} 所需 Pb^{2+} 浓度少，因此往 S^{2-} 和 CrO_4^{2-} 的混合溶液中逐滴滴加 $Pb(NO_3)_2$ 溶液时，PbS 沉淀先析出。

但是随着 PbS 沉淀的不断析出，溶液中 S^{2-} 浓度逐渐降低，根据溶度积规则，为了继续析出 PbS 沉淀，$J_{PbS}=c_{Pb^{2+}} \cdot c_{S^{2-}} > K^{\ominus}_{sp(PbS)}$，因此 Pb^{2+} 浓度必须增加。当 Pb^{2+} 浓度增加到 $1.4\times10^{-11}\ mol \cdot L^{-1}$ 以上时，$PbCrO_4$ 就开始沉淀。此时溶液中残留的 S^{2-} 量为

$$c(S^{2-}) = \frac{K^{\ominus}_{sp(PbS)}}{c(Pb^{2+})} = \frac{8.0 \times 10^{-28}}{1.4 \times 10^{-11}} = 5.7 \times 10^{-17}(mol \cdot L^{-1})$$

此时 $c(S^{2-}) < 1.0 \times 10^{-5}\ mol \cdot L^{-1}$

因此当溶液中有 $PbCrO_4$ 沉淀产生时，S^{2-} 已沉淀完全(一般当溶液中残留的离子浓度小于 $10^{-5}\ mol \cdot L^{-1}$ 时可认为该离子已沉淀完全)。

利用分步沉淀原理，通过控制条件可以使混合离子分离。

例 4-18 在含有 $0.10\ mol \cdot L^{-1}\ Pb^{2+}$ 和 $0.10\ mol \cdot L^{-1}\ Sr^{2+}$ 的溶液中，逐滴加入 K_2CrO_4 溶液(忽略体积变化)，问：

(1) 哪种离子先沉淀？

(2) 两者有无分离可能？$[K^{\ominus}_{sp(PbCrO_4)}=2.8\times10^{-13}, K^{\ominus}_{sp(SrCrO_4)}=2.2\times10^{-5}]$

解： (1) 计算生成 $PbCrO_4$ 和 $SrCrO_4$ 沉淀时所需 CrO_4^{2-} 的最低浓度。

$$PbCrO_4: c(CrO_4^{2-})_{min}=\frac{K^{\ominus}_{sp(PbCrO_4)}}{c(Pb^{2+})}=\frac{2.8\times10^{-13}}{0.10}=2.8\times10^{-12}(mol \cdot L^{-1})$$

$$SrCrO_4: c(CrO_4^{2-})_{min}=\frac{K^{\ominus}_{sp(SrCrO_4)}}{c(Sr^{2+})}=\frac{2.2\times10^{-5}}{0.10}=2.2\times10^{-4}(mol \cdot L^{-1})$$

由于沉淀 Pb^{2+} 所需 CrO_4^{2-} 浓度小，因此 Pb^{2+} 先沉淀。

(2) 当 Sr^{2+} 开始沉淀时，$c(CrO_4^{2-})=2.2\times10^{-4}\ mol \cdot L^{-1}$

此时 Pb^{2+} 浓度为

$$c(Pb^{2+}) = \frac{K^{\ominus}_{sp(PbCrO_4)}}{c(CrO_4^{2-})} = \frac{2.8 \times 10^{-13}}{2.2 \times 10^{-4}} = 1.3 \times 10^{-9}(mol \cdot L^{-1})$$

由于 $c(Pb^{2+})<1.0\times10^{-5}\ mol\cdot L^{-1}$

因此当 Sr^{2+} 开始沉淀时，Pb^{2+} 已沉淀完全，即两者可以分离。

例 4-19　在 $0.50\ mol\cdot L^{-1}\ MnCl_2$ 溶液中含有 $0.20\ mol\cdot L^{-1}\ Fe^{3+}$，若要除去 Fe^{3+}，问 pH 应控制在什么范围？($K^\ominus_{sp[Fe(OH)_3]}=2.79\times10^{-39}$，$K^\ominus_{sp[Mn(OH)_2]}=1.9\times10^{-13}$)

解：Mn^{2+} 开始沉淀时 $c(OH^-)_{min}$

$$Mn(OH)_{2(s)} \rightleftharpoons Mn^{2+}+2OH^-$$

$$K^\ominus_{sp}=c(Mn^{2+})[c(OH^-)]^2$$

$$c(OH^-)_{min}=\sqrt{\frac{K^\ominus_{sp[Mn(OH)_2]}}{c(Mn^{2+})}}=\sqrt{\frac{1.9\times10^{-13}}{0.5}}=6.2\times10^{-7}(mol\cdot L^{-1})$$

$$pOH=6.21$$

$$pH=14-6.21=7.79$$

要除去 Fe^{3+}，也就是说 Fe^{3+} 要沉淀完全，$c(Fe^{3+})\leqslant1.0\times10^{-5}\ mol\cdot L^{-1}$

$$Fe(OH)_{3(s)} \rightleftharpoons Fe^{3+}+3OH^-$$

$$K^\ominus_{sp}=c(Fe^{3+})[c(OH^-)]^3$$

$$[OH^-]=\sqrt[3]{\frac{K^\ominus_{sp[Fe(OH)_3]}}{c(Fe^{3+})}}=\sqrt[3]{\frac{2.79\times10^{-39}}{1.0\times10^{-5}}}=6.5\times10^{-12}(mol\cdot L^{-1})$$

$$pOH=11.19$$

$$pH=2.81$$

$pH=2.81\sim7.79$，可去除 Fe^{3+}。

例 4-19 计算是在假定溶液中只有简单 Mn^{2+}、Fe^{3+} 的前提下进行的，实际上溶液中同时存在 $Fe(OH)^{2+}$、$Fe(OH)_2^+$、$Fe_2(OH)_2^{4+}$ 等一系列羟基配离子和多核羟基配离子，所以实际要求的 pH 与理论计算结果会有些出入。

2. 沉淀转化

通过外加试剂，将一种沉淀转化为另一种沉淀的过程称为沉淀转化。

例如：锅炉的锅垢中含有不溶于水、也不溶于酸的 $CaSO_4$，难以去除。但是用 Na_2CO_3 溶液可以将 $CaSO_4$ 转化为易溶于酸的 $CaCO_3$，这样就有利于去除锅垢。$CaSO_4$ 转化成 $CaCO_3$ 包含两个平衡：

$$CaSO_4(s) \rightleftharpoons Ca^{2+} + SO_4^{2-} \qquad K^{\ominus}_{sp(CaSO_4)}$$

$$Ca^{2+} + CO_3^{2-} \rightleftharpoons CaCO_3(s) \qquad \frac{1}{K^{\ominus}_{sp(CaCO_3)}}$$

总反应为

$$CaSO_4(s) + CO_3^{2-} \rightleftharpoons CaCO_3(s) + SO_4^{2-}$$

$$K^{\ominus} = \frac{K^{\ominus}_{sp(CaSO_4)}}{K^{\ominus}_{sp(CaCO_3)}} = \frac{4.93 \times 10^{-5}}{3.36 \times 10^{-9}} = 1.47 \times 10^{4}$$

由于 $K^{\ominus}$ 值较大，因此这个沉淀转化反应正向进行趋势很大。

从上述计算可以看出，沉淀转化是有条件的，一般由难溶物质转化为更难溶物质比较容易。两物质的溶解度相差越大，沉淀转化越完全。

思考题与习题

1. 酸碱质子理论如何定义酸碱？有何优越性？

2. 如何定义共轭酸碱对，共轭酸碱对的 $K^{\ominus}_a$ 与 $K^{\ominus}_b$ 有什么样的定量关系？

3. 为什么计算多元弱酸溶液中的氢离子浓度时，可近似地用一级解离平衡进行计算？

4. 当往缓冲溶液中加入大量的酸或碱，或者用很大量的水稀释时，pH 是否仍保持不变？说明原因。

5. 是非题（对的在括号内打“√”号，错的打“×”号）

(1) 两种分子酸 HX 溶液和 HY 溶液有同样的 pH，则这两种酸的物质的量浓度 ($mol \cdot L^{-1}$) 相同。 （　）

(2) 0.10 $mol \cdot L^{-1}$ NaCN 溶液的 pH 比相同浓度的 NaF 溶液的 pH 要大，这表明 CN^- 的 $K^{\ominus}_b$ 值比 F^- 的 $K^{\ominus}_b$ 值要大。 （　）

(3) 由 $HAc - Ac^-$ 组成的缓冲溶液，若溶液中 $c(HAc) > c(Ac^-)$，则该缓冲溶液抵抗外来酸的能力大于抵抗外来碱的能力。 （　）

6. 选择题（将正确答案的标号填入括号内）

(1) 往 1.0 L 0.01 $mol \cdot L^{-1}$ HAc 溶溶中加入一些 NaAc 晶体，并使之溶解，会发生的情况是 （　）

(a) HAc 的 α 值增大　　(b) HAc 的 α 值减小

(c) 溶液的 pH 增大　　(d) 溶液的 pH 减小

(2) 设氨水的浓度为 c，若将其稀释一倍，则溶液中 $c(OH^-)$ 为　　(　　)

(a) $\frac{1}{2}c$　　　(b) $\frac{1}{2}\sqrt{K_b \cdot c}$

(c) $\sqrt{K_b \cdot c/2}$　　　(d) $2c$

7. 写出下列各物质的共轭碱

HCO_3^-、HS^-、H_2O、H_3PO_4、HAc、NH_3、HClO、H_2CO_3

8. 写出下列各物质的共轭酸

CO_3^{2-}、HS^-、H_2O、HPO_4^{2-}、NH_3、S^{2-}

9. 在某温度下 0.10 mol·L^{-1} 氢氰酸(HCN)溶液的解离度为 0.007%，试求在该温度时 HCN 的解离常数 $K_a^\ominus$。

10. 计算 0.05 mol·L^{-1} 次氯酸(HClO)溶液中的 H^+ 浓度和次氯酸的解离度。

11. 已知氨水溶液的浓度为 0.20 mol·L^{-1}

(1) 求该溶液中的 OH^- 的浓度、pH 和氨的解离度。

(2) 在上述溶液中加入 NH_4Cl 晶体，使其溶解后 NH_4Cl 的浓度为 0.20 mol·L^{-1}，求 OH^- 浓度、pH 和氨的离解度。

12. 计算 0.020 mol·L^{-1} $NaHSO_4$ 溶液的 pH [$pK_{a2}^\ominus(H_2SO_4)=2.0$]。

13. 试计算 25℃ 时 0.10 mol·L^{-1} H_3PO_4 溶液中 H^+ 的浓度和溶液的 pH(提示：在 0.10 mol·L^{-1} 的酸溶液中，当 $K_a^\ominus > 10^{-4}$ 时，不能应用稀释定律进行近似计算)。

14. 利用书末附录的数据(不进行具体计算)，将下列化合物的 0.10 mol·L^{-1} 溶液按 pH 增大的顺序排列。

(1) HAc　(2) NaAc　(3) H_2SO_4　(4) NH_3　(5) NH_4Cl　(6) NH_4Ac

15. 取 50.0 mL 0.100 mol·L^{-1} 某一元弱酸溶液，与 20.0 mL 0.100 mol·L^{-1} KOH 溶液混合，将混合溶液稀释至 100 mL，测得此溶液的 pH 为 5.25。求此一元弱酸的解离常数。

16. 在烧杯中盛放 20.00 mL 0.100 mol·L^{-1} 氨的水溶液，逐步加入 0.100 mol·L^{-1} HCl 溶液。试计算

(1) 当加入 10.00 mL HCl 后，混合液的 pH。

(2) 当加入 20.00 mL HCl 后，混合液的 pH。

(3) 当加入 30.00 mL HCl 后，混合液的 pH。

17. 现有 1.0 L 由 HF 和 F^- 组成的缓冲溶液。试计算：

(1) 当该缓冲溶液中含有 0.10 mol HF 和 0.30 mol NaF 时，其 pH 等于多少？

(2) 当缓冲溶液的 pH=3.15 时，$c(HF)$ 与 $c(F^-)$ 的比值为多少？

18. 计算下列溶液的 pH

(1) 0.20 mol·L^{-1} NH_4Cl。

(2) 0.010 mol·L^{-1} NaCN。

(3) 0.040 mol·L^{-1} Na_3PO_4。

19. 室温下，BaF_2 的溶解度是 0.628 g·L^{-1}，求 BaF_2 的溶度积。

20. 根据溶度积常数，求(1) $Mg(OH)_2$；(2) $Ca_3(PO_4)_2$；(3) PbS在纯水中的溶解度。

21. 判断下列混合溶液中有无沉淀生成。

(1) 20 ml 0.10 mol·L^{-1} $AgNO_3$和30 mL 0.50 mol·L^{-1} K_2CrO_4混合。

(2) 等体积混合0.020 mol·L^{-1} $Mg(NO_3)_2$和0.010 mol·L^{-1} NaF溶液。[$K^{\ominus}_{sp(MgF_2)}$ = 5.16×10^{-11}]

(3) 200 ml 0.10 mol·L^{-1} $AgNO_3$中加入0.05 mL 0.20 mol·L^{-1} KBr。

22. 已知Ag_2CrO_4在纯水中的溶解度为6.5×10^{-5} mol·L^{-1}，求

(1) Ag_2CrO_4在0.010 mol·L^{-1} $AgNO_3$溶液中的溶解度。

(2) Ag_2CrO_4在0.20 mol·L^{-1} K_2CrO_4溶液中的溶解度。

23. 某溶液含有0.20 mol·$L^{-1}$$Fe^{3+}$，求$Fe^{3+}$开始沉淀时的pH。

24. 在含有0.20 mol·L^{-1} $CuSO_4$和0.10 mol·L^{-1} HCl的溶液中，不断通入H_2S气体并使之达到饱和，问有无沉淀生成？

25. 向含有0.080 mol·L^{-1} Cl^-和0.50 mol·L^{-1} Br^-的混合溶液中，缓慢滴加$AgNO_3$溶液，问

(1) 哪种离子先沉淀？

(2) 当第二种离子开始沉淀时，第一种离子的残留量为多少？

26. (1) 在0.20 L的0.20 mol·L^{-1} $MgSO_4$溶液中，加入等体积的0.10 mol·L^{-1}氨水溶液，问有无$Mg(OH)_2$沉淀生成？

(2) 为了不使$Mg(OH)_2$沉淀析出，至少在上述溶液中加入多少克$(NH_4)_2SO_4$？[设加入固体$(NH_4)_2SO_4$后，溶液体积不变。]

27. 某溶液含有0.020 mol·L^{-1} Cr^{3+}和0.30 mol·L^{-1} Mn^{2+}，往其中滴加NaOH溶液(忽略溶液体积变化)，问

(1) 哪种离子先沉淀？

(2) 若要使两种离子分离，溶液pH应如何控制？

第五章 氧化还原反应和电化学

氧化还原反应是化学及生物化学领域最常见的一类非常重要的化学反应，与之前介绍的酸碱反应、水解反应和沉淀反应不同的是氧化还原反应过程中伴随着电子的转移或者说是氧化数或化合价的变化，反应中电子从一种物质(还原剂)转移到另一种物质(氧化剂)。

本章主要介绍化学反应产生电功(原电池)和电功引起化学反应(电解)这两方面的电化学知识，重点讨论原电池的组成和电极反应、电极电势在化学中的应用，如原电池的电动势计算、氧化剂和还原剂相对强弱的比较以及氧化还原反应方向和程度的判断等。另外，还对化学电源、电解的原理及应用、电化学腐蚀的原理及防护做简单介绍。

第一节　原电池与电极电势

一、氧化还原反应

1. 氧化与还原

把锌片放入硫酸铜溶液中，锌溶解而铜析出，这个反应的离子方程式为

$$Zn + Cu^{2+} \longrightarrow Zn^{2+} + Cu$$

其中，失去电子的物质(Zn)被称为还原剂，得到电子的物质(Cu^{2+})被称为氧化剂。氧化剂从还原剂获得电子，使自身化合价(后面用氧化数表示)降低，这个过程被称为还原；同时，由于给出电子，还原剂自身的化合价(氧化数)升高，这个过程被称为氧化。这两个过程分别被称为“氧化半反应”和“还原半反应”。

氧化半反应：　　$Zn - 2e^- \xlongequal{} Zn^{2+}$

还原半反应：$Cu^{2+} + 2e^- \longrightarrow Cu$

在每个半反应中，高价态物质被称为氧化态(物质)，氧化态可以作为氧化剂而获得电子；半反应另一端的低价态物质被称为还原态(物质)，还原态可以作为还原剂而给出电子。同一半反应中的氧化态物质和还原态物质构成氧化还原电对，记作

$$\text{氧化态} / \text{还原态}$$

例如，Zn^{2+}/Zn，Cu^{2+}/Cu。氧化还原电对表示了氧化态和还原态之间相互转化和相互依存的关系。

在氧化还原反应中，还原过程和氧化过程是同时发生的，氧化与还原是共存共依的，在一定条件下又可以相互转化。氧化半反应是物质由还原态变为氧化态的过程，而还原半反应则是物质由氧化态变为还原态的过程。在本书中，无论是氧化半反应还是还原半反应，都采用还原反应的形式书写

$$\text{氧化态} + ze^- \longrightarrow \text{还原态}$$

例如，对于 Zn^{2+}/Zn 和 Cu^{2+}/Cu 电对，它们的半反应分别表示为

$$Zn^{2+} + 2e^- \longrightarrow Zn$$

$$Cu^{2+} + 2e^- \longrightarrow Cu$$

任何一个氧化还原反应都可以看作是两个半反应之和，一般表示为

$$\text{氧化态 I} + \text{还原态 II} \longrightarrow \text{还原态 I} + \text{氧化态 II}$$

2. 氧化数

在氧化还原反应过程中，某些元素的氧化态与还原态之间发生转化，其本质是电子发生转移，导致元素带电状态发生变化。为了描述反应中元素原子带电状态的变化，即描述原子得到或失去电子的程度(或电子偏移的程度)，表明元素被氧化(或还原)的程度，国际纯粹与应用化学联合会(IUPAC)规定元素在化合状态时的形式电荷数为氧化数(又称氧化值)，元素的氧化数是某元素一个原子的荷电数，这种荷电数可由假设把每个键中的电子指定给电负性更大的原子而求得。确定氧化数的规则如下

1) 在单质中，元素的氧化数为零。

2) 在单原子离子中，元素的氧化数等于离子所带的电荷数。

3) 在大多数化合物中，氢的氧化数为+1，只有在活泼金属的氢化物(如 NaH、CaH_2)中，氢的氧化数为−1。

4）通常，在化合物中氧的氧化数为-2；但在过氧化物（如H_2O_2、Na_2O_2、BaO_2）中氧的氧化数为-1；而在OF_2和O_2F_2中，氧的氧化数分别为$+2$和$+1$。

5）在所有氟化物中，氟的氧化数为-1。

6）碱金属和碱土金属在化合物中的氧化数分别为$+1$和$+2$。

7）在中性分子中，各元素氧化数的代数和为零。在多原子离子中各元素氧化数的代数和等于离子所带的电荷数。

根据上述原则，可以确定化合物中某元素的氧化数。例如，在NaCl中，钠的氧化数为$+1$，氯的氧化数为-1。氯元素在不同氧化态中具有不同氧化数（$NaClO_4$、$NaClO_3$、$NaClO_2$、NaClO、Cl_2和NaCl中Cl的氧化数分别为$+7$、$+5$、$+3$、$+1$、0和-1）。

对于结构不易确定的离子或分子中元素的氧化数也可以根据上述原则确定。例如，由于氢的氧化数为$+1$，氧的氧化数为-2，因此在CO、CO_2、CH_4、C_2H_5OH中碳的氧化数分别为$+2$、$+4$、-4、-2。根据上述原则，铁在Fe_2O_3中的氧化数为$+3$，而在Fe_3O_4中的氧化数则为$+8/3$。

在氧化还原反应中，当元素的氧化数升高时，表明有电子给出或远离，即发生氧化过程；当元素的氧化数降低时，表明有电子被结合或靠近，即发生还原过程。因此，即使没有发生电子的完全转移，也是一个氧化还原反应。如

$$H_2 + F_2 = 2HF$$

在该反应中，氢的氧化数由0升高到$+1$，为氧化过程；氟的氧化数则由0降低到-1，为还原过程。

3. 氧化还原反应方程式的配平

氧化还原反应方程式一般比较复杂，反应物除了氧化剂和还原剂外，还有参加反应的介质（酸、碱或者水），且有时化学计量数较大，因此配平方程式需要按照一定规则进行。常用的配平氧化还原反应方程式的方法有氧化数法和离子-电子半反应法（简称为“离子-电子”法）。氧化数法在中学已经学过，实质是化合价升降法，本书不再赘述。

用离子-电子法配平时，首先要知道反应物和生成物，并必须遵循下列配平原则。

1）反应中氧化剂获得的电子数（即氧化数的降低值）必须等于还原剂失去的电子数（氧化数的升高值）（电荷守恒）。

2）方程式两边各种元素的原子总数必须各自相等（质量守恒）。

现以$KMnO_4$与K_2SO_3在稀硫酸溶液中的反应为例，说明离子-电子半反应法

配平方程式的步骤：

$$KMnO_4 + K_2SO_3 + H_2SO_4 \longrightarrow MnSO_4 + K_2SO_4 + H_2O$$

1）以离子方程式写出主要的反应物及其氧化还原产物（氧化数起变化的物质）：

$$MnO_4^- + SO_3^{2-} \longrightarrow Mn^{2+} + SO_4^{2-}$$

2）将上述离子方程式分别写成两个半反应，即氧化剂的还原半反应和还原剂的氧化半反应。

$$MnO_4^- \longrightarrow Mn^{2+} \quad 和 \quad SO_3^{2-} \longrightarrow SO_4^{2-}$$

3）根据上述配平原则，分别配平两个半反应方程式

a. 氧化型写在左边，还原型写在右边：

$$MnO_4^- \longrightarrow Mn^{2+}$$

b. 将氧化数有变化的元素的原子的数目配平（如元素左右数目相同，可省略）

$$MnO_4^- \longrightarrow Mn^{2+}$$

c. 在缺少 n 个氧原子的一侧加 n 个 H_2O，将氧原子配平

$$MnO_4^- \longrightarrow Mn^{2+} + 4H_2O$$

首先，根据弱电解质存在的形式，可以判断离子反应是在酸性还是在碱性介质中进行。如果反应物和生成物内所含的氧原子的数目不同，可根据介质的酸碱性，分别在半反应方程式中加 H^+、OH^- 或 H_2O，使反应式两边的氧原子数目相等。不同介质条件下配平氧原子的经验规律见表 5-1。

表 5-1 不同介质条件下配平氧原子的经验规则

介质条件	反应方程式		
	左边		右边
	O原子数	配平时应加入物质	生成物
酸性	多	H^+	H_2O
	少	H_2O	H^+
碱性	多	H_2O	OH^-
	少	OH^-	H_2O
中性	多	H_2O	OH^-
	少	H_2O	H^+

d. 在缺少 n 个氢原子的一侧加 n 个 H^+，将氢原子配平

$$MnO_4^- + 8H^+ \longrightarrow Mn^{2+} + 4H_2O$$

e. 加电子以平衡电荷，完成配平

$$MnO_4^- + 8H^+ + 5e^- \longrightarrow Mn^{2+} + 4H_2O \quad (1)$$

采用同样方法配平氧化半反应

$$SO_3^{2-} + H_2O - 2e \longrightarrow SO_4^{2-} + 2H^+ \quad (2)$$

4）根据反应方程式得、失电子数目相同的原则，计算最小公倍数。将两个半反应方程式中各项分别乘以相应的系数，使其得、失电子数目相同，然后将两者合并，得到配平的离子方程式。

半反应(1)和(2)中，得、失电子的最小公倍数是 10，将式(1)乘 2，式(2)乘 5，再将两者相加消去电子和相同的离子。

$$\begin{array}{rl} & 2MnO_4^- + 16H^+ + 10e^- \longrightarrow 2Mn^{2+} + 8H_2O \\ + & 5SO_3^{2-} + 5H_2O - 10e^- \longrightarrow 5SO_4^{2-} + 10H^+ \\ \hline & 2MnO_4^- + 5SO_3^{2-} + 6H^+ = 2Mn^{2+} + 5SO_4^{2-} + 3H_2O \end{array}$$

核对方程式两边的电荷数以及各种元素的原子个数是否各自分别相等。

5）根据需要，在已配平的离子反应式中添上不参与氧化还原反应的反应物和生成物的阳离子或阴离子，进一步改写为分子方程式。

该反应是在酸性溶液中进行的，应加入何种酸为好呢？一般以不引入其他杂质和所引进的离子不参与反应为原则。上述反应的产物中有 SO_4^{2-}，所以应加入稀 H_2SO_4 为宜。该反应的分子方程式为

$$2KMnO_4 + 5K_2SO_3 + 3H_2SO_4 = 2MnSO_4 + 6K_2SO_4 + 3H_2O$$

最后，再核对一下各元素的原子个数是否各自相等。

例 5-1 在碱性介质中配平电对 Ag_2O/Ag 的电极反应式。

解： 1）氧化型写在左边，还原型写在右边 $Ag_2O \longrightarrow Ag$

2）将氧化数有变化的元素的原子数目配平 $Ag_2O \longrightarrow 2Ag$

3）在缺少 n 个氧原子的一侧加 n 个 OH^-，将氧原子配平

$$Ag_2O \longrightarrow 2Ag + OH^-$$

4) 在缺少 n 个氢原子的一侧加 n 个 H_2O，同时在另一侧加上 n 个 OH^-，将氢原子配平

$$Ag_2O + H_2O \longrightarrow 2Ag + 2OH^-$$

5) 加电子以平衡电荷，完成配平

$$Ag_2O + H_2O + 2e^- \longrightarrow 2Ag + 2OH^-$$

要注意介质条件，在酸介质中不应出现碱性物质，如 OH^-、S^{2-} 等；而在碱介质中则不应出现酸性物质，如 H^+、Zn^{2+} 等。

二、原电池和电极电势

在化学反应中，化学能通常转化为热能，即使是氧化还原反应，如无特殊装置，化学能也将转化为热能。如将锌投入硫酸铜溶液中发生的反应，其离子式可写成

$$Zn + Cu^{2+} \xlongequal{\quad} Zn^{2+} + Cu \qquad \Delta_r H_m^\ominus = -218.66\ kJ \cdot mol^{-1}$$

由于 Cu^{2+} 直接与金属锌接触，因此电子便由金属锌直接传递给 Cu^{2+}，并没有电子的流动。此时，氧化还原反应释放出的化学能都转化成了热能。

利用特定装置，让转移的电子发生定向流动，从而产生电流，便可使化学能转换为电能。这种利用氧化还原反应产生电流的装置，即将化学能转变为电能的装置称为原电池。

1. 原电池

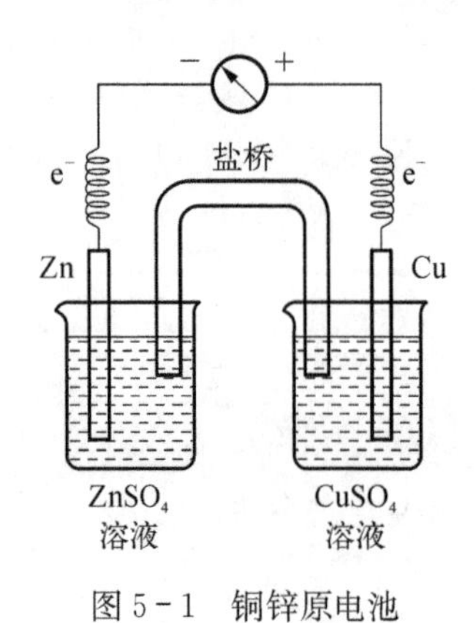

图 5-1 铜锌原电池

铜锌原电池(也称丹尼尔电池)是一种简单的原电池(图 5-1)。左侧，锌片插在 1 $mol \cdot L^{-1}$ 的硫酸锌($ZnSO_4$)水溶液中，构成锌电极 Zn^{2+}/Zn。右侧，铜片插在 1 $mol \cdot L^{-1}$ 的硫酸铜($CuSO_4$)水溶液中，构成铜电极 Cu^{2+}/Cu。两池之间的倒置 U 形管称为盐桥。锌片和铜片之间通过电势计连接。电势计指针发生偏转时，表明有电流经过。

铜锌原电池中，左侧锌电极为电子流出的一极，称为负极，右侧铜电极为电子流入的一极，称为正极。

电子由锌电极经由导线流向铜电极，此时两个电极上发生的反应是

锌电极（负极） $Zn-2e^- = Zn^{2+}$ （氧化半反应）

铜电极（正极） $Cu^{2+}+2e^- = Cu$ （还原半反应）

合并两个半反应，即可得到电池反应方程

$$Zn + Cu^{2+} = Zn^{2+} + Cu$$

在原电池中，通过特殊装置让氧化和还原两个半反应分别在不同的区域同时发生，这两个区域称为半电池。半电池是原电池的主体，由同种元素不同氧化数的两种物质组成。在半电池中进行着氧化态和还原态相互转化的反应，即电极反应。

$$氧化态 + ze^- = 还原态$$

整个原电池装置通过盐桥（管内充满了含电解质溶液的琼胶，电解质溶液一般为饱和 KCl 溶液或饱和硝酸铵溶液）构成通路。同时，盐桥还使两边半电池中的溶液保持电中性。电池反应中，锌盐溶液由于锌溶解生成 Zn^{2+} 离子而带正电，铜盐溶液则因为铜的析出沉积使溶液中 Cu^{2+} 减少而带上负电，这些都会阻碍电子从锌到铜的移动。有盐桥存在时，随着反应的进行，盐桥中的负离子（如 Cl^-）移向锌盐溶液，正离子（如 K^+ 离子）则移向铜盐溶液，这样使两边溶液都保持电中性，电池反应可以持续进行。

2. 原电池符号

图 5-1 的铜锌原电池可以用下述原电池符号予以简明的表示

$$(-)Zn \mid Zn^{2+}(c_1) \parallel Cu^{2+}(c_2) \mid Cu(+)$$

其中，(－)、(＋)表示原电池的负极和正极。一般书写电池符号时，把负极写在左边，正极写在右边；用双垂线“‖”表示盐桥，盐桥的两侧应是两个电极所处的溶液；用单垂线“|”表示不同物相之间的界面；(c)表示溶液的浓度，气体用分压(p)来表示。如果组成电极的物质是同一种元素不同氧化数的离子（如 Fe^{3+}/Fe^{2+}）或是非金属单质及相应的离子（如 Cl_2/Cl^-），则需外加惰性电极；用“,”来分隔两种不同种类或不同价态的溶液。常用的惰性电极有铂、石墨等，它们不参加电极反应，仅起吸附气体和传递电子的作用。注明温度、压力、电极的物态、电解质溶液的浓度。

3. 电极和电极反应

任何一个原电池都是由两个电极构成的。每个电极一般只把作为氧化态和还原态的物质用化学式表示出来，通常不表示电解质溶液的组成。如 Fe^{3+}/Fe^{2+}、$O_2/$

OH^-、Hg_2Cl_2/Hg、MnO_4^-/Mn^{2+}等。常见的原电池的电极种类有四种(见表5-2)。

表5-2 电极类型

电极类型	组 成	电极反应示例	电 极 符 号
金属-金属离子电极	由金属和该金属离子的溶液组成	$Zn^{2+}+2e^-$ ══ Zn $Cu^{2+}+2e^-$ ══ Cu	$Zn\|Zn^{2+}$ $Cu\|Cu^{2+}$
非金属-非金属离子电极	由气体与其正离子或负离子及惰性电极组成,在书写电极符号时,要标明惰性电极	Cl_2+2e^- ══ $2Cl^-$ $O_2+2H_2O+4e^-$ ══ $4OH^-$	$Cl^-\|Cl_2\|Pt$ $Pt\|O_2\|OH^-$
离子型氧化还原电极	由惰性电极和含氧化还原离子对的溶液组成	$Fe^{3+}+e^-$ ══ Fe^{2+} $Sn^{4+}+2e^-$ ══ Sn^{2+}	$Fe^{3+},Fe^{2+}\|Pt$ $Pt\|Sn^{2+}, Sn^{4+}$
金属-金属难溶盐电极	金属表面覆盖该金属离子的难溶盐后浸入含有该难溶盐的阴离子溶液中	$AgCl+e^-$ ══ $Ag+Cl^-$ $Hg_2Cl_2(s)+2e^-$ ══ $2Hg+2Cl^-$	$Ag\|AgCl\|Cl^-$ $Pt\|Hg\|Hg_2Cl_2(s)\|Cl^-$

例5-2 写出反应 $2Fe^{3+}+Sn^{2+}$ ══ $Sn^{4+}+2Fe^{2+}$ 所构成的原电池符号和电极反应式。

负极反应 $Sn^{2+}-2e^-$ ══ Sn^{4+}

正极反应 $Fe^{3+}+e^-$ ══ Fe^{2+}

原电池符号 $(-)\ Pt|Sn^{2+}(c_1), Sn^{4+}(c_2)\|Fe^{3+}(c_3), Fe^{2+}(c_4)|Pt\ (+)$

4. 电极电势的产生

不同种类电极电势的产生原因不同。下面以金属-金属离子电极为例来说明电极电势的产生。

当把金属插入含有该金属盐的水溶液中时,在金属与其盐溶液的接触界面上会发生两个不同的过程:一方面金属表面层构成晶格的金属正离子受水分子极性的水合作用,有溶解进入溶液的倾向。金属越活泼,溶液中金属离子的浓度越小,这种倾向就越大。另一方面,溶液中的金属正离子也有与金属表面上的自由电子结合成中性原子而沉积于金属表面的倾向。金属越不活泼,溶液中金属离子的浓度越大,这种倾向就越大。当$v_{溶解}=v_{沉积}$时,在金属表面与附近溶液间将会建立起如下的动态平衡

$$\underset{(金属)}{M} \underset{沉积}{\overset{溶解}{\rightleftharpoons}} \underset{(在溶液中)}{M^{z+}} + \underset{(在金属上)}{ze^-}$$

此时，如果金属溶解的趋势大于金属离子沉积的趋势（如锌），则金属表面带负电荷，金属表面附近的溶液带正电荷（图5-2(a)）；反之，如果金属离子沉积的趋势大于金属溶解的趋势（如铜），则金属表面带正电荷，金属表面附近的溶液带负电荷（图5-2(b)）。这样就在金属表面与靠近金属表面的溶液薄层之间形成了类似于电容器一样的双电层。

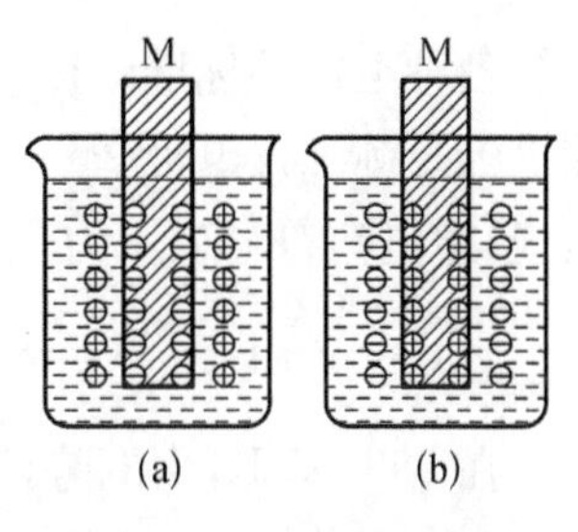

图5-2 双电层示意图

由于双电层的存在导致电荷不均等，金属和溶液之间便产生电势差，即该金属电极的平衡电势，称为电极电势，使用符号 E(氧化态/还原态)表示，单位是伏特，符号为V。由于不同电极的溶解和沉积平衡状态不同，不同的电极会产生不同的电极电势。两个不同电极间的电势差值就构成了原电池的电动势 E，并进一步产生电流。

$$E = E_{+}(\text{氧化态} / \text{还原态}) - E_{-}(\text{氧化态} / \text{还原态}) \qquad (5-1)$$

影响金属电极电势的因素，包括金属的种类、溶液中的金属离子浓度和温度等。

5. 标准电极电势

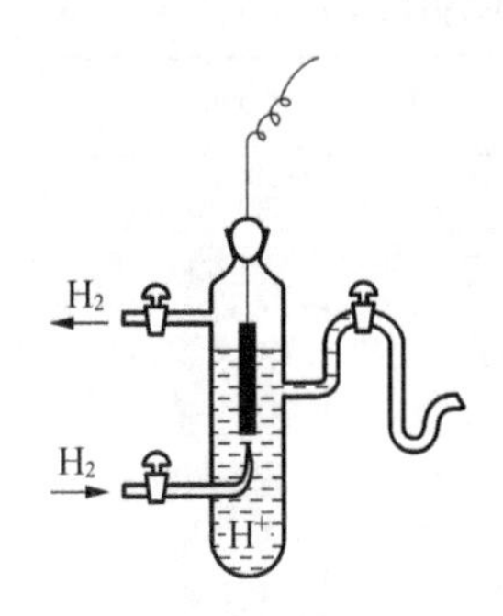

图5-3 标准氢电极

原电池的电动势可以借助仪器准确测定。但双电层电势差的绝对值至今尚无法测得。在电化学中，目前采用的办法是选定某个电极用作衡量其他电极的电极电势的标准。国际上采用的标准电极是标准氢电极（图5-3），并将标准氢电极的电极电势规定为零。

标准氢电极为非金属-非金属离子电极，需使用惰性电极导电（常用铂片）：将覆有一层海绵状铂黑的铂片（或镀有铂黑的铂片）置于氢离子浓度（严格地说应为活度 a）为 $1.0\ mol \cdot L^{-1}$ 的酸溶液中，然后不断地通入压强为100 kPa的纯氢气，使铂黑吸附氢气达到饱和，形成一个氢电极。在这个电极的周围发生如下的平衡。

$$2H^{+}(1.0\ mol \cdot L^{-1}) + 2e^{-} \longrightarrow H_2(p^{\ominus})$$

298.15K时，标准氢电极的电极电势规定为零，记为

$$E^{\ominus}(H^{+}/H_2) = 0.0000\ V$$

上标“$\ominus$”表示标准态，即指离子的浓度为 $1\ mol \cdot L^{-1}$，气体分压为100 kPa的状态。

标准氢电极表示为：$Pt|H_2(p^{\ominus})|H^{+}(c=1\ mol \cdot L^{-1})$

将处于标准态的待测电极与标准氢电极组成原电池，测定其电动势，从而可以

计算各种电极的标准电极电势。通过电势计指针的偏转，确定正、负极。例如，待测电极是标准锌电极 $Zn^{2+}|Zn(1\ mol\cdot L^{-1})$时，标准氢电极为正极，标准锌电极为负极，原电池符号表示为

$$(-)\ Zn\ |\ Zn^{2+}(1\ mol\cdot L^{-1})\ \|\ H^{+}(1\ mol\cdot L^{-1})\ |\ H_2(p^{\ominus})\ |\ Pt(+)$$

在 298.15 K，由电势计测得此原电池的电动势为 0.761 8 V，即

$$E^{\ominus}=E^{\ominus}(H^{+}/H_2)-E^{\ominus}(Zn^{2+}/Zn)=0.761\ 8\ V$$

因此 $$E^{\ominus}(Zn^{2+}/Zn)=-0.761\ 8\ V$$

采用类似的方法，即可测得一系列金属的标准电极电势。对于非金属元素的标准电极电势，例如 $E^{\ominus}(Cl_2/Cl^{-})$等，或者是同一种元素不同氧化数的离子，例如 $E^{\ominus}(MnO_4^{-}/Mn^{2+})$，也可通过与标准氢电极组成原电池，测定电动势求得其标准电极电势(表 5-3)。本书附录 2 中列出了一些常用电对的标准电极电势(某些数值根据热力学数据计算得到)。

表 5-3 一些常用电对的标准电极电势(298.15 K，pH=0)

电 对	电 极 反 应	$E^{\ominus}$/V
Li^{+}/Li	$Li^{+}+e^{-}=Li$	−3.040 1
Na^{+}/Na	$Na^{+}+e^{-}=Na$	−2.71
Mg^{2+}/Mg	$Mg^{2+}+2e^{-}=Mg$	−2.372
Al^{3+}/Al	$Al^{3+}+3e^{-}=Al$	−1.662
Mn^{2+}/Mn	$Mn^{2+}+2e^{-}=Mn$	−1.185
Zn^{2+}/Zn	$Zn^{2+}+2e^{-}=Zn$	−0.761 8
Fe^{2+}/Fe	$Fe^{2+}+2e^{-}=Fe$	−0.447
Sn^{2+}/Sn	$Sn^{2+}+2e^{-}=Sn$	−0.137 5
Pb^{2+}/Pb	$Pb^{2+}+2e^{-}=Pb$	−0.126 2
H^{+}/H_2	$2H^{+}+2e^{-}=H_2$	0.0000
Cu^{2+}/Cu	$Cu^{2+}+2e^{-}=Cu$	0.341 9
I_2/I^{-}	$I_2+2e^{-}=2I^{-}$	0.535 5
O_2/H_2O_2	$O_2+2H^{+}+2e^{-}=H_2O_2$	0.695
Fe^{3+}/Fe^{2+}	$Fe^{3+}+e^{-}=Fe^{2+}$	0.771
Ag^{+}/Ag	$Ag^{+}+e^{-}=Ag$	0.799 6
Cl_2/Cl^{-}	$Cl_2+2e^{-}=2Cl^{-}$	1.358 27
$Cr_2O_7^{2-}/Cr^{3+}$	$Cr_2O_7^{2-}+14H^{+}+6e^{-}=2Cr^{3+}+7H_2O$	1.36
MnO_4^{-}/Mn^{2+}	$MnO_4^{-}+8H^{+}+5e^{-}=Mn^{2+}+4H_2O$	1.507
H_2O_2/H_2O	$H_2O_2+2H^{+}+2e^{-}=2H_2O$	1.776
F_2/F^{-}	$F_2+2e^{-}=2F^{-}$	2.866

在使用标准电极电势表时，应注意以下几点。

1) 电极反应中各物质均为标准态，温度为 298.15 K。

2) 查附录 2 表时要注意 pH。$pH=0[c(H^+)=1.0\ mol\cdot L^{-1}]$时，查酸性介质表；$pH=14[c(OH^-)=1.0\ mol\cdot L^{-1}]$时，查碱性介质表。例如，电对 ClO_3^-/Cl^- 在酸性介质中的电极反应和 $E^\ominus$值为：

$$ClO_3^- + 6H^+ + 6e^- \longrightarrow Cl^- + 3H_2O \quad E^\ominus(ClO_3^-/Cl^-)=1.451\ V$$

电对 ClO_3^-/Cl^- 在碱性介质中的电极反应和 $E^\ominus$值则为

$$ClO_3^- + 3H_2O + 6e^- \longrightarrow Cl^- + 6OH^- \quad E^\ominus(ClO_3^-/Cl^-)=-0.62\ V$$

对于一些不受溶液酸碱性影响的电极反应，其电对的标准电极电势值都列入酸性介质表中，在查表时应予注意。

3) 表中电极反应按还原反应的形式书写

$$氧化态 + ze^- \Longleftarrow\!\!= 还原态$$

统一书写方式可以用于比较电对获得电子的能力。表(5-3)中电极电势代数值自上而下逐渐增大，表明各电对的氧化态物质得电子能力依次增强，而还原态物质失电子能力则依次减弱。换言之，电对 $E^\ominus$代数值越小，其还原态越易失电子，还原性越强；代数值越大，其氧化态越易得电子，氧化性越强。因此，根据 $E^\ominus$代数值的大小可以判断氧化态物质的氧化能力以及还原态物质的还原能力的相对强弱。在表 5-3 中，Li 是最强的还原剂，Li^+是最弱的氧化剂；F_2是最强的氧化剂，F^-几乎不具还原性。

4) 标准电极电势 $E^\ominus$是电极反应处于平衡态时所表现出的特征值，它与平衡到达的快慢无关，即与反应速率无关。

5) 标准电极电势 $E^\ominus$值只适用于标准态下的水溶液中，对于非水溶液、高温，以及固相反应或气固相反应不可使用该数值。

6) 标准电极电势代数值与半反应的书写无关

① 无论按还原反应形式书写，还是按氧化反应形式书写，标准电极电势值一样，即

氧化反应形式 $Zn-2e^- = Zn^{2+}$ $E^\ominus(Zn^{2+}/Zn)=-0.7618\ V$

还原反应形式 $Zn^{2+}+2e^- = Zn$ $E^\ominus(Zn^{2+}/Zn)=-0.7618\ V$

这是因为 $E^\ominus$值是指双电层间的电势差，与电极本质相关，而与书写方式无关。

② 与得失电子数无关，即半反应式中计量数的变化不影响电极电势的数值和符号，如

$$O_2 + 2H_2O + 4e^- \longrightarrow 4OH^- \qquad E^\ominus(H^+/H_2) = 0.400\ V$$

$$\frac{1}{4}O_2 + \frac{1}{2}H_2O + e^- \longrightarrow OH^- \qquad E^\ominus(H^+/H_2) = 0.400\ V$$

这是因为$E^\ominus$值反映的是物质得失电子的能力，是由物质本性决定的，不因物质数量的多少而改变，故不具有加和性。

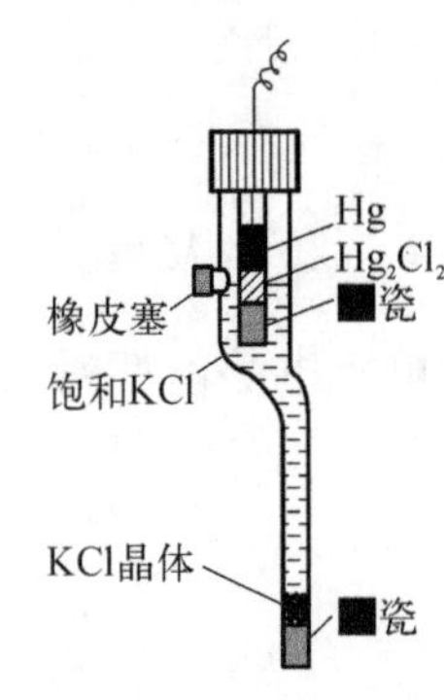

图 5-4 甘汞电极

在实际的测定中，由于标准氢电极的使用条件非常严格，操作比较困难，常用具有稳定电极电势的甘汞电极(图 5-4)和银-氯化银电极代替标准氢电极作为参比电极。甘汞电极用 Hg、糊状 Hg_2Cl_2 和一定浓度的 KCl 溶液构成，以铂丝为导体。

甘汞电极 (—) Pt|Hg (l)|Hg_2Cl_2(s)|KCl (饱和溶液)

电极反应 $Hg_2Cl_2(s) + 2e^- \rightleftharpoons 2Hg(l) + 2Cl^-$

使用不同浓度 KCl 溶液组成的甘汞电极的电极电势不同(表 5-4)。为了便于控制甘汞电极的电极电势，经常使用饱和甘汞电极(使用饱和 KCl 溶液)。

表 5-4 常用参比电极的电极电势

参比电极	温度/℃	电极电势/V
Hg|Hg_2Cl_2|饱和 KCl	25	0.245
Hg|Hg_2Cl_2|1mol. L^{-1} KCl	25	0.280 1
Hg|Hg_2Cl_2|0.1mol. L^{-1} KCl	25	0.333 7
Ag|AgCl|饱和 KCl	25	0.198 1
Ag|AgCl|0.1mol. L^{-1} HCl	25	0.287
Hg|HgO|0.1mol. L^{-1} NaOH	25	0.164

三、电池反应的热力学

由于不可逆电池的反应比较复杂，因此本章讨论的电池均为可逆电池，可逆电池须符合两个条件。首先，电池热力学上可逆，即原电池中通过的电流无限小，使得电池内部始终无限接近平衡状态；其次，电极反应也是可逆的，即在化学上为可逆反应。

1. 电动势与吉布斯自由能变的关系

化学反应 $Zn + Cu^{2+} \longrightarrow Zn^{2+} + Cu$ 在烧杯中进行时，虽有电子转移，但不产生

电流，属于等温等压条件下无非体积功的过程，此时 $\Delta_r G < 0$。若利用 Cu－Zn 原电池完成这一反应，则有电流产生，则属于等温等压条件下有非体积功 $-W'_{电功}$ 的过程。此时，系统所做最大有用功等于电池反应吉布斯自由能的减少，则有

$$\Delta_r G_m = -W'$$

电功等于电量 Q 与电动势 E 的乘积。对于可逆电池

$$W' = QE = zFE \tag{5-2}$$

式中，法拉第常数 $F = 96\,485\ \text{C} \cdot \text{mol}^{-1}$，是 1 mol 电子所带电量；$z$ 是电池反应转移的电子数。

由于电池反应是可逆的

$$\Delta_r G_m = -W' = -zFE \tag{5-3}$$

当原电池处于标准态时，其电动势为 $E^\ominus$，则式(5－3)可写成

$$\Delta_r G_m^\ominus = -zFE^\ominus \tag{5-4}$$

式(5－3)和式(5－4)把热力学和电化学联系起来。所以，由原电池的标准电动势 $E^\ominus$ 即可求出电池反应的标准摩尔吉布斯自由能变 $\Delta_r G_m^\ominus$。反之，亦然。

根据式(5－3)，可将吉布斯自由能对反应自发性的判据转化为如下形式

$\Delta_r G_m < 0$ 时，$E > 0$　　反应可自发进行；

$\Delta_r G_m = 0$ 时，$E = 0$　　系统处于平衡状态；

$\Delta_r G_m > 0$ 时，$E < 0$　　反应非自发或反应可逆向自发。

例 5－3　已知：$\frac{1}{2}H_2 + AgCl = Ag + HCl$ 的 $\Delta_r H_m^\ominus = -40.4\ \text{kJ} \cdot \text{mol}^{-1}$ 和 $\Delta_r S_m^\ominus = -63.6\ \text{J} \cdot \text{mol}^{-1} \cdot \text{K}^{-1}$，求 $(-)\text{Pt} \mid H_2(p^\ominus) \mid H^+(1\ \text{mol} \cdot \text{L}^{-1}) \parallel Cl^-(1\ \text{mol} \cdot \text{L}^{-1}) \mid AgCl \mid Ag(+)$ 电池的电动势 $E^\ominus$ 和 $E^\ominus(AgCl/Ag)$。

解： 负极：$\frac{1}{2}H_2 - e^- = H^+$（氧化）

正极：$AgCl + e^- = Ag + Cl^-$（还原）

$$\Delta_r G_m^\ominus = \Delta_r H_m^\ominus - T\Delta_r S_m^\ominus = -40.4 \times 1\,000 - (-63.6) \times 298.15$$
$$= -21\,437.66(\text{J} \cdot \text{mol}^{-1})$$

由 $\Delta_r G_m^\ominus = -zFE^\ominus$　计算得 $E^\ominus = 0.222\ \text{V}$

$$E^\ominus = E^\ominus(AgCl/Ag) - E^\ominus(H^+/H_2) = E^\ominus(AgCl/Ag) = 0.222\text{V}$$

2. 电动势与电池反应标准平衡常数的关系

根据标准摩尔吉布斯自由能变与标准平衡常数之间的关系式

$$\lg K^{\ominus} = -\frac{\Delta_r G_m^{\ominus}}{2.303RT}$$

对于氧化还原反应，又由式(5-4) $\Delta_r G_m^{\ominus} = -zFE^{\ominus}$

合并可得
$$\lg K^{\ominus} = \frac{zFE^{\ominus}}{2.303RT} \tag{5-5}$$

当温度为298.15 K时，上式可化为：

$$\lg K^{\ominus} = \frac{zE^{\ominus}}{0.0592} \tag{5-6}$$

根据式(5-6)，若已知氧化还原反应所组成原电池的标准电动势$E^{\ominus}$，就可计算此反应的平衡常数$K^{\ominus}$，从而了解反应进行的程度。从式(5-6)中可以看出，$E^{\ominus}$值越大，$K^{\ominus}$值也越大，表示反应进行的越完全；$E^{\ominus}$值越小，$K^{\ominus}$值也越小。如$E^{\ominus}<0$，则$K^{\ominus}$值很小，表明反应实际上不能够正向进行，而是逆反应发生。$K^{\ominus}$值的大小和电池反应转移的电子数n值有关。

例 5-4 试估计反应：$Zn(s) + Cu^{2+}(aq) \longrightarrow Zn^{2+}(aq) + Cu(s)$ 在298 K下进行的限度。

解： 电池反应 $Zn(s) + Cu^{2+}(aq) \longrightarrow Zn^{2+}(aq) + Cu(s)$

$$E = E^{\ominus}(Cu^{2+}/Cu) - E^{\ominus}(Zn^{2+}/Zn) = 0.3394 - (-0.7618) = 1.1012(V)$$

$$\lg K^{\ominus} = \frac{zE^{\ominus}}{0.0592} = \frac{2 \times 1.1012}{0.0592} = 37.2027$$

计算得到 $K^{\ominus} = 1.59 \times 10^{37}$

$K^{\ominus}$值很大，说明反应向右进行得很完全。

3. 原电池电动势与标准电动势的关系

若有任意一个电动势为E的原电池，其电池反应为

$$aA(aq) + bB(aq) = gG(aq) + hH(aq)$$

则有
$$\Delta_r G_m = \Delta_r G_m^{\ominus} + RT\ln\frac{[c(G)/c^{\ominus}]^g[c(H)/c^{\ominus}]^h}{[c(A)/c^{\ominus}]^a[c(B)/c^{\ominus}]^b}$$

$$-zFE = -zFE^\ominus + RT\ln\frac{[c(G)/c^\ominus]^g[c(H)/c^\ominus]^h}{[c(A)/c^\ominus]^a[c(B)/c^\ominus]^b}$$

$$E = E^\ominus - \frac{RT}{zF}\ln\frac{[c(G)/c^\ominus]^g[c(H)c^\ominus]^h}{[c(A)/c^\ominus]^a[c(B)/c^\ominus]^b} \tag{5-7}$$

298.15 K时，将R、F数值代入整理，有

$$E = E^\ominus - \frac{0.0592}{z}\lg\frac{[c(G)/c^\ominus]^g[c(H)/c^\ominus]^h}{[c(A)/c^\ominus]^a[c(B)/c^\ominus]^b} \tag{5-8}$$

式(5－7)称为电动势的能斯特(Nernst)方程。它反映了非标准电动势和标准电动势的关系。

第二节 影响电极电势的因素

一、浓度对电极电势的影响

标准电极电势是在标准状态下测定的，通常参考温度为298.15 K。如果反应的温度、浓度、压力发生改变，反应处于非标准状态时，则电对的电极电势也将随之发生改变，因此有必要对非标准状态电极电势的计算进行讨论。电极电势与浓度的关系可由式(5－7)导出。

电池反应 $aA + bB = gG + hH$

可以分成两个半反应：

正极 $aA \longrightarrow gG$ 代表电对A/G

负极 $bB \longrightarrow hH$ 代表电对H/B

其电子转移数为z。则电池反应电动势的Nernst方程为

$$E = E^\ominus - \frac{RT}{zF}\ln\frac{[c(G)/c^\ominus]^g[c(H)/c^\ominus]^h}{[c(A)/c^\ominus]^a[c(B)/c^\ominus]^b}$$

此时 $E = E(A/G) - E(H/B)$，$E^\ominus = E^\ominus(A/G) - E^\ominus(H/B)$

$$E(A/G) - E(H/B) = E^\ominus(A/G) - E^\ominus(H/B) - \frac{RT}{zF}\ln\frac{[c(G)/c^\ominus]^g[c(H)/c^\ominus]^h}{[c(A)/c^\ominus]^a[c(B)/c^\ominus]^b}$$

将正极和负极的数据分别归在一起，得

$$E(\mathrm{A/G})-E(\mathrm{H/B})=\left\{E^{\ominus}(\mathrm{A/G})-\frac{RT}{zF}\ln\frac{[c(\mathrm{G})/c^{\ominus}]^{g}}{[c(\mathrm{A})/c^{\ominus}]^{a}}\right\}-\left\{E^{\ominus}(\mathrm{H/B})-\frac{RT}{zF}\ln\frac{[c(\mathrm{B})/c^{\ominus}]^{h}}{[c(\mathrm{H})/c^{\ominus}]^{b}}\right\}$$

对应有

$$E(\mathrm{A/G})=E^{\ominus}(\mathrm{A/G})-\frac{RT}{zF}\ln\frac{[c(\mathrm{G})/c^{\ominus}]^{g}}{[c(\mathrm{A})/c^{\ominus}]^{a}}$$

$$E(\mathrm{H/B})=E^{\ominus}(\mathrm{H/B})-\frac{RT}{zF}\ln\frac{[c(\mathrm{B})/c^{\ominus}]^{h}}{[c(\mathrm{H})/c^{\ominus}]^{b}}$$

因此，对于一般的半电池反应

$$p\,\text{氧化型}+z\mathrm{e}^{-}\longrightarrow q\,\text{还原型}$$

有如下的关系式

$$E(\text{氧化型}/\text{还原型})=E^{\ominus}(\text{氧化型}/\text{还原型})-\frac{RT}{zF}\ln\frac{[c(\text{还原型})]^{p}}{[c(\text{氧化型})]^{q}} \quad (5-9)$$

$$E(\text{氧化型}/\text{还原型})=E^{\ominus}(\text{氧化型}/\text{还原型})+\frac{RT}{zF}\ln\frac{[c(\text{氧化型})]^{p}}{[c(\text{还原型})]^{q}} \quad (5-10)$$

式(5-9)或(5-10)称为电极电势的能斯特方程式。式中 R 为理想气体常数(8.314 $\mathrm{J\cdot K^{-1}\cdot mol^{-1}}$)；$T$ 为热力学温度(单位 K)；z 为半反应式的电子转移数；F 为法拉第常数(96 485 $\mathrm{C\cdot mol^{-1}}$)；$[c(\text{氧化态})]^{p}$、$[c(\text{还原态})]^{q}$ 分别表示在电极反应中氧化态、还原态一侧各物种相对浓度($c_{\mathrm{B}}/c^{\ominus}$)或者相对压力(气体组分，即 $p_{\mathrm{B}}/p^{\ominus}$)幂的乘积(纯固体、纯液体摩尔分数为 1，不代入计算)，而不仅仅是单独氧化态、还原态的浓度。p 和 q 分别为氧化态物质和还原态物质的化学计量数。

298.15 K 时，将 R、F 数值代入整理，有

$$E(\text{氧化型}/\text{还原型})=E^{\ominus}(\text{氧化型}/\text{还原型})+\frac{0.059\,2}{z}\lg\frac{[c(\text{氧化型})]^{p}}{[c(\text{还原型})]^{q}} \quad (5-11)$$

利用式(5-11)，可以计算 298.15 K 时非标准态时的电极电势。由电极反应的 Nernst 方程式可以看出，c(氧化型)增大，电极电势增大；c(还原型)增大，电极电势减小。

例 5-5 计算当 $c(\mathrm{Zn^{2+}})=1.00\times10^{-3}\ \mathrm{mol\cdot L^{-1}}$ 时，电对 $\mathrm{Zn^{2+}/Zn}$ 在 298.15 K 时的电极电势。

解： 此电对的电极反应是

$$\mathrm{Zn^{2+}+2e^{-}=\!=\!=Zn}$$

按式(5-11)，写出其能斯特方程式

$$E(Zn^{2+}/Zn) = E^{\ominus}(Zn^{2+}/Zn) + \frac{0.0592}{2}\lg c(Zn^{2+})$$

代入有关数据，得

$$E(Zn^{2+}/Zn) = -0.7618 + \frac{0.0592}{2}\lg 1.0 \times 10^{-3} = -0.851(V)$$

二、影响电极电势的因素

从能斯特方程可知，除了温度、氧化型、还原型物质本身的浓度(或分压)对电极电势的影响外，其他影响因素还有如下几种。

1. 酸度对电极电势的影响

当溶液中的 H^+、OH^- 也参加电极反应，则其浓度也应表示在能斯特方程之中，那么溶液酸度的变化往往会对电极电势产生显著的影响。

例 5-6　求在 $c(Cr_2O_7^{2-}) = c(Cr^{3+}) = 1.00\ mol \cdot L^{-1}$ 时，pH = 3.0 和 $c(H^+) = 3.0\ mol \cdot L^{-1}$ 的溶液中 $E(Cr_2O_7^{2-}/Cr^{3+})$ 的数值。

解：电极反应　$Cr_2O_7^{2-} + 14H^+ + 6e^- = 2Cr^{3+} + 7H_2O$　$E^{\ominus} = 1.36\ V$

当 pH = 3.00 时，即 $c(H^+) = 10^{-3}\ mol \cdot L^{-1}$，则电对 $Cr_2O_7^{2-}/Cr^{3+}$ 的电极电势为

$$E(Cr_2O_7^{2-}/Cr^{3+}) = E^{\ominus}(Cr_2O_7^{2-}/Cr^{3+}) + \frac{0.0592}{6}\lg\frac{c(Cr_2O_7^{2-}) \cdot c(H^+)^{14}}{[c(Cr^{3+})]^2}$$

$$= 1.36 + \frac{0.0592}{6}\lg\frac{1.00 \times (1.00 \times 10^{-3})^{14}}{1.00^2}$$

$$= 0.946V$$

当 $c(H^+) = 3.0\ mol \cdot L^{-1}$，则电对 $Cr_2O_7^{2-}/Cr^{3+}$ 的电极电势为

$$E(Cr_2O_7^{2-}/Cr^{3+}) = E^{\ominus}(Cr_2O_7^{2-}/Cr^{3+}) + \frac{0.0592}{6}\lg\frac{c(Cr_2O_7^{2-}) \cdot [c(H^+)]^{14}}{[c(Cr^{3+})]^2}$$

$$= 1.36 + \frac{0.0592}{6}\lg\frac{1.00 \times 3^{14}}{1.00^2}$$

$$= 1.426V$$

由上例可见，溶液的酸度对电对的电极电势的影响。这是由于当含氧酸盐作氧化剂时，$c(H^+)$在能斯特方程式中一般都是高次幂的，所以其影响比其他离子浓度的影响更显著。对于电对$Cr_2O_7^{2-}$、MnO_4^-而言，随着溶液酸度的增强，其电极电势值也增大，氧化型物质$Cr_2O_7^{2-}$、MnO_4^-的氧化性也增强。故在生产和科研中，实际使用$Cr_2O_7^{2-}$、MnO_4^-等含氧酸根作氧化剂时，总是要将溶液酸化，以保持在酸性条件下充分发挥这类氧化剂的氧化性能。

例 5－7 (1) 试判断反应

$$MnO_2(s) + 4HCl(aq) \rightleftharpoons MnCl_2(aq) + Cl_2(g) + 2H_2O(l)$$

在25℃时的标准状态下能否向右进行。

(2) 实验室中为什么能用$MnO_2(s)$与浓HCl反应制取$Cl_2(g)$?

解: (1) 查表可知

$$MnO_2(s) + 4H^+(aq) + 2e^- \rightleftharpoons Mn^{2+}(aq) + 2H_2O(l) \qquad E^\ominus = 1.224\ V$$

$$Cl_2(g) + 2e^- \rightleftharpoons 2Cl^-(aq) \qquad E^\ominus = 1.360\ V$$

$$E^\ominus = E^\ominus(MnO_2/Mn^{2+}) - E^\ominus(Cl_2/Cl^-) = 1.229 - 1.360 = -0.131(V) < 0$$

所以在标准状态下，上述反应不能由左向右进行。

(2) 在实验室中制取$Cl_2(g)$时，用的是浓HCl($12\ mol \cdot L^{-1}$)。根据Nernst方程式可分别计算上述两电对的电极电势，并假定$c(Mn^{2+}) = 1.0\ mol \cdot L^{-1}$，$p(Cl_2) = 100\ kPa$。在浓HCl中，$c(H^+) = 12\ mol \cdot L^{-1}$，$c(Cl^-) = 12\ mol \cdot L^{-1}$，则

$$E(MnO_2/Mn^{2+}) = E^\ominus(MnO_2/Mn^{2+}) + \frac{0.059\,2}{2}\lg\frac{[c(H^+)/c^\ominus]^4}{c(Mn^{2+})/c^\ominus}$$

$$= 1.224 + \frac{0.059\,2}{2}\lg 12^4 = 1.355\ V$$

$$E(Cl_2/Cl^-) = E^\ominus(Cl_2/Cl^-) + \frac{0.059\,2}{2}\lg\frac{p(Cl_2)/p^\ominus}{[c(Cl^-)/c^\ominus]^2}$$

$$= 1.360 + \frac{0.059\,2}{2}\lg\frac{1}{12^2} = 1.300(V)$$

$$E = E(MnO_2/Mn^{2+}) - E(Cl_2/Cl^-) = 1.355 - 1.30 = 0.055(V) > 0$$

因此，从热力学方面考虑，MnO_2可与浓 HCl 反应制取 Cl_2。实际操作中，还采取加热的方法，以便能加快反应速率，并使 Cl_2尽快逸出，以减少其压力。

2. 沉淀的生成对电极电势的影响

在电极反应中，加入沉淀试剂时，由于电对的氧化态或还原态物质生成沉淀，会使氧化态或还原态物质的浓度改变，结果导致电极电势发生变化。

以 Ag^+/Ag 电对为例。298.15 K 时，Ag^+/Ag 电对的电极反应为：

$$Ag^+ + e^- \rightleftharpoons Ag \qquad E^\ominus(Ag^+/Ag) = +0.7996\ V$$

其 Nernst 方程式为：

$$E(Ag^+/Ag) = E^\ominus(Ag^+/Ag) + 0.0592 \lg c(Ag^+)$$

若加入 NaCl 溶液，便产生 AgCl 沉淀

$$Ag^+ + Cl^- \longrightarrow AgCl\downarrow$$

当 $c(Cl^-) = 1.0\ mol \cdot L^{-1}$ 时，

$$c(Ag^+) = \frac{K_{sp}^\ominus}{c(Cl^-)} = \frac{1.77\times10^{-10}}{1.00} = 1.77\times10^{-10}\ mol \cdot L^{-1}$$

$$\begin{aligned} E(Ag^+/Ag) &= E^\ominus(Ag^+/Ag) + 0.0592 \lg[c(Ag^+)] \\ &= 0.7996 + 0.0592 \lg 1.77\times10^{-10} \\ &\approx 0.223\ V \end{aligned}$$

与 $E^\ominus(Ag^+/Ag)$值比较，氧化型 Ag^+生成 AgCl 沉淀后，使氧化型离子浓度减小，使电极电势下降。这里计算所得的 $E(Ag^+/Ag)$值，实际上是电对 AgCl/Ag 的标准电极电势，因为当 $c(Cl^-)=1.0\ mol \cdot L^{-1}$时，溶液中的 Ag^+浓度极低，系统中实际上是 AgCl 与 Ag 达到平衡并构成电对。此时，电极反应

$$AgCl(s) + e^- \rightleftharpoons Ag(s) + Cl^-(aq)$$

处于标准状态。

由此可以得出如下关系式：

$$E^\ominus(AgCl/Ag) = E^\ominus(Ag^+/Ag) + 0.0592 \lg K_{sp}^\ominus(AgCl)$$

很显然，由于氧化型生成沉淀，则 $E^\ominus(AgCl/Ag) < E^\ominus(Ag^+/Ag)$。当还原型生成沉淀时，由于还原型离子浓度减小，电极电势将增大。

同样计算出 $E^{\ominus}(AgBr/Ag)$ 和 $E^{\ominus}(AgI/Ag)$ 的数值，现将这些电对的 $E^{\ominus}$ 值比较如下：

电极反应式	$K_{sp}^{\ominus}$	$c(Ag^+)$	$E^{\ominus}/V$
$Ag^+ + e^- \rightleftharpoons Ag$	减小↓	减小↓	+0.7996 (降低↓)
$AgCl(s) + e^- \rightleftharpoons Ag + Cl^-$			+0.223
$AgBr(s) + e^- \rightleftharpoons Ag + Br^-$			+0.073
$AgI(s) + e^- \rightleftharpoons Ag + I^-$			−0.151

从上面对比中可看出，卤化银溶度积 K_{sp} 越小，Ag^+ 平衡浓度越小，$E^{\ominus}(AgX/Ag)$ 值逐渐降低，AgX 的氧化能力越来越弱，Ag 的还原性则相应增强。因此，下列反应自发进行

$$2Ag + 2H^+ + 2I^- \longrightarrow 2AgI + H_2\uparrow, \ E^{\ominus}(AgI/Ag) = -0.15\ V, \ \Delta_r G_m^{\ominus} < 0$$

3. 配合物的形成对电极电势的影响

配合物的形成同样会引起电极反应中离子浓度的改变，从而使电极电势发生变化。根据 Nernst 方程式可以计算出相关的电极电势。

例 5-8 在含有 1.0 mol·L^{-1} Fe^{3+} 和 1.0 mol·L^{-1} 的 Fe^{2+} 的溶液中加入 KCN(s)，有 $[Fe(CN)_6]^{3-}$ 和 $[Fe(CN)_6]^{4-}$ 配离子生成。当系统中 $c(CN^-) = c[Fe(CN)_6^{3-}] = c[Fe(CN)_6^{4-}] = 1.0$ mol·L^{-1} 时，计算 $E(Fe^{3+}/Fe^{2+})$。

解： 加 KCN 后，发生下列配位反应

$$Fe^{3+} + 6CN^- \longrightarrow [Fe(CN)_6]^{3-}$$

$$K_{稳}^{\ominus}[Fe(CN)_6^{3-}] = \frac{c[Fe(CN)_6^{3-}]}{[c(Fe^{3+})]\cdot[c(CN^-)]^6}$$

$$Fe^{2+} + 6CN^- \longrightarrow [Fe(CN)_6]^{4-}$$

$$K_{稳}^{\ominus}[Fe(CN)_6^{4-}] = \frac{c[Fe(CN)_6^{4-}]}{[c(Fe^{2+})]\cdot[c(CN^-)]^6}$$

$$E(Fe^{3+}/Fe^{2+}) = E^{\ominus}(Fe^{3+}/Fe^{2+}) + 0.0592\lg\frac{c(Fe^{3+})}{c(Fe^{2+})}$$

当 $c(CN^-) = c[Fe(CN)_6^{3-}] = c[Fe(CN)_6^{4-}] = 1.0$ mol·L^{-1} 时，

$$c(Fe^{3+}) = \frac{1}{K^{\ominus}_{稳}[Fe(CN)_6^{3-}]} \qquad c(Fe^{2+}) = \frac{1}{K^{\ominus}_{稳}[Fe(CN)_6^{4-}]}$$

$$E(Fe^{3+}/Fe^{2+}) = E^{\ominus}(Fe^{3+}/Fe^{2+}) + 0.059\,2\lg\frac{K^{\ominus}_{稳}[Fe(CN)_6^{4-}]}{K^{\ominus}_{稳}[Fe(CN)_6^{3-}]}$$

$$= 0.771 + 0.059\,2\lg\frac{1.00\times10^{35}}{1.00\times10^{42}}$$

$$= 0.357\ V$$

在这种条件下，$E(Fe^{3+}/Fe^{2+}) = E^{\ominus}([Fe(CN)_6]^{3-}/[Fe(CN)_6]^{4-}) = 0.357\ V$。这是因为当 $c(CN^-) = c[Fe(CN)_6^{3-}] = c[Fe(CN)_6^{4-}] = 1.0\ mol\cdot L^{-1}$ 时，电极反应

$$[Fe(CN)_6]^{3-} + e^- \rightleftharpoons [Fe(CN)_6]^{4-}$$

处于标准状态。因此有

$$E^{\ominus}([Fe(CN)_6^{3-}]/[Fe(CN)_6^{4-}]) = E^{\ominus}(Fe^{3+}/Fe^{2+}) + 0.059\,2\lg\frac{K^{\ominus}_{稳}[Fe(CN)_6^{4-}]}{K^{\ominus}_{稳}[Fe(CN)_6^{3-}]}$$

由此可以得出结论：如果电对的氧化态生成配合物，使 c(氧化态)变小，则电极电势变小。如果还原态生成配合物，使 c(还原态)变小，则电极电势变大。当氧化态和还原态同时生成配合物时，若 $K_{稳}$(氧化态配合物)＞$K_{稳}$(还原态配合物)，则电极电势变小；反之，则电极电势变大。

三、电极电势的应用

(一) 判断氧化剂、还原剂的相对强弱

氧化剂是电对中的氧化态，还原剂是电对中的还原态。根据标准电极电势的大小，可以判断氧化剂、还原剂的相对强弱。E 愈大，电对中氧化型的氧化能力愈强，是强的氧化剂；E 愈小，电对中还原型的还原能力愈强，是强的还原剂。

例 5-9　工业上常采用通 Cl_2 于盐卤中，将溴离子和碘离子置换出来，以制取 Br_2 和 I_2。如何知道哪一种离子先被氧化呢？

解： 查表 $E^{\ominus}(Cl_2/Cl^-) = +1.360\ V$、$E^{\ominus}(Br_2/Br^-) = +1.066\ V$、$E^{\ominus}(I_2/I^-) = +0.536\ V$

$$E_1 = E^\ominus(Cl_2/Cl^-) - E^\ominus(Br_2/Br^-) = 1.360 - 1.066 = 0.294\ V$$

$$E_2 = E^\ominus(Cl_2/Cl^-) - E^\ominus(I_2/I^-) = 1.360 - 0.536 = 0.824\ V$$

由于 $E_2 > E_1$，在 I^- 离子与 Br^- 离子浓度相近时，Cl_2 首先氧化 I^- 离子。

必须注意的是：当一种氧化剂同时氧化几种还原剂时，首先氧化最强的还原剂，但在判断氧化还原反应的次序时，还要考虑反应速率，有时甚至要考虑还原剂的浓度，否则容易得出错误的结论。

(二) 判断氧化还原反应的方向

判断化学反应自发进行方向的判据是 $\Delta_r G_m$。对于氧化还原反应，可以用 E 代替 $\Delta_r G_m$ 判断反应的方向：

$E > 0$　反应正向进行　$\Delta_r G_m < 0$

$E < 0$　反应逆向进行　$\Delta_r G_m > 0$

$E = 0$　反应处于平衡状态　$\Delta_r G_m = 0$

由于 $E = E(+) - E(-)$，若使 $E > 0$，则必须 $E(+) > E(-)$，即氧化剂电对的电极电势大于还原剂电对的电极电势。因此，E 大的电对的氧化型作氧化剂，E 小的电对的还原型作还原剂，两者的反应自发地进行。氧化还原反应的方向可以表示为

强氧化型(1) + 强还原型(2) = 弱还原型(1) + 弱氧化型(2)

从标准电极电势表中查得的 $E^\ominus$ 能用于计算电动势 $E^\ominus$。但严格地说，电动势 $E^\ominus$ 只能用于判断标准状态下的氧化还原反应的方向。如果用电动势 $E^\ominus$ 判断非标准状态下的氧化还原反应的方向，有如下经验规则：

电动势 $E^\ominus > 0.2\ V$　反应正向进行

电动势 $E^\ominus < -0.2\ V$　反应逆向进行

若 $-0.2\ V <$ 电动势 $E^\ominus < 0.2\ V$，因为浓度的影响，反应可能正向进行也可能逆向进行，所以必须计算出电动势 E，用以判断反应的方向。

例 5－10　试判断电池反应

$$Pb^{2+}(1\ mol \cdot L^{-1}) + Sn(s) \rightleftharpoons Pb(s) + Sn^{2+}(1\ mol \cdot L^{-1})$$

是否能按正反应方向进行？若把 Pb^{2+} 离子浓度减少到 $0.1\ mol \cdot L^{-1}$，而 Sn^{2+} 离子浓度维持在 $1\ mol \cdot L^{-1}$，问反应是否能按上述正反应方向进行？

解：查表 $E^{\ominus}(Sn^{2+}/Sn) = -0.136\ V$，$E^{\ominus}(Pb^{2+}/Pb) = -0.126\ V$

$$E = E(+) - E(-) = E^{\ominus}(Pb^{2+}/Pb) - E^{\ominus}(Sn^{2+}/Sn)$$
$$= -0.126 - (-0.136) = 0.010(V) > 0$$

因此，反应能向正反应方向进行。

当 $[Pb^{2+}] = 0.1\ mol \cdot L^{-1}$ 时，根据能斯特方程

$$E(Pb^{2+}/Pb) = E^{\ominus}(Pb^{2+}/Pb) + \frac{0.0592}{2}\lg[c(Pb^{2+})]$$
$$= -0.126 + (-0.0296) = -0.156(V)$$

$$E = E(+) - E(-) = E(Pb^{2+}/Pb) - E^{\ominus}(Sn^{2+}/Sn)$$
$$= -0.156 - (-0.136) = -0.020(V) < 0$$

因此，反应不能按正反应方向进行。

(三) 确定氧化还原反应的限度

氧化还原反应的限度即为平衡状态，可以用其标准平衡常数来表明。298.15 K 时，据式(5-6)

$$\lg K^{\ominus} = \frac{zE^{\ominus}}{0.0592}$$

根据氧化还原反应方程式，确定正极和负极后，计算标准电池电动势 $E^{\ominus}$，代入上式即可计算氧化还原反应的标准平衡常数。$K^{\ominus}$愈大，反应正向进行的程度愈大。

由于生成难溶化合物、配合物、弱电解质会影响有关电对的电极电势，所以根据氧化还原反应的标准平衡常数与标准电池电动势间的定量关系，可以通过测定原电池电动势的方法来推算难溶电解质的溶度积、配合物的稳定常数、弱电解质的解离常数等。

例 5-11 求 AgCl(s)的溶度积 $K_{sp}^{\ominus}$。

解：AgCl(s)的溶度积方程式为：$AgCl = Ag^{+} + Cl^{-}$

但上述反应非氧化还原反应，需要将之变换成与氧化还原反应相关的反应

方程变换为 $AgCl + Ag = Ag^{+} + Ag + Cl^{-}$

将上述反应分别转换为半反应

正极：$AgCl + e^- \longrightarrow Ag + Cl^-$ $\quad E^\ominus(AgCl/Ag) = 0.222\,3\ V$

负极：$Ag - e^- \longrightarrow Ag^+$ $\quad E^\ominus(Ag^+/Ag) = 0.799\,6\ V$

$$\lg K_{sp}^\ominus = \frac{zE^\ominus}{0.059\,2} = \frac{1 \times [E^\ominus(AgCl/Ag) - E^\ominus(Ag^+/Ag)]}{0.059\,2}$$

$$= \frac{1 \times (0.222\,3 - 0.799\,6)}{0.059\,2}$$

$$= -9.75$$

则 $K_{sp}^\ominus = 1.78 \times 10^{-10}$

(四) 元素电势图及其应用

许多元素具有多种氧化态形式，同一元素不同氧化态的氧化或还原能力是不同的。为了直观地比较各种氧化态的氧化还原性，以及它们相互之间的关系，物理学家 Latimore 将它们的标准电极电势以图解方式表示，这种图叫做元素电势图。元素电势图是把不同氧化态间的标准电极电势，按照氧化数依次降低的顺序，把各物种的化学式从左到右写出来，各不同氧化数物种之间用直线连接起来，在直线上标明两种不同氧化数物种所组成的电对的标准电极电势。根据溶液的 pH 不同，又可以分为两大类：$E_A^\ominus$(A 表示酸性溶液，溶液 pH=0)和 $E_B^\ominus$(B 表示碱性溶液，溶液 pH=14)。书写某一元素的元素电势图时，既可以将全部氧化态列出，也可以根据需要列出其中的一部分。例如碘的元素电势图

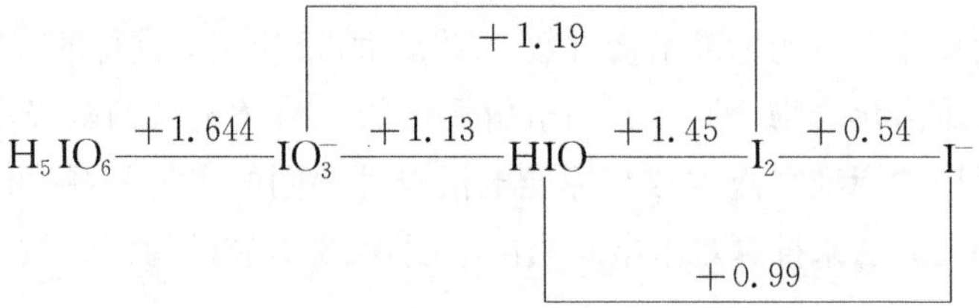

$$H_5IO_6 \overset{+1.644}{\text{———}} IO_3^- \overset{+1.13}{\text{———}} HIO \overset{+1.45}{\text{———}} I_2 \overset{+0.54}{\text{———}} I^-$$

IO_3^- —— I_2：+1.19

HIO —— I^-：+0.99

元素电势图简明、直观地表明了元素各电对的标准电极电势，可以清楚地表明同种元素不同氧化数物种氧化、还原能力的相对大小，对于讨论元素各氧化数物种的氧化还原性和稳定性非常重要和方便，在元素化学中得到广泛的应用。

1. 判断歧化反应能否发生

例 5-12 根据铜元素在酸性溶液中的有关电对的标准电极电势画出电势图，并推测在酸性溶液中 Cu^+ 能否发生歧化反应。

解：在酸性溶液中，铜元素的电势图为：

$$Cu^{2+}\xrightarrow{+0.153}Cu^{+}\xrightarrow{+0.521}Cu$$

所对应的电极反应为：

$$Cu^{2+}(aq)+e^{-}\rightleftharpoons Cu^{+}(aq)\qquad E^{\ominus}(Cu^{2+}/Cu^{+})=0.153\ V\qquad(1)$$

$$Cu^{+}(aq)+e^{-}\rightleftharpoons Cu(s)\qquad E^{\ominus}(Cu^{+}/Cu)=0.521\ V\qquad(2)$$

式(2)－式(1)，得

$$2Cu^{+}(aq)\rightleftharpoons Cu^{2+}(aq)+Cu(s)\qquad(3)$$

$$E^{\ominus}=E^{\ominus}(Cu^{+}/Cu)-E^{\ominus}(Cu^{2+}/Cu^{+})=0.521-0.153=0.368(V)$$

$E^{\ominus}>0$，反应(3)能从左向右进行，说明 Cu^{+} 在酸性溶液中不稳定，能够发生歧化。

推广到一般情况，如某元素的电势图如下

$$A\xrightarrow{E^{\ominus}_{左}}B\xrightarrow{E^{\ominus}_{右}}C$$

如果 $E^{\ominus}_{右}>E^{\ominus}_{左}$，即 $E^{\ominus}_{B/C}>E^{\ominus}_{A/B}$，则较强的氧化剂和较强的还原剂都是B，所以B会发生歧化反应。相反，如果 $E^{\ominus}_{右}<E^{\ominus}_{左}$，则标准状态下B不会发生歧化反应，而是A与C发生反歧化反应生成B。

2. 计算标准电极电势

在一些元素电势图上，常常不是标出所有电对的标准电极电势，但是可以根据元素电势图，利用已经给出的某些电对的标准电极电势很简便地计算出某些电对的未知标准电极电势。假设有一元素电势图

$$A\underset{z_1}{\xrightarrow{E^{\ominus}_1}}B\underset{z_2}{\xrightarrow{E^{\ominus}_2}}C\underset{z_3}{\xrightarrow{E^{\ominus}_3}}D$$

$$A\underset{(z_x)}{\xrightarrow{E^{\ominus}_x}}D$$

图中A、B、C、D分别代表元素所处的不同的氧化态，$E^{\ominus}_1$、$E^{\ominus}_2$、$E^{\ominus}_3$分别为相邻电对的标准电极电势，z_1、z_2、z_3为对应电对中电子转移数，根据吉布斯自由能变与电极电势之间关系，相应的电极反应可表示为：

$$\begin{array}{ll} \mathrm{A} + z_1\mathrm{e}^- = \mathrm{B} & \Delta G_1^\ominus = -z_1FE_1^\ominus \\ \mathrm{B} + z_2\mathrm{e}^- = \mathrm{C} & \Delta G_2^\ominus = -z_2FE_2^\ominus \\ +\quad \mathrm{C} + z_3\mathrm{e}^- = \mathrm{D} & \Delta G_3^\ominus = -z_3FE_3^\ominus \\ \hline \mathrm{A} + z_x\mathrm{e}^- = \mathrm{D} & \Delta G_x^\ominus = -z_xFE_x^\ominus \end{array}$$

则
$$\Delta G_x^\ominus = \Delta G_1^\ominus + \Delta G_2^\ominus + \Delta G_3^\ominus$$

转换为
$$-z_xFE_x^\ominus = -z_1FE_1^\ominus + (-z_2FE_2^\ominus) + (-z_3FE_3^\ominus)$$

此时
$$z_x = z_1 + z_2 + z_3$$

进一步转换为
$$E_x^\ominus = \frac{z_1E_1^\ominus + z_2E_2^\ominus + z_3E_3^\ominus}{z_1 + z_2 + z_3} \tag{5-12}$$

根据式(5-12),可以在元素电势图上,很简便地计算出欲求电对的 E 值。

例 5-13 已知 $\mathrm{BrO_3^-} \xrightarrow{+0.54\ \mathrm{V}} \mathrm{BrO^-} \xrightarrow{+0.45\ \mathrm{V}} \mathrm{Br_2} \xrightarrow{+1.07\ \mathrm{V}} \mathrm{Br^-}$,求 $E^\ominus(\mathrm{BrO_3^-/Br^-})$

解: $E^\ominus(\mathrm{BrO_3^-/Br^-}) = \dfrac{4\times0.54+1\times0.45+1\times1.07}{4+1+1} = 0.61(\mathrm{V})$

第三节 电 化 学

一、化学电源

化学电源又称电池,是一种能将化学能直接转变成电能的装置,它通过化学反应,消耗某种化学物质,输出电能。常见的电池大多是化学电源。化学电池品种繁多,在国民经济、科学技术、军事和日常生活方面均获得广泛应用。

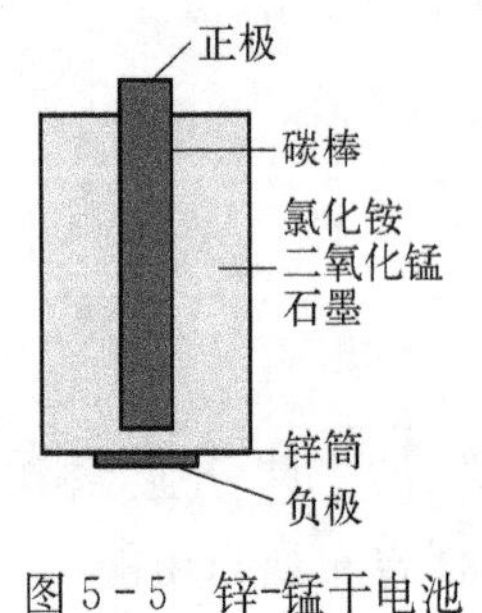

图 5-5 锌-锰干电池示意图

1. 干电池

干电池中的化学反应物质在进行一次电化学反应放电之后就无法再次使用,因此也称为一次电池。常用的有锌锰干电池、镁锰干电池、锌银电池等。

(1) 锌-锰干电池

锌锰干电池的结构见图 5-5,中间的碳棒是正极,但碳棒为惰性电极，仅起导电作用。周围用石墨粉和二氧化锰粉的混合物填充固定，外壳锌皮为负极。正极和负极间装入氯化锌和氯化铵的水溶液作为电解质，与淀粉制成糊状物。锌锰干电池的电动势为 1.5 V，普遍用在手电和小型器械上。

电池符号表示为 $(-)Zn|ZnCl_2, NH_4Cl(\text{糊状})|MnO_2|C(+)$

电池放电时反应如下

负极(Zn) $Zn - 2e^- = Zn^{2+}$

正极(C) $2MnO_2 + 2NH_4^+ + 2e^- = Mn_2O_3 + 2NH_3 + H_2O$

电池反应 $Zn + 2NH_4^+ + 2MnO_2 = Zn^{2+} + 2NH_3 + Mn_2O_3 + H_2O$

(2) 碱性锌-锰电池

锌-锰电池的第三代产品，使用高导电糊状 KOH 代替锌-锰电池中的 NH_4Cl，正极材料改用钢筒，MnO_2层紧靠钢筒。电动势为 1.5 V，具有大功率放电性能好、能量密度高和低温性能好等优点。

电池符号表示为 $(-)Zn | KOH | MnO_2(+)$

碱性锌-锰电池的放电反应如下

负极 $Zn + 2OH^- - 2e^- = Zn(OH)_2$

正极 $2MnO_2 + 2H_2O + 2e^- = 2MnO(OH) + 2OH^-$

电池反应 $Zn + 2MnO_2 + 2H_2O = 2MnO(OH) + Zn(OH)_2$

(3) 锌-氧化银电池

采用氧化银加石墨作为正极，负极材料是金属锌，电解质是强碱氢氧化钾。锌银电池放电量电压稳定，体积小能量高，连续使用性能好。由于体积很小，有“纽扣”电池之称，因此常用于电子手表、液晶计算器或小型助听器等只需微安或毫安级电流的微小电器。分一次电池和蓄电池两类。

电池符号表示为 $(-)Zn | KOH(\text{或} NaOH) | AgO(\text{或} Ag_2O)(+)$

电池放电时反应如下

负极 $Zn + 2OH^- - 2e^- = ZnO + H_2O$

正极 $Ag_2O + H_2O + 2e^- = 2Ag + 2OH^-$

电池反应 $Zn + Ag_2O = ZnO + 2Ag$

2. 蓄电池

和干电池不同，蓄电池可以反复使用，放电后可以充电使活性物质复原，以便再重新放电,也称二次电池。所谓充电,是使直流电通过蓄电池,使蓄电池内进行化学反应,把电能转化为化学能并积蓄起来。充完电的蓄电池,在使用时蓄电池内进行与充电时方向相反的电极反应,使化学能转变为电能,这一过程称为放电。二次电池主要有铅蓄电池、氢镍电池和锂离子电池等。

(1) 铅蓄电池

汽车用的铅蓄电池是最常用的蓄电池之一(图 5-6)。充电后,单个铅蓄电池的电动势约为 2.1 V。汽车上用的是将 6 个蓄电池串联起来,电动势约为 12 V。铅蓄电池的电极是用铅锑合金制成的栅状极片,正极的极片上填充着 PbO_2,负极的极片上填塞着灰铅。这两组极片交替地排列在蓄电池中,并浸泡在 30% 的 H_2SO_4(密度为 1.2 $kg \cdot L^{-1}$)溶液中。

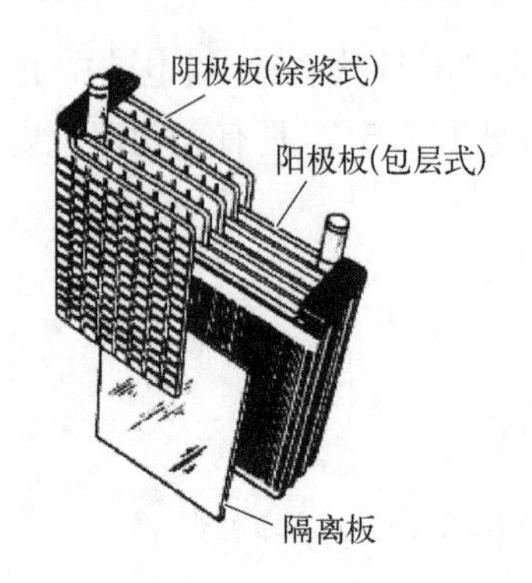

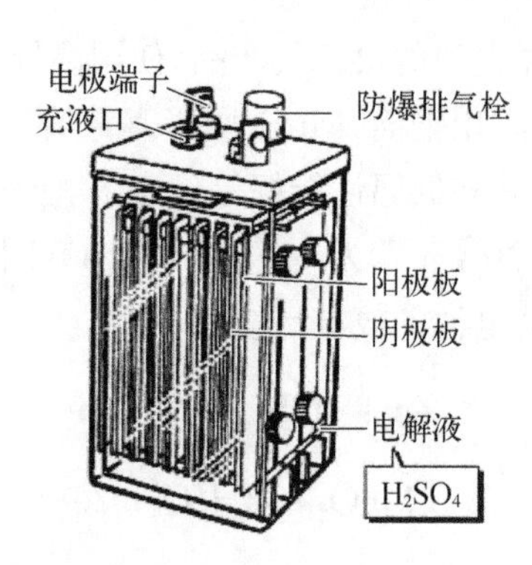

图 5-6 铅蓄电池

电池符号:(—)Pb|H_2SO_4|PbO_2(+)

当电池放电时,发生下列反应

负极(Pb) $Pb + SO_4^{2-} - 2e^- \longrightarrow PbSO_4$

正极(PbO_2) $PbO_2 + 4H^+ + SO_4^{2-} + 2e^- \longrightarrow PbSO_4 + 2H_2O$

总反应 $Pb + PbO_2 + 2H_2SO_4 \longrightarrow 2PbSO_4 + 2H_2O$

由上可知,两电极上都生成硫酸铅,由于其难溶性,沉积在电极上而不溶解在溶液中。由于反应中硫酸被消耗,有水生成,所以可用测定硫酸的密度来确定电池放电的程度,当硫酸的密度降到 1.05 $g \cdot mL^{-1}$ 或电压降低到 1.9 V 时,就要充电。

当电池充电时,就是通以直流电,铅板与电源负极相连,二氧化铅板与电源正极相连,在电解过程中,上述电极反应都逆向进行。故该蓄电池的反应可表示为

$$Pb + PbO_2 + 2H_2SO_4 \underset{充电}{\overset{放电}{\rightleftharpoons}} 2PbSO_4 + 2H_2O$$

(2) 镍镉蓄电池

镍镉蓄电池的正极材料为氢氧化镍和石墨粉的混合物，负极材料为海绵网筛状镉粉和氧化镉粉，电解液通常为氢氧化钠或氢氧化钾溶液。其优点是轻便、抗震、寿命长，常用于小型电子设备。

镍镉蓄电池充电后，正极板上的活性物质变为氢氧化镍(NiOOH)，负极板上的活性物质变为金属镉；镍镉电池放电后，正极板上的活性物质变为氢氧化亚镍，负极板上的活性物质变为氢氧化镉。

电池符号表示为 $(-)Cd|KOH(或 NaOH)|NiOOH(+)$

放电过程中的电极反应

正极 $2NiOOH + 2H_2O + 2e^- \longrightarrow 2Ni(OH)_2 + 2OH^-$

负极 $Cd + 2OH^- \longrightarrow Cd(OH)_2 + 2e^-$

总反应 $Cd + 2NiOOH + 2H_2O \longrightarrow 2Ni(OH)_2 + Cd(OH)_2$

(3) 氢镍电池

氢镍电池是以储氢材料钛镍或者镧镍合金作为负极，以氧化镍作为正极，以KOH水溶液作为电解液。

电池符号表示为 $(-)Ti-Ni|H_2(p)|KOH(c)|NiOOH|C(+)$

放电过程中的电极反应

正极 $2NiOOH(s) + 2H_2O + 2e^- \longrightarrow 2Ni(OH)_2 + 2OH^-$

负极 $H_2 + 2OH^- - 2e^- \longrightarrow 2H_2O$

总反应 $2NiOOH + H_2 \longrightarrow 2Ni(OH)_2$

(4) 锂电池

锂电池是指电化学体系中含有锂(包括金属锂、锂合金和锂离子、锂聚合物)的电池。锂电池可分为锂金属电池和锂离子电池。

1) 锂金属电池 锂金属电池是一类由锂金属或锂合金为负极材料、使用非水电解质溶液的一次电池。锂的电极电势最负，相对分子质量最小，导电性良好，可制成贮存寿命长，工作温度范围宽的高能电池。根据电解液和正极物质的物理状态，锂电池有三种不同的类型(表 5-5)，即：固体正极—有机电解质电池、液体正极—液体电解质电池、固体正极—固体电解质电池。主要用于军事、空间技术等特殊领域，在心脏起搏器等微、小功率场合也有应用。以锂-二氧化锰电池为例，电池放电时反应如下

正极　　$Li = Li^+ + e^-$

负极　　$MnO_2 + Li^+ + e^- = MnOOLi$

总反应　　$MnO_2 + Li \longrightarrow MnOOLi$

表 5-5　锂金属电池种类

代　号	化学成分分类	正　极	电　解　液	负　极	电　压
B	锂-氟化石墨电池	氟化石墨	非水系有机电解液	锂	3.0 V
C	锂-二氧化锰电池	二氧化锰	高氯酸锂非水系有机电解液	锂	3.0 V
E	锂-亚硫酰氯电池	亚硫酰氯	四氯铝化锂非水系有机电解液	锂	3.6 V
F	锂-硫化铁电池	硫化铁	非水系有机电解液	锂	1.5 V
G	锂-氧化铜电池	氧化铜	非水系有机电解液	锂	1.5 V

2) 锂离子电池　目前分为液态锂离子电池(LIB)和聚合物锂离子电池(PLB)两类。其中,液态锂离子电池是指 Li^+ 嵌入化合物为正、负极的二次电池。正极采用锂化合物 $LiCoO_2$、$LiFePO_4$ 或 $LiMn_2O_4$ 等,负极用锂-碳层间化合物,现在也开始使用 $Li_4Ti_4O_{12}$。在充放电过程中,Li^+ 在两个电极之间往返嵌入和脱嵌,被形象地称为“摇椅电池”(图 5-7)。由于锂遇水会发生剧烈反应引起爆炸,因此电池的电解质溶液选用非水溶剂。

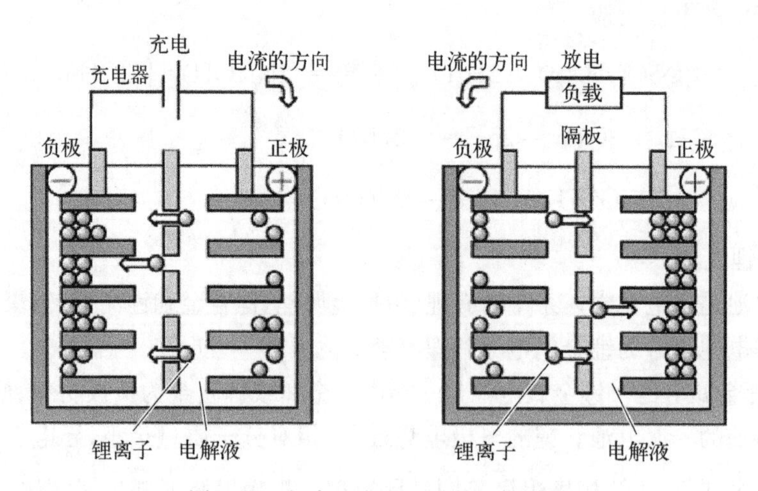

图 5-7　锂离子充电电池的工作原理

现在常提到的锂离子电池多是钴酸锂电池,以 $LiCoO_2$ 为正极,负极材料主要为石墨 C,电解液用于运送锂离子。电解液中溶质多采用锂盐,如高氯酸锂、六氟磷酸锂、四氟硼酸锂;由于电池的工作电压远高于水的分解电压,因此锂离子电池常采用有机溶剂，如乙烯碳酸酯、丙烯碳酸酯、二乙基碳酸酯等。

电池符号表示为 $(-)C_n|LiClO_4-EC+DEC|LiCoO_2(+)$

充电时发生如下反应

正极 $LiCoO_2 = Li_{1-x}CoO_2 + xLi^+ + xe^-$

负极 $C_n + xLi^+ + xe^- = C_nLi_x$

总反应 $LiCoO_2 + C_n = Li_{1-x}CoO_2 + C_nLi_x$

放电时发生上述反应的逆反应。

由于工作电压高、体积小、质量轻、能量高、无记忆效应、无污染、自放电小、循环寿命长，锂离子电池已广泛用于电子计算机、手机、无线电设备等，是 21 世纪发展的理想能源。由于锂离子电池内部含有有机溶剂和活性锂，锂离子电池被归为第 9 类危险品，民航对此类电池的运输有特殊要求。

3. 燃料电池

燃料电池是一种连续地将燃料和氧化剂的化学能直接转换成电能的化学电池(表 5-6)。燃料，如氢气，连续不断地输入负极作还原活性物质，把氧气作为氧化活性物质连续不断输入正极，通过反应连续产生电流。燃料电池的突出优点是把化学能直接转变为电能，而不经过热能这一中间形式，因此化学能的利用率很高而且减少了环境污染。

表 5-6 燃料电池种类

简称	电池类型	电 解 质	工作温度/℃	电化学效率	燃料、氧化剂	功率输出
AFC	碱性燃料电池	氢氧化钾溶液	室温～90	60%～70%	氢气、氧气	300 W～5 kW
PEMFC	质子交换膜燃料电池	质子交换膜	室温～80	40%～60%	氢气、氧气(或空气)	1 kW
PAFC	磷酸燃料电池	磷酸	160～220	55%	天然气、沼气、双氧水、空气	200 kW
MCFC	熔融碳酸盐燃料电池	碱金属碳酸盐熔融混合物	620～660	65%	天然气、沼气、煤气、双氧水、空气	2 MW～10 MW
SOFC	固体氧化物燃料电池	氧离子导电陶瓷	800～1 000	60%～65%	天然气、沼气、煤气、双氧水、空气	100 kW

(1) 氢氧燃料电池

从原则上说燃烧 1 mol H_2可以转换成 237 kJ 的电能。如果通过加热蒸气间接得到电能，则所产生的电能最多不超过 237 kJ×40%＝95 kJ。若将它设计成一个电池，一般可以得到 200 kJ 电能，电能的利用率较一般发电方式增加了一倍。

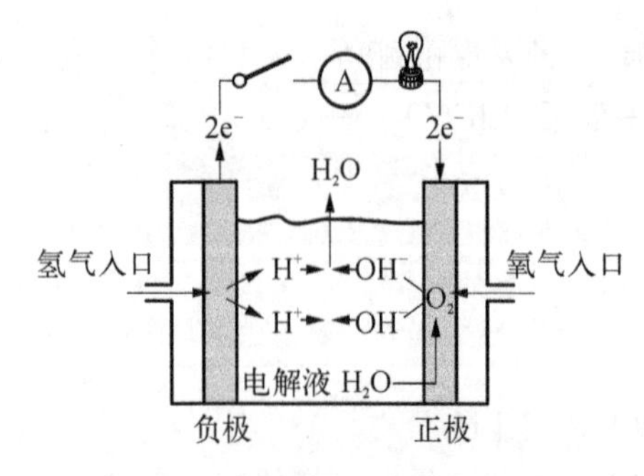

图 5-8　氢氧燃料电池示意图

在氢氧燃料电池中用多孔隔膜把电池分成三部分(图 5-8)。电池的中间部分装有电解质溶液,左侧通入燃料 H_2,右侧通入氧化剂 O_2,气体通过隔膜,缓慢扩散到电解质溶液中发生反应。基本反应是

$$2H_2(g) + O_2(g) = 2H_2O(l)$$

1) 用 KOH 溶液作为电解质溶液时,电极反应为

负极　$2H_2 - 4e^- + 4OH^- = 4H_2O$

正极　$O_2 + 2H_2O + 4e^- = 4OH^-$

2) 用 H_2SO_4 溶液为电解质溶液时,电极反应为

负极　$2H_2 - 4e^- = 4H^+$

正极　$O_2 + 4H^+ + 4e^- = 2H_2O$

氢在负极解离成 H^+ 和电子,H^+ 进入电解液中,电子则沿外部电路移向正极,用电负载连接在外部电路中。在正极上,氧与电解液中的 H^+ 获得经外电路抵达正极的电子而形成水。

(2) 甲烷燃料电池

该电池用金属铂片插入 KOH 溶液中作电极,又在两极上分别通甲烷和氧气。电极反应为

负极　$CH_4 + 10OH^- - 8e^- = CO_3^{2-} + 7H_2O$

正极　$O_2 + 2H_2O + 4e^- = 4OH^-$

总反应　$CH_4 + 2O_2 + 2KOH = K_2CO_3 + 3H_2O$

二、电解

1. 电解

使电流通过电解质溶液或熔融态物质,在阴极和阳极上分别发生氧化和还原反应的过程称作电解。电解过程发生于由电极、电解质溶液和电源组成的电解池中。两个电极分别浸没在含有正、负离子的溶液,通过导线和外部的直流电源相接。其中,与电源正极相连接的电极被称为阳极;将与电源负极相连接的电极被称

为阴极。电解时，电流由直流电源的负极进入电解池阴极。此时，溶液中带正电荷的正离子迁移到阴极，得到电子发生还原反应；带负电荷的负离子迁移到阳极，给出电子发生氧化反应。离子在相应电极上得失电子的过程均称放电。

例如，用金属 Pt 做电极，电解 $0.10\ mol \cdot L^{-1}$ NaOH(图 5-9)时，H^+ 离子移向阴极，在阴极上和电子结合进行还原反应而放电生成氢气；OH^- 移向阳极，在阳极上进行氧化反应而放电生成氧气。因此，在电解 NaOH 溶液时，其电解反应可表示为

阴极　$4H^+ + 4e^- = 2H_2\uparrow$

或　$4H_2O + 4e^- = 2H_2\uparrow + 4OH^-$

阳极　$4OH^- = 2H_2O + O_2\uparrow + 4e^-$

或　$2H_2O = O_2\uparrow + 4H^+ + 4e^-$

总反应方程式　$2H_2O = 2H_2\uparrow + O_2\uparrow$

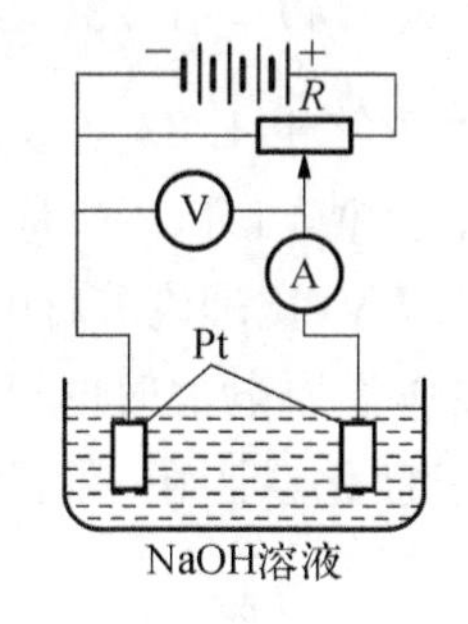

图 5-9　电解 NaOH 溶液

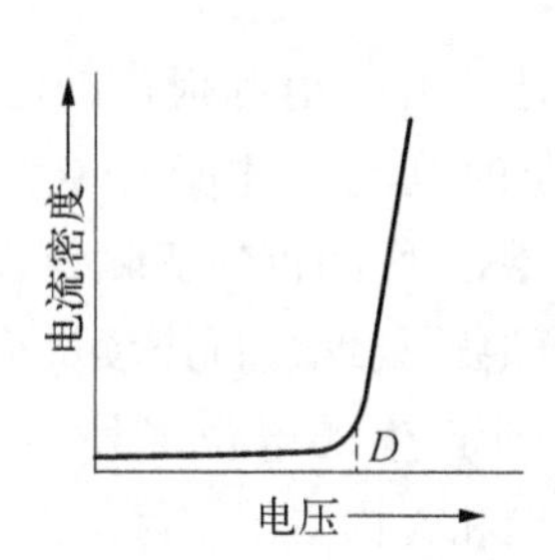

图 5-10　分解电压

2. 分解电压

电解与原电池是不同的。原电池利用氧化还原反应产生电池电动势，是把化学能转化为电能的过程。而电解则是在外电源的作用下，通过电流促进氧化还原反应进行，是把电能转变为化学能的过程，两者的作用正好相反。从热力学上，原电池是自发进行的，而电解池是强迫进行的，需要施加一定的电压克服原电池的电动势后才能够发生，即存在理论分解电压(图 5-10 中的 D)。

对于分解电压产生的原因可以从电极反应和电极电势方面来分析。

阳极反应　$4OH^- - 4e^- \longrightarrow 2H_2O + O_2$

阴极反应　$2H^+ + 2e^- \longrightarrow H_2$

在电解硫酸钠溶液时，阴极上析出氢气，阳极上析出氧气，而部分氢气和氧气

分别吸附在铂表面，组成了氢氧原电池：

$$(-)Pt \mid H_2 \mid Na_2SO_4(0.100\ mol \cdot L^{-1}) \mid O_2 \mid Pt(+)$$

在 298 K 时，此原电池的电动势可计算如下

设 $c(H^+) = c(OH^-) = 10^{-7} mol \cdot L^{-1}$，$p(H_2) = p(O_2) = 100\ kPa$，

$$E(O_2/OH^-) = E^\ominus(O_2/OH^-) + \frac{0.0592\ V}{4}\lg\frac{(p(O_2)/p^\ominus)}{[c(OH^-)/c^\ominus]^4}$$

$$= 0.401 + \frac{0.0592}{4}\lg\frac{100/100}{(10^{-7})^4} = 0.815(V)$$

$$E(H^+/H_2) = E^\ominus(H^+/H_2) + \frac{0.0592\ V}{2}\lg\frac{(c(H^+)/c^\ominus)^2}{[p(H_2)/p^\ominus]}$$

$$= 0.000 + \frac{0.0592}{2}\lg\frac{(10^{-7})^2}{100/100} = -0.414(V)$$

$$E = E(+) - E(-) = 0.815 - (-0.414) = 1.23(V)$$

因此，上述实验外电源提供的电压至少要大于等于 1.23 V，克服该原电池所产生的反方向的电动势才能使电解顺利进行。此值(1.23 V)称理论分解电压 $E_{(理)}$。但是实际上所测得的实际分解电压约为 1.7 V，比理论分解电压高。

要使电解池顺利地进行连续反应，除了克服作为原电池时的可逆电动势以及克服电池电阻所产生的电位降外，还要克服由于极化在阴极、阳极上产生的超电势，这三者的加和就构成了实际分解电压。

通常，实际电解电压总是大于理论电解电压，这两者的差值就称为超电势(η)。即

$$\eta = E_{(实际)} - E_{(理论)}$$

3. 电解产物

电解熔融盐时，电解产物的判断较简单。但是在电解质溶液中，除了电解质的正、负离子外，还有由水解离出来的 H^+ 和 OH^-。因此，在阴极上可能放电的正离子有两种，通常是金属离子和 H^+；在阳极上可能放电的负离子也有两种，通常是酸根离子和 OH^-。但究竟是哪一种离子先放电，需要综合考虑标准电极电势、溶液中的离子浓度、电极材料等因素确定。在阳极上进行的是氧化反应，因此先放电的一定是最容易给出电子的物质，即电极电势代数值小的电对中的还原物质。在阴极上进行的是还原反应，先放电的一定是最容易与电子结合的物质，即电极电势代数值大的电对中的氧化态物质。

虽然影响电解产物的因素很多，而且相当复杂，有时产物只能通过实验确定，

但是通常还是可以得出以下几条规律。

1) 用石墨或铂做电极，电解卤化物、硫化物溶液时，在阳极上一般得到卤素、硫；电解在金属活动顺序表中位于氢后面的金属盐溶液时，在阴极上一般得到相应的金属。如电解 $CuCl_2$ 溶液，阳极上析出的是 Cl_2，而阴极上析出的是 Cu。

2) 用石墨或铂做电极，电解含氧酸或含氧酸盐溶液时，在阳极上一般得到 O_2（OH^- 放电）；电解活泼金属盐溶液时，在阴极上一般得到 H_2（H^+ 放电）。如电解 Na_2SO_4 溶液。

3) 电解在金属活动顺序表中位于氢前面而离氢又不太远的金属（如 Zn、Ni、Pb 等）的盐溶液时，在阴极上一般总是得到相应的金属，而用一般金属做阳极进行电解时，一般是阳极溶解。

4. 电解的应用

电解的应用范围很广，如电解水和氯碱工业，湿法电冶金，电解氧化制取化工产品等；在机械工业和电子工业中广泛应用电解进行机械加工和表面处理；此外，还有电解抛光、阳极氧化等。

(1) 电镀

电镀就是利用电解原理在某些金属表面上镀上一薄层其他金属或合金的过程。电镀时，镀层金属做阳极，被氧化成阳离子进入电镀液；待镀的金属制品做阴极，镀层金属的阳离子在金属表面被还原形成镀层（图 5-11）。为排除其他阳离子的干扰，且使镀层均匀、牢固，需用含镀层金属阳离子的溶液做电镀液，以保持镀层金属阳离子的浓度不变。

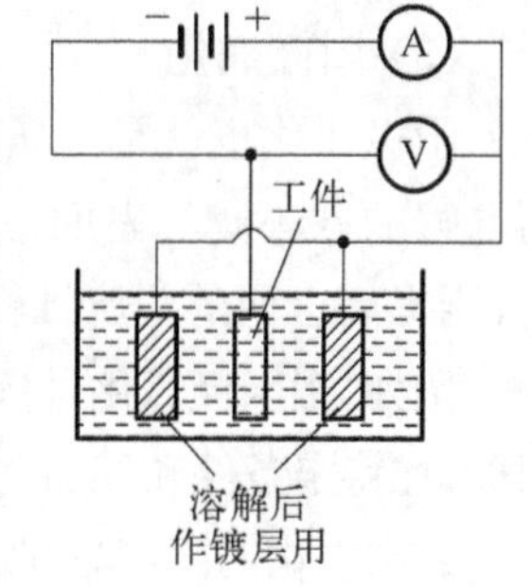

图 5-11 电镀装置示意图

例如，电镀锌时，被镀零件作为阴极材料，金属锌作为阳极材料，在锌盐 $Na_2[Zn(OH)_4]$ 溶液中进行电解。两极的主要电极反应为

阴极 $Zn^{2+} + 2e^- = Zn$

阳极 $Zn = Zn^{2+} + 2e^-$

电镀的目的是在基材上镀上金属镀层，改变基材表面性质或尺寸。电镀能增强金属的抗腐蚀性、增加硬度、防止磨耗、提高导电性、润滑性、耐热性和表面美观。

(2) 电解抛光

电解抛光是应用电解原理对金属表面进行精加工的过程。电解抛光时，待抛光的工件作为阳极，用铅板作为阴极，含磷酸、硫酸和铬酐（CrO_3）的溶液作电解液。如果工件是钢铁制件，则电解时做阳极的工件被氧化而逐渐溶解。

阳极　　$Fe - 2e^- = Fe^{2+}$　　（第一步）

$6Fe^{2+} + Cr_2O_7^{2-} + 14H^+ = 6Fe^{3+} + 2Cr^{3+} + 7H_2O$　　（第二步）

阴极　　$2H^+ + 2e^- = H_2$　　（第一步）

$Cr_2O_7^{2-} + 3H_2 + 8H^+ = 2Cr^{3+} + 7H_2O$　　（第二步）

阳极生成的 Fe^{3+} 和电解液中的 H_3PO_4、H_2SO_4 等作用生成磷酸盐和硫酸盐。

$$2Fe^{3+} + 3HPO_4^{2-} = Fe_2(HPO_4)_3$$

$$2Fe^{3+} + 3SO_4^{2-} = Fe_2(SO_4)_3$$

这样使阳极附近盐的浓度不断增加，在工件表面覆盖一层由磷酸盐和硫酸盐形成的黏性薄膜。这层薄膜的导电性差，它在金属凹凸不平的表面上分布也不均匀。凸出部分电流密度大，金属溶解快；凹入部分电流密度小，金属溶解慢，从而使粗糙不平的表面平整而光亮。

(3) 阳极氧化

阳极氧化也就是金属或合金的电化学氧化，将金属或合金的制件作为阳极，采用电解的方法使其表面形成氧化物薄膜。金属氧化物薄膜改变了表面状态和性能，能提高金属的耐腐蚀性、增强耐磨性及硬度，保护金属表面等。

例如，铝阳极氧化，将铝及其合金置于相应电解液（如硫酸、铬酸、草酸等）中作为阳极，在特定条件和外加电流作用下进行电解。阳极的铝或合金被析出的氧所氧化，形成无水氧化铝膜，起到改变金属表面状态和性能的作用。两极的主要电极反应为

阳极　　$2Al + 3H_2O - 6e^- = Al_2O_3 + 6H^+$　　（主要反应）

$2H_2O - 4e^- = 4H^+ + O_2\uparrow$　　（次要反应）

阴极　　$2H^+ + 2e^- = H_2\uparrow$

三、金属的腐蚀和防护

当金属与周围介质接触时，由于发生化学作用或电化学作用而引起的破坏叫做金属的腐蚀。从热力学的观点来看，金属腐蚀是一种自发的趋势。如钢铁在潮湿的空气中会生锈、轮船外壳在海水中会锈蚀、地下金属管道的穿孔、化工厂中各种金属容器的损坏、轧钢及金属热处理时氧化层的形成等，都是自发进行的金属腐蚀的例子。腐蚀的危害不仅是金属本身受损失，更重要的是金属结构遭受破坏。据统计，工业发达国家每年由于金属腐蚀造成的钢铁损失约占当年钢产量的

10%～20%。金属腐蚀事故不仅会造成巨大的经济损失，还可能会引发安全事故。因此，了解金属腐蚀机理，了解如何防止金属腐蚀以及如何进行金属材料的化学保护是十分必要的。

(一) 腐蚀的分类

根据金属腐蚀过程的不同特点，可以分为化学腐蚀和电化学腐蚀两大类。

1. 化学腐蚀

单纯由化学作用而引起的腐蚀叫做化学腐蚀。金属在干燥气体或无导电性的非水溶液中的腐蚀，都属于化学腐蚀。例如，金属和 O_2、H_2S、SO_2、Cl_2 等干燥气体接触时，在金属表面上生成相应的化合物(如氧化物、硫化物、氯化物等)。温度对化学腐蚀影响甚大。钢铁在干燥空气中不易腐蚀，但在高温下易被氧化生成氧化皮。其渗碳体也容易发生脱碳反应，形成脱碳层，造成钢铁的表面强度和疲劳极限降低。

$$Fe_3C + O_2 \longrightarrow 3Fe + CO_2$$

$$Fe_3C + CO_2 \longrightarrow 3Fe + 2CO$$

$$Fe_3C + H_2O \longrightarrow 3Fe + CO + H_2$$

2. 电化学腐蚀

当金属与电解质溶液接触时，形成原电池，由电化学作用而引起的腐蚀叫电化学腐蚀。这种金属腐蚀过程中形成的原电池称为腐蚀电池。在腐蚀电池中，把发生氧化反应的电极称为阳极(腐蚀电池的负极)，发生还原反应的电极称为阴极(腐蚀电池的正极)。金属在大气、土壤、海水及电解质溶液中的腐蚀都是电化学腐蚀。

在电化学腐蚀中，由于阴极反应不同，又分为析氢腐蚀和吸氧腐蚀两大类，其阳极过程均是金属阳极溶解。

(1) 析氢腐蚀

析氢腐蚀通常发生在酸性介质中。在含有较多 CO_2、SO_2 等酸性气体的潮湿空气中，或一些酸化过程中，若介质中 H^+ 浓度较大，铁与酸的反应速率快，空气中的氧气来不及不断进入水溶液中，就可能发生析氢腐蚀。此时，金属铁成为阳极；钢铁中含有的硅、石墨、Fe_3C 等杂质电极电势大，在介质中成为阴极，从而构成腐蚀电池，其反应如下

阳极 $Fe \longrightarrow Fe^{2+} + 2e^-$ 铁被腐蚀

阴极 $2H^+ + 2e^- \longrightarrow H_2\uparrow$

总反应 $Fe + 2H^+ \longrightarrow Fe^{2+} + H_2\uparrow$

或　　$Fe + 2H_2O \longrightarrow Fe(OH)_2 + H_2\uparrow$

由于这类腐蚀过程中有氢气放出，故称为析氢腐蚀。

(2) 吸氧腐蚀

在一般工业生产中，钢铁在大气中的腐蚀主要是吸氧腐蚀。在通常情况下，钢铁表面吸附的水膜酸性很弱或者是中性溶液，析氢腐蚀难以发生。这是由于空气中的氧气不断溶解于水膜并扩散到阴极，形成的 O_2/OH^- 电对的电极电势大于形成的 H^+/H_2 电对的电极电势，即 O_2 比 H^+ 更容易得到电子，氧化能力更强。由于腐蚀速率很慢，空气中的氧气可不断溶入水膜中，致使吸氧腐蚀仍然是主要的。吸氧腐蚀形成的腐蚀电池反应如下

阳极　　$Fe \longrightarrow Fe^{2+} + 2e^-$　　铁被腐蚀

阴极　　$1/2O_2 + H_2O + 2e^- \longrightarrow 2OH^-$

总反应式　　$Fe + 1/2O_2 + H_2O \longrightarrow Fe(OH)_2$

这类腐蚀因过程中消耗氧气，故称为吸氧腐蚀。吸氧腐蚀是钢铁生锈的主要原因。

(3) 差异充气腐蚀

差异充气腐蚀是吸氧腐蚀的一种。金属表面常因氧气分布不均匀而引起差异充气腐蚀。例如，一段插在水中的钢柱(图 5-12)，由于接近水面的 x 段溶解的氧气浓度较大(或氧气的压力较大)，而插入水中的 y 段溶解氧气浓度较小。根据氧的电极反应

$$O_2 + 2H_2O + 4e^- \longrightarrow 4OH^-$$

氧气的分压对电极电势的影响为

$$E(O_2/OH^-) = E^\ominus(O_2/OH^-) + \frac{0.059\,2}{4}\lg\frac{p(O_2)/p^\ominus}{[c(OH^-)/c^\ominus]^4}$$

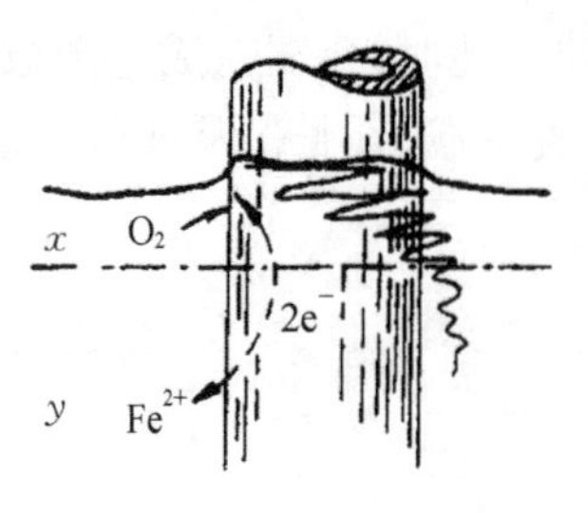

图 5-12　差异充气腐蚀示意图

由上可以看出，在氧气分压较大处，相应电极电势 $E(O_2/OH^-)$ 值较大(为阴极)，而在氧气分压较小处，相应电极电势 $E(O_2/OH^-)$ 值较小(为阳极)，这样就形成了一个浓差腐蚀电池。在这种情况下，阳极金属被腐蚀；阴极金属不会被腐蚀。图 5-12 中，水面上的会被腐蚀，而水面下的则未被腐蚀。

差异充气腐蚀在工业生产上经常遇到，如金属部

件的各种裂缝深处或死角的腐蚀、筛网交叉处的腐蚀、水封式储气罐的腐蚀等。

3. 金属腐蚀的防护

金属材料及金属材料制品的腐蚀会直接或间接产生巨大的经济损失，所以防止金属腐蚀具有重要作用和价值。每一种防腐蚀措施，都有其应用范围和条件，对于一个具体的腐蚀体系，究竟选择哪一种或哪几种方法，主要根据防腐蚀效果、施工难易和经济效益等方面来确定。防腐蚀技术虽然很多，但归纳起来可分为以下几点：正确选择金属材料和改善材料的组织状态；添加缓蚀剂；采用有效的表面覆盖层；采取电化学保护。

(1) 正确选择金属材料和改善材料的组织状态

制造在腐蚀环境中工作的机械或构件，势必应选择对使用介质具有耐蚀性的材料。这是进行防腐蚀的积极措施，材料选择不当，常是造成腐蚀损坏的主要原因。其主要方法有：通过采用提高合金的热力学稳定性以提高阳极电位、阴极过电位、减少电极区的面积或者促进钝化、形成保护膜等方法降低合金中阳极、阴极相的活性；改变金属的内部组织状态提高合金耐蚀性；采用耐蚀金属材料等。例如，把铬、镍加入普通钢中制成不锈钢。含 Cr 12%以上的不锈钢在大气、水中极耐腐蚀，在钢中加 Cr、Ti、V 可防氢蚀，加 Cr、Al、Si 可增加钢的抗氧化性。

(2) 添加缓蚀剂

缓蚀剂是具有抑制金属腐蚀功能的一类无机物和有机物的总称，在腐蚀环境中，投加少量这种化学物质就能有效防止或减缓金属的腐蚀速度。如切削液中加亚硝酸盐、汽车水箱中加重铬酸钾等。所加的物质叫做缓蚀剂。缓蚀剂按其组分可分成无机缓蚀剂和有机缓蚀剂两大类。

1) 无机缓蚀剂　在溶液中能使钢铁钝化，在金属的表面形成氧化膜或沉淀物，使金属与介质隔开从而减缓腐蚀。如具有氧化性的铬酸钾、重铬酸钾、硝酸钠、亚硝酸钠等。如铬酸钠(Na_2CrO_4)在中性水溶液中，可使铁氧化成氧化铁(Fe_2O_3)，并与铬酸钠的还原产物 Cr_2O_3 形成复合氧化物保护膜。

2) 有机缓蚀剂　在酸性介质中，无机缓蚀剂的效率较低，因而通常使用有机缓蚀剂，一般是含有 N、S、O 的有机化合物。如琼脂、糊精、动物胶、六次甲基四胺(俗名乌洛托品)、笨并三氮唑和生物碱等，都能减弱金属在酸性介质中的腐蚀。

由于被保护金属材料和腐蚀介质、缓蚀剂种类很多，缓蚀机理有吸附理论、成膜理论、电极过程控制理论等。成膜理论认为：金属刚开始溶解时表面带负电，缓蚀剂分子能与金属或腐蚀介质中的离子发生反应，在金属表面形成难溶而腐蚀性介质又很难透过的保护膜，增强电极的极化作用，从而阻碍了 H^+ 得电子，减少了析氢腐蚀。如水溶液中加氨基醇可以减少铁的腐蚀，是由于铁与氨基醇形成不溶于腐蚀介质的络合物$(HO—R—NH_3)^+(FeCl_4)^-$。生成的络合物被吸附在金属表面，使腐蚀受到阻碍。

(3) 采用有效的表面覆盖层

在金属表面形成保护性覆盖层，将腐蚀介质同金属表面隔离，是防腐蚀方法中最重要、应用最广的一种方法。可分为金属覆盖层保护和非金属覆盖保护。

1) 金属覆盖层　在基体金属表面覆盖一层电位更正的惰性金属层(Au、Ag、Cu、Ni、Sn等)，起隔离保护作用(阴极覆盖层)；在基体金属表面覆盖一层电位更负的金属(为阳极，基体为阴极)，通过牺牲阳极覆盖层而保护基体金属；在基体金属表面覆盖上钝性氧化膜保护层(Cr、Al、Ti等)。多采用电镀。

2) 非金属覆盖层　将耐腐蚀的非金属材料覆盖在要保护的金属表面，如油漆、塑料、橡胶、陶瓷等。在钢铁零件的表面采用化学方法生成氧化膜保护层(称作发蓝)，或者将钢铁工件放入磷酸盐溶液中加热到一定温度，在金属表面生成难溶的磷酸盐薄膜(称作磷化)。

(4) 采取电化学保护

电化学保护法是将被保护的金属作为腐蚀电池或电解池的阴极，通过阴极极化来消除该金属表面的电化学不均匀性，达到保护目的。由于腐蚀电池和电解池都是阳极溶解而阴极还原，故不受腐蚀，所以又称阴极保护法。一些要求在海水、土壤中使用几十年的设备，如海洋平台、轮船、地下管线、电缆、贮槽等都必须采用阴极保护，是一种经济而有效的防护措施。按其作用原理，可分为阴极保护和阳极保护(表5-7)。

表5-7　阴极保护与阳极保护的比较

项　目	阴极保护	阳极保护
适用的金属	一切金属	只适用用于钝化金属
适用的腐蚀介质	弱～中等腐蚀介质	各种腐蚀性
电能消耗	较多	较少
电流分解能力	容易均匀	比较容易
保护系数测定	经验(不可靠)或实地测量(麻烦)	实验室测量(精确)
投资	较少	高

1) 阴极保护法　将被保护金属物件施加足够的阴极电流，使其发生阴极极化，使金属结构的电位向负方向移动，金属的阳极溶解速度减小，以减少或防止金属腐蚀的方法。依据阴极电流的来源，这种方法又分为牺牲阳极保护及外加电流保护两种(图5-13)。

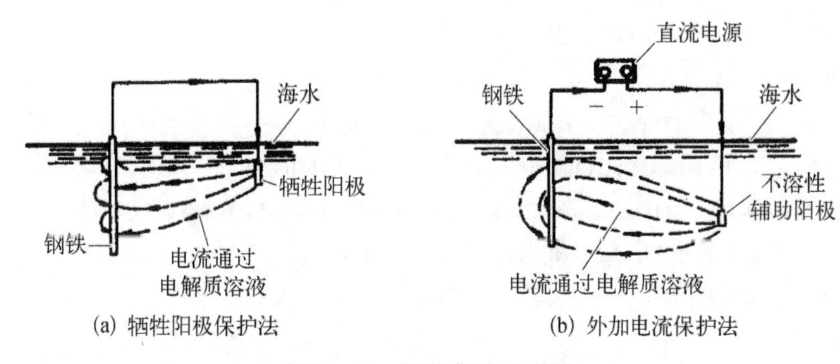

(a) 牺牲阳极保护法　　(b) 外加电流保护法

图 5-13　阴极保护示意图

2) 牺牲阳极保护法　是将较活泼金属或其合金连接在被保护的金属上,使形成原电池的方法。较活泼金属作为腐蚀电池的阳极而被腐蚀,被保护的金属则得到电子作为阴极而达到保护的目的。一般常用的牺牲阳极材料有铝合金、镁合金、锌合金和锌铝镉合金等。牺牲阳极法常用于保护海轮外壳、锅炉和海底设备。

3) 外加电流保护法　是将被保护金属与另一附加电极作为电解池的两个电极。被保护金属作为电解池阴极,在直流电的作用下阴极受到保护。利用电解装置,只要外加电压足够强,就可使被保护的金属不被腐蚀。此法可用于防止土壤、海水和河水中金属设备的腐蚀。

4) 阳极保护法　将被保护的金属设备与外加直流电源的正极相接,在腐蚀介质中使其阳极极化至一定电位,在该电位下,金属建立并维持钝态,从而使设备得到保护的方法。阳极保护应用较晚,目前主要应用于硫酸储槽、铁路槽车、碳化塔冷却水箱等。

思考题与习题

1. 什么叫氧化数?它和化合价有什么不同?

2. 什么叫原电池?原电池由哪几部分组成?如何表示原电池的图式?

3. 什么叫电极电势?什么是标准电极电势?

4. 影响电极电势的因素有哪些?Nernst 方程中涉及哪些因素?

5. 如何用电极电势来判断氧化还原反应的方向?怎样判断氧化剂、还原剂的氧化能力、还原能力的大小?

6. 化学电源有哪些?试举例说明。

7. 实际分解电压为什么高于理论分解电压?简单说明超电势或超电压的概念。

8. 比较原电池与电解池的结构装置、原理和作用的不同。

9. 金属发生腐蚀的种类有哪些?试举例说明。

10. 判断下列反应中哪些是氧化还原反应,指出氧化还原反应中的氧化剂和还原剂。

(1) $2H_2O_2(aq) \rightleftharpoons O_2(g) + 2H_2O(l)$

(2) $2Cu^{2+}(aq) + 4I^-(aq) \rightleftharpoons 2CuI(s) + I_2(aq)$

(3) $2CrO_4^-(aq) + 2H^+(aq) \rightleftharpoons Cr_2O_7^{2-}(aq) + H_2O(l)$

(4) $SO_2(g) + I_2(aq) + 2H_2O(l) \rightleftharpoons H_2SO_4(aq) + 2HI(aq)$

(5) $3I_2(aq) + 6NaOH(aq) \rightleftharpoons 5NaIO_3(aq) + 3H_2O(l) + NaI(aq)$

11. 完成并配平关于 H_2O_2(过氧化氢)的 4 个电极反应。

(1) O_2/H_2O_2(酸介质)　　(2) H_2O_2/H_2O(酸介质)

(3) O_2/HO_2^-(碱介质)　　(4) HO_2^-/H_2O(碱介质)

12. 利用离子-电子法完成并配平下列在酸性溶液中所发生反应的方程式。

(1) $KMnO_4(aq) + H_2O_2(aq) + H_2SO_4(aq) \longrightarrow MnSO_4(aq) + K_2SO_4(aq) + O_2(g)$

(2) $Na_2S_2O_3(aq) + I_2(aq) \longrightarrow Na_2S_4O_6(aq) + NaI(aq)$

(3) $P_4(s) + HClO(aq) \longrightarrow H_3PO_4(aq) + Cl^-(aq) + H^+(aq)$

(4) $NaBiO_3(s) + MnSO_4 + HNO_3 \longrightarrow HMnO_4 + Bi(NO_3)_3 + Na_2SO_4 + NaNO_3 + H_2O$

(5) $Zn + NO_3^- + H^+ \longrightarrow Zn^{2+} + NH_4^+ + H_2O$

(6) $MnO_4^- + Cl^- \longrightarrow Mn^{2+} + Cl_2$

(7) $Cr^{3+} + PbO_2 \longrightarrow Cr_2O_7^{2-} + Pb^{2+}$

13. 利用离子-电子法完成并配平下列在碱性溶液中所发生反应的方程式。

(1) $N_2H_4(aq) + Cu(OH)_2(s) \longrightarrow N_2(g) + Cu(s)$

(2) $Al + NO_3^- + OH^- \longrightarrow [Al(OH)_4]^- + NH_3$

(3) $CrO_4^{2-}(aq) + CN^-(aq) \longrightarrow CNO^-(aq) + Cr(OH)_3(s)$

(4) $CrO_4^{2-} + HSnO_2^- \longrightarrow CrO_2^- + HSnO_3^-$

(5) $SO_3^{2-} + Cl_2 \longrightarrow Cl^- + SO_4^{2-}$

(6) $Ag_2S(s) + Cr(OH)_3(s) \longrightarrow Ag(s) + HS^-(aq) + CrO_4^{2-}(aq)$

(7) $CuS + CN^- \longrightarrow [Cu(CN_4)]^{3-} + S^{2-} + NCO^-$

(8) $ClO^-(aq) + Fe(OH)_2(s) \longrightarrow Cl^-(aq) + FeO_4^{2-}(aq)$

(9) $H_2O_2 + CrCl_3 + NaOH \longrightarrow Na_2CrO_4 + NaCl + H_2O$

14. 对于下列氧化还原反应:(1) 指出哪个是氧化剂,哪个是还原剂? 写出有关的半反应。(2) 以这些反应组成原电池,并写出电池符号表示式。

(1) $Ag^+ + Cu(s) \longrightarrow Cu^{2+} + Ag(s)$

(2) $Pb^{2+} + Cu(s) + S^{2-} \longrightarrow Pb(s) + CuS(s)$

(3) $Pb(s) + 2H^+ + 2Cl^- \longrightarrow PbCl_2(s) + H_2(g)$

(4) $2Ag^+ + Fe \longrightarrow Fe^{2+} + 2Ag$

(5) $Cl_2(g) + 2I^- \longrightarrow I_2 + 2Cl^-$

(6) $Zn + CdSO_4 \longrightarrow ZnSO_4 + Cd$

15. 计算下列原电池的电动势,写出相应的电池反应。

(1) $Zn \mid Zn^{2+}(0.010\ mol \cdot L^{-1}) \parallel Fe^{2+}(0.0010\ mol \cdot L^{-1}) \mid Fe$

(2) $Pt \mid Fe^{2+}(0.0010\ mol \cdot L^{-1}), Fe^{3+}(0.10\ mol \cdot L^{-1}) \parallel Cl^{-}(2.0\ mol \cdot L^{-1}) \mid Cl_2(p^{\ominus}) \mid Pt$

(3) $Pb \mid Pb^{2+}(0.10\ mol \cdot L^{-1}) \parallel S^{2-}(0.1\ mol \cdot L^{-1}) \mid CuS \mid Cu$

(4) $Pt \mid Hg \mid Hg_2Cl_2 \mid Cl^{-}(0.10\ mol \cdot L^{-1}) \parallel H^{+}(1.0\ mol \cdot L^{-1}) \mid H_2(p^{\ominus}) \mid Pt$

(5) $Zn \mid Zn^{2+}(0.10\ mol \cdot L^{-1}) \parallel HAc(0.1\ mol \cdot L^{-1}) \mid H_2(p^{\ominus}) \mid Pt$

16. 实验测得下列电池的 $E = 0.78\ V$,求该溶液的 H^+ 是多少?(已知 $E^{\ominus}(Ag^+/Ag) = 0.799\ V$)

$$(-)Pt, (H_2, p^{\ominus}) \mid H^+ (x\ mol/L) \mid\mid Ag^+ (1\ mol/L) \mid Ag(+)$$

17. 求下列电极在25℃时的电极电势(忽略加入固体所引起的溶液体积变化):

(1) 金属铜放在 $0.5\ mol \cdot L^{-1} Cu^{2+}$ 离子溶液中。

(2) 在1 L上述(1)的溶液中加入0. 5 mol固体 Na_2S。

(3) 在上述(1)的溶液中加入固体 Na_2S,使溶液中 $c(S^{2-}) = 1.0\ mol \cdot L^{-1}$。

18. 由标准锌半电池和标准铜半电池组成原电池

$$(-)\ Zn \mid ZnSO_4(1\ mol \cdot L^{-1}) \mid\mid CuSO_4(1\ mol \cdot L^{-1}) \mid Cu(+)$$

(1) 改变下列条件时电池电动势有何影响?

A) 增加 $ZnSO_4$ 溶液的浓度。

B) 增加 $CuSO_4$ 溶液的浓度。

C) 在 $CuSO_4$ 溶液中通入 H_2S。

(2) 当电池工作10 min后,其电动势是否发生变化?为什么?

(3) 在电池的工作过程中,锌的溶解与铜的析出,质量上有什么关系?

19. 由标准钴电极(Co^{2+}/Co)与标准氯电极(Cl_2/Cl^-)组成原电池,测得其电动势为1.64 V,此时钴电极为负极,已知 $E^{\ominus}(Cl_2/Cl^-) = 1.36\ V$,问回答下列问题

(1) 写出电池反应方程式。

(2) 计算 $E^{\ominus}(Co^{2+}/Co)$。

(3) 当氯气压力增大或减小时,原电池电动势将怎样变化?

(4) 其他条件不变时,当 Co^{2+} 浓度为 $0.010\ mol \cdot L^{-1}$,电池的电动势是多少伏?

(5) 该电池反应的平衡常数 $K^{\ominus}$ 为多少?

20. 半电池(A)是由镍片浸在 $1.0\ mol \cdot L^{-1}$ 的 Ni^{2+} 溶液中组成;半电池(B)是由锌片浸在 $1.0\ mol \cdot L^{-}$ 的 Zn^{2+} 溶液中组成的。当将两个半电池分别与标准氢电极连接组成原电池,测得各电极的电极电势的绝对值为

(A)　$Ni^{2+}(aq) + 2e^{-} \rightleftharpoons Ni(s)$　$|E| = 0.257\ V$

(B)　$Zn^{2+}(aq) + 2e^{-} \rightleftharpoons Zn(s)$　$|E| = 0.762\ V$

请回答下列问题

(1) 当半电池(A)(B)分别与标准氢电极连接组成原电池时,发现金属电极溶解。试确定各半电池在各自原电池中是正极还是负极。

(2) Ni^{2+}、Ni、Zn^{2+}、Zn 中，哪一个是最强的氧化剂？

(3) 当金属 Ni 放入 1.0 $mol \cdot L^{-1}$ 的 Zn^{2+} 溶液中，能否有反应发生？将金属 Zn 放入 1.0 $mol \cdot L^{-1}$ 的 Ni^{2+} 溶液中会发生什么反应？写出反应方程式。

(4) Zn^{2+} 与 OH^- 能反应生成 $Zn(OH)_4^{2-}$。如果在半电池中加入 NaOH，问电极电势将如何变化？

(5) 将半电池(A)、(B)组成原电池，何者为正极？电动势是多少？

(6) 以反应 $Zn + Ni^{2+} \longrightarrow Zn^{2+} + Ni$ 为基础构成一电化学电池，若测得电池的电动势为 0.54 V，且 Ni^{2+} 的浓度为 1.0 $mol \cdot L^{-1}$。此时，Zn^{2+} 的浓度为多少？

(7) 电池反应(6)的 $K^{\ominus}$ 为多少？

21. 对于原电池

$Pt \mid Fe^{2+}(1.00\ mol \cdot L^{-1}),\ Fe^{3+}(1.00 \times 10^{-4}\ mol \cdot L^{-1}) \parallel I^-(1.00 \times 10^{-4}\ mol \cdot L^{-1}) \mid I_2 \mid Pt$

已知：$E^{\ominus}(Fe^{3+}/Fe^{2+}) = 0.771\ V$，$E^{\ominus}(I_2/I^-) = 0.535\ V$

(1) 写出电极反应和电池反应。

(2) 求 $E(Fe^{3+}/Fe^{2+})$、$E(I_2/I^-)$和电动势 E。

(3) 计算 $\Delta_r G_m$。

22. 向 1 $mol \cdot L^{-1}$ 的 Ag^+ 溶液中滴加过量的液态汞，充分反应后测得溶液中 Hg_2^{2+} 浓度为 0.311 $mol \cdot L^{-1}$，反应式为 $2Ag^+ + 2Hg \longrightarrow 2Ag + Hg_2^{2+}$。

(1) 已知 $E^{\ominus}(Ag^+/Ag) = 0.799\ V$，求 $E^{\ominus}(Hg_2^{2+}/Hg)$。

(2) 若将反应剩余的 Ag^+ 和生成的 Ag 全部除去，再向溶液中加入 KCl 固体使 Hg_2^{2+} 生成 Hg_2Cl_2 沉淀后溶液中 Cl^- 浓度为 1 $mol \cdot L^{-1}$。将此溶液与标准氢电极组成原电池，测得电动势为 0.280 V。请给出该电池的电池符号。

(3) 若在(2)的溶液中加入过量 KCl 使 KCl 达饱和，再与标准氢电极组成原电池，测得电池的电动势为 0.240 V，求饱和溶液中 Cl^- 的浓度。

(4) 求下面电池的电动势。[已知 $K_a^{\ominus}(HAC) = 1.8 \times 10^{-5}$]

$$(-)Pt \mid H_2(100\ kPa) \mid HAc(1.0\ mol \cdot L^{-1}) \parallel Hg_2^{2+}(1.0\ mol \cdot L^{-1}) \mid Hg(+)$$

23. 某学生为测定 CuS 的溶度积常数，设计如下原电池：正极为铜片浸在 0.1 $mol \cdot L^{-1}\ Cu^{2+}$ 的溶液中，再通入 H_2S 气体使之达到饱和；负极为标准锌电极。测得电池电动势为 0.670 V。已知 $E^{\ominus}(Cu^{2+}/Cu) = 0.337\ V$，$E^{\ominus}(Zn^{2+}/Zn) = -0.763\ V$，$H_2S$ 的 $K_{a1}^{\ominus} = 1.3 \times 10^{-7}$，$K_{a2}^{\ominus} = 7.1 \times 10^{-15}$，求 CuS 的溶度积常数。

24. 已知

$$O_2 + 4H^+ + 4e^- \longrightarrow 2H_2O \qquad E^{\ominus}(H^+/H_2) = 1.229\ V$$

$$O_2 + 2H_2O + 4e^- \longrightarrow 4OH^- \qquad E^{\ominus}(H^+/H_2) = 0.401\ V$$

求水的离子积($K_w^{\ominus}$，298.15 K)。

25. 已知下列半反应的 $E^{\ominus}$ 值

$$Ag^+ + e^- \longrightarrow Ag(s) \qquad E^\ominus = +0.7996\ V$$

$$[Ag(CN)_2]^- + e^- \longrightarrow Ag(s) + 2CN^- \qquad E^\ominus = -0.4487\ V$$

求：配离子$[Ag(CN)_2]^-$的稳定常数。

26. 已知反应：$2Ag^+ + Zn \rightleftharpoons 2Ag + Zn^{2+}$

(1) 开始时 Ag^+和 Zn^{2+}的浓度分别为 0.10 mol·L^{-1}和 0.30 mol·L^{-1}，求 $E(Ag^+/Ag)$，$E(Zn^{2+}/Zn)$及电动势 E 值。

(2) 计算反应的 $K^\ominus$、$E^\ominus$及 $\Delta_r G_m^\ominus$。

(3) 求达平衡时溶液中剩余的 Ag^+浓度。

27. 根据铬在酸性介质中的电势图

$$E_A^\ominus/V \quad Cr_2O_7^{2-} \xrightarrow{1.23} Cr^{3+} \xrightarrow{-0.407} Cr^{2+} \xrightarrow{-0.913} Cr$$

(1) 计算 $E^\ominus(Cr_2O_7^{2-}/Cr^{2+})$和 $E^\ominus(Cr^{3+}/Cr)$。

(2) 判断 Cr^{3+}和 Cr^{2+}在酸性介质中是否稳定？

28. 试根据锰元素的电位图说明下列问题

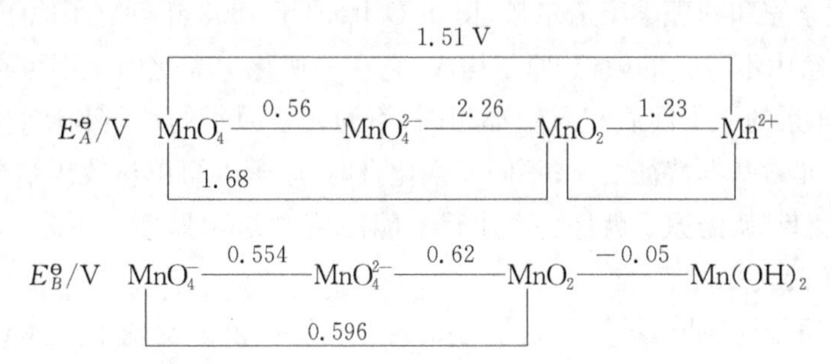

(1) 强碱性条件下，MnO_4^-与 SO_3^{2-}反应生成透明的绿色溶液(MnO_4^{2-})，但放置在空气中会很快变混浊。

(2) 在强酸性条件下，用 $S_2O_8^{2-}$氧化 Mn^{2+}生成紫红色的 MnO_4^-。如果 Mn^{2+}稍过量，则会得到棕红色的混浊液。

第六章
原子结构与元素周期律

第一节　原子结构的发现

一、原子结构的发现

英国化学家和物理学家道尔顿(John Dalton)于1803年创立了原子学说，要点有：化学元素由不可分的微粒-原子构成，它在一切化学变化中是不可再分的最小单位；同种元素的原子性质和质量都相同，不同元素原子的性质和质量各不相同，原子质量是元素基本特征之一；不同元素化合时，原子以简单整数比结合。此后很长时间内人们都认为原子就像一个小得不能再小的实心球，不可再分。

1. 电子的发现

1858年德国物理学家普吕克尔(Julius Plücker)较早发现了气体导电时的辉光放电，称为低压气体放电现象。

当管内的气体压力为10^3 Pa时，管内的气体发出辉光，开始导电。气体受到了电子的撞击，激发了气体原子中的电子，电子由激发态回到基态而发光，不同的气体产生不同的光谱。当管内的气体压力为2.6 Pa时，发光消失，仍有电流通过，阴极对面的玻璃管壁上出现了绿色荧光。当改变管外所加的磁场时，荧光的位置也会发生变化(图6-1)。可见，这种荧光是从阴极所发出的射线撞击玻璃管壁所产生的。德国物理学家戈德斯坦研究辉光放电现象时认为这是从阴极发出的某种射线引起的。所以他把这种未知射线称之为阴极射线。这种阴极射线是什么物质呢？它所带的电荷和质量是多

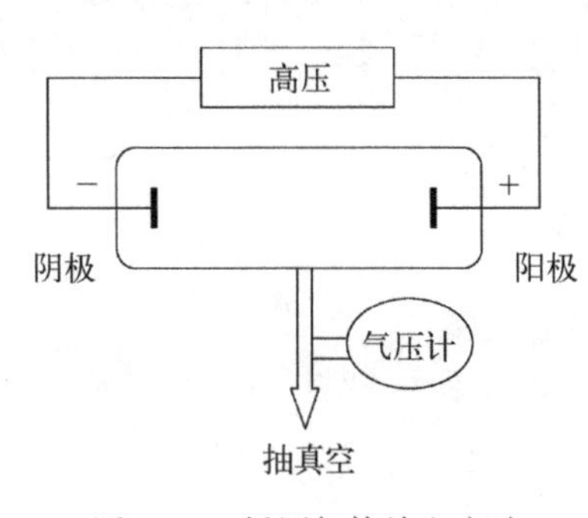

图6-1　低压气体放电实验

少呢?

1897 年,英国物理学家汤姆生(Thompson)设计了新的阴极射线管(图 6-2),在电场作用下由阴极 C 发出的阴极射线,通过 C_1 和 C_2 聚焦,在电场的作用下落在 Y 点发出荧光,可判定阴极射线带有负电荷。只加磁场,阴极射线在磁场的作用下落在 S 点发荧光。

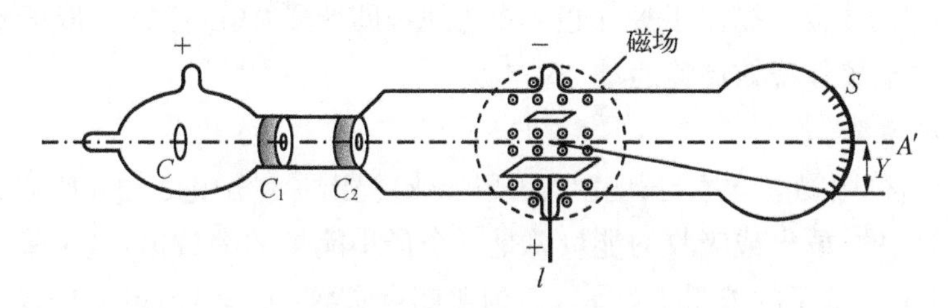

图 6-2 汤姆生实验装置

由此实验测得阴极射线粒子的荷质比 $e/m=1.76\times10^{11}\ \mathrm{C\cdot kg^{-1}}$。通过改变管内气体种类,汤姆生发现,用不同的物质测得阴极射线粒子的荷质比 e/m 保持不变。这种阴极射线是什么物质呢? 它所带的电荷是多少呢? 它的质量是多少呢?

1909 年,美国科学家密立根(Millikan),设计了一个巧妙的油滴实验,测得电子所带的电荷为 1.6×10^{-19} C,测出电子的质量为 9.11×10^{-31} kg。

2. 质子的发现

1886 年,德国科学家尤金·戈尔德斯坦(Eugene Goldstein)把放电管中的阴极制成多孔状,高压放电时发现,从阴极背后射出与电子发射方向相反的一种正离子组成的射线,称为阳极射线。阳极射线与放电管中的残留气体有关,若残留气体为氢气,则阳极射线为 H^+,命名为质子。

二、原子模型

1. 卢瑟福的原子含核模型

通常情况下,原子是不带电的,既然从原子中能发射出比它质量小 1 700 倍的带负电的电子来,原子中还能放出带正电的离子,说明原子内部是可再分的。电子在原子中是以什么样的结构结合的? 原子中正电荷是如何分布的? 带负电的电子和带正电的离子是怎样

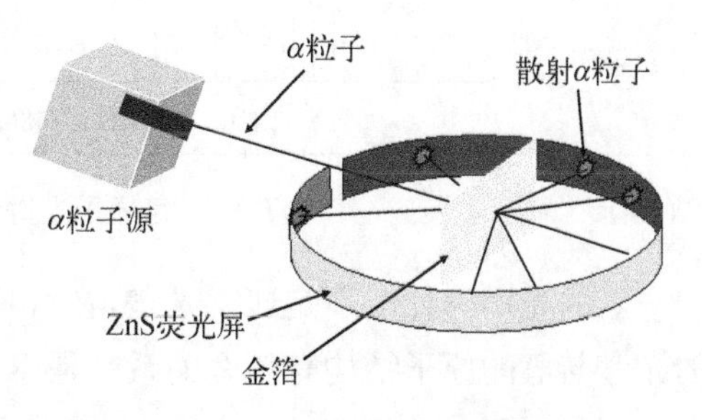

图 6-3 α 粒子散射实验图

相互作用的？

1911 年，卢瑟福（Rutherford），用镭作放射源，进行 α 粒子（He^{2+}）轰击金箔（约 400 nm 厚）的实验（图 6－3）。结果发现约有十万分之一的 α 粒子发生 90°以上的偏转，有的甚至反弹回来。经过精确计算和推理，卢瑟福得出了重要结论：① 原子中大部分是空的；② 原子中正电荷部分和质量集中在体积很小的小球上，命名为 nucleus（原子核）。提出了原子的有核模型，即原子中心有一个带正电的原子核，电子在原子核外绕核高速运动。

2. 玻尔模型

1900 年，德国物理学家普朗克（M. Planck）提出了量子论：物质吸收或放出的能量是不连续的，放出或吸收的能量总是一个最小能量的整数倍，这个最小的能量单位称为量子。量子的能量 $E = h\nu$，h 为普朗克常数，$h = 6.626 \times 10^{-34}$ J·s，ν 为辐射光量子的频率。

1905 年，爱因斯坦（Einstein）应用普朗克理论，提出了光子学说。他把光子的能量 $E = h\nu$ 和光的质能定律 $E = mc^2$ 联系起来，求得光子的质量为：

$$m = \frac{h\nu}{c^2} = \frac{h}{c\lambda} \tag{6-1}$$

可见不同频率或波长光子的能量是不同的，光既是电磁波，又是一种粒子（光子），具有波粒二象性。

当原子被电火花等方法激发时，可以发出一系列具有一定波长的光谱线。氢原子是最简单的原子，所以氢原子的光谱最简单（图 6－4）。

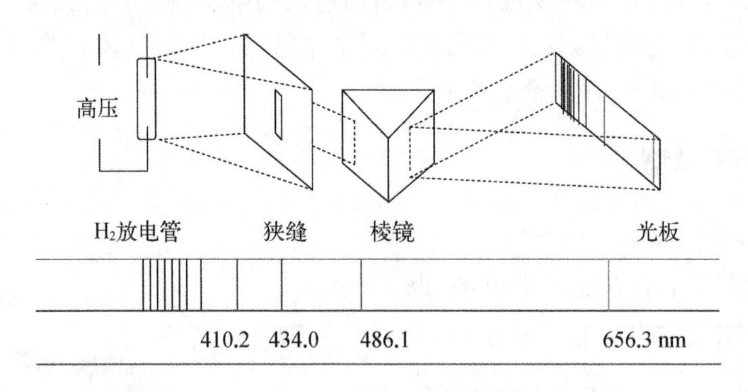

图 6－4　氢原子光谱和实验装置示意图

氢的光谱为什么不是连续光谱，在可见光区的发射光谱线是怎样产生的？氢的光谱与氢的原子结构有什么关系？是不是氢原子结构的内在反映？1913 年，丹麦物理学家尼·玻尔（Niels Bohr）在普朗克的量子论、爱因斯坦的光子论和卢瑟福的原子有核模型的基础上，提出了原子结构的“玻尔理论”，有三个要点。

1）在原子中，电子只能在符合一定条件的轨道上绕核作圆周运动，电子在这些轨道上运动时原子不发射也不吸收能量，处于一种稳定状态。

2）电子在不同的轨道上运动时具有不同能量，离核越近能量越低，离核越远能量越高。这些轨道的能量是量子化的，轨道的角动量必须是 $h/2\pi$ 的整数倍；电子在这些轨道上运动时，电子的能量是量子化的。玻尔推算出氢原子的轨道能量 E 为

$$E = -\frac{B}{n^2} \tag{6-2}$$

式中，B 的值为 2.18×10^{-18} J，n 为量子数，取正整数(1, 2, 3, …)。$n=1$ 时，轨道离核最近，能量最低，称为氢原子的基态(ground state)，$n=2, 3, 4, \cdots$时，轨道的能量依次升高，称为氢原子的激发态(excited state)。

3）只有当电子从一个轨道跃迁到另一个轨道时，才有能量的吸收或放出。电子从能量较高的轨道跃迁到能量较低的轨道时，发射出一个光子，光子的能量由两个轨道的能量差决定。

$$\Delta E = E_2 - E_1 = h\nu \tag{6-3}$$

例 6－1　计算氢原子光谱中 $n_2=3$, $n_1=2$ 时的光谱线波长是多少纳米？

解　$\Delta E = B\left(\frac{1}{n_1^2}-\frac{1}{n_2^2}\right) = h\nu = h\,\frac{c}{\lambda}$

$n_1 = 2$, $n_2 = 3$，代入上式得

$$2.179\times10^{-18}\times\left(\frac{1}{2^2}-\frac{1}{3^2}\right) = 6.626\times10^{-34}\times\frac{3\times10^8\ \mathrm{m\cdot s^{-1}}}{\lambda}$$

$$\lambda = 6.568\times10^{-7}\ \mathrm{m} = 656.8(\mathrm{nm})$$

玻尔的原子模型可以很好地解释氢原子光谱。当电子从 $n=3, 4, 5, 6, 7$ 的轨道跃迁到 $n=2$ 的轨道时，计算出的波长分别等于 656.3 nm、486.1 nm、434.0 nm、410.2 nm、397.0 nm，是氢光谱在可见光区的发射光谱线。当电子从其他能级跃迁到 $n=1$ 的轨道时，得到紫外区光谱线，当电子从其他能级跃迁到 $n=3$ 的轨道时，得到红外区光谱线。凡是单电子的原子或离子的光谱都可用玻尔模型加以解释，如 He^+, Li^{2+}, …的轨道能量为

$$E = -\frac{Z^2B}{n^2} \tag{6-4}$$

式中，Z 为核电荷数。

玻尔理论提出了原子轨道的量子化概念，成功地解释了氢原子光谱的实验结果并计算了氢原子的电离能，玻尔因此获得了 1922 年诺贝尔物理学奖。但是，玻尔理论不能解释多电子原子的原子光谱，也不能说明氢原子光谱的精细结构。这是因为电子是微观粒子，不同于宏观物体，电子运动不遵守经典力学规律。玻尔理论虽然引入了量子化，但他的电子绕核运动的固定轨道的观点不符合微观粒子的运动特性。因此，科学家提出了原子的量子力学模型，很好地解释了电子在原子核外的排布规律和原子的化学性质。

第二节　原子的量子力学模型

一、微观粒子的波粒二象性

1. 微观粒子具有波粒二象性

1905 年，爱因斯坦，在普朗克量子论的启发下，提出了光子学说，很好地解释了光电效应，认识了光的波粒二象性，光子的动量 P 与波长的关系为

$$P = mc = \frac{mc^2}{c} = \frac{E}{c} = \frac{h\nu}{c} = \frac{h}{\lambda}$$

1924 年，法国物理学家 L. de Bröglie(德布罗意)提出电子像光子一样也具有波粒二象性，电子的波长为

$$\lambda = \frac{h}{P} = \frac{h}{mv} \tag{6-5}$$

式中，P 为电子的动量，m 为电子的质量，v 为电子运动的速度。

1927 年，电子的衍射实验证实了电子的波动性(图 6-5)。当 1 个电子通过单

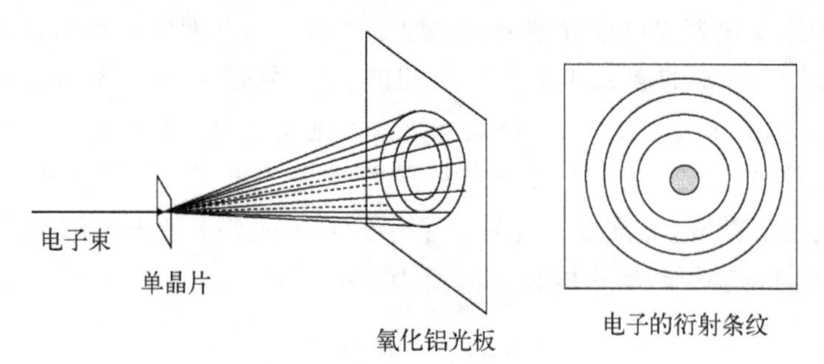

图 6-5　电子衍射实验

晶片时，不能确定电子的具有位置，但当电子流通过单晶片时，形成电子的衍射条纹，这说明电子的运动规律应用统计规律来描述。此后科学家发现质子、中子、原子也可以产生衍射条纹，从而证实了微观粒子的波动性。

2. 测不准原理

由于电子运动具有波动性，1927 年，德国物理学家海森堡(Heisenberg)提出了微观粒子运动时的测不准原理

$$\Delta x \cdot \Delta P \geqslant \frac{h}{4\pi} \tag{6-6}$$

其中 Δx 是测量微观粒子的位置偏差，ΔP 是测量微观粒子的动量偏差。这说明微观粒子的运动与宏观物体不同，只能用统计的规律来认识电子的运动规律。

二、薛定谔方程与波函数

电磁波可用波函数(wave function)ψ 来描述，电子运动具有波动性，也可以参照波函数来描述。

1926 年，奥地利物理学家薛定谔(Erwin Schrodinger)提出了描述电子运动的二阶偏微分方程，称为薛定谔方程。

$$\frac{\partial^2 \Psi}{\partial x^2}+\frac{\partial^2 \Psi}{\partial y^2}+\frac{\partial^2 \Psi}{\partial z^2}+\frac{8\pi^2 m}{h^2}(E-V)\Psi=0 \tag{6-7}$$

式中，V 表示电子的势能，E 为电子的总能量，h 为普朗克常数，Ψ 为电子的波函数。薛定谔的这项开创性研究工作获得了 1933 年的诺贝尔物理奖。

我们希望了解电子在原子核外运动的“形状”或“轨迹”，而电子运动的三维 x, y, z 坐标不能给我们电子在原子核外运动的“轨迹”的直观印象。我们需要知道电子在原子核外运动的“轨迹”和电子在原子核外运动离核的远近的概念。这就需要将三维直角坐标转化为球极坐标，并将与 r 有关的部分和与 θ、φ 有关的部分分别提取出来(图 6-6)，使波函数转换为以下形式

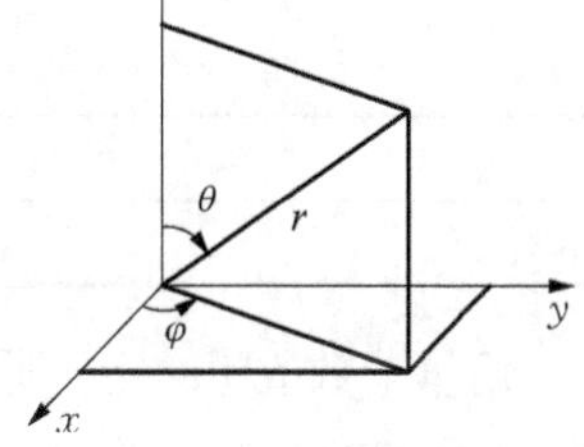

图 6-6　直角坐标与球极坐标的互换

$$\Psi(x, y, z)=\Psi_{n, l, m}(r, \theta, \varphi)=R_{n, l}(r)\, Y_{l, m}(\theta, \varphi) \tag{6-8}$$

$R_{n, l}(r)$只与电子离核的距离有关，称为波函数的径向部分；$Y_{l, m}(\theta, \varphi)$只与两个角度有关，称为波函数的角度部分。这里，$x=r\sin\theta\cos\varphi$，$y=r\sin\theta\sin\varphi$，$z=r\cos\theta$，$r^2=x^2+y^2+z^2$ 。

三、四个量子数

解薛定谔方程是一个复杂的数学问题，不是无机化学所要求的。有了数理方程的基础后，就可以解薛定谔方程了。要使薛定谔方程得到与原子结构有关的合理解，必须有电子在原子核外运动的三个边界条件。描述电子在核外运动状态的能量和离核远近的主量子数，描述核外电子运动的形状角量子数，描述电子运动方向的磁量子数。下面我们来讨论描述电子在原子核外运动的四个量子数。

1. 主量子数(n, principal quantum number)

主量子数描述电子能量的高低和电子出现机率最大区域离核的远近程度。n越大，表明电子的能量越高，离核的平均距离越远。

n 取值　　1, 2, 3, 4, 5, …。

光谱项符号如表 6－1 所示

表 6－1　主量子数与电子层间的关系

n	1	2	3	4	5	…
符号	K	L	M	N	O	…

2. 角量子数(l, angular quantum number)

角量子数描述电子在原子核外运动角度的分布情况，即电子在原子核外空间运动的形状。在同一主量子数时能量稍有不同，也称为电子亚层。

角量子数的取值　　$l=0, 1, 2, 3, 4, \cdots, (n-1)$，共 n 个数值。

光谱符号如表 6－2 所示。

表 6－2　角量子数与原子轨道间的关系

l	0	1	2	3	…
符号	s	p	d	f	…

角量子数 l 还决定了原子轨道的形状，如 s 轨道是球形的，p 轨道是哑铃形的，d 轨道是四叶花瓣形等(图 6－7)。

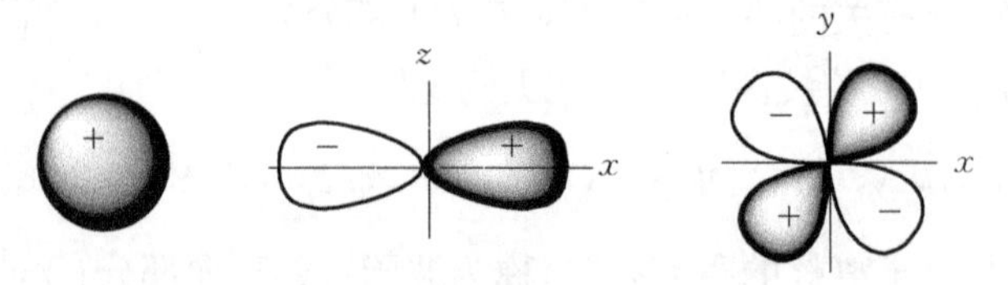

图 6－7　原子轨道的形状

同一电子层，能量：s ＜ p ＜ d ＜ f ＜ g

3. 磁量子数(m,magnetic quantum number)

磁量子数描述原子在磁场作用下,同一电子亚层能级分裂情况。同一能级原子轨道可能有若干个不同的伸展方向。

m 的取值　0,±1,±2,±3,…,±l。最多取 $2l+1$ 个值(表 6-3)。

表 6-3　磁量子数的取值与角量子数间的关系

l	m	符号	轨道数
0	0	s	1
1	−1, 0, +1	p_x, p_y, p_z	3
2	−2, −1, 0, +1, +2	d_{xy}, d_{xz}, d_{yz}, d_z^2, d_{x2-y2}	5
3	−3, −2, −1, 0, +1, +2, +3	f(7 个)	7

在无磁场的情况下,主量子数和角量子数都相同而磁量子数不同的轨道的能量是相同的,例如,$2p_x$、$2p_y$和 $2p_z$的能量是相等的。

同一个原子(或分子)中能量相同的轨道称为等价轨道(equivalent orbital)或简并轨道(degenerate orbital)。电子层、电子亚层、原子轨道与量子数之间的关系如表 6-4 所示。

表 6-4　电子层、电子亚层、原子轨道与量子数之间的关系

n	电子层	l	电子亚层	m	轨道数
1	K	0	1s	0	1
2	L	0	2s	0	1
		1	2p	−1, 0, +1	3
3	M	0	3s	0	1
		1	3p	−1, 0, +1	3
		2	3d	−2, −1, 0, +1, +2	5
4	N	0	4s	0	1
		1	4p	−1, 0, +1	3
		2	4d	−2, −1, 0, +1, +2	5
		3	4f	−3, −2, −1, 0, +1, +2, +3	7

4. 自旋量子数(m_s,spin quantum number)

电子除了在原子核外绕核运动外,电子本身还做自旋运动,一个是顺时针方向,一个是逆时针方向的自旋运动,取值为$+\frac{1}{2}$或$-\frac{1}{2}$。

1921 年斯脱恩(Otto Stern)和日勒契(Walter Gerlach)将一束原子束通过一不均匀磁场,原子束一分为二,偏向两边,证实了原子中未成对电子的自旋量子数(m_s)的不同。总之,用四个量子数可描述原子中 1 个电子确定的运动状态。

四、原子轨道与电子云

(一) 波函数与原子轨道

用一套主量子数(n)、角量子数(l)和磁量子数(m)3 个量子数作为边界条件,即可解出薛定谔方程,可得波函数的径向部分和角度部分,两者的乘积即为波函数 Ψ 的数学表达式。

例如,当 $n=1$, $l=0$, $m=0$ 时

$$R_{nl}=R_{10}(r)=2\left(\frac{1}{a_0}\right)^{\frac{3}{2}}e^{-\frac{r}{a_0}}\text{(径向部分 }R\text{ 只与 }n,\ l\text{ 有关)} \qquad (6-9)$$

$$Y_{lm}(\theta,\ \varphi)=Y_{00}(\theta,\ \varphi)=\sqrt{\frac{1}{4\pi}} \qquad \text{(角度部分 }Y\text{ 只与 }l,\ m\text{ 有关)} \qquad (6-10)$$

式(6-9)与式(6-10)的乘积即得波函数 Ψ,为

$$\Psi_{100}=\Psi_{1s}=R_{10}(r)\,Y_{00}(\theta,\ \varphi)=\sqrt{\frac{1}{\pi\cdot a_0^3}}\cdot e^{-r/a_0} \qquad (6-11)$$

其中 α_0 是玻尔原子半径, $\alpha_0=52.9\ \mathrm{pm}\ (1\ \mathrm{pm}=10^{-12}\ \mathrm{m})$

因此,每一组量子数 n、l 和 m 就可以确定一个波函数,这个波函数表示电子的一种运动状态。在量子力学中,把三个量子数(n, l, m)都有确定值的波函数称为一个原子轨道(atomic orbital)。例如,$n=1$, $l=0$, $m=0$ 确定的波函数 Ψ_{100},称为 1s 原子轨道。氢原子及类氢离子的一些波函数如表 6-5 所示。

表 6-5　氢原子及类氢离子的一些波函数表达式

轨　道	$R_{n,l}(r)$	$Y_{l,m}(\theta,\ \varphi)$
1s(Ψ_{100})	$2\left(\frac{1}{a_0}\right)^{\frac{3}{2}}e^{-r/a_0}$	$\sqrt{\frac{1}{4\pi}}$
2s (Ψ_{200})	$\sqrt{\frac{1}{8a_0^3}}\left(2\frac{Zr}{a_0}\right)e^{-Zr/(2a_0)}$	$\sqrt{\frac{1}{4\pi}}$
$2p_x$(Ψ_{21-1})	$\sqrt{\frac{Z^3}{24}}\left(\frac{Zr}{a_0}\right)e^{-Zr/(2a_0)}$	$\sqrt{\frac{3}{4\pi}}\sin\theta\cos\varphi$
$2p_y$(Ψ_{211})	$\sqrt{\frac{Z^3}{24}}\left(\frac{Zr}{a_0}\right)e^{-Zr/(2a_0)}$	$\sqrt{\frac{3}{4\pi}}\sin\theta\sin\varphi$

$2p_z(\Psi_{210})$	$\sqrt{\frac{Z^3}{24}}\left(\frac{Zr}{a_0}\right)e^{-Zr/(2a_0)}$	$\sqrt{\frac{3}{4\pi}}\cos\theta$

这里 Z 为核电核数，a_0 为氢原子的玻尔半径。

由此可见，从薛定谔方程中可解出一组 Ψ_{nlm}，代表一种电子的运动状态，同时也确定了电子在该状态运动时具有的能量。

(二) 概率密度和电子云

1. 概率密度

电子总是按一定的概率出现在原子核外某处，电子在原子核外空间某处单位体积内出现的概率称为概率密度(probability density)。波函数的强度与电子在空间某处单位体积内出现的概率密度成正比，因此，$|\Psi|^2$ 表示电子在核外空间的概率密度。

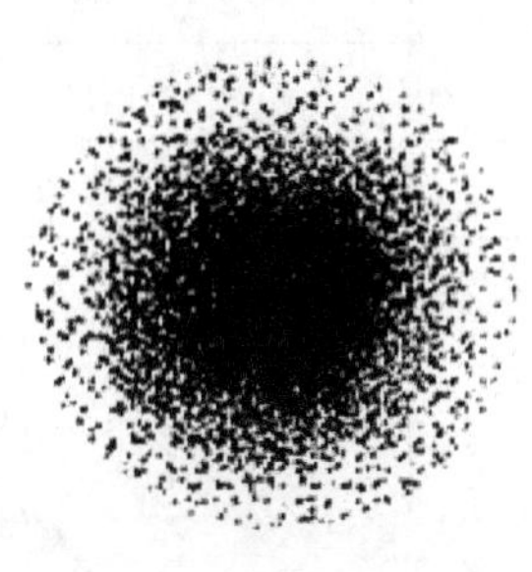
图 6－8　氢原子的电子云

2. 电子云

电子在原子核外出现机率的大小用小点的疏密来表示，以 $|\Psi|^2$ 作图得电子在原子核外出现概率大小的形象化描述，称为电子云(electron cloud)。氢原子的电子云如图 6－8 所示。一般电子云分别用径向分布和角度分布来表示。

电子云图像中每 1 个小黑点表示电子出现在核外空间中的一次概率，概率密度越大电子云图像中的小黑点越密。离核越近黑点密度越大，电子出现机会越多；离核越远黑点密度越小，电子出现机会越少。

3. 原子轨道的角度分布图

(1) 原子轨道的角度分布图

如前所述，原子轨道可分成径向部分和角度部分

$$\Psi_{nlm}(r,\theta,\varphi)=R(r)_{nl}Y(\theta,\varphi)_{lm}$$

原子轨道的角度部分由函数 $Y(\theta,\varphi)_{lm}$ 的解作图即可得到原子轨道的角度分布图。

例如，1s 轨道的角度部分　　$Y(\theta,\varphi)_{1s}=\sqrt{\frac{1}{4\pi}}$

这说明 1s 轨道的电子云呈以 $\sqrt{\frac{1}{4\pi}}$ 为半径的球形对称分布，原子附近电子出现的几率密度最大，由里向外几率密度逐渐减小。

$2p_z$ 轨道的角度部分函数表示式为：

$$Y(\theta, \varphi) = \sqrt{\frac{3}{4\pi}}\cos\theta = R\cos\theta$$

以 $Y(\theta, \varphi)$ 作图可得到 $2p_z$ 原子轨道的角度分布图(表 6-6,图 6-9)。

表 6-6 θ 角与 $2P_z$ 原轨道的角度部分函数的一些数据

θ	0°	30°	45°	60°	90°	120°	135°	150°	180°
$\cos\theta$	1	0.866	0.707	0.5	0	−0.5	−0.707	−0.866	−1
Yp_z	R	0.866R	0.707R	0.5R	0	−0.5R	−0.707R	−0.866R	−R

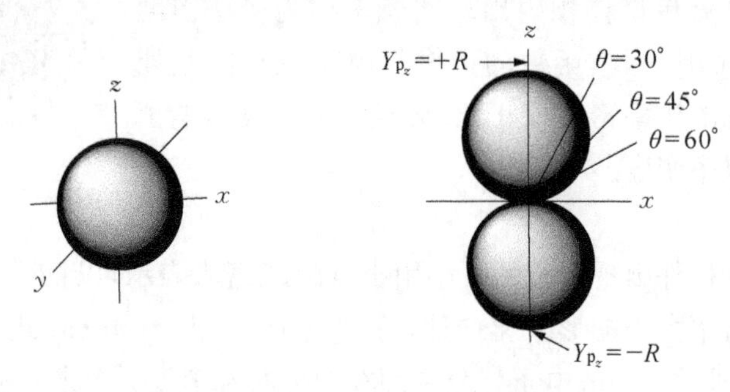

图 6-9 s 和 $2p_z$ 原子轨道的角度分布示意图

用同样的方法画出其他原子轨道的角度分布,见图 6-10。

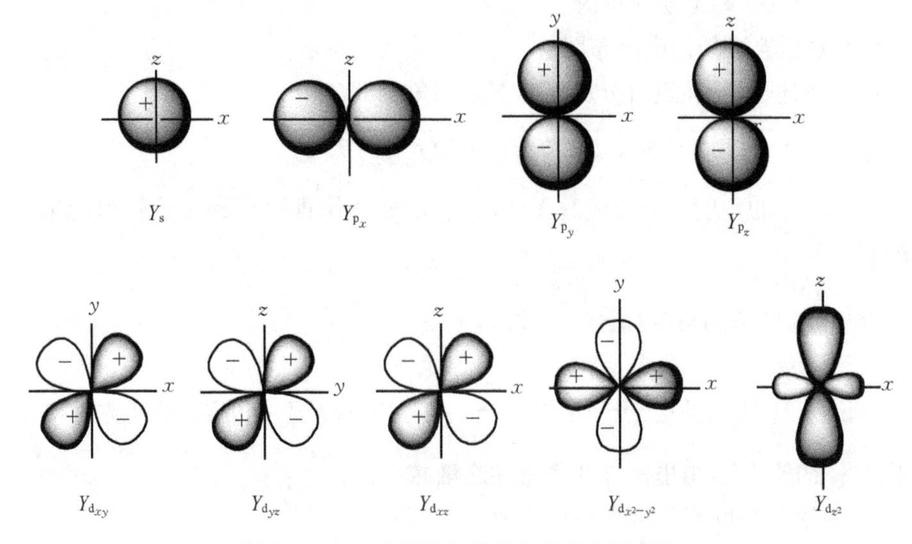

图 6-10 一些原子轨道的角度分布示意图

从上图可知 s 轨道的角度分布图形是球形。p 轨道的角度分布图形是哑铃形，在空间有 3 个伸展方向，分别在 x 轴、y 轴和 z 轴上出现极值。d 轨道的角度分布图呈花瓣形，有 5 个伸展方向。在原子轨道的角度分布图中出现的“+”和“−”是函数解的结果，并没有物理意义。但原子轨道的角度分布图可用于判断原子轨道的对称性、可否形成共价键。

(2) 电子云的角度分布图

电子云是电子在原子核外空间各处出现概率密度的形象化描述，概率密度的大小可以用$|\Psi|^2$来表示，以$|\Psi|^2$作图即可得到电子云的图像。以 $Y^2(\theta, \varphi)$对(θ, φ)作图，即可得到电子云的角度分布图，表示电子在原子核外各处随方向(θ, φ)发生变化的规律，而与 r 的数值大小无关(图 6-11)。

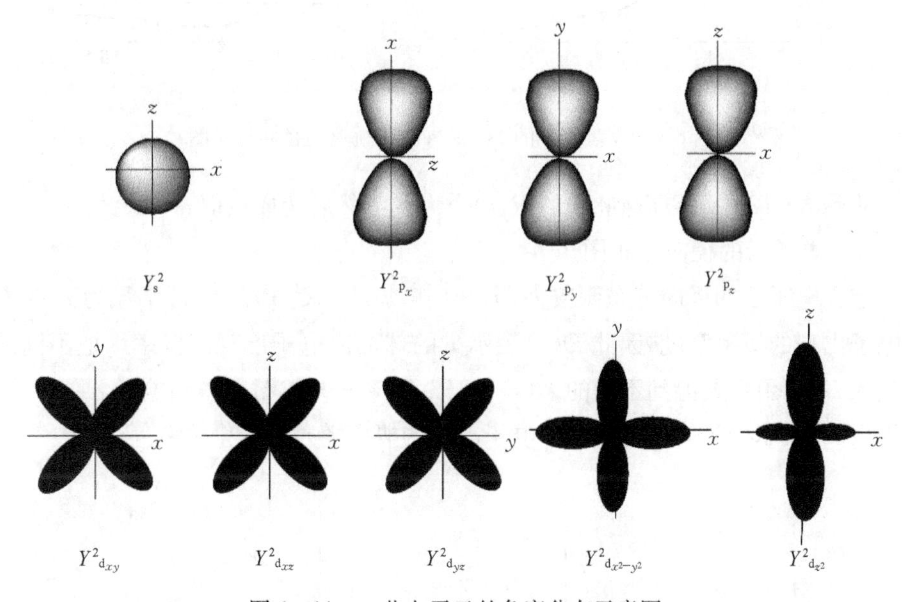

图 6-11　一些电子云的角度分布示意图

电子云的角度分布图与原子轨道的角度分布图相比，形状是相似的，主要的区别有两点：一是由于$|Y|<1$，所以，$|Y|^2<|Y|$，因此，电子云的角度分布图比原子轨道的角度分布图略“瘦”一些；二是原子轨道的角度分布图有正、负，而电子云的角度分布图全部为正，因为 $Y(\theta, \varphi)$的平方总是正值。

4. *原子轨道的径向部分*

(1) 原子轨道的径向分布图

用径向波函数 $R(r)$对 r 作图得到原子轨道的径向波函数图。氢原子的 1s 轨道

的径向波函数 $R_{1,0}(r)=2\left(\frac{1}{a_0}\right)^{\frac{3}{2}}e^{-r/a_0}$，以 $R_{1,0}(r)$ 对 r 作图，即可得到氢原子的 1s 原子轨道的径向分布图，氢原子的 2s 轨道的径向波函数 $R_{2,0}(r)=\sqrt{\frac{1}{8a_0^3}}\left(2\frac{r}{a_0}\right)e^{-r/(2a_0)}$，以 $R_{2,0}(r)$ 对 r 作图，即可得到氢原子的 2s 原子轨道的径向分布图。

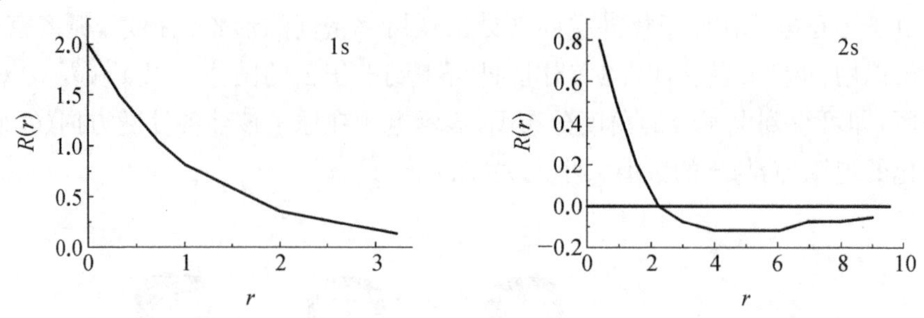

图 6－12　氢原子的 1s 和 2s 原子轨道的径向分布图

从图 6－12 中可以看到 2s 的 $R(r)$ 由大到零然后变成负值。

(2) 电子云的径向分布图

定义电子云的径向分布函数为：$D(r)=4\pi r^2\cdot R^2(r)$。$R^2(r)$ 半径为 r 的球面内电子出现的概率密度，因此 $D(r)$ 表示 r 的球面内电子出现的概率。把不同的 r 值代入 $D(r)$ 函数式得到不同的 $D(r)$ 值，以 $D(r)-r$ 作图即得到电子云的径向分布函数图，表示半径为 r 的球面上电子出现的概率随 r 的变化关系。

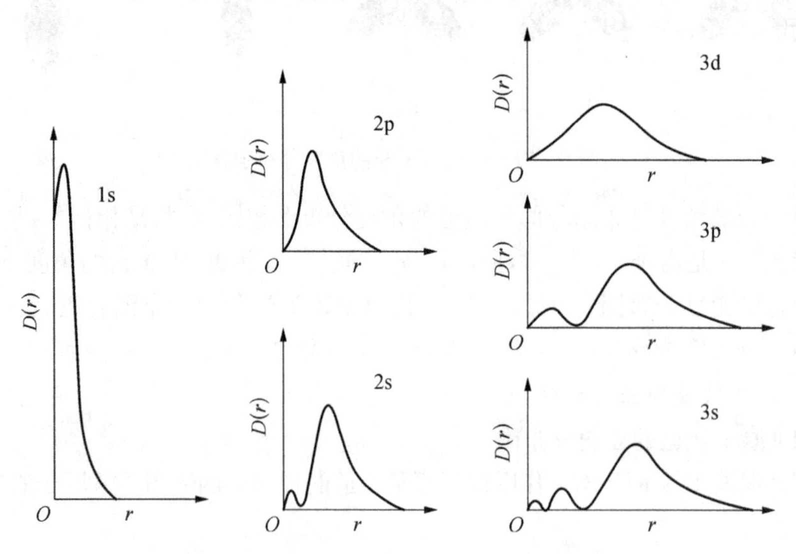

图 6－13　氢原子的电子云径向分布函数图

由图 6-13 可见，氢原子的电子云径向分布函数图都有极大值，例如，氢原子的基态，1s 态的 $D(r)$ 极大值处于玻尔半径 $r = 52.9$ pm。对于氢原子的电子云的径向分布函数，随 n 增大，电子离核平均距离增大，如 1s＜2s＜3s，2p＜3p＜4p；$D(r)$ 最大值的峰数目为 $(n-l)$，n 值相同，l 值越大，峰的数目越少，主峰离核越近，如氢原子的 3s、3p 和 3d 轨道。

第三节　原子核外的电子排布

除氢以外，其他的原子核外不止一个电子的原子统称为多电子原子(multielectron atoms)。下面我们要讨论多电子原子核外的电子是如何分布的，讨论原子的电子结构。我们已经知道原子核外原子轨道的能量不仅与主量子数有关，还与角量子数有关。主量子数越大，原子轨道的能量越高；主量子数相同，角量子数越大的原子轨道能量越高。

一、鲍林近似能级图

(一) 鲍林近似能级图

H 原子中电子能级由主量子数 n 决定，$E = -\frac{B}{n^2}$，B 的值为 2.18×10^{-18} J，n 为主量子数。

在多电子原子中，由于电子的相互作用，相同 n 值的能级能量可以不同。1939 年鲍林(L. Pauling)根据光谱实验结果提出了多电子原子中各原子轨道之间能量的高低顺序，并用能级图表示出来(图 6-14)。图中的圆圈表示原子轨道，其位置高低表示各原子轨道能级的相对高低，它还给出了核外电子填充的一般顺序。

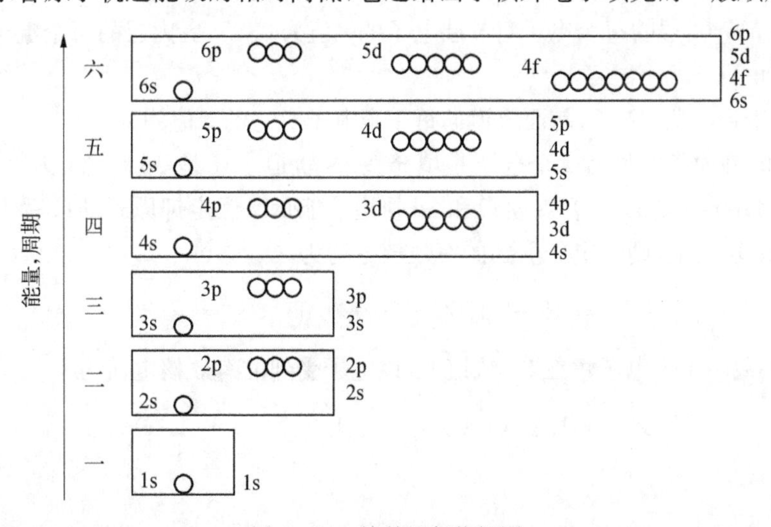

图 6-14　鲍林近似能级图

从图 6-14 可以看出，原子轨道的能级高低不仅与主量子数 n 有关，而且还与角量子数 l 有关。

1) l 值相同时，n 值越大则能级越高，如 $E_{1s} < E_{2s} < E_{3s} < E_{4s}$。

2) n 值相同时，l 值越大则能级越高，如 $E_{3s} < E_{2p} < E_{3d}$。

3) 存在能级交错现象，例如，4s < 3d，5s < 4d，6s < 4f < 5d 等。

我国化学家徐光宪归纳出一条经验规律，用该轨道的 $(n+0.7l)$ 值判断，$(n+0.7l)$ 值越小能级越低。例如，4s 和 3d 的 $(n+0.7l)$ 值分别为 4.0 和 4.4，所以 4s 比 3d 的能量低。这种 n 值大的亚层能量反而比 n 值小的亚层能量低的现象称为能级交错。

为什么会出现能级交错现象呢？科学家提出引起原子轨道能级交错的原因可能是核外电子的屏蔽效应和原子轨道的钻穿效应引起的。

(二) 屏蔽效应和钻穿效应

1. 屏蔽效应

在多电子原子中，核外电子除了受原子核吸引的同时还受到其他电子的排斥作用，使薛定谔方程无法精确求解。这种由其他电子对指定电子的排斥作用抵消了部分核电荷对指定电子的吸引力，该电子只受到有效核电荷 Z^* 的作用，称为屏蔽效应(shielding effect)。有效核电荷 Z^* 与原子核电荷 Z 间的关系为

$$Z^* = Z - \sigma \tag{6-12}$$

σ 是屏蔽常数。

斯莱特(J. C. Slater)为确定 σ 值，将电子分成几个组

1s | 2s、2p | 3s、3p | 3d | 4s、4p | 4d | 4f | 5s、5p | ……

1) 任何位于所考虑电子外面的轨道组，其 $\sigma = 0$。

2) 相同轨道组的每个其他电子的 $\sigma = 0.35$，但在 1s 的情况下，$\sigma = 0.3$。

3) $(n-1)$ 层的每个电子对 n 层电子的 σ 值为 0.85，更内层的每个电子的 σ 值则为 1.00。

4) 对于 d 或 f 电子，前面轨道的每 1 个电子对它的 σ 值均为 1.00。

例如，钾原子的最后 1 个电子是填充在 4s 轨道上还是 3d 轨道上呢？下面我们根据 Slater 规则的计算 4s 轨道和 3d 轨道的能量。假定钾原子的最后 1 个电子填充在 4s 轨道上，则该电子受到的有效核电荷为

$$Z^* = 19 - (1.00 \times 10 + 0.85 \times 8) = 2.2$$

如果最后 1 个电子填在 3d 轨道上，该电子受到的有效核电荷为

$$Z^* = 19 - (1.00 \times 10 + 1.00 \times 8) = 1.00$$

这个电子在 4s 轨道上受到的有效核电荷的吸引力比 3d 轨道上受到的吸引力大，因此，4s 轨道的能量比 3d 轨道的能量低，引起能级交错现象。

2. 钻穿效应

由电子云的径向分布函数图可知，n 相同 l 不同的原子轨道，如 3s、3p、3d 原子轨道的径向分布函数不同，l 越小，电子穿过内层到达核附近以减小其他电子对它的屏蔽作用，结果使得 n 相同 l 不同的电子具有不同的能量。电子钻穿得越靠近核，电子的能量越低。这种由于电子钻穿而引起电子能量降低的现象称为钻穿效应(drill through effect)。

径向分布函数的特点是具有 $n-l$ 个峰，如 4s 有 4 个峰($n-l=4-0=4$)，3d 有 1 个峰($n-l=3-2=1$)。对于相同主量子数的电子，角量子数每小一个单位，峰的数目就多 1 个，多 1 个离核较近的峰，因而钻入程度越大，能量越低。钻穿效应使得主量子数相同的电子的能量：$n\mathrm{s}<n\mathrm{p}<n\mathrm{d}<n\mathrm{f}$。

如图 6-15 所示，4s 的最大峰虽比 3d 峰离核远，但 4s 的其他小峰很靠近核，因此 4s 的钻穿效应比 3d 的强，4s 电子的能量比 3d 的低，产生能级交错现象。钻穿效应能够说明 ns 与($n-1$)d 的能级交错现象。

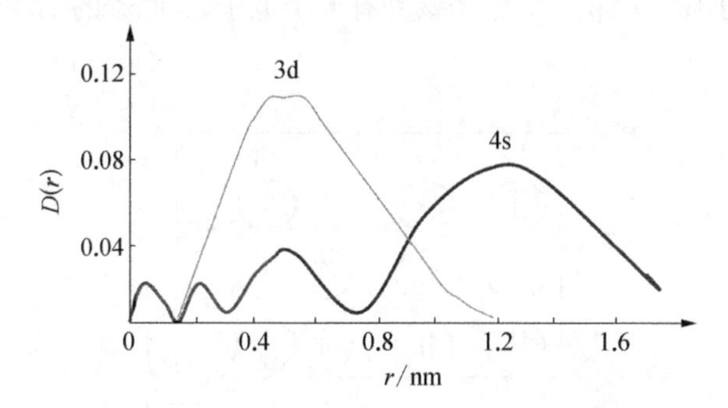

图 6-15 3d 和 4s 轨道电子云的径向分布图

在多电子原子中，屏蔽效应和钻穿效应同时存在，共同影响着原子轨道的能量。

二、核外电子排布规则

根据光谱实验结果，基态原子中电子排布要遵循的三个基本原理，即能量最低原理、泡利不相容原理和洪特规则。

1. 能量最低原理(the lowest energy principle)

自然界任何体系的能量越低，其所处的状态越稳定。因此，原子核外电子的排布应使原子的能量处于最低状态。向原子轨道内填充电子时，按照能级近似图中的各能级轨道的顺序由低到高依次填充，这一规则称为能量最低原理。例如，H 原子的电子排布式为：$1s^1$，而不能写成 $2s^1$，因为 1s 轨道的能量比 2s 轨道的能量低，后者不符合能量最低原理。

2. 泡利不相容原理(exclusion principle)

能量最低原理确定了电子填入原子轨道的先后顺序，但一个原子轨道最多填充几个电子呢？1925 年泡利(W. Pauli)根据原子的吸收光谱现象和元素周期表中每一周期的元素数目，提出了不相容原理，即在同一原子中不可能存在四个量子数完全相同的电子。如果一个原子的电子的 n、l、m 三个量子数相同，则第四个量子数 m_s 一定不同，即一个原子轨道最多只能容纳 2 个自旋方向相反的电子。

应用泡利不相容原理，可以推算某一电子层或电子亚层中电子的最大容量。如第一电子层有 1 个 1s 轨道，最大电子容量为 2 个；第二电子层有 1 个 2s 轨道，3 个 2p 轨道，最多容纳 8 个电子；第三电子层有 1 个 3s 轨道，3 个 3p 轨道，5 个 3d 轨道，最多容纳 18 个电子；第四电子层最多容纳 32 个电子。每个电子层最多只能容纳 $2n^2$ 个电子。2p 轨道有 3 个轨道，最多容纳 6 个电子，3d 轨道有 5 个轨道，最多容纳 10 个电子。

有了这 2 个规则，我们可以给出简单原子的电子排布式，如 He 的电子排布式为：$1s^2$ 而不是 $1s^1 2s^1$，Li 的电子排布式为：$1s^2 2s^1$，Be 的电子排布式为：$1s^2 2s^2$，B 的电子排布式为 $1s^2 2s^2 2p^1$。C 原子核外有 6 个电子，C 原子的 2p 电子可能有三种排布情况(图 6-16)。

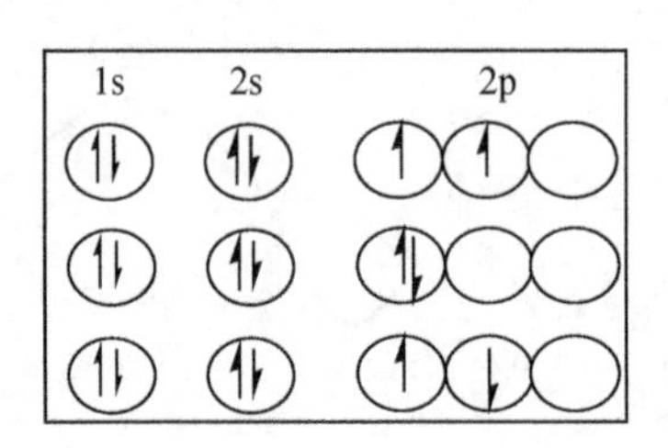

图 6-16　C 原子核外电子的可能排布示意图

那么这三种排布情况哪一种是正确的呢？下面我们来讨论电子排布的第三个规则。

3. 洪特规则(Hund's rule)

洪特(F. Hund)根据大量光谱实验结果提出，电子在能量相同的原子轨道上排布，会尽可能分占不同的原子轨道，并且自旋方向相同。这个规则称为洪特规则(Hund's rule)。这样我们就知道 C 原子的轨道排布如下所示

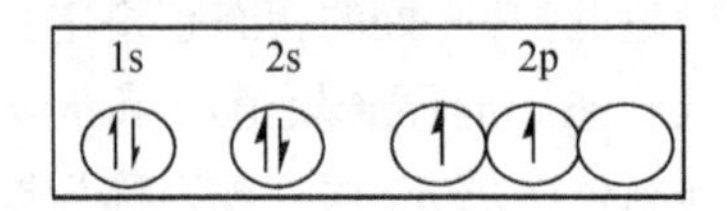

下面我们来看看 Cr 原子的电子排布，Cr 是 24 号元素，原子核外有 24 个电子，按照现有电子排布规则，Cr 原子的电子排布式应为：$1s^2 2s^2 2p^6 3s^2 3p^6 3d^4 4s^2$，但是元素周期表告诉我们 Cr 原子的电子排布式为：$1s^2 2s^2 2p^6 3s^2 3p^6 3d^5 4s^1$，这是为什么呢？

量子力学指出：简并轨道的全充满（p^6、d^{10}、f^{14}）、半充满（p^3、d^5、f^7）或全空（p^0、d^0、f^0）的状态下能量较低，比较稳定，这个规则称为洪特第二规则。所以 Cr 原子的电子排布式为：$1s^2 2s^2 2p^6 3s^2 3p^6 3d^5 4s^1$，而不是 $1s^2 2s^2 2p^6 3s^2 3p^6 3d^4 4s^2$。Cu 原子的电子排布式为：$1s^2 2s^2 2p^6 3s^2 3p^6 3d^{10} 4s^1$，而不是 $1s^2 2s^2 2p^6 3s^2 3p^6 3d^9 4s^2$。

需要说明的是，光谱实验结果证明多数元素的电子排布符合上述各项排布规则，但不能解释一些元素的电子排布结构，例如，$_{41}$Nb（铌）[Kr] $4d^4 5s^1$，$_{44}$Ru（钌）[Kr] $4d^7 5s^1$，$_{93}$Np（镎）[Rn]$5f^4 6d^1 7s^2$。

根据核外电子的排布规则，可用五种方法表示原子的电子结构，分述如下。

(1) 核外电子排布式

按照鲍林能级图中各亚层中电子的排布情况表示出来。如 Ca 原子的电子排布式为：$1s^2 2s^2 2p^6 3s^2 3p^6 4s^2$。

(2) 原子实表示法

由于在化学反应中，原子都是外层电子参与反应，而其内层的电子结构不发生改变。所以可以用惰性气体的元素符号表示原子内层的电子结构，原子的价电子构型放在惰性气体的元素符号的后面来表示原子的电子结构。

例如，Ca 原子的原子实表示为：[Ar] $4s^2$。

Cr 原子的原子实表示为：[Ar]$3d^5 4s^1$。

Cu 原子的原子实表示为：[Ar]$3d^{10} 4s^1$。

Gd 原子的原子实表示为：[Xe]$4f^7 5d^1 6s^2$。

(3) 价电子构型

由于决定原子化学性质的主要是原子的价电子构型，因此常把原子的原子实表示法中的惰性气体的元素符号删去，即得到原子的价电子结构表示式。例如，Fe 原子的价电子构型为：$3d^6 4s^2$。

(4) 按电子在核外原子轨道中的分布情况表示

例如，K 原子的轨道排布表示式为

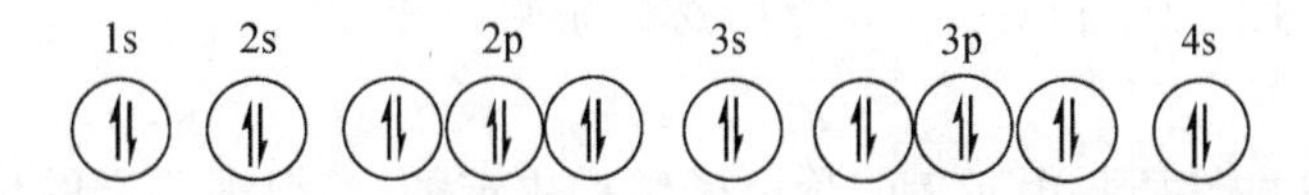

原子的轨道表示式直观、详细地表达了原子核外电子的排布情况。

(5) 按电子所处状态用整套 4 个量子数表示

例如,Cr:[Ar]$3d^5 4s^1$,其中,$3d^5$用$(3, 2, 2, \frac{1}{2}; 3, 2, 1, \frac{1}{2}; 3, 2, 0, \frac{1}{2}; 3, 2, -1, \frac{1}{2}; 3, 2, -2, \frac{1}{2})$或$(3, 2, 2, -\frac{1}{2}; 3, 2, 1, -\frac{1}{2}; 3, 2, 0, -\frac{1}{2}; 3, 2, -1, -\frac{1}{2}; 3, 2, -2, -\frac{1}{2})$表示;$4s^1$用$(4, 0, 0, \frac{1}{2}$或$-\frac{1}{2})$表示。

需要说明的是,原子基态电子排布时遵循能量最低原理,但当原子失去电子时,先失去最外层 ns 电子,再失去$(n-1)$d 电子。例如,Fe^{2+}的价电子构型为 $3d^6$ 而不是 $3d^4 4s^2$。Mn^{2+}的价电子构型为 $3d^5 4s^0$ 而不是 $3d^3 4s^2$。

三、元素周期律

19 世纪 60 年代已经发现了 60 多种元素,并积累了这些元素的原子量数据,为寻找元素间的内在联系创造了必要的条件。1869 年,门捷列夫根据原子量的大小将元素进行分类排队,发现元素性质随原子序数的递增呈现明显的周期性变化规律,提出了第一张元素周期表。这个规律所具有的丰富而深刻的内涵,对以后化学和自然科学的发展都具有普遍的指导意义。

1. 周期

在元素周期表中,每一横行称为一个周期,每一列称为一个族。第一周期有 2 个元素,价电子结构为 $1s^{1\sim2}$,第二、第三周期都各有 8 个元素,价电子结构为分别为 $2s^{1\sim2}2p^{1\sim6}$,$3s^{1\sim2}3p^{1\sim6}$。这 3 个周期称为短周期。第四、五周期各有 18 个元素,价电子结构为分别为 $3d^{1\sim10}4s^{1\sim2}4p^{1\sim6}$ 和 $4d^{1\sim10}5s^{1\sim2}5p^{1\sim6}$,称为长周期。第六周期是含有镧系元素的周期,有 32 种元素。第七周期是一个不完全周期。由上可知,元素的周期数与元素最高能量的电子所处的电子层数或最高能级数相等。

2. 族

如图 6－17 所示,周期表中左边的两列和右边的 6 列称为主族元素,以 A 表示,如ⅠA、ⅡA、ⅢA 等,主族的族数等于外层的电子数之和,共有 8 个主族。

其余的列为副族,以 B 表示,如ⅠB、ⅡB、ⅢB 等,共有 8 个副族,其中 Fe、Co、Ni, Ru、Rh、Pd 和 Os、Ir、Pt 等称为Ⅷ族。

3. 区

由于元素的性质是由元素的价电子结构决定的,又根据元素的价电子结构将周期表中的元素划分为 5 个区。s 区:$ns^{1\sim2}$,p 区:$ns^2np^{1\sim6}$,d 区:$(n-1)d^{1\sim10}$

$ns^{0\sim2}$，ds 区：$(n-1)d^{10}ns^{1\sim2}$，f 区：$(n-2)f^{0\sim14}(n-1)d^{0\sim1}ns^{2}$。

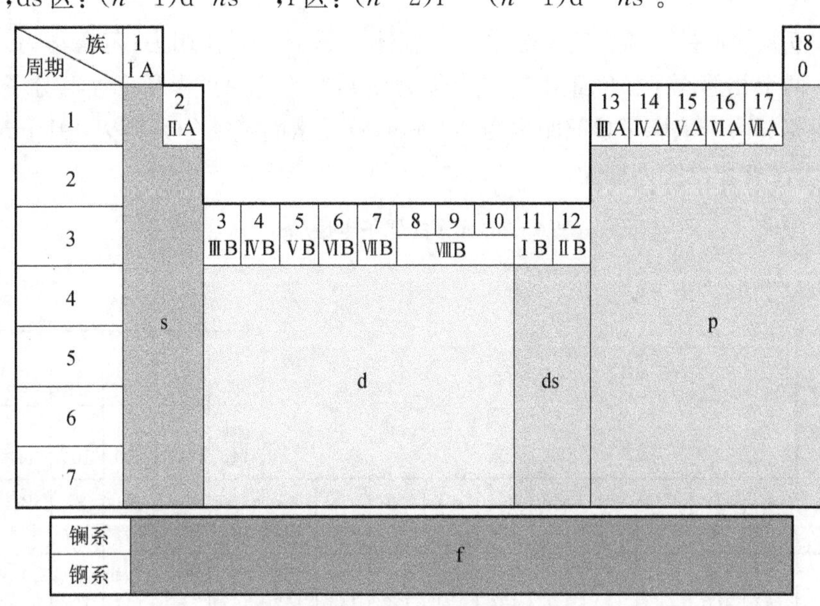

图 6-17　元素周期表的分区

第四节　元素性质的周期性

元素的原子结构呈现周期性的变化，与元素化学活泼性有关的一些原子基本性质，如原子半径、电离能、电子亲和能、电负性等也呈现周期性的变化。

一、原子半径

根据量子力学观点，原子核外的电子云没有确定的边界，因此，要给出一个准确的原子半径是不可能的。假设原子为球形，根据实验方法测定和间接计算可以求得元素的原子半径。根据测定方法的不同，常用的原子半径有三种，即共价半径、金属半径和范德华半径。

1) 共价半径　两个相同元素的原子以共价单键结合时，其核间距的一半称为该元素的共价半径。如 Cl_2 分子晶体中两个氯原子的核间距离等于 198 pm，氯原子的共价半径为 99 pm。

2) 金属半径　把金属单质晶体看成球形的金属原子紧密堆积形成，假定相邻的两个金属原子彼此相互接触，两个相邻原子核间距离的一半称为该元素的金属半径。如铜金属晶体中，测得相邻两个铜原子核间距离为 256 pm，铜原子的金属半径为 128 pm。

3）范德华半径　稀有气体等单原子气体仅靠分子间作用力（范德华力）形成晶体时，两个相邻原子核间距离的一半称为该元素的范德华半径。如氩分子晶体中，测得相邻两个氩原子核间距离为 382 pm，氩元素的范德华半径为 191 pm。这种半径因没有化学键而偏大。

表 6－7　元素的原子半径/pm

H 37																	He 122
Li 157	Be 112											B 88	C 77	N 74	O 66	F 64	Ne 160
Na 191	Mg 160											Al 143	Si 117	P 110	S 104	Cl 99	Ar 191
K 235	Ca 197	Sc 164	Ti 147	V 135	Cr 129	Mn 137	Fe 126	Co 125	Ni 125	Cu 128	Zn 137	Ga 135	Ge 122	As 121	Se 117	Br 114	Kr 198
Rb 250	Sr 215	Y 182	Zr 160	Nb 147	Mo 140	Tc 136	Ru 134	Rh 134	Pd 137	Ag 144	Cd 152	In 167	Sn 158	Sb 141	Te 137	I 133	Xe 217
Cs 272	Ba 224	Ln	Hf 159	Ta 147	W 141	Re 137	Os 135	Ir 136	Pt 139	Au 144	Hg 156	Tl 171	Pb 175	Bi 155	Po 153	At	Rn

镧系	La 188	Ce 183	Pr 183	Nd 182	Pm 181	Sm 180	Eu 204	Gd 180	Tb 178	Dy 177	Ho 177	Er 176	Tm 175	Yb 194	Lu 173

由表 6－7 知，原子半径的大小取决于原子的有效核电荷数和原子的电子层数。原子的核电荷数增加，原子核对核外电子的吸引力增大，使原子半径减小，而电子层数增加，电子之间的排斥作用增大，使原子半径增大。当这对矛盾因素相互作用达到平衡时，原子就具有了一定的半径。图 6－18 是原子半径随原子序数呈周期性变化的规律。

从图 6－18 可以总结出元素原子半径的一些变化规律。同一短周期（第二、第三周期）元素，随着元素原子序数的依次增大，元素的原子半径依次减小。这是因为电子层数相同时，有效核电荷数依次增大，引起元素的原子半径依次下降。d 区元素随着元素原子序数的依次增大，原子半径的减小幅度变化不明显，这是由于最后一个电子填充的是次外层 d 轨道，对最外层的电子具有屏蔽效应所致。对于主族元素，同族元素的原子半径从上到下，随着电子层数增大，原子半径增大。第六周期的镧系元素从左到右，原子半径总体是逐步减小的，但减小幅度更小，这是因为新增加的电子填充在倒数第三层的 4f 轨道上，对外层电子的屏蔽效应更大，外层电子受到的有效核电荷数增加的更小，因此半径减小的幅度更小。镧系元素从镧到镥，15 个镧系元素占据一格，原子半径下降了 12 pm，使得之后元素的原子半径与同族第五周期的元素原子半径几乎相等，这种现象称为“镧系收缩”(lanthanide cintraction)。镧系收缩的结果使得第五、第六周期的同族元素的原子半径几乎相等。如

第五周期元素	Zr	Nb	Mo	Tc	Ru	Rh	Pd
原子半径/pm	160	147	140	136	134	134	137
第六周期元素(镧系收缩)	Hf	Ta	W	Re	Os	Ir	Pt
原子半径	159	147	141	137	135	136	139

因此，第五和第六周期的同族元素的化学性质十分相似，在自然界中共生于同一种矿中，很难分离。

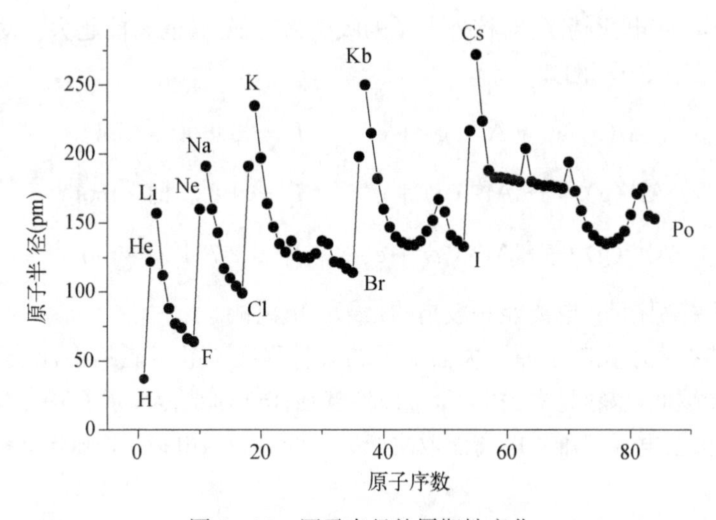

图 6-18　原子半径的周期性变化

如何比较某原子和其阴离子或阳离子的半径大小呢？例如，氯原子和氯离子半径大小的比较。两者核电荷数相同，但氯离子比氯原子多了 1 个电子，这一电子运动要占据一定的空间，所以氯离子半径大于氯原子半径。原子和其阳离子半径的大小正好与上述情况相反。例如：钠离子半径小于钠原子半径。

电子层结构相同而核电荷不同的粒子半径大小是变化如何呢？例如，钠离子、镁离子、氧离子、氟离子半径大小比较。这几个粒子的核外电子结构相同，显然核电荷数越多，核对核外电子引力越大则粒子的半径就越小。所以其粒子半径大小顺序是：

镁离子半径＜钠离子半径＜氟离子半径＜氧离子半径

二、电离能与电子亲和能

如何用量化的方法来衡量一个元素原子得失电子的能力呢？如果这个元素原子的得电子能力越强，说明该元素的非金属性越强。元素原子失电子能力越强，说明该元素的金属性越强。下面我们来讨论电离能和电子亲和能。

1. 电离能

标准状态下，基态的气态原子失去一个电子形成+1价气态阳离子所需要的最低能量称为第一电离能(I_1，First ionization energy)。

$$M(g) \longrightarrow M^+(g) + e^- \qquad I_1 = \Delta H$$

由+1价气态阳离子再失去一个电子所需要的能量称为第二电离能(I_2)。依次类推为第三电离能I_3…。电离能的单位为kJ·mol^{-1}。失去一个电子后原子带一个单位正电荷，原子核对核外电子的吸引力更大，再失去一个电子就需要更多的能量。正离子所带电荷越高，对核外电子的吸引力越强，其电离能越大。对于同一元素，$I_1<I_2<I_3<\cdots$。例如

$$Al(g) \longrightarrow Al^+(g) + e^- \qquad I_1 = 578\ kJ \cdot mol^{-1}$$

$$Al^+(g) \longrightarrow Al^{2+}(g) + e^- \qquad I_2 = 1\ 823\ kJ \cdot mol^{-1}$$

$$Al^{2+}(g) \longrightarrow Al^{3+}(g) + e^- \qquad I_3 = 2\ 751\ kJ \cdot mol^{-1}$$

如果不特别标明，电离能一般指的是第一电离能。

电离能的大小反映了原子失去电子的难易程度。电离能越小，原子失去电子吸收的能量越低，越容易失去电子，金属性越强；电离能越大，原子失去电子吸收的能量越高，失去电子越难。电离能取决于原子的有效核电荷、原子半径和原子的电子层结构。

由图6-19可以看出，元素的第一电离能有如下特点。

1) 同周期元素从左到右，电离能逐渐增大，表明气态原子失去电子越来越难，非金属性逐渐增强。具有稳定电子结构的元素原子，如He、Ne、Ar、Kr，全充满结构如Be、Mg，半充满结构如N、P的原子具有较高的电离能。

2) 同一主族元素，从上到下，电离能逐渐减小。这是因为随着电子层数的增加，原子半径逐渐增大，原子核对外层电子的吸引力减小，价电子容易失去，电离能减小。第一电离能最小的是Cs，最大的是He。

3) 对于同周期的过渡元素，从左到右电离能缓慢增大。

2. 电子亲和能E_A

标准状态下，元素的基态气态原子得到一个电子形成一价气态负离子所释放出的能量称为该元素的第一电子亲和能，以E_{A1}表示，单位为kJ·mol^{-1}。

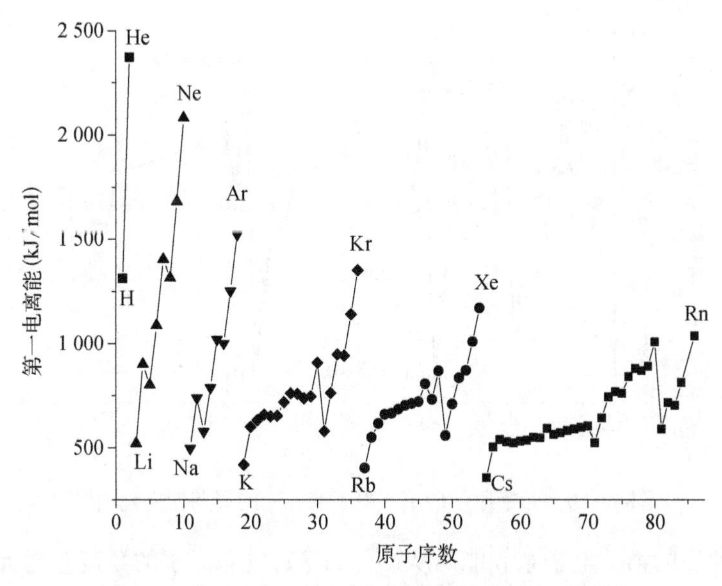

图 6-19　元素原子的第一电离能的周期性变化曲线

$$M(g) + e^- \longrightarrow M^-(g) \qquad E_{A1} = \Delta H$$

元素的电子亲和能和元素的电离能相似，也有第二电子亲和能、第三电子亲和能等。因为从负一价离子得到 1 个电子成为负二价离子，需要克服负电荷对电子的排斥作用，需要吸收能量。例如

$$O(g) + e^- \longrightarrow O^-(g) \qquad E_{A1} = -141\ \text{kJ} \cdot \text{mol}^{-1}$$

$$O^-(g) + e^- \longrightarrow O^{2-}(g) \qquad E_{A2} = 780\ \text{kJ} \cdot \text{mol}^{-1}$$

电子亲和能的代数值一般是随原子半径的减小而减小（图 6-20）。

电子亲和能的大小可用来衡量基态的气态原子得电子的难易程度，E_A 值越小，越容易得到电子，气态时的非金属性越强。非金属原子（稀有气体除外）的第一电子亲和能总是负值，而金属原子的电子亲和能一般为较小的负值或正值。

电子亲和能的测定比较困难，通常用间接的方法计算得到，因此它们的准确度要比电离能差。电子亲和能也取决于原子的有效核电荷、原子半径和原子的电子层结构。在周期表中原子的电子亲和能的变化规律与电离能的变化规律恰好相反。同周期元素从左到右元素原子的电子亲和能数值逐渐减小，同族元素原子的电子亲和能从上到下逐渐增大。电子亲和能最小的是 Cl 原子，而不是 F 原子，因为 F 原子半径太小，得到外来电子后，电子之间的互斥作用增强，使其放出的能量减小。电子亲和能最大是 Ne 原子。具有全充满、半充满结构元素原子的电子亲和能较大。碱土金属和惰性气体原子的电子亲和能为正值。

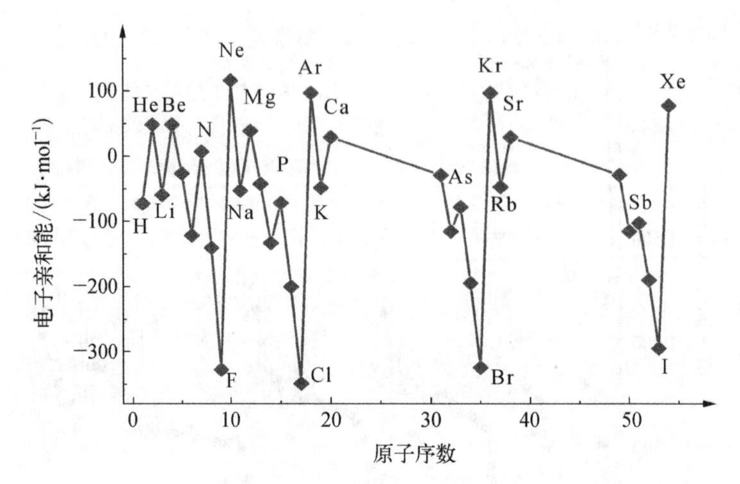

图 6-20 元素原子的第一电子亲和能的周期性变化曲线

元素原子的第一电子亲和能是从孤立的基态气态原子的角度考虑元素原子的得电子能力的大小,没有考虑物质中原子之间的成键情况,使其应用受到限制。

三、电负性

电离能的大小反映一个原子失去电子的能力,电子亲和能的大小反映一个原子得到电子的能力。当两个原子形成共价分子时,原子对成键电子对的吸引能力如何来衡量呢?

1932 年,美国化学家鲍林提出用电负性(electronegativity)来衡量共价分子中元素原子吸引电子对的能力。元素的电负性越大,其原子吸引共价分子中电子对的能力越强。下面首先介绍鲍林的电负性标度。

1932 年,鲍林发现了一个实验事实,A、B 两原子间的键能 E_{A-B}大于同种原子间键能 E_{A-A}和 E_{B-B}的平均值。令它们之间的差为 Δ,则有

$$\Delta = E_{A-B} - \frac{E_{A-A} + E_{B-B}}{2} \qquad (算术平均值)$$

或者

$$\Delta = E_{A-B} - \sqrt{E_{A-A} \cdot E_{B-B}} \qquad (几何平均值)$$

绝大多数化合物都适合算术平均值公式。

定义 χ_A和 χ_B分别为 A 和 B 两种元素的电负性,两种元素的电负性差为

$$|\chi_A - \chi_B| = 0.102\sqrt{\Delta} \qquad (6-12)$$

式中，Δ 由键能数据（$kJ \cdot mol^{-1}$为单位）来计算得到，0.102 是由大量实验数据拟合得到。指定 Li 的电负性 $\chi_{Li}=1.0$，F 的电负性 $\chi_F=4.0$，可计算出一套电负性数值，电负性无单位，如表示 6-8 所示。

表 6-8 元素的电负性数值(χ_P)

H 2.1																
Li 1.0	Be 1.5											B 2.0	C 2.5	N 3.0	O 3.5	F 4.0
Na 0.9	Mg 1.2											Al 1.5	Si 1.8	P 2.1	S 2.5	Cl 3.0
K 0.8	Ca 1.0	Sc 1.3	Ti 1.5	V 1.6	Cr 1.6	Mn 1.5	Fe 1.8	Co 1.9	Ni 1.9	Cu 1.9	Zn 1.6	Ga 1.6	Ge 1.8	As 2.0	Se 2.4	Br 2.8
Rb 0.8	Sr 1.0	Y 1.2	Zr 1.4	Nb 1.6	Mo 1.8	Tc 1.9	Ru 2.2	Rh 2.2	Pd 2.2	Ag 1.9	Cd 1.7	In 1.7	Sn 1.8	Sb 1.9	Te 2.1	I 2.5
Cs 0.7	Ba 0.9	La～Lu 1.0～1.2	Hf 1.3	Ta 1.5	W 1.7	Re 1.9	Os 2.2	Ir 2.2	Pt 2.2	Au 2.4	Hg 1.9	Tl 1.8	Pb 1.8	Bi 1.9	Po 2.0	At 2.2
Fr 0.7	Ra 0.9	Ac～No 1.1～1.3														

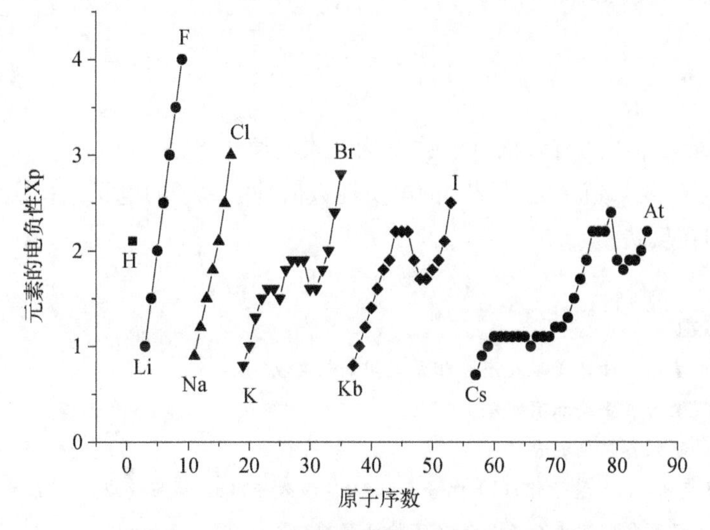

图 6-21 元素电负性的周期性变化曲线

从图 6-21 可以看出，元素的电负性呈现如下规律。

1）同周期主族元素，从左到右随着原子序数的增加，元素的电负性逐渐增大（至卤素），元素的非金属性逐渐增强，金属性逐渐减弱。

2）对于主族元素，同族元素从上到下随着原子电子层数的增加，元素的电负性逐渐减小。

3）副族元素的电负性一般较小而且变化不大。

4）电负性越大，元素得电子能力越强，非金属性越强；电负性越小，元素金属性越强。一般来说，电负性大于 2.0 的为非金属，小于 2.0 的为金属元素。

元素的电负性与其第一电离能和电子亲和能之间有没有内在关系呢？1934 年，马利肯(R. S. Mulliken)从元素原子的电离能和电子亲和能综合考虑，求出元素的电负性 χ_P。

$$\chi_P = 0.18(I_1 - E_A) \tag{6-14}$$

这里 I_1 为元素原子的第一电离能，E_A 为元素原子的电子亲和能，电离能和电子亲和能均以电子伏特（$eV = 1.602\,177 \times 10^{-19}$ J）为单位。

例如，Cl 原子的 $I_1 = 12.967$ eV，$E_A = -3.61$ eV，则有

$$\chi_{Cl} = 0.18\,(12.967 + 3.61) = 2.98$$

下面我们再思考一下，元素的电负性与元素原子的电子结构之间有没有内在关系呢？1957 年，阿莱(Allred)和罗周(Rochow)以 Z^* / r^2 对鲍林的电负性作图，得到一条直线，其直线方程为

$$\chi_P = 0.359\frac{Z^*}{r^2} + 0.744 \tag{6-15}$$

式中 Z^* 为元素原子的有效核电核数，r 为元素的原子半径。

这样，我们就知道了元素原子的电负性数值是由原子的电子结构决定的，是原子结构的内在反映。

思考题与习题

1. 什么是基态？什么是激发态？相互之间如何转换？
2. 玻尔模型的主要要点有哪些？
3. 试解释下列各名词的含义：

(1) 能级交错；(2) 量子化；(3) 电子云；(4) 屏蔽效应；(5) 钻穿效应；(6) 镧系收缩。

4. 电子运动有哪些特点？是用什么实验证实的？
5. 试述四个量子数的含义及它们的取值规则。
6. 什么是等价轨道？试举例说明。
7. 什么是原子轨道？原子轨道的角度分布图和电子云分布图有什么相似之处和不同之处？
8. 什么是电离能？什么是电子亲和能？如何用这些数据衡量元素得失电子的能力？

9. 什么是电负性？如何用电负性数值判断元素的金属性或非金属的强弱？

10. 原子半径有什么规律性？

11. 计算氢原子光谱中，$n_2 = 3, 4, 5, 6$，$n_1 = 2$ 时对应的光谱线波长各是多少纳米？

12. 写出C原子的所有电子的四个量子数。

13. 对下列各组轨道填充合适的量子数，并指出电子所处的原子轨道。

(1) $n = ?,\ l = 2,\ m = 1,\ m_s = +\frac{1}{2}$

(2) $n = 3,\ l = ?,\ m = 1,\ m_s = -\frac{1}{2}$

(3) $n = 4,\ l = 0,\ m = ?,\ m_s = +\frac{1}{2}$

(4) $n = 2,\ l = 0,\ m = 0,\ m_s = ?$

14. 对下列各组电子的运动状态是否存在？为什么？

(1) $n = 3,\ l = 3,\ m = 1,\ m_s = +\frac{1}{2}$

(2) $n = 3,\ l = 1,\ m = 2,\ m_s = -\frac{1}{2}$

(3) $n = 4,\ l = 0,\ m = 0,\ m_s = +\frac{1}{2}$

(4) $n = 2,\ l = 0,\ m = 0,\ m_s = -\frac{1}{2}$

15. 写出下列原子的电子排布式。

(1) Fe；(2) Cr；(3) Cu；(4) Se

16. 写出下离子的电子排布式。

(1) Mn^{2+}；(2) Cr^{3+}；(3) Co^{3+}；(4) F^-；(5) O^{2-}；(6) S^{2-}

17. 画出下列原子的轨道表示式。

(1) C；(2) O；(3) Fe；(4) Se

18. 写出Ga原子的电子排布式，并画出Ga原子最外两个电子层中原子轨道的角度分布图。

19. 若元素最外层仅有1个电子，该电子的四个量子数为 $n = 4,\ l = 0,\ m = 0,\ m_s = +\frac{1}{2}$。

问：(1) 符合上述条件的元素有几个？原子序数各为多少？

(2) 写出相应元素原子的电子排布式，并指出它们在周期表中所处的周期、族和区。

20. 已知下列元素原子的价电子结构分别为

(1) $4s^1$；(2) $3s^2 3p^5$；(3) $4s^2 3d^6$；(4) $4s^2 3d^{10}$

试指出：

(1) 它们是什么元素，位于周期表中第几周期？第几族？

(2) 比较它们的电负性数值的相对大小。

21. 第四周期某元素，该原子失去 2 个电子后，在角量子数为 2 的轨道内的电子恰好处于半充满状态，试指出该元素的名称、原子序数、位于周期表中哪一族？

22. 第四周期某元素，该原子失去 3 个电子后，在角量子数为 2 的轨道内的电子处于全充满状态，试写出该元素的名称、电子排布式、位于周期表中哪一族？

23. 写出下列离子的价电子结构式，并指出它们在基态时的未成对电子数。

(1) Ti^{4+}；(2) Cu^{2+}；(3) Ni^{2+}；(4) Zn^{2+}；(5) Sn^{2+}

24. 波长为 242 nm 的辐射能恰好将钠原子最外层 1 个电子完全移出，试计算钠原子的第一电离能。

25. 指出符合下列特征的元素名称

(1) 具有 $1s^2 2s^2 3p^6 3s^2 3p^6 4s^2 3d^3$ 电子结构式的元素。

(2) 碱金属元素中原子半径最小的元素和原子半径最大的元素。

(3) ⅠA 中第一电离能最大的元素和第一电离能最小的元素。

(4) ⅦA 中电子亲和能最大的元素。

第七章
分子结构和晶体结构

研究物质的性质，必须了解其分子结构及空间构型。分子由原子组成，是保持物质基本化学性质的最小微粒，原子之间通过化学键组成分子。人们把分子或晶体内相邻原子（或离子）间强烈的相互作用称为化学键。化学键主要分为离子键、共价键和金属键三种类型，能够体现原子或离子之间的强相互作用。

本章主要内容是在原子结构的基础上，结合三种化学键讨论分子构型及晶体结构，同时介绍分子间作用力和氢键，介绍它们的特点及与物质性质的关系。

第一节　离子键

活泼金属元素与活泼非金属元素组成的化合物如 NaCl，KCl，CaO，$MgSO_4$ 等，在通常状况下是结晶状的固体，具有较高的熔点和沸点，熔融状态下能够导电。1916 年德国科学家科塞尔（Kossel）提出离子键理论，来说明这类化合物原子之间相互作用的本质。

一、离子键的形成和性质

（一）离子键的形成

以常见的典型离子键化合物 NaCl 为例，描述离子键的形成过程。

当电负性小的活泼金属原子与电负性大的活泼非金属原子相遇时，它们都有达到稳定结构的倾向，由于它们的电负性相差较大，容易发生电子的得失而形成正、负离子。

电子转移过程　$Na - e^- \longrightarrow Na^+$，$Cl + e^- \longrightarrow Cl^-$

电子构型变化　$2s^2 2p^6 3s^1 \rightarrow 2s^2 2p^6$，$3s^2 3p^5 \rightarrow 3s^2 3p^6$

Na 和 Cl 分别达到 Ne 和 Ar 稀有气体原子构型，形成稳定的正负离子。

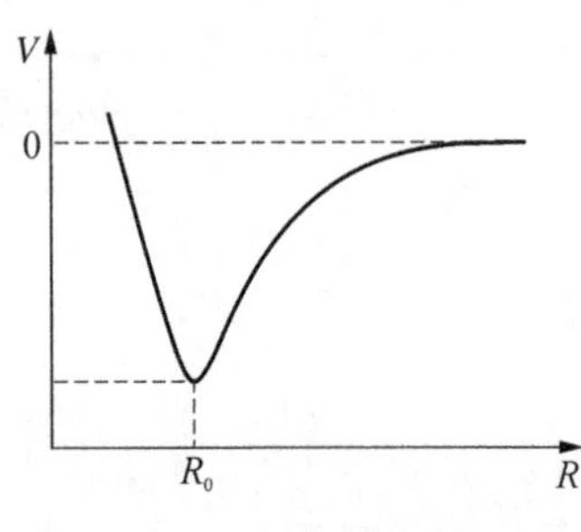

图 7-1　NaCl 的势能曲线

正负离子靠静电吸引力结合在一起，形成离子化合物。这种正负离子间的静电吸引力就叫做离子键。离子键形成的同时也伴随体系能量的变化。图 7-1 是 NaCl 的势能曲线，图中横坐标是核间距 R，纵坐标是体系的势能 V。纵坐标的零点表示当 r 无穷大时，即两核之间无限远时，势能为零。下面考察 Na^+ 和 Cl^- 彼此接近时，势能 V 的变化。

$R>R_0$ 时，随着 R 的减小，正负离子主要靠静电相互吸引，V 不断减小，体系逐渐稳定。

$R=R_0$ 时，V 有极小值，此时体系最稳定，表明形成了离子键。

$R<R_0$ 时，随着 R 的减小，V 急剧上升，Na^+ 和 Cl^- 更加接近时，相互间的电子斥力急剧增加，导致势能急剧上升。

因此，离子相互吸引，保持一定距离时，体系最稳定，即形成了稳定的离子键。

(二) 离子键的形成条件

1. 元素的电负性差要比较大

$\Delta\chi > 1.7$，发生电子转移，形成离子键；

$\Delta\chi < 1.7$，不发生电子转移，形成共价键。

但离子键和共价键之间，并非严格截然可以区分的。可将离子键视为极性共价键的一个极端，而另一极端为非极性共价键，如下所示。

极性增大 →

非极性共价键　　　极性共价键　　　离子键

化合物中不存在百分之百的离子键，即使是 NaF 的化学键之中，也有共价键的成分，即除离子间靠静电相互吸引外，尚有共用电子对的作用。$\Delta\chi>1.7$，实际上是指离子键的成分(百分比)大于 50%。

2. 易形成稳定离子

$Na^+(2s^2 2p^6)$，$Cl^-(3s^2 3p^6)$，达到稀有气体稳定结构。

$Ag^+(4d^{10})$，d 轨道全充满的稳定结构。

而 C 原子和 Si 原子的价电子构型为 ns^2np^2，要失去全部的 4 个电子，才能形成稳定的离子，比较困难。所以它们一般不形成离子键，如 CCl_4、SiF_4 等，均为共价化合物。

3. 形成离子键,释放能量大

$$Na(s) + \frac{1}{2}Cl_2(g) = NaCl(s) \qquad \Delta H = -411.2\ kJ \cdot mol^{-1}$$

在形成离子键时,以放热的形式,释放较大的能量。

(三) 离子键的性质

从离子键形成的过程可以看出,当活泼金属原子和活泼非金属原子相互接近时,发生电子转移,形成正、负离子。正离子和负离子之间通过静电引力结合在一起形成离子键,也就是说离子键的本质是静电作用力。根据库仑定律,两个带有相反电荷的正负离子之间的静电作用力与离子电荷的乘积成正比,与离子间距离成反比。所以,离子的电荷越大,离子间的距离越小,离子间的静电引力越强。

由于离子键是由正离子和负离子通过静电引力作用相连接,因此决定了离子键的特点是没有方向性和饱和性。

没有方向性是指由于离子的电荷是球形分布的,它可以在空间任何方向吸引带有异性电荷的离子,不存在在某一方向上吸引力更强的问题。

没有饱和性是指在空间条件允许的情况下,每一个离子可吸引尽可能多的带有异性电荷的离子。但是,这并不是指一个离子周围所排列的带有异性电荷离子的数目是任意的。实际上,每个离子周围排列的带有异性电荷离子的数目是一定的,这个数目与正负离子半径的大小和所带电荷多少有关。

(四) 离子键的强度

1. 键能和晶格能

以 NaCl 为例:

键能:标准状态下,1 mol 气态 NaCl 分子,离解成气体原子时,所吸收的能量,用 E_i 表示。键能 E_i 越大,表示离子键越强。

$$NaCl(g) = Na(g) + Cl(g) \qquad \Delta H = E_i$$

晶格能:标准状态下,气态的正负离子,结合成1 mol NaCl 晶体时,放出的能量,用U表示。

$$Na^+(g) + Cl^-(g) = NaCl(s) \qquad \Delta H = -U(\text{表示 } U \text{ 为正值})$$

晶格能的大小与构晶离子的电荷及离子半径有关,其理论计算公式如下

$$U = \frac{N_A M Z_+ Z_- e^2}{4\pi\varepsilon_0 R_0}\left(1 - \frac{1}{n}\right)$$

其中,N_A——阿伏加德罗常数;

M——跟晶体类型有关的马德隆常数(取值在 5～12 之间);

Z——离子电荷数;　　ε_0——介电常数;

R_0——核间距；　　n——伯恩常数(取值在5～12之间)。

晶格能U越大,则形成离子键时放出的能量越多,离子键越强。键能和晶格能,均能表示离子键的强度,而且大小关系一致。通常,晶格能比较常用。

2. 玻恩-哈伯循环(Born-Haber Circulation)

玻恩(Max Born)和哈伯(Fritz Haber)设计了一个热力学循环过程,从已知的热力学数据出发,计算晶格能。具体如下

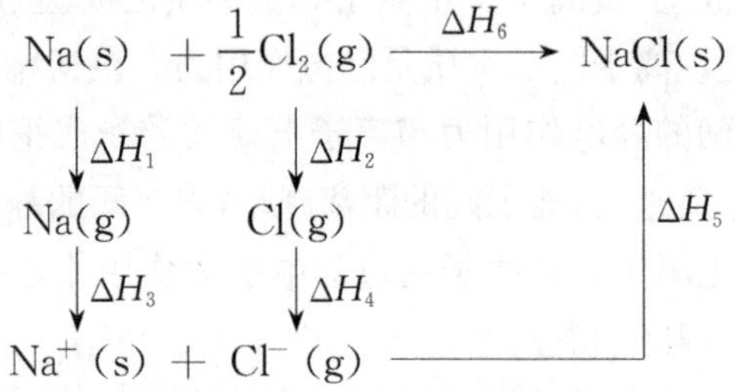

$$\begin{array}{ccccc} Na(s) & + & \frac{1}{2}Cl_2(g) & \xrightarrow{\Delta H_6} & NaCl(s) \\ \downarrow \Delta H_1 & & \downarrow \Delta H_2 & & \uparrow \\ Na(g) & & Cl(g) & & \Delta H_5 \\ \downarrow \Delta H_3 & & \downarrow \Delta H_4 & & | \\ Na^+(s) & + & Cl^-(g) & \longrightarrow & \end{array}$$

$\Delta H_1 = A = 108\ kJ \cdot mol^{-1}$,为Na(s)的原子化(升华)热$A$;

$\Delta H_2 = \frac{1}{2}D = 121\ kJ \cdot mol^{-1}$,为$Cl_2(g)$的解离能$D$的一半;

$\Delta H_3 = I_1 = 496\ kJ \cdot mol^{-1}$,为Na的第一电离能$I_1$;

$\Delta H_4 = -E = -349\ kJ \cdot mol^{-1}$,为Cl的电子亲和能$E$的相反数;

$\Delta H_5 = -U$,为NaCl的晶格能U的相反数;

$\Delta H_6 = \Delta_f H_m^\ominus = -411\ kJ \cdot mol^{-1}$,为NaCl的标准生产热。

根据盖斯定律:$\Delta H_6 = \Delta H_1 + \Delta H_2 + \Delta H_3 + \Delta H_4 + \Delta H_5$

所以:$\Delta H_5 = \Delta H_6 - (\Delta H_1 + \Delta H_2 + \Delta H_3 + \Delta H_4)$

即:$U = (\Delta H_1 + \Delta H_2 + \Delta H_3 + \Delta H_4) - \Delta H_6$

$$= A + \frac{1}{2}D + I_1 - E - \Delta_f H_m^\ominus$$

$$U = 108 + 121 + 496 - 349 + 411 = 787\ kJ \cdot mol^{-1}$$

以上关系称为玻恩-哈伯循环。

利用盖斯定律,通过热力学也可以计算NaCl离子键的键能。

$$NaCl(g) \xrightarrow{\Delta H = E_i} Na(g) + Cl(g)$$

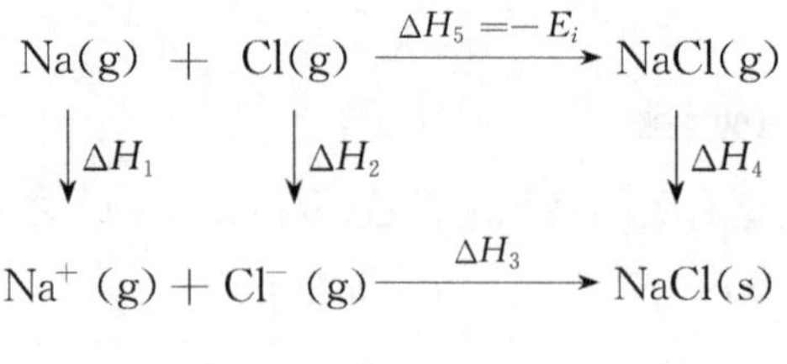

$$\begin{array}{ccccc} Na(g) & + & Cl(g) & \xrightarrow{\Delta H_5 = -E_i} & NaCl(g) \\ \downarrow \Delta H_1 & & \downarrow \Delta H_2 & & \downarrow \Delta H_4 \\ Na^+(g) & + & Cl^-(g) & \xrightarrow{\Delta H_3} & NaCl(s) \end{array}$$

ΔH_1——Na 的第一电离能 I_1；

ΔH_2——Cl 的电子亲和能 E 的相反数 $-E$；

ΔH_3——NaCl 的晶格能 U 的相反数 $-U$；

ΔH_4——NaCl 的升华热 S；

而 $\Delta H_5 = -E_i$，所以通过 I_1、E、U 和 S 可求出键能 E_i。

二、离子键强度的影响因素

离子键的实质是静电引力，影响离子键大小的因素主要是离子的电荷、离子半径和电子构型。

1. 离子的电荷

从离子键的形成过程可知，离子的电荷就是在形成离子化合物过程中失去或得到的电子数。在 NaCl 中，Na 原子和 Cl 原子分别失去和得到 1 个电子，形成具有稳定稀有气体电子结构的 Na^+ 和 Cl^-。

离子的电荷对离子间的相互作用力影响很大，离子电荷越高，与异性电荷间的吸引力越大，晶格能越大，离子键越强，离子化合物的熔点和沸点越高。离子的电荷不仅影响离子化合物的物理性质如熔点、沸点、颜色、溶解度等，而且影响离子化合物的化学性质(表 7－1)。

表 7－1　晶格能与物质硬度和熔点的关系

晶　体	NaI	NaBr	NaCl	NaF	BeO	MgO	CaO	SrO	BaO
离子电荷	1	1	1	1	2	2	2	2	2
核间距/pm	318	294	279	231	—	210	240	257	277
晶格能/($kJ \cdot mol^{-1}$)	692	740	780	920	4521	3889	3513	3310	3152
熔点/℃	660	747	801	996	—	2852	2570	2430	1918
莫氏硬度	—	—	2.5	2～2.5	—	5.5	4.5	3.5	3.3

2. 离子半径

离子的电子云一方面集中在原子核周围，另一方面又几乎分散在整个核外空间，所以与原子半径一样，离子半径也没有明确的含义。离子间的距离是用相邻两个离子的核间距来衡量的，也就是指正、负离子间的静电吸引力和它们核外电子之间以及原子核之间的排斥力达到平衡时，正负离子两核之间保持的平衡距离，常用 d 表示。离子半径大，导致离子间距大，它们之间的作用力就小，熔点和沸点低，晶格能低；相反，离子半径越小，作用力越大，晶格能越高。

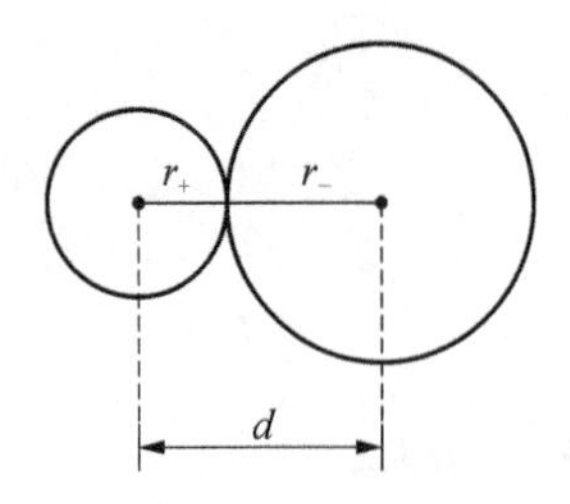

图 7-2 离子半径与核间距的关系

如果把正、负离子近似看成是两个相互接触的球体，如图 7-2 所示，核间距可以看成是相邻两个离子半径 r_+ 和 r_- 之和。即

$$d = r_+ + r_-$$

核间距可以利用 X 射线衍射法测定，如果已知一个离子的半径，就可以通过 d 值求出另一个相关离子的半径。但实际上核外电子没有固定的运动轨道，因此如何从 d 中划分出两个离子的半径也非常复杂。按照把正、负离子近似看成是两个相互接触的球体的假设，离子半径是指离子晶体中正、负离子及接触半径，也就是有效离子半径。

1926 年，哥德希密特(Goldschmidt)用光学方法测定，得到了 F^- 和 O^{2-} 的半径，分别为 133 pm 和 132 pm，结合 X 射线衍射数据，得到一系列离子半径，例如

Mg^{2+} 的半径 $r = d_{MgO} - r_{O^{2-}} = 320 - 132 = 78(pm)$

这种半径称为哥德希密特半径。

1927 年，鲍林(Pauling)将最外层电子到核的距离，定义为离子半径，并利用有效核电荷等关系，求出一套离子半径数据，称为鲍林半径。

一般在比较半径大小和讨论规律变化时，多采用鲍林半径。根据离子半径数值可以看出离子半径的变化规律主要有以下几点。

1）同主族，从上到下，电子层增加，具有相同电荷数的离子半径增加。

$$Li^+ < Na^+ < K^+ < Rb^+ < Cs^+,\ F^- < Cl^- < Br^- < I^-$$

2）同周期，主族元素，从左至右，核外电子数相同，离子电荷数升高，半径减小。例如

$$Na^+ > Mg^{2+} > Al^{3+},\ K^+ > Ca^{2+}$$

过渡元素，离子半径变化规律不明显。

3）同一元素，不同价态的离子，正电荷高的半径小。如

$$Ti^{4+} < Ti^{3+},\ Fe^{3+} < Fe^{2+}$$

4）一般负离子半径较大，正离子半径较小。第二周期：F^- 136 pm；Li^+ 60 pm；第四周期：Br^- 195 pm；K^+ 133 pm，虽然差了两个周期，F^- 仍比 K^+ 的离子半径大。

5）周期表对角线上，左上元素和右下元素的离子半径相似。例如，Li^+ 和 Mg^{2+}，Sc^{3+} 和 Zr^{4+} 的半径相似。

3. 离子的电子构型

对于简单负离子来说，通常具有稳定的 8 电子构型，如 F^-、Cl^-、O^{2-} 等最外层都是稳定的稀有气体电子构型，即 8 电子构型。对于正离子来说，情况比较复杂，通常有以下几种电子构型。

1) 0 电子构型。最外层没有电子的离子，如 H^+。

2) 2 电子构型(ns^2)。最外层有 2 个电子的离子，如 Li^+、Be^{2+} 等。

3) 8 电子构型(ns^2np^6)。最外层有 8 个电子的离子，如 Na^+、K^+、Ca^{2+} 等。

4) 9～17 电子构型($ns^2np^6nd^{1\sim9}$)。最外层有 9 到 17 个电子的离子，具有不饱和电子结构，也称为不饱和电子构型，如 Fe^{2+}、Cr^{3+} 等。

5) 18 电子构型($ns^2np^6nd^{10}$)。最外层有 18 个电子的离子，如 Ag^+、Cd^{2+} 等。

6) (18+2)电子构型[$(n-1)s^2(n-1)p^6(n-1)d^{10}ns^2$]。次外层有18个电子的离子、最外层有 2 个电子的离子，如 Pb^{2+}、Sn^{2+}、Bi^{3+} 等。

离子的电子构型与离子键的强度有关，对离子化合物的性质有影响。例如，ⅠA族的碱金属与ⅠB族的铜副族，都能形成+1 价离子，电子构型分别为 8 电子构型和 18 电子构型，导致离子化合物的性质有较大差别。如 Na^+ 和 Ag^+ 的离子半径分别为 99 pm 和 100 pm，但 NaCl 易溶于水，而 AgCl 难溶于水。

第二节 共价键

一、价键理论

价键理论(Valence Bond Theory)也称为电子配对法(VB 法)。1927 年，德国人海特勒(Heitler)和伦敦(London)用量子力学处理 H_2 分子结构，解决了两个氢原子之间化学键的本质问题，使共价键理论从典型的路易斯理论发展到今天的现代共价键理论。

(一) 氢分子中的化学键

量子力学计算表明，两个具有 $1s^1$ 电子构型的 H 彼此靠近，两个 1s 电子以自旋相反的方式形成电子对，使体系的能量降低。其能量 V 随两个 H 的距离 R 的变化如图 7-3 所示。图中横坐标是 H 原子间的距离 R，纵坐标是体系的势能 V，并且以 $R\to\infty$ 时的势能值为纵坐标的势能零点。从图中可以看出，$R=R_0$ 时，V 最小，为 $V=-D(D>0,-D<0)$，

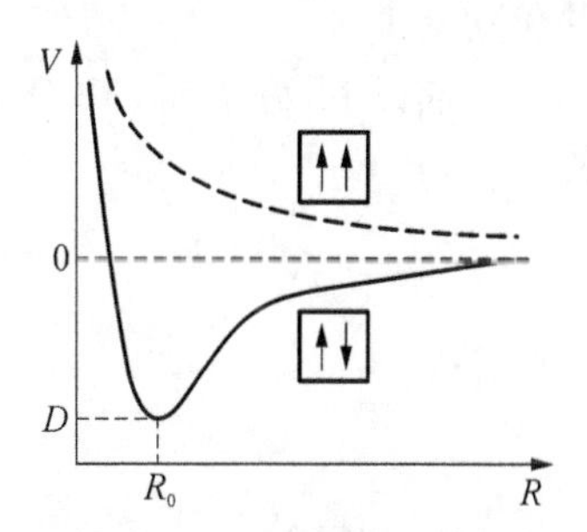

图 7-3 H_2形成过程中的能量变化

表明此时两个 H 原子间形成了化学键。

运用热力学方法分析这一过程的热效应如下

$$2H \longrightarrow H_2 \qquad \Delta H = E_{H_2} - E_{2H} = -D - 0 = -D < 0$$

$\Delta H<0$,表示由 2H 形成 H_2时,放出热量。相反过程

$$H_2 \longrightarrow 2H \qquad \Delta H = E_{2H} - E_{H_2} = 0 - (-D) = D > 0$$

$\Delta H>0$,表示吸热,即破坏 H_2的键要吸热(吸收能量),此热量 D 的大小与 H_2分子中的键能有关。

计算还表明,若两个 1s 电子保持以相同自旋的方式,则 R 越小,V 越大。此时,不形成化学键。如图 7-3 中上方虚线所示,能量不降低。

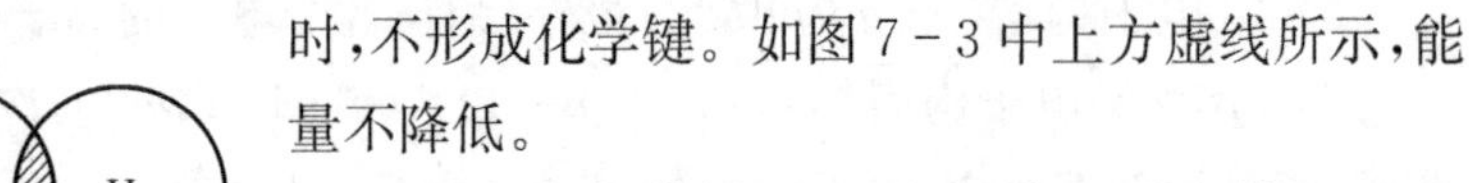

图 7-4　氢的 1s 轨道成键示意图

H_2中的化学键可以认为是电子自旋相反成对,使体系的能量降低。从电子云角度考虑,可认为 H 的 1s 轨道在两核间重叠,使电子在两核间出现的几率大,形成负电区,两核吸引核间负电区,使 H 结合在一起,如图 7-4 所示。

(二) 价键理论

将对 H_2 的处理结果推广到其他分子中,形成了以量子力学为基础的价键理论。

1. 共价键的形成

A、B 两原子各有一个成单电子,当 A、B 相互接近时,两电子以自旋相反的方式结成电子对,即两个电子所在的原子轨道能相互重叠,则体系能量降低,形成化学键,亦即一对电子形成一个共价键。形成的共价键越多,则体系能量越低,形成的分子越稳定。因此,各原子中的未成对电子尽可能多地形成共价键。

下面以 N_2分子和 CO 分子中共价键的形成为例。已知 N 原子的电子结构为 $2s^2 2p^3$

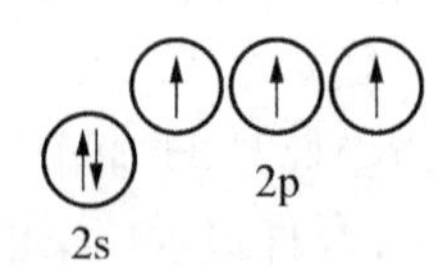

每个 N 原子有三个单电子,所以形成 N_2分子时,N 与 N 原子之间可形成三个共价键。写成

$$N \equiv N$$

在 CO 分子中，C 原子的最外层电子结构为 $2s^2 2p^2$

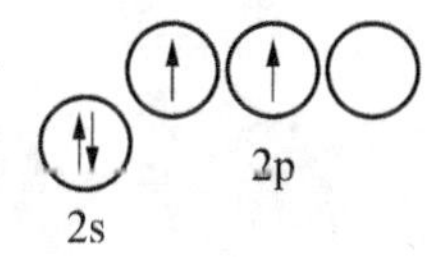

O 原子的最外层电子结构为 $2s^2 2p^4$

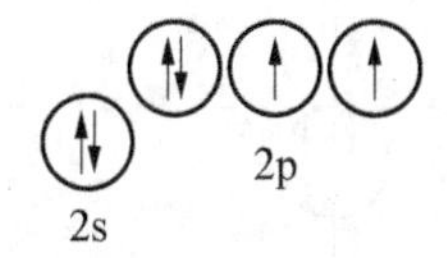

形成 CO 分子时，与 N_2 相仿，同样用了三对电子，形成三个共价键。不同之处是，其中一对电子在形成共价键时具有特殊性：C 和 O 各出一个 2p 轨道，重叠，而其中的电子是由 O 单独提供的，其结构式可表示为 $C \overset{\leftarrow}{\equiv} O$。

2. 共价键的方向性和饱和性

共价键的饱和性是指每个原子成键的总数或与其以单键相连的原子数目是一定的。共价键是电子对的共用，对于每个参与成键的原子来说，其未成对的单电子数是一定的，所以形成共用电子对的数目也是一定的。例如：氯原子最外层有一个未成对的 3p 电子，它与另一个氯原子 3p 轨道上的一个电子配对形成双原子分子 Cl_2 后，每个氯原子就不再有成单电子，即使再有第三个氯原子与 Cl_2 接近，也不能形成 Cl_3；氮原子最外层有三个未成对电子，两个氮原子可以共用三对以共价键结合成分子 N_2，一个氮原子也可以与三个氢原子各分别共用一对电子结合成 NH_3，形成三个共价单键；O 有两个单电子，H 有一个单电子，所以结合成 H_2O，只能形成 2 个共价键；C 最多能与 H 形成 4 个共价键。

形成共价键时，成键电子的原子轨道一定要在对称性一致的前提下发生重叠，原子轨道的重叠程度越大，两核间电子的概率密度就大，形成的共价键就越稳定，即共价键的形成遵循原子轨道最大重叠原理。如 HCl 分子中共价键的形成过程如图 7－5 所示。

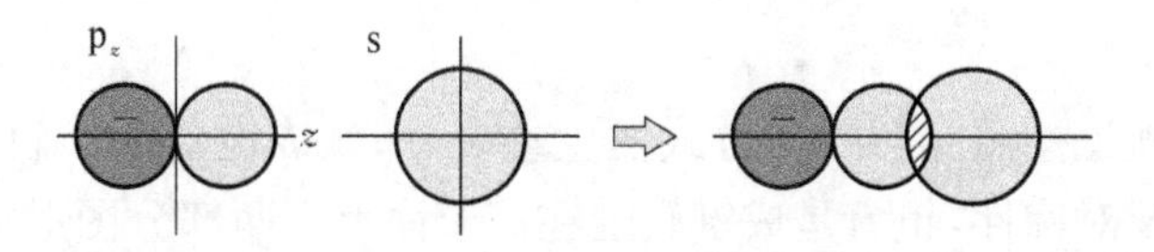

图 7－5　s－p 共价键的形成

Cl 的 $3p_z$ 和 H 的 1s 轨道重叠，要沿着 z 轴重叠，从而保证最大重叠，而且不改变原有的对称性。对于 Cl_2 分子，也要保持对称性和最大重叠如图 7-6(a)，而不是以图 7-5(b)的方式重叠，这样就破坏了对称性。

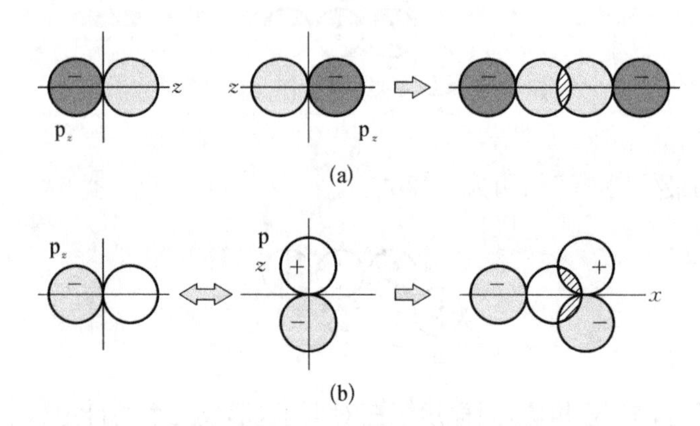

图 7-6　p-p 共价键的形成

3. 共价键的类型

由于原子轨道重叠方式不同，可以形成不同类型的共价键。成键的两个原子间的连线称为键轴。按成键原子轨道与键轴之间的关系，共价键主要为 σ 键和 π 键两种。

(1) σ 键

如果原子轨道沿键轴方向按"头碰头"的方式发生重叠，则键轴是成键原子轨道的对称轴，即原子轨道绕着键轴旋转时，图形和符号均不发生变化。这种共价键称为 σ 键，如图 7-7 所示。σ 键轨道对键轴呈圆柱形对称，或键轴是 n 重轴。如 H_2 分子中的 s-s 轨道重叠、HCl 分子中的 p_x-s 轨道重叠、Cl_2 分子中的 p_x-p_x 轨道重叠都是"头碰头"方式的重叠，这些都是 σ 键。

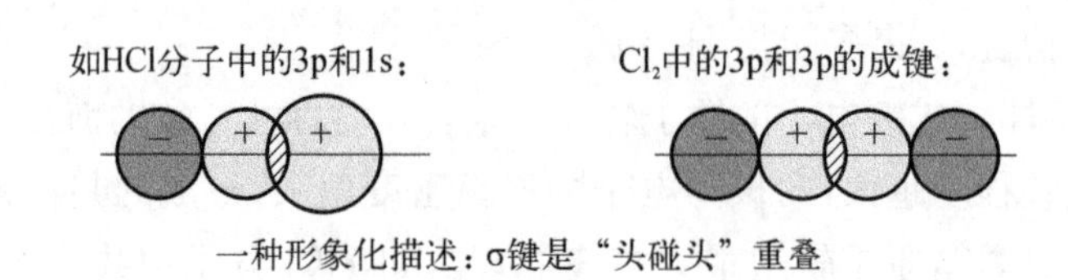

图 7-7　σ 键的形成示意图

(2) π 键

如果原子轨道按照"肩并肩"方式发生重叠，那么成键的原子轨道对通过键轴的一个节面呈反对称性，也就是成键轨道在该节面上下两部分图形一样，但符号相反。这种共价键称为 π 键。p_y-p_y 和 p_z-p_z 沿 x 轴重叠时，都是以"肩并肩"的方式进行的，这些轨道的重叠都形成 π 键。如图 7－8 所示，两个 $2p_z$ 沿 z 轴方向重叠。

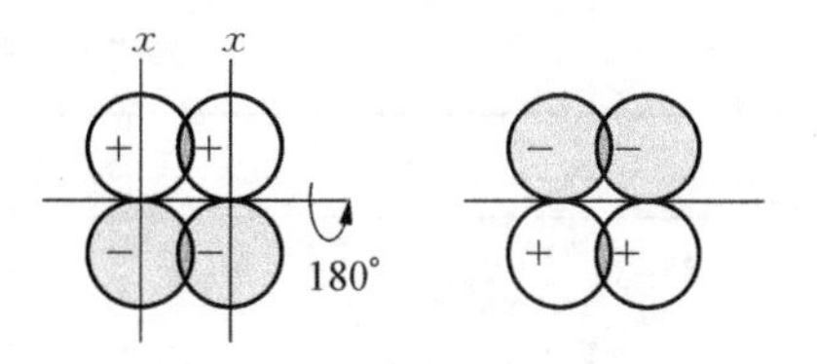

图 7－8　π 键的形成示意图

以 N_2 分子为例，氮原子的电子结构为 $1s^2 2s^2 2p_x^1 2p_y^1 2p_z^1$，以 x 轴为键轴，当两个氮原子结合时，p_x 与 p_x“头碰头”形成 σ 键，此时，p_y 和 p_y，p_z 和 p_z 以“肩并肩”重叠，形成 π 键。这样，N_2 分子的结构中就含有一个 σ 键和两个 π 键。

从以上 σ 键和 π 键形成来看，沿着键轴方向以“头碰头”方式重叠的原子轨道能够发生最大程度的重叠，原子轨道重叠部分沿键轴呈圆柱形对称，形成的 σ 键具有键能大、稳定性高的特点。以“肩并肩”方式重叠的原子轨道，其重叠部分对通过键轴的一个节面具有反对称性，但重叠程度要比 σ 键轨道的重叠程度小。因此，π 键的键能小于 σ 键的键能，π 键的稳定性小于 σ 键。但 π 键的电子比 σ 键的电子活泼，容易参与化学反应。

4. 键参数

化学键的形成情况完全可由量子力学的计算得出，并进行定量描述。通常用键能、键长、键角等几个物理量加以描述，这些物理量称为键参数。

(1) 键能

键能 E 可以表示键的强度，键能越大，则键越强。

对于双原子分子，解离能 D_{AB} 等于键能 E_{AB}。

$$AB(g) = A(g) + B(g) \qquad \Delta H = E_{AB} = D_{AB}$$

但对于多原子分子，则要注意解离能与键能的区别与联系，以 NH_3 分子为例

$$NH_3(g) = H(g) + NH_2(g) \qquad D_1 = 435\ kJ \cdot mol^{-1}$$

$$NH_2(g) = H(g) + NH(g) \qquad D_2 = 377\ kJ \cdot mol^{-1}$$

$$NH(g) = H(g) + N(g) \qquad D_3 = 314\ kJ \cdot mol^{-1}$$

三个 N－H 键的解离能 D 的值不同，则 NH_3 分子中 N－H 键的键能 $E_{N\text{-}H}$ 是三个等价键的平均解离能，即

$$E_{N\text{-}H} = \frac{D_1 + D_2 + D_3}{3} = 375.3(kJ \cdot mol^{-1})$$

(2) 键长

分子中成键两原子之间的距离称为键长，一般键长越短，键越强。碳-碳键键长如表 7－2 所示。

表 7-2 碳-碳键的键长和键能

	键长/pm	键能/(kJ · mol^{-1})
C—C	154	356
C═C	134	598
C≡C	120	813

此外,相同的键,在不同化合物中,键长和键能也不一定相等。例如,CH_3OH中和C_2H_6中均有C—H键,而它们的键长和键能却不同。

(3) 键角

键角是分子中键与键之间的夹角(在多原子分子中才涉及键角),是决定分子几何构型的重要因素。如CO_2分子中,O—C—O的键角为180°,则CO_2分子为直线形。

二、杂化轨道理论

在CH_4形成的过程中,C原子的电子激发后得到4个单电子。有了4个单电子,可以说明C与4个H成键的事实。但这4个单电子所在的原子轨道显然不一致。C的四个不完全相同的原子轨道与4个H原子轨道形成的化学键,应该不完全相同。这4个单电子所在的轨道有3个p轨道和1个s轨道,所以4个C—H键也不完全指向正四面体的4个顶点。事实上,CH_4分子却是正四面体构型。

BCl_3分子中键角是120°, NH_4^+分子中键角为109°28′。这些键角与中心原子价层轨道的取向之间是不一致的,用价键理论难以解释。

1931年鲍林提出杂化轨道理论,成功地解释了分子几何构型方面的问题。杂化轨道理论发展了价键理论,可以对已知分子构型进行解释。

(一) 杂化轨道的概念

以CH_4分子为例,鲍林假设,CH_4的中心碳原子在形成化学键时,价电子层的4个原子轨道并不维持原来的状态,而是发生“杂化”,得到4个等同的轨道,再与氢原子的1s轨道成键。所谓杂化就是指在形成分子时,由于原子的相互影响,中心原子的若干不同类型能量相近的原子轨道重新组合成一组新轨道。这种轨道重新组合的过程叫做杂化,所形成的新轨道称为杂化轨道。

原子轨道为什么要杂化?这是因为形成轨道杂化后成键能力增加,即杂化轨道的成键能力比未杂化的原子轨道强,形成的分子更稳定。在形成分子过程中,通常存在激发、杂化、轨道重叠等过程。详细的形成机理如下。

1. 激发

碳原子的基态电子结构为 $1s^2 2s^2 2p_x^1 2p_y^1$，在与氢原子结合时，为使成键数目等于 4，2s 轨道的一个电子被激发到空的 $2p_z$ 轨道上，如图 7－9 所示，碳原子以 $1s^2 2s^1 2p_x^1 2p_y^1 2p_z^1$ 激发态参与成键。从基态变为激发态所需要的能量，可以由形成共价键而释放的能量来补偿。因为碳原子在基态只能形成 2 个化学键，而激发态可以形成 4 个化学键。

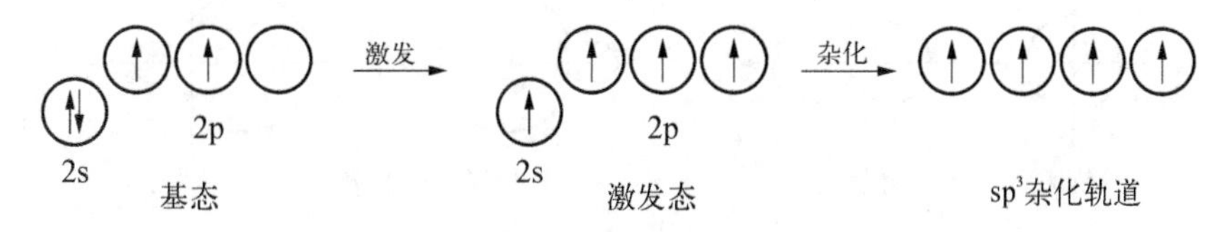

图 7－9　碳原子中电子的激发和 sp^3 杂化

2. 杂化

处于激发态的四个不同类型的原子轨道（2s 和 2p）线性组合成一组新的轨道，即杂化轨道。杂化轨道具有一定的性质和方向，杂化轨道的数目等于参加杂化的原子轨道的数目。原子轨道的杂化，只有在形成分子过程中才会发生，孤立的原子其轨道不可能发生杂化。而且只有能量相近的轨道（2s 和 2p）才能发生杂化，能量相差太大的轨道如（1s 和 2p）是不能发生杂化的。在形成 CH_4 分子时，由碳原子激发态的 2s、$2p_x$、$2p_y$、$2p_z$ 轨道重新组合成四个杂化轨道。杂化轨道指向四面体的四个顶角。该杂化轨道由一个 s 轨道和 3 个 p 轨道杂化而形成，称为 sp^3 杂化轨道。

实际在成键过程中，激发和杂化是同时发生和进行的。

3. 轨道重叠

杂化轨道与其他原子轨道重叠形成化学键时，同样要满足原子轨道最大重叠原理。原子轨道重叠越多，形成的化学键越稳定。杂化轨道的电子云分布更集中，所以杂化轨道成键能力比未杂化的各原子轨道的成键能力强。化合物的空间构型是由满足原子轨道最大重叠的方向决定的。在 CH_4 分子中，四个氢原子的 1s 轨道在四面体的四个顶点位置与碳原子的四个杂化轨道重叠最大，因此，决定了 CH_4 分子的构型是正四面体，H—C—H 之间的键角为 $109°28'$。

（二）杂化轨道类型

根据原子轨道的种类和数目的不同，可以组成不同类型的杂化轨道。

1. s－p 杂化

只有 s 轨道和 p 轨道参与的杂化称为 s－p 杂化，主要有三种类型。

(1) sp杂化

它是由1个ns轨道和1个np轨道形成的，其形状不同于杂化前的s轨道和p轨道，见图7-10(a)。每个杂化轨道含有$\frac{1}{2}$的s轨道成分和$\frac{1}{2}$的p轨道成分。两个杂化轨道在空间的伸展方向呈直线形，夹角为180°，如图7-10(b)所示。

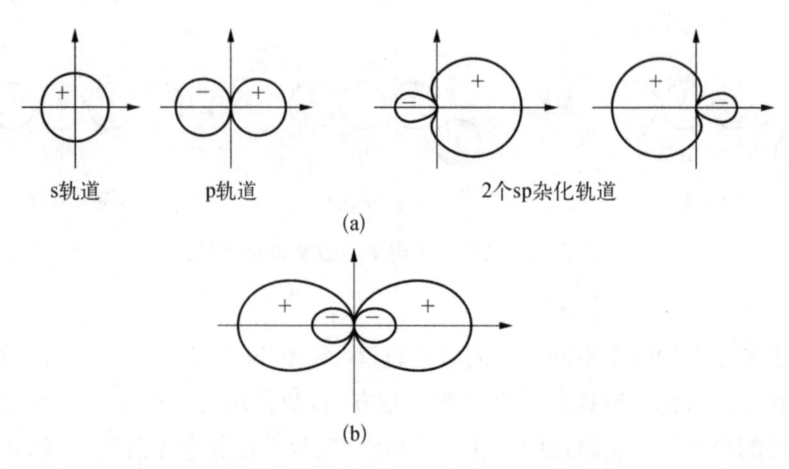

图7-10 (a)sp杂化轨道的角度分布 (b)其在空间的伸展方向示意图

$BeCl_2$分子成键情况如图7-11所示，当Be原子与Cl原子形成$BeCl_2$分子时，基态Be原子$2s^2$中的1个电子激发到2p轨道，一个s轨道和一个p轨道杂化，形成两个sp杂化轨道，杂化轨道间夹角为180°。Be原子的两个sp杂化轨道与两个Cl原子的p轨道重叠形成σ键，$BeCl_2$分子的构型是直线型。

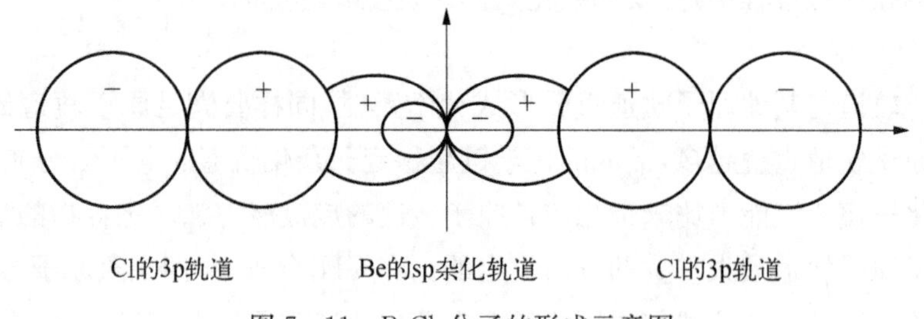

图7-11 $BeCl_2$分子的形成示意图

(2) sp^2杂化

它是由1个ns轨道和2个np轨道组合而形成的。每个杂化轨道含有$\frac{1}{3}$的s轨道成分和$\frac{2}{3}$的p轨道成分，杂化轨道夹角为120°，呈平面三角形分布。

图 7－12 是 BF_3 分子中 sp^2 杂化轨道形成的示意图。B 原子的基态电子结构为 $1s^2 2s^2 2p_x^1$，当 B 原子与 F 原子形成 BF_3 分子时，基态 B 原子 $2s^2$ 中的一个电子激发到一个空的 2p 轨道，使 B 原子的电子结构变成 $1s^2 2s^1 2p_x^1 2p_y^1$。一个 2s 轨道和一个 2p 轨道杂化，形成 3 个 sp^2 杂化轨道，他们分别指向平面三角形的三个顶点。

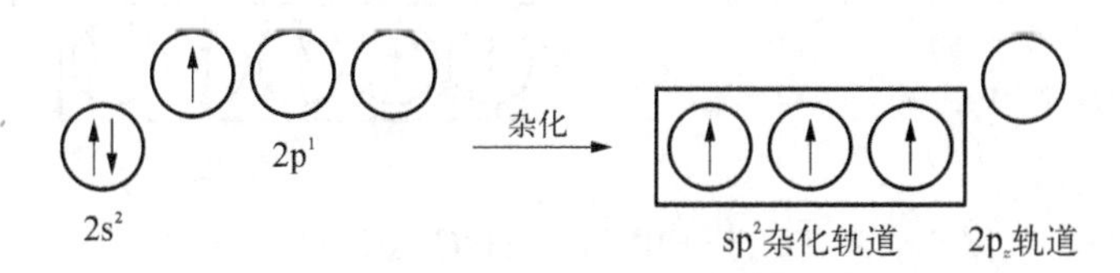

图 7－12　BF_3 分子中 sp^2 杂化轨道形成的示意图

B 原子的三个 sp^2 杂化轨道与 F 原子的 p 轨道重叠形成 3 个 σ 键，BF_3 分子的构型是平面三角形。

(3) sp^3 杂化

它是由 1 个 ns 轨道和 3 个 np 轨道组合而形成的。每个杂化轨道含有 $\frac{1}{4}$ 的 s 轨道成分和 $\frac{3}{4}$ 的 p 轨道成分，杂化轨道夹角为 109°28′，空间构型为四面体型。

sp^3 杂化的典型例子是 CH_4 分子，即 C 原子的一个 $2s^2$ 电子激发到空的 2p 轨道，一个 2s 轨道和三个 2p 轨道杂化，形成四个 sp^3 杂化轨道。C 原子的四个 sp^3 杂化轨道与四个 H 原子的 1s 轨道重叠形成四个 σ 键，CH_4 分子的构型是正四面体。

2. s－p－d 杂化

ns 轨道、np 轨道和 nd 轨道一起参与的杂化称为 s－p－d 杂化，主要有以下三种类型。

(1) sp^3d 杂化

它是由 1 个 ns 轨道、3 个 np 轨道和 1 个 nd 轨道组合而成的，它的特点是五个杂化轨道在空间呈三角双锥，杂化轨道间夹角为 90°、120°、180°。

PCl_5 分子属于 sp^3d 杂化。P 原子的基态电子结构为 $1s^2 2s^2 2p^6 3s^2 3p^3$，当 P 原子与 Cl 原子形成 PCl_5 分子时，基态 P 原子 $3s^2$ 中的 1 个电子激发到一个空的 3d 轨道，使 P 原子的电子结构变为 $1s^2 2s^2 2p^6 3s^1 3p_x^1 3p_y^1 3p_z^1 3d^1$，一个 3s 轨道、三个 3p 轨道和一个 3d 轨道杂化，形成 5 个 sp^3d 杂化轨道，如图 7－13 所示。P 原子的 5 个 sp^3d 杂化轨道在空间呈三角双锥形分布，与 5 个 Cl 原子中各一个 p 轨道重叠共形成 5 个 σ 键，故 PCl_5 分子的构型是三角双锥形。平面内的三个 P—Cl 键键角为 120°，另外，两个P—Cl 键与平面夹角为 90°。

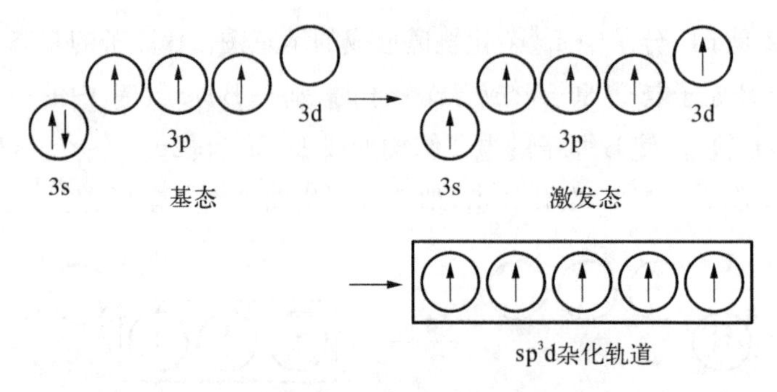

图 7-13 PCl_5分子中 sp^3d 杂化轨道形成的示意图

(2) sp^3d^2杂化

它是由 1 个 ns 轨道、3 个 np 轨道和 2 个 nd 轨道组合而成的，它的特点是 6 个杂化轨道指向正八面体的 6 个顶点，杂化轨道间夹角为 90°或 180°。

SF_6分子属于 sp^3d^2 杂化。S 原子的基态电子结构为 $1s^22s^22p^63s^23p^4$，S 原子有空的 3d 轨道，当 S 原子与 F 原子形成 SF_6 分子时，S 原子的一个 3s 电子和 1 个已经成对的 3p 电子分别被激发到空的 3d 轨道，由一个 3s 轨道、三个 3p 轨道和两个 3d 轨道杂化，形成 6 个 sp^3d^2 杂化轨道，如图 7-14 所示。S 原子的 6 个 sp^3d^2 杂化轨道在空间呈正八面体分布，分别与 6 个 F 原子中各一个 2p 轨道重叠共形成 6 个 σ 键，故 SF_6 分子的构型是正八面体。杂化轨道成键时，要满足原子轨道最大重叠原理，即轨道重叠越多，形成的化学键越稳定。因为杂化轨道电子云分布更集中，所以杂化轨道的成键能力比未杂化的个原子轨道的成键能力强，形成的分子也更稳定。

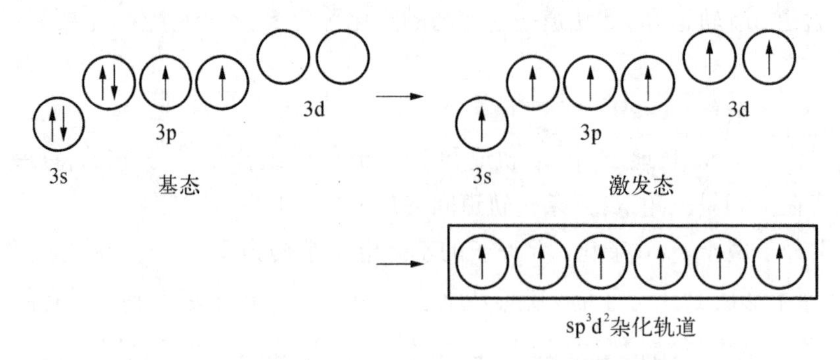

图 7-14 SF_6分子中 sp^3d^2 杂化轨道形成的示意图

3. 等性杂化与不等性杂化

杂化过程中形成的杂化轨道可能是一组能量简并的轨道，也可能是一组能量彼此不相等的轨道。因此轨道的杂化可分为等性杂化和不等性杂化。

1）等性杂化　一组杂化轨道中，若参与杂化的各原子轨道 s、p、d 等成分相等，则杂化轨道的能量相等，这种杂化称为等性杂化。如 CH_4 分子中，中心 C 原子采取 sp^3 杂化，每个 sp^3 杂化轨道的成分都是相同的，都含有 $\frac{1}{4}$ 的 s 轨道成分和 $\frac{3}{4}$ 的 p 轨道成分，4 个杂化轨道的能量相等，故 C 原子的杂化属于 sp^3 等性杂化。$BeCl_2$ 的 sp 杂化、BF_3 的 sp^2 杂化和 SF_6 的 sp^3d^2 杂化都属于等性杂化。

2）不等性杂化　一组杂化轨道中，若参与杂化的各原子轨道 s、p、d 等成分并不相等，则杂化轨道的能量不相等，这种杂化称为不等性杂化。若参与杂化的原子轨道不仅包含具有未成对电子的原子轨道，也包含具有成对电子的原子轨道，这种情况下的杂化经常是不等性杂化。

在 H_2O 分子中，氧原子的电子结构为 $1s^22s^22p^4$，根据电子配对理论，氧原子的 2s 电子和一个 2p 轨道上的孤对电子对不参与成键，另外两个成单的电子与两个氢原子的 1s 电子形成两个共价键，键角为 90°。实验测得 H—O—H 的键角为 104.5°。理论与实际之间不符合。根据杂化轨道理论，氧原子的一个 2s 轨道和 3 个 2p 轨道也采取 sp^3 杂化，但形成的 4 个 sp^3 杂化轨道能量并不一致，为 sp^3 不等性杂化，如图 7-15 所示。有两个杂化轨道的能量较低，被两对孤电子对占据；另外两个杂化轨道的能量较高，为单电子占据，这两个杂化轨道与两个氢原子的 1s 轨道形成 2 个 σ 键。

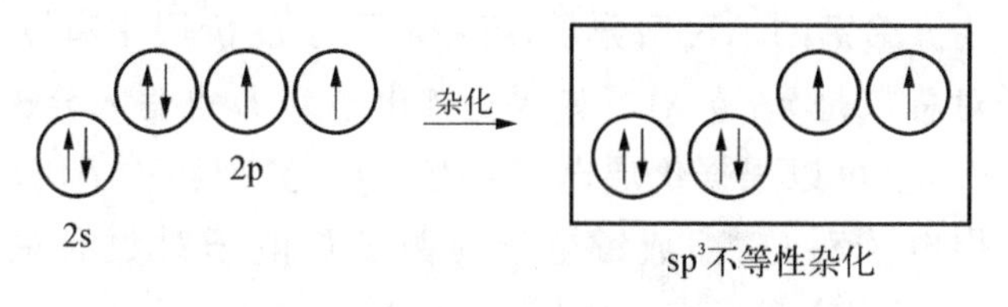

图 7-15　H_2O 分子中 O 原子的不等性杂化

按 sp^3 杂化轨道的四面体空间取向，两个 O—H 键之间的夹角应为 109°28′，实际上由于两对孤对电子对不参与成键，电子云集中在氧原子周围，对成键电子对所占据的杂化轨道有排斥作用，导致两个 O—H 键之间的夹角减小为 104.5°。

同样，在 NH_3 分子中，氮原子的电子结构为 $1s^22s^22p_x^13p_y^12p_z^1$。2s 电子尽管是成对的，但仍和 $2p_x$、$2p_y$、$2p_z$ 轨道杂化，形成 4 个 sp^3 不等性杂化轨道。其中 3 个能量较高的杂化轨道被单电子所占据，一个能量较低的杂化轨道为孤电子对占据。3 个单电子占据的杂化轨道与 3 个氢原子的 1s 轨道成键，另一个孤电子对占据的轨道不参与成键。但是由于孤电子对对 N—H 键成键电子对的排斥作用，导致键角小于 109°28′。NH_3 分子的几何构型为三角锥形。

三、价层电子对互斥理论和分子的空间构型

1940年，西奇维克和鲍威尔在总结实验事实的基础上，提出了一种在概念上比较简单又能比较准确地预测分子几何构型的理论模型，后经吉利斯皮和尼霍姆在20世纪50年代加以发展，现在称为价层电子对互斥理论。

1. 价层电子对互斥理论要点

当一个中心原子A和n个配位原子或原子团B形成AB_n型分子时，分子的空间构型取决于中心原子A的价电子层中电子对的排斥作用，分子的构型总是采取电子对相互排斥作用最小的结构。价电子中电子对指的是成键电子对和未成键电子对。

为了减少价电子对之间的斥力，电子对间应尽量互相远离。如果把中心原子的价电子层视为一个球面，根据立体几何知识可知，球面上相距最远的两个点是直径的两个端点，相距最远的三点是通过球心的内接三角形的三个顶点，相距最远的四点是内接正四面体的四个顶点，相距最远的五点是内接三角双锥的五个顶点，相距最远的六点是内接正八面体的六个顶点。因此，价电子对排布方式为：当价电子对的数目为2时，呈直线形；当价电子对的数目为3时，呈平面三角形；当价电子对的数目为4时，呈正四面体形；当价电子对数目是5时，呈三角双锥形；当价电子数目为6时，呈八面体形。

对于只含共价单键的AB_n型分子，若中心原子的价层中有m个孤电子对，则其价层电子对总数是$n+m$对。如果把孤电子对L也写入分子式，即把分子式改写成AB_nL_m，就可以根据价层电子对互斥理论，把各种AB_nL_m型的共价分子的结构与价层电子对总数、成键电子对数及孤电子对数的关系，总结成表7-3。

表7-3 AB_nL_m型的中心原子的价电子对排布方式和分子的几何构型

A的价电子对数	成键电子对数n	孤电子对数m	分子类型AB_nL_m	A的价电子对的排布方式	分子的几何构型	实例
2	2	0	AB_2		直线	$BeCl_2$，CO_2
3	3	0	AB_3		平面三角形	BF_3，BCl_3，SO_3，CO_3^{2-}，NO_3^-
	2	1	AB_2L		V形	$PbCl_2$，SO_2，O_3，NO_2，NO_2^-

续　表

A的价电子对数	成键电子对数 n	孤电子对数 m	分子类型 AB_nL_m	A的价电子对的排布方式	分子的几何构型	实　例
4	4	0	AB_4	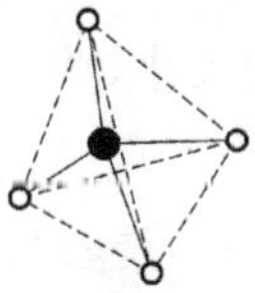	四面体	CH_4，CCl_4，$SiCl_4$，NH_4^+，SO_4^{2-}，PO_4^{3-}
	3	1	AB_3L	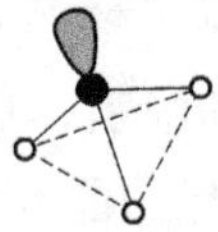	三角锥形	NH_3，PF_3，$AsCl_3$，H_3O^+，SO_3^{2-}
	2	2	AB_2L_2	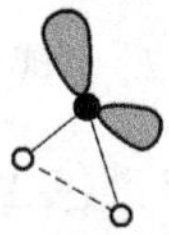	V形	H_2O，H_2S，SF_2，SCl_2
5	5	0	AB_5	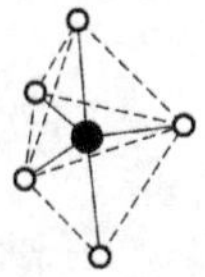	三角双锥形	PF_5，PCl_5，AsF_5
	4	1	AB_4L	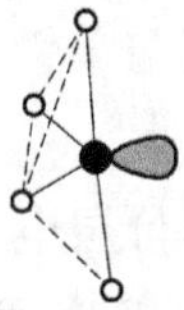	变形四面体	SF_4，$TeCl_4$
	3	2	AB_3L_2	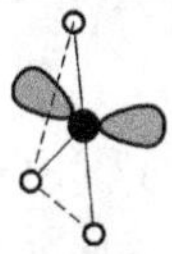	T形	ClF_3，BrF_3
	2	3	AB_2L_3		直线形	XeF_2，I_3^-，IF_2^-
6	6	0	AB_6	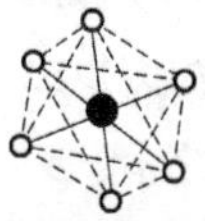	正八面体	SF_6，SiF_6^{2-}，AlF_6^{3-}
	5	1	AB_5L	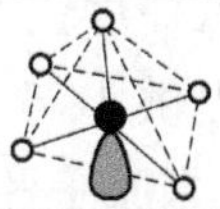	四角锥形	ClF_5，BrF_5，IF_5
	4	2	AB_4L_2	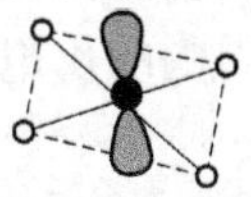	平面正方形	XeF_4，ICl_4^-

当中心原子与配位原子之间是共用两对或三对电子，即通过双键或三键结合时，根据价层电子对互斥理论，共价双键和共价三键都被当做一个共价单键处理，每个键只计算其中的 σ 一对电子。

价层电子对互相排斥作用的大小，决定于电子对之间的夹角和电子对参与成键的情况。一般规律如下。

1）电子对之间夹角越小，排斥力越大。

2）由于成键电子对受两个原子核的吸引，所以电子云比较集中在键轴的位置，而孤电子对只受到中心原子的吸引，电子云比较“肥大”，对相邻的电子对的排斥力较大。不同价电子对之间排斥力的顺序为

孤电子对－孤电子对＞孤电子对－成键电子对＞成键电子对－成键电子对

3）由于重键（双键、三键）比单键包含的电子数目多，占据空间大，排斥力也较大，其排斥作用的顺序为

三键＞双键＞单键

因此，对于含有重键的分子来说，π 键电子对虽然不能改变分子的基本形状，但对键角有一定的影响，一般单键与单键之间的键角较小，单键与双键、双键与双键之间的键角较大。

当价层电子对总数超过 6 时，价层电子对的空间排列可能采取不同的几种形状。以价层电子对都是 7 的 IF_7 和 XeF_6 两种分子为例，在 IF_7 分子中，7 对价层电子都是成键电子，它们对称地排列成五角双锥形状，分子也具有五角双锥结构。在 XeF_6 分子中，7 对价层电子有 6 对成键电子和 1 对孤电子对，由于孤电子对强烈地排斥其他 6 个成键电子对，分子呈畸形八面体结构。

2. 分子空间构型判断

根据价层电子对互斥理论，可以判断分子或离子的几何构型。

1）确定分子或离子中，中心原子周围的价电子总数，即中心原子的价电子数和配位原子提供的电子数之和，除以 2 以后，就是中心原子价电子层的电子对数。共价分子大多数形成于 p 区元素之间，p 区元素作为中心原子，其价电子数等于所在的族数，如硼作为中心原子可以提供三个价电子，碳族、氮族、氧族、卤素和稀有气体作为中心原子时，依次分别提供 4、5、6、7 和 8 个价电子。作为配位原子的通常是 H、O 和卤素原子，H 和卤素原子各提供一个价电子，O 原子按不提供价电子计算。例如 $BeCl_2$ 分子中，Be 周围的价电子对数为

$$(2+1\times 2)\div 2=2$$

均为成键电子对。在 NH_3 分子中，N 周围的价电子对数为

$$(5+1\times3)\div2=4$$

其中有 3 个成键电子对和一个孤电子对。

如果是正离子，在计算价电子对时，应减去相应的正电荷，如 NH_4^+ 中，N 周围的价电子对数为

$$(5+1\times4-1)\div2=4$$

均为成键电子对。如果是负离子，在计算价电子对时，则应加上相应的负电荷，如 PO_4^{3-} 中，P 周围的价电子对数为

$$(5+3)\div2=4$$

都是成键电子对。

如果中心原子周围的价电子总数为单数，即除以 2 后还余一个电子，则把单电子也作为电子对处理，如 NO_2 分子中，N 周围的价电子数为 5，电子对数为 3。

2) 根据中心原子周围的价电子对数，确定电子对之间排斥作用最小的排布方式，参考表 7-3 画出结构图。

3) 如果中心原子周围只有成键电子对，则每一个电子对连接一个配位原子，电子对在空间斥力最小的排布方式，就是分子稳定的几何构型。如 CH_4 分子，C 周围的四对电子都是成键电子对，价电子对的排布方式和分子的几何构型一致。因此，CH_4 分子为正四面体形。如果价电子对中含有孤电子对，则分子的几何构型与价电子对排布的方式不同，除去孤电子对的位置，为分子的几何构型。如 NH_3 分子，N 周围的价电子对中，有三个成键电子对和一个孤电子对，电子对的排布方式是正四面体，除去一个孤电子对所占的位置，NH_3 的几何构型为三角锥形。H_2O 分子中，O 周围的价电子对也是正四面体构型，除去两对孤电子对占据的位置，H_2O 分子的几何构型为 V 字形。

3. 分子构型的预测

价层电子对互斥理论可以简单地判断和预测分子的结构。

(1) 判断 NO_2 分子的结构

在 NO_2 分子中，N 周围的价电子数为 5，根据以上规则，氧原子不提供电子，因此，中心氮原子的价电子总数为 5，相当于三对电子对。其中有两对是成键电子对，一个成单电子当做一对孤电子对。根据表 7-4 可知，氮原子价层电子对排布应为平面三角形。所以 NO_2 分子的结构为 V 字形，O—N—O 的键角约为 120°。

(2) 判断 SF_4 分子的结构

在 SF_4 分子中,中心 S 原子的价电子对数为(6+1×4)÷2=5,其中四对成键电子对,一对孤电子对。孤电子对的排布方式有两种,如图 7-16 所示。两种排布方式哪种更稳定,可根据三角双锥中成键电子对和孤电子对之间 90°夹角的排斥作用数目来判定。从图 7-16 中可知,在(a)、(b)两种排布中,成键电子对和孤电子对之间 90°夹角的排斥作用数目分别是 2 和 3,因此(b)的排斥更大,因此 SF_4 分子采用(a)种排布,一对孤电子对位于三角形平面上。由于孤电子对有较大的排斥作用,挤压三角平面的键角使之小于 120°,同时挤压轴线方向的键角内弯,使之大于 180°。实验结果表明,前者为 101.5°,后者为 187°,SF_4 的分子构型为变形四面体。

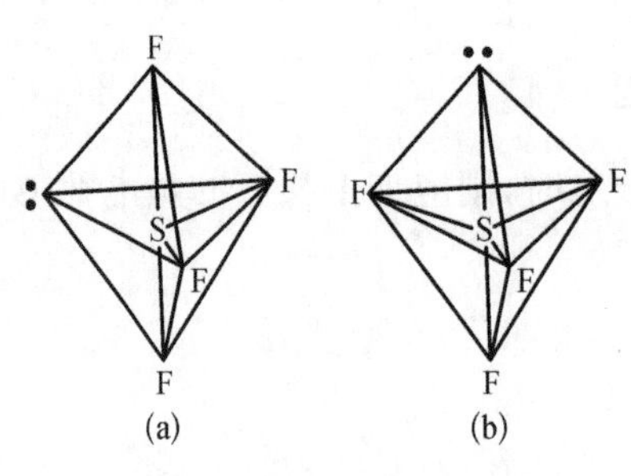

图 7-16 SF_4 分子的两种可能构型

四、分子轨道理论

价键理论、杂化轨道理论和价层电子对互斥理论都比较直观,能够较好地说明共价键的形成和分子的空间构型,但这些理论也有其局限性。例如,根据价键理论,电子配对成键,形成共价键的电子只局限在两个相邻原子间的小区域内运动,没有考虑整个分子的情况。对于氧分子,价键理论认为电子配对成键,没有成单电子。但是实验测定氧分子是顺磁性分子,依据磁学理论证明顺磁分子中一定有成单电子。这个实验事实用价键理论无法解释。又如,在氢分子 H_2^+ 中存在单电子键,也是价键理论无法解释的。为了求解多电子分子的薛定谔方程,美国人米立肯和德国人洪特提出了分子轨道理论。分子轨道理论从分子整体出发,考虑电子在分子内部的运动状态,是一种化学键的量子理论。它抛开了传统价键理论的某些概念,能够更广泛地解释共价分子的形成和性质。

(一) 分子轨道理论要点

分子轨道理论认为,在分子中电子不是属于某个特定的原子,电子不在某个原子的轨道中运动,而是在分子轨道中运动。分子中的每个电子的运动状态用相应的波函数 Ψ 来描述,这个 Ψ 称为分子轨道。

分子轨道是由分子中各原子的原子轨道线性组合而成。组合形成的分子轨道数目与组合前的原子轨道数目相等。例如,两个原子轨道 Ψ_a 和 Ψ_b 线性组合后产生两个分子轨道 Ψ_1 和 Ψ_2

$$\Psi_1 = c_1\Psi_a + c_2\Psi_b \qquad \Psi_1^* = c_1\Psi_a - c_2\Psi_b$$

式中 c_1和 c_2是常数。这种组合是不同原子的原子轨道的线性组合，与轨道的杂化不同。轨道杂化是同一原子的不同原子轨道的重新组合。分子轨道与原子轨道的不同之处还在于分子轨道是多中心的，而原子轨道则只有一个中心。原子轨道用 s、p、d、f，…表示，分子轨道常用 σ、π、δ…表示。

原子轨道线性组合得到分子轨道，分子轨道中能量高于原来原子轨道者称为反键分子轨道，简称反键轨道，如前面所示的 Ψ_1^*；能量低于原来原子轨道者称为成键分子轨道，简称成键轨道，如前面所示的 Ψ_1。

每个分子轨道 Ψ 都有相应的图像。根据线性组合方式的不同，分子轨道可分为 σ 分子轨道和 π 分子轨道。根据分子轨道的能量的大小，可以排列出分子轨道能级图。

(1) s 轨道与 s 轨道的线性组合

两个原子的 1s 轨道线性组合成成键分子轨道 σ_{1s}和反键分子轨道 σ_{1s}^*，其角度分布如图 7-17 所示。如果是 2s 原子轨道，则组合的分子轨道分别是 σ_{2s}和 σ_{2s}^*。值得注意的是，σ 成键分子轨道没有两核间的节面，而反键分子轨道在两核之间有节面。

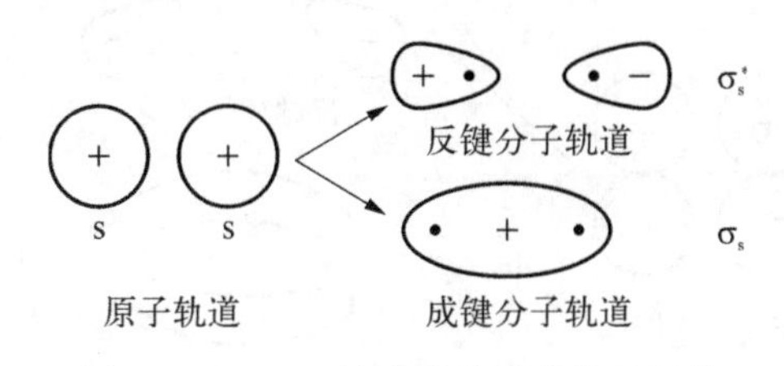

图 7-17 s-s 轨道重叠形成分子轨道

(2) s 轨道与 p 轨道的线性组合

当一个原子的 s 轨道和另一个原子的 p_x轨道沿 x 轴方向重叠时，则形成一个能量低的成键分子轨道 σ_{sp}和一个能量高的反键分子轨道 σ_{sp}^*，这种 s-p 组合的分子轨道如图 7-18 所示。

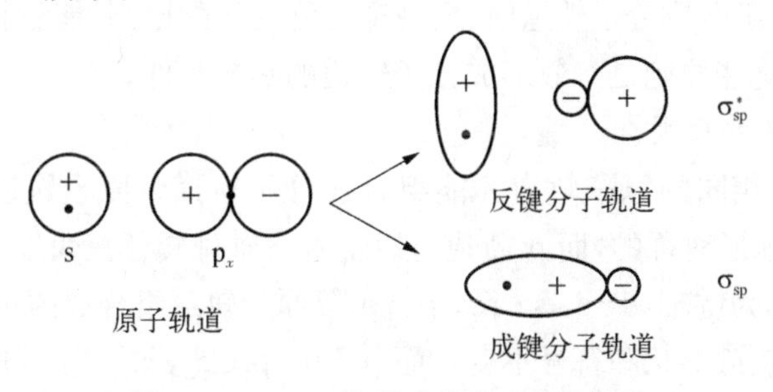

图 7-18 s-p 轨道重叠形成分子轨道

(3) p 轨道与 p 轨道的线性组合的两种方式

即"头碰头"和"肩并肩"方式。当两个原子的 p_x 轨道沿 x 轴以"头碰头"方式重叠时，产生一个成键的分子轨道 σ_{p_x} 和一个反键的分子轨道 $\sigma_{p_x}^*$，如图 7 - 19 所示。

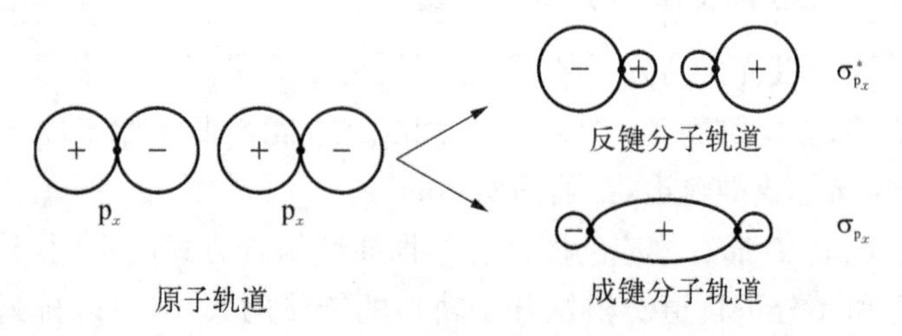

图 7 - 19　p - p 轨道"头碰头"方式重叠形成分子轨道

与此同时，这两个原子的 p_y - p_y 或 p_z - p_z 将以"肩并肩"的方式发生重叠。这样产生的分子轨道叫做 π 分子轨道，即成键分子轨道 π_p 和反键的分子轨道 π_p^*，如图 7 - 20 所示。π 分子轨道具有通过键轴的节面，而 σ 分子轨道没有通过键轴的节面。

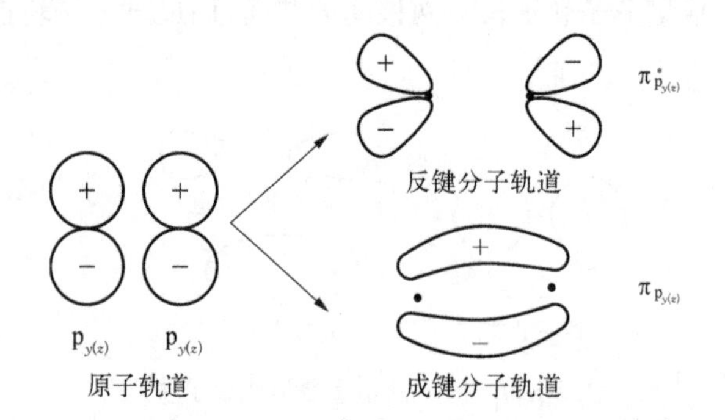

图 7 - 20　p - p 轨道"肩并肩"方式重叠形成分子轨道

此外，一个原子的 p_x 轨道可以和邻近原子的 d_{xy} 轨道发生重叠，两个原子的 d 轨道，如 d_{xy} - d_{xy}，也可以发生重叠，组合成分子轨道。

(二) 原子轨道线性组合三原则

原子轨道在组合成分子轨道时，要遵守对称性匹配原则、能量相近原则和轨道最大重叠原则，这些原则是有效形成分子轨道的必要条件。

1. 对称性匹配原则

只有对称性相同的原子轨道才能组合成分子轨道。原子轨道有一定的对称性，如 s 轨道是球形对称的，而 p_x 轨道可以绕着 x 轴旋转任意角度其图形和符号都不变。若以 x 轴为键轴，s - s，s - p_x，p_x - p_x 等原子轨道组合成的 σ 分子轨道，当绕键轴旋转时，各轨道形状和符号不变。而 p_y - p_y，p_z - p_z，d_{xy} - p_x 等原子轨道重叠组合成的 π 分子轨道，各原子轨道对于一个通过键轴的节面具有反对称性。

这就是所谓对称性匹配原则。在分子轨道形成过程中,对称性匹配原则是首要因素。

2. 能量相近原则

只有能量相近的原子轨道才能组合成有效的分子轨道,而且原子轨道的能量越接近越好。这个原则对于确定两种不同类型的原子轨道之间能否组成分子轨道更是重要。如 H 原子 1s 轨道的能量是 $-1\ 312\ kJ \cdot mol^{-1}$,O 的 2p 轨道和 Cl 的 3p 轨道能量分别是 $-1\ 314\ kJ \cdot mol^{-1}$ 和 $-1\ 251\ kJ \cdot mol^{-1}$,因此 H 原子的 1s 轨道与 O 的 2p 轨道和 Cl 的 3p 轨道能量相近,可以组成分子轨道。而 Na 原子的 3s 轨道能量为 $-496\ kJ \cdot mol^{-1}$,与 O 的 2p 轨道、Cl 的 3p 轨道能量及 H 的 1s 轨道的能量相差太大,所以不能组成分子轨道。事实上 Na 原子和 O、Cl、H 原子之间只会形成离子键。

3. 轨道最大重叠原则

在符合对称性匹配条件,并满足能量相近的原则下,原子轨道重叠的程度越大,成键效应越显著,形成的化学键越稳定。如两个原子轨道沿 x 轴方向相互接近时,s 轨道与 s 轨道之间,p_x 轨道与 p_x 轨道之间的重叠,就属于这种情况。

(三) 分子轨道能级图

1. 同核双原子分子的分子轨道能级图

每个分子轨道都有相应的能量。分子轨道的能量,目前主要是从光谱实验数据来确定的。把分子中各分子轨道按能量由低到高排列,可得分子轨道能级图。第二周期有 8 个元素,其中只有 O_2 和 F_2 分子成键的 2s 和 2p 原子轨道能量相差较大,不用考虑 2s 和 2p 轨道的相互作用,其分子轨道按图 7-21(a)排列,此时,$E_{\pi 2p} > E_{\sigma 2p}$。

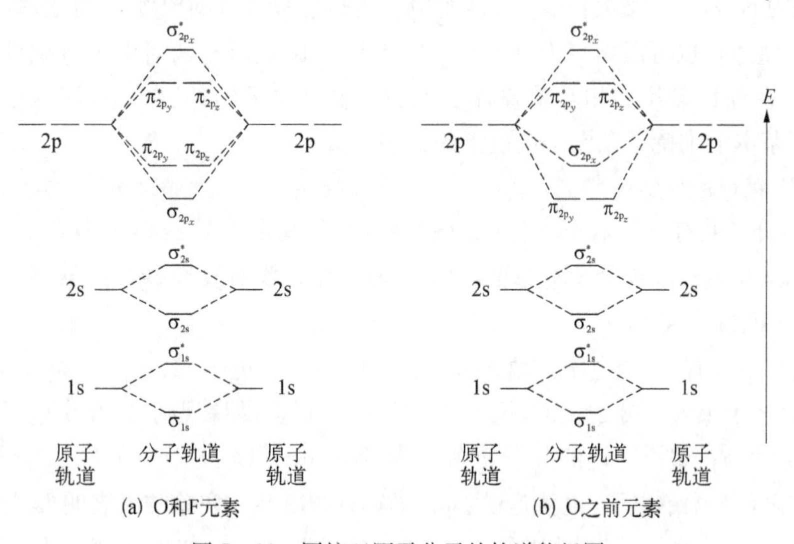

图 7-21　同核双原子分子的轨道能级图

其他双原子分子如 N_2、C_2 等，由于有 2s 和 2p 轨道能量差较小，当原子相互靠近时，不仅会发生 s－s 重叠和 p－p 重叠，以至改变能级次序，如图 7－21(b)所示，此时 $E_{\pi 2p} < E_{\sigma 2p}$。

在分子中，成键电子多，体系的能量低，分子就稳定。如果反键电子多，体系的能量高，则不利于分子的稳定存在。由于分子中全部电子属于整个分子所有，因此分子轨道理论没有单键、双键等概念。分子轨道理论把分子中成键电子数和反键电子数之差的一半定义为分子的键级

$$\text{键级} = \frac{\text{成键电子数} - \text{反键电子数}}{2}$$

分子的稳定性就通过键级来描述，键级越高，分子越稳定。键级为 0 的分子不能稳定存在。如 H_2 分子，有两个成键电子，键级为 1，能够稳定存在。He_2 分子，有两个成键电子和两个反键电子，键级为 0，不能稳定存在。一般来说，键长随键级的增加而减小，键能随键级的增加而增大。

2. 第二周期元素的双原子分子的分子轨道式

(1) 锂($1s^2 2s^1$)

Li_2 分子共有 6 个电子，其中 4 个是 1s 电子，2 个是 2s 电子。其分子轨道式为：$(\sigma_{1s})^2(\sigma_{1s}^*)^2(\sigma_{2s})^2$。由于 σ_{2s} 电子的存在，使分子中内层的 2 个 1s 原子轨道间的重叠大幅度减小，它们的 σ_{1s} 和 σ_{1s}^* 这两个分子轨道的能量实际上和 1s 原子轨道的能量相差不大。正如 H_2 分子中那样，Li_2 分子的两个 2s 轨道组合得到一个成键分子轨道 σ_{2s} 和一个反键轨道 σ_{2s}^*，两个电子占据能级较低的成键 σ_{2s} 轨道，键级为 1。Li_2 分子轨道式也可以简写为：$KK(\sigma_{2s})^2$，其中 KK 表示有两对电子分别处于 2 个原子 K 层的 1s 轨道。相互重叠程度大的主要是原子的外层轨道，因此原子内层 1s 电子基本上维持了在原子轨道中的状态。

(2) 铍($1s^2 2s^2$)

Be_2 分子共有 8 个电子，其中 4 个是 1s 电子，其余 4 个 2s 电子占满 σ_{2s} 和 σ_{2s}^* 轨道。键级为 0，所以该分子不稳定，目前实验室中还没有发现 Be_2 分子存在。

(3) 硼($1s^2 2s^2 2p^1$)

B_2 分子共有 10 个电子。填入分子轨道中的 6 个电子，其中 4 个填入 σ_{2s} 和 σ_{2s}^* 轨道，另 2 个填入 π 分子轨道，见图 7－21(b)。根据洪特规则，后 2 个电子应分别填入 π_{2p_y} 和 π_{2p_z} 轨道。B_2 的分子轨道式为：$KK(\sigma_{2s})^2(\sigma_{2s}^*)^2(\pi_{2p_y})^1(\pi_{2p_z})^1$，这样 B_2 分子应含有 2 个单电子，也就是说 B_2 分子具有顺磁性。实验结果表明 B_2 分子确实是顺磁性分子，这也是 π_{2p} 能级低于 σ_{2p} 能级的重要证据。如果 σ_{2p} 能级低于 π_{2p}，最

后两个电子将会成对填入 σ_{2p}，不存在单电子，从而使 B_2 分子显示抗磁性。B_2 分子计算的键级为 1，说明 B 原子之间存在化学键。但是由于电子占满 σ_{2s} 和 σ_{2s}^* 轨道，所以在 B_2 分子中，2 个 B 原子之间只存在 π 键，不存在 σ 键。

(4) 碳($1s^2 2s^2 2p^2$)

C_2 分子的 12 个电子中有 8 个电子填入分子轨道，其分子轨道式为：$KK(\sigma_{2s})^2(\sigma_{2s}^*)^2(\pi_{2p_y})^2(\pi_{2p_z})^2$，由于全部电子都成对，因此 C_2 分子显示抗磁性。该分子可在高温或放电条件下检出。C_2 分子的键级为 2，说明 C_2 分子解离能比较高。

(5) 氮($1s^2 2s^2 2p^3$)

N_2 分子有 10 个电子填入分子轨道，其分子轨道式为：$KK(\sigma_{2s})^2(\sigma_{2s}^*)^2(\pi_{2p_y})^2(\pi_{2p_z})^2(\sigma_{2p_x})^2$，其中有 8 个成键电子和两个反键电子，键级为 3，稳定性非常高。从分子轨道式中可以看出两个 N 原子间存在 1 个 σ 键和 2 个 π 键，与共价结构式(∶N≡N∶)相一致。

(6) 氧($1s^2 2s^2 2p^4$)

O_2 分子中前 10 个价电子按能级由低到高填至成键轨道 σ_{2p}，再向上是能量相同的两个 π_{2p} 轨道，最后两个电子应该分别填入 $\pi_{2p_y}^*$ 和 $\pi_{2p_z}^*$ 轨道，O_2 分子轨道图见图 7-22。其分子轨道式为：$KK(\sigma_{2s}{}^2)(\sigma_{2s}^*)^2(\sigma_{2p_x})^2(\pi_{2p_y})^2(\pi_{2p_z})^2(\pi_{2p_y}^*)^1(\pi_{2p_z}^*)^1$。

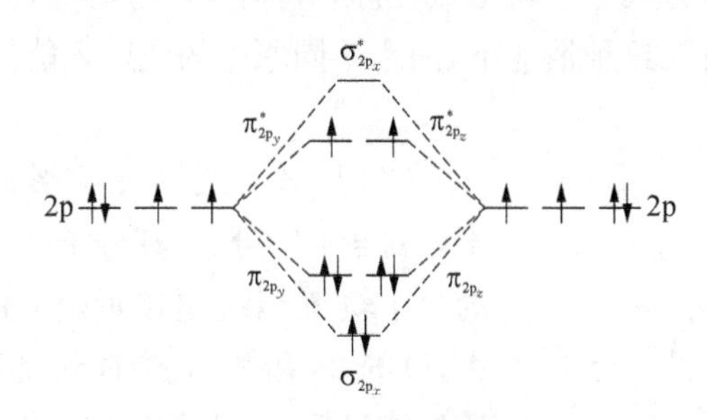

图 7-22　O_2 分子轨道图

按照价键理论，O_2 分子中所有电子都配对，无法解释氧分子的顺磁性。从分子轨道理论可以清楚地看出，O_2 分子中含有 2 个成单电子，是顺磁性分子。在 O_2 分子中，氧原子之间存在一个 σ 键(σ_{2p})和两个三电子 π 键($\pi_{2p_y}-\pi_{2p_y}^*$)和($\pi_{2p_z}-\pi_{2p_z}^*$)。根据 O_2 分子的电子排布计算其键能为 2，说明一个三电子 π 键的强度相当于正常 π 键的一半。如果在 O_2 分子的最高被占轨道 π_{2p}^* 上移去或填入一个电子，就得到氧分子离子 O_2^+ 和 O_2^-，它们的键级分别为 $2\frac{1}{2}$ 和 $1\frac{1}{2}$，因此，其稳定性次序为：$O_2^+ > O_2 > O_2^-$。

(7) 氟($1s^2 2s^2 2p^5$)

F_2分子中的所有电子都成对，键级为1，与共价结构式一致。

(8) 氖($1s^2 2s^2 2p^6$)

实验中从未检测出Ne_2分子的存在，这与分子轨道理论的判断一致。电子填满了图7-21(a)中的所有分子轨道，键级为0。

第二周期元素的某些同核双原子分子的电子结构、键长和键能数据见表7-4。

表7-4 第二周期同核双原子分子的分子轨道式及键参数

分子	分子轨道式	键级	键长/pm	键能/(kJ·mol⁻¹)
Li_2	$KK(\sigma_{2s})^2$	1	267	106
B_2	$KK(\sigma_{2s})^2(\sigma_{2s}^*)^2(\pi_{2p_y})^1(\pi_{2p_z})^1$	1	159	297
C_2	$KK(\sigma_{2s})^2(\sigma_{2s}^*)^2(\pi_{2p_y})^2(\pi_{2p_z})^2$	2	124	607
N_2	$KK(\sigma_{2s})^2(\sigma_{2s}^*)^2(\pi_{2p_y})^2(\pi_{2p_z})^2(\sigma_{2p_x})^2$	3	110	945
O_2	$KK(\sigma_{2s})^2(\sigma_{2s}^*)^2(\sigma_{2p_x})^2(\pi_{2p_y})^2(\pi_{2p_z})^2(\pi_{2p_y}^*)^1(\pi_{2p_z}^*)^1$	2	121	498
F_2	$KK(\sigma_{2s})^2(\sigma_{2s}^*)^2(\sigma_{2p_x})^2(\pi_{2p_y})^2(\pi_{2p_z})^2(\pi_{2p_y}^*)^2(\pi_{2p_z}^*)^2$	1	141	157

3. 异核双原子分子的分子轨道式

不同种类原子组合成分子轨道，也遵循对称性匹配原则、能量相近原则和轨道最大重叠原则。只有在这种情况下，两个不同原子的轨道才能发生有效的组合，形成分子轨道。

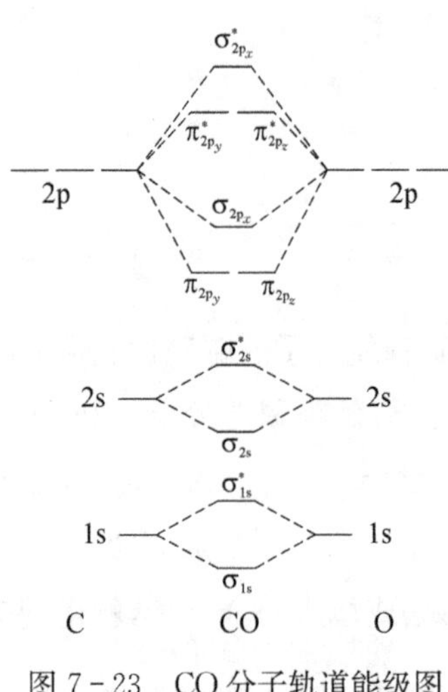

图7-23 CO分子轨道能级图

CO是第二周期元素形成的异核双原子分子。对于CO分子，其分子轨道能级图和N_2分子的分子轨道能级图接近，由于O的电负性比C大，O的2s和2p轨道能量都比C的2s和2p轨道的能量低，其分子轨道能级图具有图7-23的形式。

CO分子有14个电子，它的分子轨道式为：$KK(\sigma_{2s})^2(\sigma_{2s}^*)^2(\pi_{2p_y})^2(\pi_{2p_z})^2(\sigma_{2p_x})^2$。价电子层有8个成键电子和2个反键电子，键级为3，所以分子的稳定性很高。在CO分子中存在两个π键和一个σ键。尽管C原子和O原子是异核原子，但形成的CO分子的分子轨道图与N_2分子的分子轨道能级图相似，仅能量略有差异。它们的分子中都有14个电子，都占据同样的分子轨道，这样的两种分子称为等电子体。

NO也是第二周期元素形成的异核双原子分子。NO分子的能级图与氧分子比较接近，具有15个电子的NO分子的分子轨道式为：$KK(\sigma_{2s})^2(\sigma_{2s}^*)^2(\sigma_{2p_x})^2(\pi_{2p_y})^2(\pi_{2p_z})^2(\pi_{2p_y}^*)^1$。价电子层有8个成键电子和3个反键电子，键级为$2\frac{1}{2}$，分子的稳定性较高。如果失去一个电子变成$NO^+$分子离子，则处于反键轨道$\pi_{2p}^*$的电子失去，键级变为3，分子更稳定。NO分子中有一个成单电子，分子具有顺磁性，而NO^+没有成单电子，具有抗磁性。

卤化氢分子是由氢原子与卤素原子所形成的异核双原子分子，在卤化氢分子中，氢原子的1s轨道和卤素原子的np_x轨道也可以线性组合成一个σ成键分子轨道和一个σ^*反键分子轨道，卤素原子的其他轨道均为非键轨道。氟化氢分子轨道图如图7-24所示。若H和F沿x轴接近，则F的$2p_x$和H的1s对称性相同，且能量相近，两者组成一对分子轨道，即成键分子轨道3σ和反键分子轨道$4\sigma^*$。这时F的$2p_y$和$2p_z$与H的1s对称性不一致，仍保持原子轨道的能量，对HF的形成不起作用，成为非键轨道1π和2π。F的1s，2s与H的1s能量差过大，仍保持原子轨道的能量，对HF的形成不起作用，成为非键轨道1σ和2σ。

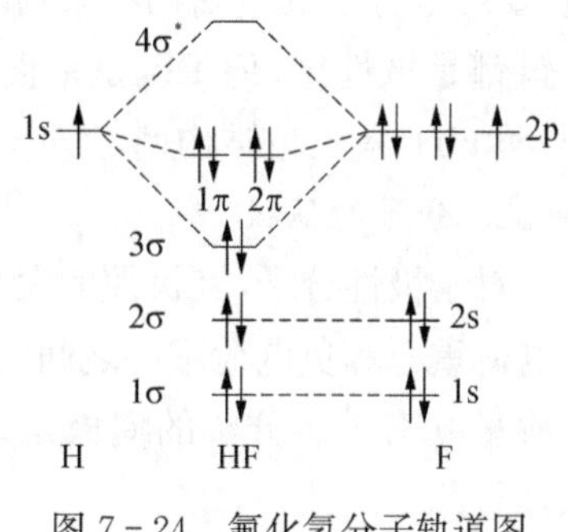

图7-24　氟化氢分子轨道图

第三节　分子间作用力和氢键

化学键一般是指原子结合成分子和晶体的强相互作用力。离子键、共价键和金属键是原子间的强相互作用，其键能约为一百到几百千焦每摩尔。分子之间的弱相互作用称为分子间力或范德华力(Vander Waals force)，其结合能比化学键能约小1～2个数量级。随着X射线衍射法测定晶体结构工作的广泛开展，得到大量的分子结构数据，分子间作用力越来越受到人们的重视，它们被称为次级键或二级化学键。

一、分子的极性

1. 键的极性

在共价键中，若成键的两原子属于同种元素，即电负性差值为零，这种共价键称为非极性共价键，如H-H键、Cl-Cl键；若成键的两个原子所属的元素的电负性差值不等于零，这种共价键称为极性共价键，如 H－Cl 键。键的极性与电负性差有关，两个原子的电负性差值越大，键的极性就越大。

由相同原子组成的双原子分子，如 H_2、Cl_2 等，两个原子的电负性相同，对共用电子对的吸引力相同，分子中电子云分子均匀，整个分子的正电荷重心与负电荷重心重合。这种分子叫非极性分子。而由不同元素的两个原子组成的双原子分子，如 HCl 分子，由于 Cl 的电负性大于 H，Cl 对共用电子对的吸引力大于 H，分子中电子云偏向 Cl，使 Cl 一端显负电性，H 一端显正电性，分子的正电荷重心与负电荷重心不重合，形成正负两极，这种分子叫极性分子。

分子的极性不仅与键的极性有关，而且与分子的空间构型有关。如果组成分子的化学键是极性键，对于双原子分子则一定是极性分子，而对于多原子分子来说，要结合分子的空间构型来判断。如 BF_3 和 NH_3 两种分子，虽然 B—F 键和 N—H 键都是极性键，但 BF_3 是平面三角形构型，其正、负电荷重心重合，是非极性分子；而 NH_3 是三角锥构型，其正、负电荷重心不重合，是极性分子。

2. 分子的偶极

对于极性分子，其极性的大小可以用偶极矩 μ 来衡量。显然，偶极矩的大小与正电荷重心和负电荷重心之间的距离（称为偶极矩长 d），以及正（负）电荷重心的电荷量 q 有关。分子的偶极矩定义为分子的偶极矩长与偶极一端的电荷量的乘积，即

$$\mu = q \cdot d \tag{7-2}$$

偶极矩 μ 的单位是德拜(D)，当 $q = 1.62 \times 10^{-19}$ 库仑（电子所带电量），$d = 1.0 \times 10^{-10}$ 时，$\mu = 4.8$ D。下表给出常见分子的偶极矩，可以定量比较分子的极性。

表 7－5 几种常见分子的偶极矩

极性分子	H_2O	HCl	HBr	HI	H_2S	NH_3	$(CH_3CH_2)_2O$
μ/D	1.85	1.11	0.83	0.45	0.97	1.47	1.15

3. 分子的极化

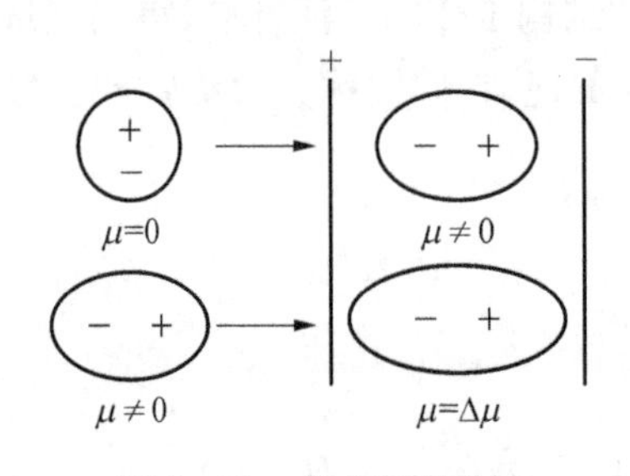

图 7－25 外电场对分子极性的影响

由于极性分子的正、负电荷重心不重合，因此分子中始终存在一个正极和一个负极，这种极性分子本身固有的偶极矩称为固有偶极或永久偶极。但是分子的极性并不是固定不变的，非极性分子在外电场的作用下，可以变成具有一定偶极的极性分子，而极性分子在外电场作用下，其偶极也可以增大（图 7－25）。这种在外电场作用

下产生的偶极称为诱导偶极。任何一个分子，由于原子核和电子都在不停地运动，不断地改变他们的相对位置，从而致使分子的正、负电荷重心在瞬间不相重合，这时产生的偶极矩称为瞬间偶极。瞬间偶极的大小与分子的变形性有关。所谓分子的变形性，即为分子的正、负电重心的可分程度，分子体积越大，电子越多，变形性越大，瞬间偶极也越大。

二、分子间作用力

分子间力最早是由范德华研究实际气体对理想气体状态方程的偏差时提出来的，又称为范德华力，分子间力的能量比较小，只有几千焦每摩尔。根据来源不同可将分子间力分成三种：取向力、诱导力和色散力。

1. 取向力

取向力又称定向力，是极性分子与极性分子之间的固有偶极与固有偶极之间的静电吸引力。因为两个极性分子相互接近时，同极相斥，异极相吸，使分子发生相对移动，极性分子按一定方向排列，并由静电引力互相吸引。当分子之间接近到一定距离后，排斥和吸引达到相对平衡，从而使体系能量达到最小值。取向力的本质是静电引力，取向力与分子偶极矩的平方成正比，与热力学温度成反比，与分子间距离的六次方成反比。

2. 诱导力

在极性分子和非极性分子之间以及极性分子相互之间都存在诱导力。当极性分子和非极性分子充分接近时，在极性分子的固有偶极诱导下，使邻近的非极性分子产生诱导偶极，于是诱导偶极与固有偶极之间产生静电引力。极性分子与非极性分子之间的这种相互作用称为诱导力。同样，当极性分子与极性分子相互接近时，除取向力外，在彼此偶极的相互作用下，每个分子也会发生变形而产生诱导偶极，因此极性分子相互之间也存在诱导力。诱导力的本质也是静电引力，也可以根据静电理论求出其大小。诱导力与分子偶极矩的平方成正比，与被诱导分子的变形性成正比，与温度无关。

3. 色散力

由于各种分子均有瞬间偶极，这种瞬间偶极也会诱导邻近分子产生瞬间偶极，于是两个分子可以靠瞬间偶极相互吸引在一起。这种瞬间偶极产生的作用力称为色散力。量子力学的计算表明，色散力与分子的变形性有关，变形性越大，色散力越强。由于各种分子均有瞬间偶极，所以色散力存在于极性分子和极性分子、极性分子和非极性分子及非极性分子和非极性分子之间。色散力不仅存在广泛，而且在分子间力中，色散力经常是重要的。观察表 7-6 数据可以看出色散力的重要性。

表 7-6　三种常见分子间力的大小比较

	取向力/%	诱导力/%	色散力/%
HCl	15.56	4.73	79.61
NH_3	44.65	5.20	50.15
H_2O	76.90	4.08	19.02

综上所述，分子间力是一种永远存在于分子间的作用力。由于随着分子间距离的增大而迅速减小，所以它是一种近程力，表现为分子间近距离的吸引力，作用范围只有几个皮米。与共价键不同，分子间力没有方向性和饱和性。分子间力包括取向力、诱导力和色散力三种，由于相互作用的分子不同，这三种力所占的比例也不同，但是色散力通常是最重要的。

三、氢键与弱相互作用

(一) 氢键

最早对氢键的研究是从认识分子缔合开始的。比较ⅦA族和ⅥA族元素氢化物的沸点，人们发现 H_2O 和 HF 的沸点比相应的同族元素氢化物的沸点反常地高(表 7-7)。这说明分子间有很强作用力，以至分子间发生了缔合。这种缔合是由氢键造成的。

由于氧元素的电负性比氢的大得多，因此水分子中 O—H 键极性很强。共用电子对强烈偏向于氧原子一端，结果氧原子带部分负电荷，而氢原子带部分正电荷，几乎成为裸露的质子。当两个水分子充分靠近时，带部分正电荷的氢原子与另一分子中含有孤对电子对、带部分负电荷的氧原子产生相互吸引，这种吸引力称为分子间的氢键作用。

表 7-7　ⅦA族和ⅥA族元素氢化物的沸点

ⅥA族元素氢化物	沸点/℃	ⅦA族元素氢化物	沸点/℃
H_2O	100	HF	20
H_2S	−60	HCl	−85
H_2Se	−41	HBr	−66
H_2Te	−2	HI	−36

氢键通常可用 X—H…Y 表示，其中 X、Y 可以是同种元素的原子，也可以是不同种元素的原子。经典氢键中的 X、Y 一般是电负性大、半径小的 F、N、O 等原子，这样的氢键较强。HF 分子中的氢键表示为：F—H…F。

(二) 氢键的特点

1. 方向性和饱和性

氢键的方向性是指 Y 原子与 X－H 键形成氢键时，Y 中孤电子对的对称轴尽可能与 X—H 的键轴在同一方向，即 X－H…Y 位于一条直线上。这样可使 X 和 Y 原子距离最远，两原子间的斥力最小，因而体系稳定。除非其他外力有较大影响时，才可能改变方向。

氢键的饱和性是指每一个 X－H 键只能与一个 Y 原子形成氢键。由于氢原子比 X、Y 原子小得多，形成 X－H…Y 键以后，X、Y 原子电子云的斥力使得另一个极性分子 Y′很难靠近。

2. 氢键的强度

氢键的强弱与 X 和 Y 的电负性大小有关：X、Y 的电负性越大，则形成的氢键越强。此外，氢键的强弱也与 X 和 Y 的半径大小有关；较小的原子半径有利于形成较强的氢键。例如，F 原子的电负性最大，原子半径最小，形成的氢键最强；Cl 原子的电负性比较大，但原子半径也较大，形成的氢键较弱；C 原子的电负性比较小，形成的氢键也较弱。表 7－8 是几种常见分子中氢键的键参数。

表 7－8 几种常见氢键的键长、键能

	键长/pm	键能/($kJ \cdot mol^{-1}$)
F—H…F	255	28.0
O—H…O	276	18.8
N—H…N	358	5.4
N—H…F	266	20.9
N—H…O	286	—

氢键的强弱次序一般如下

F—H…F＞O—H…O＞N—H…N＞Cl—H…Cl＞C—H…X

3. 氢键对化合物性质的影响

HF、HCl、HBr、HI，从范德华力考虑，半径依次增大，色散力增加，沸点增高，故沸点高低的顺序为：HI＞HBr＞HCl，但由于 HF 分子间有氢键，故 HF 的沸点在这里最高，破坏了从左到右沸点升高的规律。

分子间存在氢键时，化合物的熔点、沸点显著提高。HF、H_2O 和 NH_3 等第二周期元素的氢化物，由于分子间氢键的存在，要使其固体融化或液化气化，必须给予额外的能量破坏分子间的氢键，所以他们的熔点、沸点均高于各自同族的氢化物。H_2O 和 HF 的分子间氢键很强，以至于分子发生缔合，以$(H_2O)_2$、$(H_2O)_3$、

$(HF)_2$和$(HF)_3$形式存在，而$(H_2O)_2$排列最紧密，4℃时，$(H_2O)_2$比例最大，故4℃时水的密度最大。分子内氢键就是氢键在一个分子内的两个基团之间形成的，如邻二苯酚，两个羟基之间形成氢键。分子内氢键使得化合物的溶点、沸点降低，因为形成分子内氢键时，势必削弱分子间氢键的形成。故有分子内氢键的化合物的沸点和熔点都不是很高。典型的例子是对硝基苯酚和邻硝基苯酚，如表7－9所示。

表7－9 两种有机分子的氢键种类及熔点

	对硝基苯酚	邻硝基苯酚
分子式	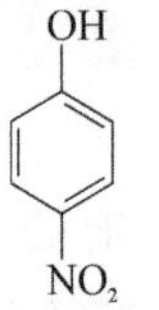 OH NO_2	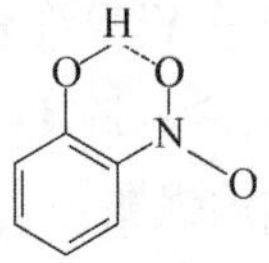 H O O N O
氢键特点	分子间氢键	分子内氢键
熔点/℃	113～114	44～45

(三) 超分子

超分子是一类化学家创造的新物质，它是不同分子之间因彼此的弱相互作用而形成的一种新物质，这类物质由分子组成，彼此之间不是共价键结合，称为超分子。这个工作最初起源于80年代初。无数个同组分子因弱相互作用而规则有序地排列在一起形成的物质称为超分子聚集体。相比而言，高分子是单体之间因共价键结合而成的大分子，超分子是因非共价键结合在一起的不同分子的组合。超分子聚集体虽然不是高分子，但宏观上也具有高分子聚合物的性质。

高分子是由单体之间的聚合反应而合成的，超分子聚集体是因不同分子之间的弱相互作用而“合成”的，这个合成称为组装或自组装(“组装”是指化学家来组装，“自组装”是指反应体系中分子自己因彼此间弱相互作用而自动有序组装)。超分子组装的方法可以是分子之间彼此正、负电荷的吸引，可以是不同分子之间形成新的氢键，可以是多配位配体和多配位金属原子因配位作用形成的无限连续的大配合物，也可以是抗原细胞和抗体细胞之间的特殊相互识别作用而成的新体系，甚至是聚合物中部分基团和无机物共结晶而成的体系等。可以进行组装的化合物分子某种程度上类似于高分子的“单体”，只不过这种“单体”的范围更广，可以是无机物，可以是有机物，也可以是高分子，甚至可以是细胞等。这种“单体”不带有高分子“单体”所必须具有的反应基团。因此研究分子带有弱相互作用“基团”可用来进行组装的化合物分子，类似于高分子的新单体研究；研究分子之间可以彼此进行组装的方法，类似于研究高分子的新聚合反应。所以超分子聚集体为高分子化学家提供了研究新“聚合物”的新领域和新思路。

超分子聚集体因为是无数个分子的有序集合，宏观上具有高聚物的性质（只不过这种高聚物不是因共价键结合而成），因此它也可以作为“高分子”材料来使用。但目前组装超分子聚集体多是二维体系（膜），面积小，只能做功能材料使用。如果能组装成三维体系应当会有更广的用途，这是目前高分子化学研究的热点领域之一。

四、离子极化

分子间力的概念也可以推广到离子化合物中，因为离子之间除了存在起主要作用的静电引力之外，还可能存在其他作用力，如诱导力、色散力和取向力。

(一) 离子的极化

离子和分子一样，自身电场的作用，将使周围其他离子的正、负电荷重心不重合，产生诱导偶极，这种过程称为离子的极化。正离子带正电荷，一般离子半径较小，它对相邻的负离子会起诱导作用，因此正离子的主要作用是极化周围的负离子。

离子极化作用的强弱，决定于该离子对周围离子施加的电场强度，这与离子的结构有关。

1) 电荷高的正离子有强的极化能力，例如

$$Si^{4+} > Al^{3+} > Mg^{2+} > Na^{+}$$

2) 对于不同电子层结构的正离子，它们的极化作用大小的顺序为：18 或(18+2)电子构型的离子>9~17 电子构型的离子>8 电子构型的离子。

3) 电荷相等、电子层结构相同的离子，半径小的具有较强的极化能力，例如

$$Mg^{2+} > Ca^{2+} > Sr^{2+} > Ba^{2+}$$

(二) 离子的变形性

离子极化可以使离子的电子云变形，这种被带相反电荷离子极化而发生离子电子云变形的性质称为离子的变形性，或可极化性。负离子半径一般比较大，外层有较多的电子，容易变形，在被诱导过程中能产生临时的诱导偶极，因此离子的变形性主要指负离子。离子的变形性也和离子的结构有关。

1) 电子层结构相同的离子，随着负电荷的减小和正电荷的增加而变形性减小，如下列离子的变形性顺序为

$$O^{2-} > F^{-} > (Ne) > Na^{+} > Mg^{2+} > Al^{3+} > Si^{4+}$$

2) 最外层电子结构相同的离子，电子层越多，离子半径越大，变形性越大，如

$$I^- > Br^- \ Cl^- > F^-$$

3) 18 电子构型和 9～17 电子构型的离子，其变形性比半径相近、电荷相同的 8 电子构型离子大得多，如

$$Ag^+ > Na^+ ;\ Zn^{2+} > Mg^{2+}$$

4) 复杂负电子的变形性不大，而且复杂负离子中心离子氧化数越高，变形性越小。

综上所述，下列离子的变形性大小顺序为

$$I^- > Br^- > Cl^- > CN^- > OH^- > NO_3^- > F^- > ClO_4^-$$

最容易变形的离子是体积大的负离子。18 或(18+2)电子构型以及不规则电子层的少电荷正离子的变形性也是相当大的。最不容易变形的离子是半径小、电荷高、外层电子少的正离子。

(三) 相互极化作用

由于负离子的半径较大，故极化作用一般不显著，正离子的变形性又较小，所以通常考虑离子间的相互作用时，一般总是考虑正离子对负离子的极化作用。但是当正离子也容易变形时，则变了形的负离子也能引起正离子变形，这时必须考虑正、负离子的相互极化作用。正离子变形后产生诱导偶极，反过来又加强了对负离子的极化能力，增加的这部分极化作用称为附加极化作用。

(四) 反极化作用

NO_3^- 中心的 N(Ⅴ)电荷很高，极化作用很强，使氧的电子云变形，靠近 N(Ⅴ)的部分呈“－”电性。在 HNO_3 分子中，H^+ 对与其邻近的氧原子的极化，与 N(Ⅴ)对这个氧原子的极化作用效果相反，因此称 H^+ 的极化作用为反极化作用。它使靠近 H^+ 的部分呈“－”电性，靠近 N(Ⅴ)的部分呈“＋”电性，从而 H^+ 的反极化作用削弱了 O—N 键，如图 7－26 所示。

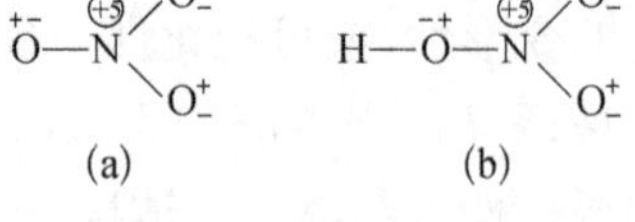

(a) (b)

图 7－26　HNO_3 分子中 H^+ 的反极化作用

反极化作用一般常见于含氧酸及含氧酸盐中。酸式盐热稳定性一般差于正盐，如碳酸氢钠热稳定性低于碳酸钠。正离子的反极化能力强时，其含氧酸盐的热稳定性一般较差，如硫酸钠的热稳定性低于硫酸钙。酸性环境下含氧酸盐氧化性提高，如酸性高锰酸钾溶液具有很强的氧化性。这些现象均是氢离子的反

极化作用导致酸和酸根中氧与中心原子之间的共价键被削弱，从而更容易断裂所致。

含氧酸及含氧酸盐的中心原子，若氧化数高，则极化能力强，因而其抵御正离子反极化作用的能力也强。由此可以解释硝酸银的热稳定性高于亚硝酸银，也可以说明碳酸盐的热稳定性一般低于相应的硫酸盐。

（五）离子极化对化合物结构与性质的影响

离子极化的实质，就是正离子将负离子的电子拉向自己。所以随着离子极化作用的增强，势必引起化学键键型的变化，即键的性质可能从离子键过渡到共价键。实际上，离子键与共价键之间并没有严格的界限，只有一系列的过渡状态。离子极化作用的结果导致化学键性质的转变，当然对化合物的结构和性质有一定的影响。

1. 化合物的晶体构型

对于离子化合物的晶型，一般可以从离子的半径比来判断。但只有考虑到离子极化作用，特别是附加极化作用的影响，才能得到更符合事实的结论。较强的极化作用使化学键的性质由离子键向共价键过渡。同时结晶类型也会发生变化，并使晶体结构从高配位结构形式向低配位结构形式过渡。

离子化合物的三种常见晶型为 CsCl 型、NaCl 型和 ZnS 型，配位数分别为 8、6 和 4，配位数减小的顺序就是 CsCl、NaCl、ZnS 的离子极化效果增强的顺序。

再考察卤化银和卤化铜，他们的半径比、晶型和配位数列于表 7－10 中。AgF 虽是离子键，半径比$\frac{r_+}{r_-}>0.732$，但由于有一定的离子极化作用，所以 AgF 晶体结构不是 CsCl 型，而是 NaCl 型。AgI 的半径比$\frac{r_+}{r_-}>0.414$，但由于有很强的极化作用，晶体结构是 ZnS 型，而不是 NaCl 型。同样，卤化铜的半径比$\frac{r_+}{r_-}>0.414$，应属于 NaCl 型，但因为离子极化作用，它们都是 ZnS 型结构。

表 7－10　AgX 和 CuX 的半径比、晶型和配位数

化合物	AgF	AgCl	AgBr	AgI	CuF	CuCl	CuBr	CuI
$\frac{r_+}{r_-}$	0.85	0.63	0.57	0.51	0.72	0.53	0.49	0.44
晶型	NaCl 型	NaCl 型	NaCl 型	ZnS 型	ZnS 型	ZnS 型	ZnS 型	ZnS 型
配位数	6	6	6	4	4	4	4	4

实际上，典型的离子型化合物很少，绝大部分化合物是介于离子型和共价型

之间。

2. 化合物的颜色

影响化合物颜色的因素很多，其中离子极化作用是重要的影响因素之一。一般情况下，如果组成化合物的两种离子都是无色的，那么这个化合物也无色，如 NaCl、KNO_3等。如果其中一个离子是无色的，另一个离子有颜色，则这个离子的颜色就是该化合物的颜色，如 K_2CrO_4呈黄色。但比较 Ag_2CrO_4和 K_2CrO_4时发现，Ag_2CrO_4呈红色而不是黄色。这是因为极化作用导致电子从负离子向正离子的迁移变得容易了，吸收的光的能量发生变化，从而物质的颜色发生变化。再比较一下 AgI 和 KI，AgI 是黄色而不是无色；这显然与 Ag^+ 具有较强的极化作用有关，因为极化作用导致 AgI 吸收部分可见光，从而呈现颜色。总之极化作用越强，对于化合物的颜色影响越大，所以 AgCl、AgBr、AgI 随相互极化作用的增加而颜色由白色到淡黄色再到黄色。

3. 化合物的熔点和沸点

离子极化作用的结果，使离子键向共价键过渡，引起晶格能降低，导致化合物的熔点和沸点降低。如 AgCl 和 NaCl，两者晶型相同，但 Ag^+ 的极化能力大于 Na^+，导致键型不同，所以 AgCl 的熔点是 455℃，而 NaCl 的熔点是 801℃。又如 $HgCl_2$，Hg^{2+} 是 18 电子构型，极化能力强，又有较大的变形性，Cl^- 也有一定的变形性，离子的相互极化作用使 $HgCl_2$的化学键有显著的共价性，因此 $HgCl_2$的熔点为 276℃，沸点为 304℃，都较低。

4. 化合物的溶解度

化合物的溶解性与晶格能、水合能、键能等许多因素有关，一般离子化合物易溶于水。离子极化作用的结果使离子键向共价键过渡，导致化合物在水中的溶解度降低。例如，在银的卤化物中，由于 F^- 半径很小，不易发生变形，所以 AgF 是离子化合物，它可溶于水。而对于 AgCl、AgBr 和 AgI，随着 Cl^-、Br^- 和 I^- 半径依次增大，变形性也随之增大。Ag^+ 的极化能力很强，所以这三种化合物都具有较大的共价性。AgCl、AgBr 和 AgI 的共价性依次增大，故溶解度依次减小。

5. 二元化合物的热稳定性

将某一化合物加热时，由于外层电子振动的加剧，致使电子云强烈地偏向正离子一方，若负离子变形性足够大，则负离子的一个或几个电子可越过正离子外壳电子的斥力而进入正离子的原子轨道并为它所有，于是就伴随着该化合物的分解。如铜的卤化物的热分解反应为

$$2CuX_2 = 2CuX + X_2$$

相互极化作用越大，分解温度就越低，见表 7-11 数据。

表 7-11 铜卤化物的分解温度

化合物	CuF_2	$CuCl_2$	$CuBr_2$	CuI_2
分解温度/℃	950	500	490	不存在

6. 含氧酸及其盐的热稳定性

由于 H^+ 的反极化作用导致 HNO_3 分子中 O—N 键结合力的减弱，所以硝酸在较低的温度下会分解并生成 NO_2。Li^+ 的极化能力次于 H^+，但强于 Na^+，故稳定性顺序为

$$HNO_3 < LiNO_3 < NaNO_3$$

即一般含氧酸的盐比含氧酸稳定，如 H_2SO_3，$H_2S_2O_3$ 等得不到纯品，但其盐是比较稳定的。

如果含氧酸盐的正离子相同，则化合物的稳定性取决于中心原子的极化能力或中心原子抵抗正离子反极化作用的能力。如硝酸的稳定性远高于亚硝酸的稳定性，许多硝酸盐的稳定性远高于亚硝酸盐的稳定性（$AgNO_3$ 在 444℃分解，$AgNO_2$ 在 140℃分解），其原因就是 N(Ⅴ)的极化能力比 N(Ⅲ)的极化能力强，或者说抵抗 Ag^+、H^+ 等正离子的反极化作用的能力强。所以高价含氧酸及其盐比相应低价含氧酸及其盐稳定。

第四节 晶 体

对固体的内部结构进行实验测定后，可发现有的固体内部质点呈有规则的空间排列，这类固体叫做晶体；有的固体其微粒的排列毫无规律，称之为非晶体或无定形体。

非晶体往往是在温度突然下降到液体的凝固点以下时而形成的，这时物质的微粒来不及进行有规则的排列，或者说来不及形成晶体，例如玻璃、石蜡等。所以非晶体属于不稳定的固体，有逐渐结晶化的趋势。如玻璃长时间放置后会变得浑浊不透明，这就是逐渐晶化的结果。自然界中的固体绝大多数是晶体，只有极少数非晶体。

一、晶体的特征

晶体有以下三个特征，可根据这三个特征来区分晶体和非晶体。

1）晶体有整齐规则的几何外形。例如，食盐结晶是一个个立方体，石英(SiO_2)晶体是六方体，方解石($CaCO_3$)晶体是棱面体。而非晶体（如玻璃、石蜡、松香）则没有一定的几何外形，称为无定形体。

2）晶体有固定的熔点。恒压下晶体有固定的熔化温度。例如，把冰加热，在低于0℃时不融化，直至0℃时才融化，继续加热，体系温度不变，直至冰全部融化后温度才上升。这说明冰有固定的熔点。而非晶体就没有固定的熔点，如松香在50～70℃软化，70℃以上才基本成为熔体。

3）晶体有各向异性的特点。晶体在不同方向上的硬度、热膨胀系数、导热性、电阻率、折射率等都是不同的。例如，云母在某个方向上可以剥开，石墨在平行于石墨层的方向上比垂直于石墨层的方向上的电导率高一万多倍，热导率大5～6倍，这就是各向异性，而非晶体是各向同性的。

晶体与非晶体可以相互转换。例如，涤纶的熔体迅速冷却得到的是无定形体，若缓慢冷却，却可得到晶体。

同一物质可以有不同的晶型，如石墨和金刚石都是由碳原子组成，但是它们是不同的晶体，称为同质异晶。改变外界条件，同质异晶间会相互改变。例如，石墨晶体在一万大气压以上可以转变成金刚石。

晶体又可分为单晶体和多晶体，单晶体内部的粒子是按照某种规律整齐排列的，而多晶体是由多个单晶体聚集而成的。如果多晶组成部分的晶体颗粒极小，则称为微晶，如炭黑。

1. 晶格与晶胞

晶体整齐规则的几何外形是其内部粒子规则排列的外在反映。在研究晶体内粒子的排列时，可以把粒子当成几何的点，晶体是由这些点在空间按一定规律排列而成，这些点的总和称为点阵，用平行线连接而形成的格子称为晶格，晶格上的点称为结点，如图7-27(a)所示。在晶体中的结点往往紧密排列，例如在1立方毫米

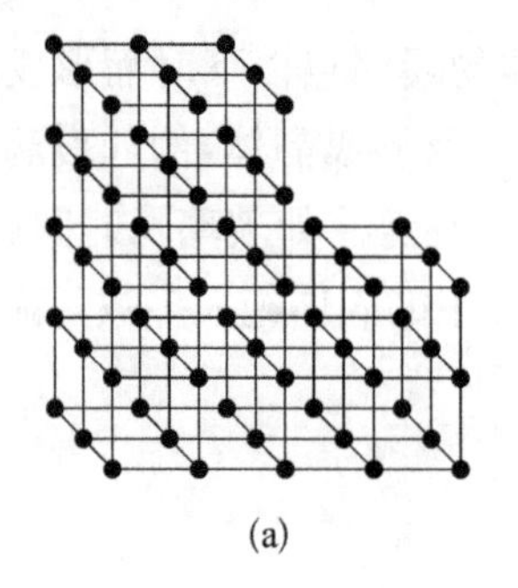
(a)

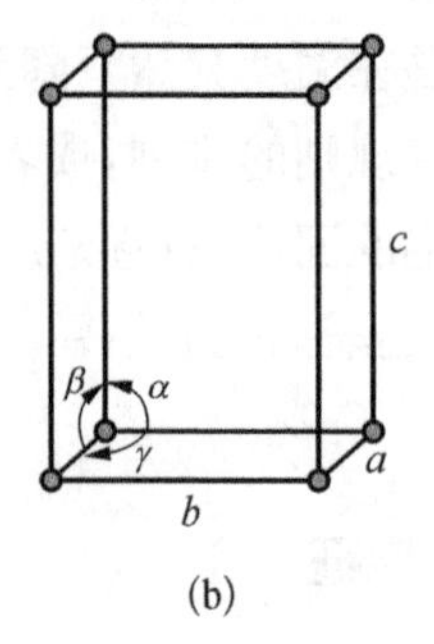

(b)

图7-27 晶格与晶胞

的 NaCl 晶体中，就排列着 5×10^{18} 个结点。

为了研究晶格的特征，在晶体中划出一个能代表晶格一切特征的最小部分，例如一个平行六面体，此最小部分称为晶胞。晶胞在三维空间中的无限重复就形成了晶格。晶胞的特征通常可用 6 个常数来描述，这 6 个常数是 a、b、c 和 α、β、γ，从图 7-27(b)可以看出，晶胞是一个平行六面体，a、b、c 分别是三个棱的长，α、β、γ 是棱边的夹角。

2. 晶系

根据晶胞的特征，可以划分成七个晶系，分别为立方晶系、四方晶系、正交晶系、六方晶系、三方晶系、单斜晶系和三斜晶系。七个晶系的性质见表 7-12。

表 7-12 七个晶系的特征及实例

晶 系	晶 胞 参 数	实 例
立方晶系	$a=b=c\quad\alpha=\beta=\gamma=90°$	NaCl
四方晶系	$a=b\neq c\quad\alpha=\beta=\gamma=90°$	白锡
正交晶系	$a\neq b\neq c\quad\alpha=\beta=\gamma=90°$	斜方硫
六方晶系	$a=b\neq c\quad\alpha=\beta=90°,\gamma=120°$	石墨
三方晶系	$a=b=c\quad\alpha=\beta=\gamma\neq 90°$	方解石($CaCO_3$)
单斜晶系	$a\neq b\neq c\quad\alpha=\beta=90°,\gamma\neq 90°$	单斜硫
三斜晶系	$a\neq b\neq c\quad\alpha\neq\beta\neq\gamma$	重铬酸钾

1848 年晶体学家布拉维(A. Bravais)从宏观对称规则研究认为七个晶系包括十四种晶格。立方晶系有三种晶格，即简单立方晶格、体心立方晶格和面心立方晶格。

1) 简单立方晶格。晶胞是个立方体，结点分别在晶胞立方体的 8 个角顶上。

2) 体心立方晶格。晶胞也是个立方体，结点共有 9 个，其中 8 个排在晶胞立方体的 8 个角顶上，另一个排在晶胞的中心。

3) 面心立方晶格。晶胞也是个立方体，结点共有 14 个，除了 8 个排在晶胞的 8 个角顶上以外，还有 6 个排在晶胞立方体 6 个面的中心。

四方晶系有两种晶格，即简单四方晶格和体心四方晶格；正交晶系有四种晶格，即简单正交晶格、底心正交晶格、体心正交晶格和面心正交晶格；六方晶系只有一种晶格，即简单六方晶格；三方晶系只有一种晶格，即简单三方晶格；单斜晶系有两种晶格，即简单单斜晶格和底心单斜晶格；三斜晶系只有一种晶格，即简单三斜晶格。

上述十四种晶格中最常见的为简单立方、体心立方、面心立方和简单六方这四种晶格。

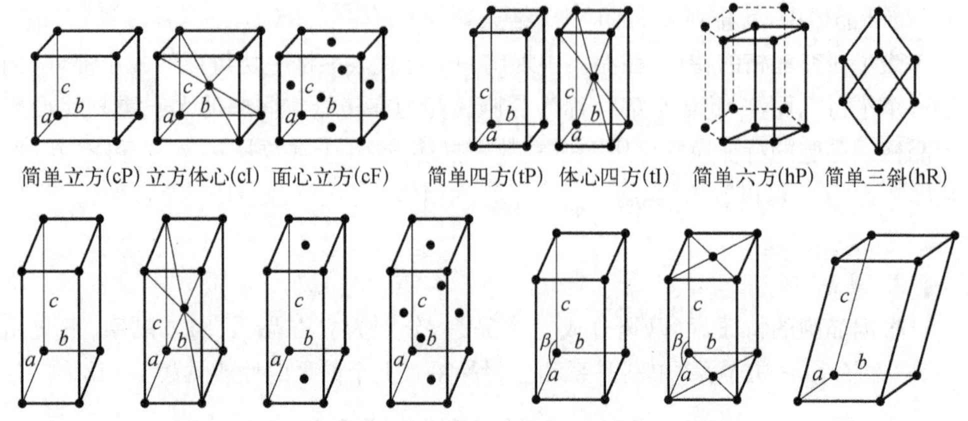

图 7-28 十四种布拉维晶格

二、晶体的类型和基本性质

根据晶体中微粒之间相互作用的性质不同，可以将晶体分成四种类型，即离子晶体、原子晶体、分子晶体和金属晶体，其基本性质如表 7-13 所示。

表 7-13 各类晶体的基本性质

晶体类型	离子晶体	原子晶体	分子晶体		金属晶体
结点上的粒子	正、负离子	原子	极性分子	非极性分子	原子、正离子（间隙处有自由电子）
结合力	离子键	共价键	分子间力（氢键）	分子间力（金属键）	
熔、沸点	高	很高	低		很低
硬度	硬	很硬	软		很软
机械性能	脆	很脆	弱	很弱，有延展性	
导电、导热性	熔融、溶液导电	非导体	固态液态不导电，水溶液导电	非导体	良导体
溶解性	易溶于极性溶剂	不溶性	易溶于极性溶剂	易溶于非极性溶剂	不溶性
实例	NaCl、MgO	SiC、金刚石	HCl、NH_3	CO_2、I_2	W、Ag、Cu

除了上述四类晶体外，还有混合型晶体（晶体包括两种以上的类型），如石墨、氮化硼等。

（一）离子晶体

离子晶体中微粒之间的相互作用是离子键。离子化合物主要以晶体状态出现，如 NaCl、CaF_2、MgO 晶体等。在离子晶体中，每个离子都被若干个带异性电荷的离子所包围，如 NaCl 晶体中，每一个带正电荷的 Na^+ 被周围 6 个带负电荷的 Cl^- 包围，同时每一个 Cl^- 被周围 6 个带正电荷的 Na^+ 包围，它的结构如图 7－29 所示，在立方体的棱上，Na^+ 和 Cl^- 交替排列，两个 Na^+ 中心的距离总是 562.8 pm。在整个晶体中，Na^+ 周围的几何环境和物质环境都是相同的。同样，对 Cl^- 来说，其周围的几何环境和物质环境也都是相同的，周期性重复排列。在离子晶体中，不存在单个分子，整个晶体可以看成是一个巨型分子，没有确定的相对分子质量。对于 NaCl 晶体，无单独的 NaCl 分子存在，NaCl 是化学式，表示晶体中 Na^+ 和 Cl^- 的个数比例为 1∶1。因此，NaCl 是化学式，不是分子式，根据平均相对原子质量算出的 58.5 是 NaCl 的式量，不是相对分子质量。

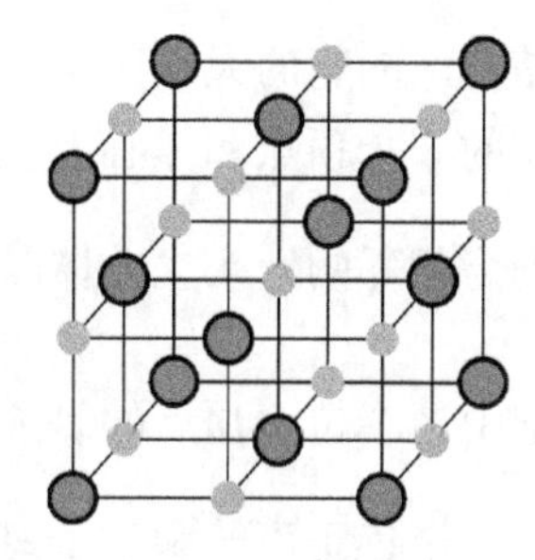
图 7－29　NaCl 的晶体结构

离子晶体的硬度虽然很大，但比较脆，延展性差。这是因为在离子晶体中，正、负离子有规则地交替排列。当晶体受到外力冲击时，发生错位，即各层离子发生错动，正、正离子相切，负、负离子相切，彼此排斥，使吸引力大大减弱，离子键失去作用，所以无延展性。如方解石（$CaCO_3$）可采用雕刻加工，而不可采用锻造加工。

离子晶体在水中的溶解度与晶格能、离子的水合热有关。离子晶体的溶解是拆散有序的晶体结构（吸热）和形成水合离子（放热）的过程，如果溶解过程伴随体系能量降低，则有利于溶解进行。显然，晶格能较小、离子水合热较大的晶体，易溶于水。一般来说，由单电荷离子形成的离子晶体，如碱金属卤化物、硝酸盐、醋酸盐等易溶于水；而由多电荷离子形成的离子晶体，如碱土金属的碳酸盐、草酸盐、磷酸盐及硅酸盐等难溶于水。

离子晶体熔融后或溶解在水中都具有良好的导电性，这是通过离子的定向迁移导电，而不是通过电子流动而导电。但在晶体状态，由于离子被限制在晶格的一定位置上振动，因此很难导电。

1. 几种简单的离子晶体

在离子晶体中，正、负离子在空间的排布情况不同，离子晶体的空间结构也不同。对于最简单的立方晶系 AB 型离子晶体，有以下几种典型的结构，他们有着不同的配位数。

(1) CsCl 型晶体

如图 7－30(a)所示，该类型晶体的平行六面体晶胞是正六面体，属于简单立方晶格。晶胞的大小完全由一个边长来确定，组成晶体的质点（离子）分布在正六面体的 8 个顶点和体心上。位于体心的铯离子为晶胞独自占有，位于顶点的氯离子则为相邻的 8 个立方体晶胞所共用。每个氯离子只有$\frac{1}{8}$属于所研究的晶胞，在晶胞中 8 个位于顶点的氯离子各相当于$\frac{1}{8}$，恰好等于一个氯离子。因此，晶胞中只含有一个铯正离子和一个氯负离子。每个离子都被 8 个带异号电荷的离子所包围，所以该类型晶体中的离子的配位数为 8。晶胞中正、负离子之间的距离 d 可以用几何方法计算，即

$$d=\frac{\sqrt{3}a}{2}=0.866a$$

式中 a 是正六面体晶胞的边长。对于 CsCl 晶体，$a=411$ pm，$d=356$ pm。此外，CsBr 和 CsI 等都属于 CsCl 型晶体。

(2) NaCl 型晶体

如图 7 - 30(b)所示，该类型晶体的晶胞形状也是正六面体，但质点分布与 CsCl 型不同，属于面心立方晶格。在 NaCl 型晶体中，负离子按立方面心排列，正离子处在由 6 个负离子堆积而成的八面体空隙中。每个离子周围排列 6 个带异号电荷的离子，正、负离子的配位数均为 6。每个晶胞中含有钠正离子、氯负离子各 4 个。对于 NaCl 晶体，其立方体晶胞的边长 a=562 pm，晶胞中正、负离子之间的距离 d=0.5a。此外，LiF 和 AgF 等晶体都属于 NaCl 型晶体。

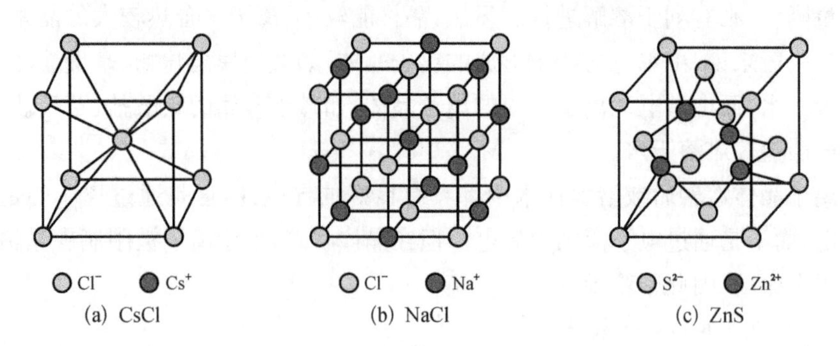

图 7 - 30 立方晶系 AB 型晶体的结构

(3) 立方 ZnS 型(闪锌矿型)晶体

如图 7 - 30(c)所示，它的晶胞也是正六面体，属于面心立方晶格，但质点的分布更为复杂。在晶体中，负离子按面心立方堆积，所形成的四面体空隙刚好有半数被体积较小的正离子均匀地填充。晶胞中正、负离子的配位数均为 4，锌正离子、

硫负离子的个数也均为 4。对于 ZnS 晶体，根据几何方法计算，同样可以得到正、负离子之间的距离

$$d = \frac{\sqrt{3}a}{4} = 0.433a$$

式中 a 是立方体晶胞的边长。对于 ZnS 晶体，$a = 539$ pm，$d = 233$ pm。此外，ZnO 和 HgS 等晶体都属于立方 ZnS 型晶体。

2. 离子半径比与配位数的关系

对于 AB 型的离子晶体 CsCl、NaCl 和 ZnS 来说，正、负离子的比例都是 1∶1，但形成了三种不同的晶体构型，配位数依次为 8、6 和 4。当正、负离子结合成离子晶体时，为什么会形成配位数不同的空间构型呢？这是因为在某种结构下该离子晶体最稳定，体系的能量最低。决定晶体构型的主要因素是离子本身的性质，即离子的半径、电荷和电子构型。

在离子晶体中，当正、负离子处于最密堆积时，体系的能量最低。所谓密堆积，即离子间采取空隙最小的排列方式。因此在可能条件下，为了充分利用空间，较小的正离子总是尽可能地填充在较大的负离子的空隙中，形成稳定的晶体。下面以配位数为 6 的 NaCl 晶体为例说明正、负离子半径比与配位数的关系。

在配位数为 6 的八面体配位中，离子间的接触情况有三种：异号离子互相接触，而同号离子之间不接触，这种状态是稳定的，如图 7－31(a)所示；负、负离子间接触，而正、负离子间不接触，这种状态是不稳定的，如图 7－31(b)所示；正、负离子间接触，而负、负离子间也互相接触，这是一种介稳的状态。若以 r_+ 和 r_- 分别表示正、负离子的半径，并令 $r_- = 1$，根据勾股定理可知

$$(r_+ + r_-)^2 + (r_+ + r)^2 = (2r_-)^2$$

从而求出正、负离子半径比

$$\frac{r_+}{r_-} = 0.414$$

由此可知，当 $\frac{r_+}{r_-} < 0.414$ 时，正、负离子不接触，而负、负离子间互相接触，静电排斥力大，而吸引力小，晶体不稳定，如图 7－31(c)所示。在这种情况下，离子将重新排列，使配位数降低为 4。当 $\frac{r_+}{r_-} < 0.414$ 时，正、负离子接触，而同号离子间互不接触，静电吸引力大，排斥力小，晶体较稳定。为使晶体更稳定，最优条件是正、负离

子都接触，且配位数尽可能高。因此配位数为 6 的条件是 $\frac{r_+}{r_-} \geqslant 0.414$ 。但当 $\frac{r_+}{r_-} \geqslant 0.732$ 时，正离子相对较大，有可能吸引更多的负离子，因而可能使配位数增加到 8。

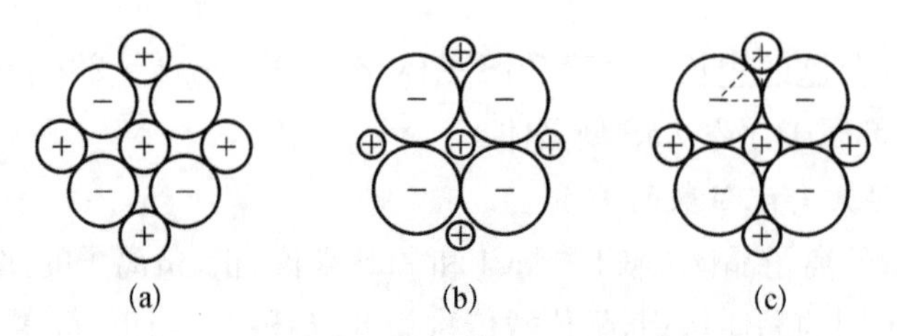

图 7-31　八面体 6 配位中正、负离子的接触情况

根据正、负离子间和负、负离子间都互相接触的 4 配位和 8 配位的图形，同样可以分别计算出配位数为 4 和 8 的离子晶体的正、负离子半径比分别为 0.225 和 0.732。

由此可见，AB 型离子晶体 CsCl、NaCl 和 ZnS 虽然同属立方晶系，但由于 $\frac{r_+}{r_-}$ 比值不同，而导致它们的配位数不同，晶格类型也不一样。该类型化合物的离子半径比和配位数及晶体类型的关系见表 7-14。

表 7-14　AB 型化合物的离子半径比和配位数及晶体类型的关系

半径比 $\frac{r_+}{r_-}$	配位数	晶体构型	实　例
0.225～0.414	4	ZnS 型	ZnS, ZnO, BeS, CuCl, CuBr
0.414～0.732	6	NaCl 型	NaCl, KCl, NaBr, LiF, CaO, MgO, CaS, BaS
0.732～1	8	CsCl 型	CsCl, CsBr, CsI, TlCl, NH_4Cl, TlCN

当然，并非所有离子型晶体化合物的构型都严格地遵循离子半径比规则。由于离子半径数据不十分精确和离子的相互极化作用因素的影响，根据半径比规则推测的结果有时与实际晶体类型有出入。例如在氯化铷中，Rb^+ 与 Cl^- 的半径比 $\frac{r_+}{r_-} = 0.82$，应属于配位数为 8 的 CsCl 型，而实际上它的配位数为 6，属于 NaCl 型。当半径比接近极限值时，要考虑该晶体有可能同时存在两种构型。例如，在二氧化锗中，正、负离子的半径比 $\frac{r_+}{r_-} = 0.40$，与极限值 0.414 非常接近，表明它可能存在 NaCl 型和 ZnS 型两种构型，事实上二氧化锗确有这两种构型的晶体。此外，离子晶体的构型与外界条件也有关系，例如 CsCl 晶体在常温下是 CsCl 型，但在高

温下离子可能离开原来的晶格的平衡位置而进行重新排列，转变为 NaCl 型。因此，离子半径比规则只能辅助判断离子晶体的构型，而他们具体采取什么构型，则应从实验来确定。应该注意的是，离子半径比规则只能应用于离子型晶体，而不适用于共价化合物。如果正、负离子间有强烈的相互极化作用，晶体的构型就会偏离表 7-7 中的一般规则，例如 AgI 按离子半径比计算 $\frac{r_+}{r_-}=0.583$，应为 NaCl 型晶体，而实际上为 ZnS 型晶体，这就是离子极化的缘故。

(二) 原子晶体

晶体中质点是以共价键结合的晶体称为原子晶体。例如金刚石、硅、硼以及碳化硅（SiC）、二氧化硅（SiO_2）、氮化硼（BN）等。

原子晶体的主要特点是：在这类晶体中，占据在晶格结点上的质点是原子；原子间是通过共价键相互结合在一起的。由于在各个方向上这种共价键是相同的，因此在这类晶体中，不存在独立的小分子，而只能把整个晶体看成是一个大分子，晶体有多大，分子也就有多大，没有确定的分子量。在这类晶体中由于原子之间的共价键比较牢固，即键的强度较高，要拆开这种原子晶体中的共价键需要消耗较大的能量，所以原子晶体一般具有较高的熔点、沸点和硬度。例如金刚石的熔点为 3 849 K。这类晶体在通常的情况下不导电，也是热的不良导体，熔化时也不导电。但硅、碳化硅等具有半导体的性质，可以有条件地导电。

(三) 分子晶体

凡是以分子间力（包括氢键）结合而成的晶体统称为分子晶体。例如卤素、氢、卤化氢、二氧化碳、水、氨、甲烷等，它们都是由一定数目的原子通过共价键结合而成的（极性的或非极性的）共价分子。这类非金属单质和化合物的分子是由有限数目的原子所组成，它们的分子量是可以测定的，并且有恒定的数值，在一般情况下，它们常以气体、易挥发的液体或易升华的固体存在。

分子晶体质点上排列的是分子，质点间靠分子间力（含氢键）结合。由于分子间力比离子键、共价键要弱得多，所以分子晶体物质一般熔点低，硬度小，易挥发。有些分子晶体物质（如碘、萘）甚至不经过熔化而直接升华。分子晶体的熔、沸点由分子间作用力（包括氢键）决定。例如氧族元素的氢化物熔点、沸点次序是：$H_2O>H_2Te>H_2Se>H_2S$，原因是 H_2O 分子间有氢键，熔点、沸点高，H_2S、H_2Se、H_2Te 的相对分子质量依次增大，色散力也就依次增大，熔点、沸点依次增高。

(四) 金属晶体

金属晶体中的金属键常被看成是一种特殊的共价键，称为金属的改性共价键。这是 1916 年荷兰科学家洛伦茨（Lorentz）按自由电子的理论提出来的。

金属的改性共价键理论认为，金属晶体中结点上的原子和离子共用晶体中的自由电子，自由电子可以在整个晶体中运动，因此称为非定域的自由电子。形象地讲，可以把金属键说成是"金属原子失去一个电子后组成骨架，然后浸泡在电子的海洋中"。

由于金属原子电负性、电离能较小，价电子容易脱离原子的束缚，这些价电子在阳离子之间可以自由运动，形成了离域的自由电子，这些自由电子把金属"胶合"在一起。形成的"共价键"称为改性共价键也就是金属键。因此，金属键无方向性和饱和性，由于自由电子可以在整个晶体中运动，所以金属有导电性和导热性。金属原子间可以相互滑动而不会折断金属键，所以金属具有延展性。

思考题与习题

1. 离子键形成的条件是什么？有哪些特点？

2. 共价键的本质是什么？共价键具有饱和性和方向性的特点如何理解？

3. 在常温下，F_2、Cl_2是气体，Br_2是液体，而I_2是固体，试用分子间力来解释。

4. 价层电子对互斥理论的要点有哪些？如何用这一理论预测分子的空间构型？

5. 试用杂化轨道理论解释为什么BCl_3为平面三角形分子而NCl_3是三角锥形分子。

6. 氢键的特点有哪些？如何影响分子的熔沸点？

7. 如何区分晶体和非晶体？晶体有哪些特征？

8. 离子的极化作用对化合物的结构有什么影响？

9. 什么是超分子化学？

10. 判断下列化合物哪些是离子型化合物？哪些是共价型化合物？并说明理由。

(1) NaBr (2) NaI (3) AgI (4) CsBr (5) CuI (6) AgBr

11. 指出下列分子或离子中中心原子的杂化轨道类型，并预测分子的空间构型。

(1) OF_2 (2) CH_3^- (3) BH_4^- (4) H_3O^+

12. 运用价层电子对互斥理论推测下列分子或离子的空间构型。

(1) BH_2 (2) $SiCl_4$ (3) PH_3 (4) SF_4 (5) NCl_3 (6) $CHCl_3$ (7) $SnCl_2$ (8) NH_4^+ (9) PCl_6^-

13. 比较下列各组化合物中键角的大小，说明原因。

(1) CH_4和NH_3 (2) Cl_2O和CH_4 (3) PH_3和NH_3

14. 写出下列双原子分子或离子的分子轨道式，运用分子轨道理论推断它们是否存在，指出所含的化学键并判断化学键的稳定性和磁性。

(1) H_2^+ (2) He_2^+ (3) C_2 (4) Be_2 (5) B_2 (6) N_2^+ (7) O_2

15. 指出下列分子中哪些是极性分子？哪些是非极性分子？

(1) NO_2 (2) $CHCl_3$ (3) NCl_3 (4) SO_3 (5) SCl_2 (6) $COCl_2$ (7) BCl_3

16. 比较下列各组分子中偶极矩的大小。

(1) CO_2和SO_2　(2) CCl_4和CH_4　(3) PH_3和NH_3

(4) BF_3和NH_3　(5) H_2O和H_2S　(6) CH_3CH_2OH和$(CH_3CH_2)_2O$

17. 判断下列各组分分子之间存在什么形式的作用？

(1) He和H_2O　(2) CO_2和H_2　(3) CO_2气体

(4) HBr气体　(5) CCl_4和C_6H_6　(6) CH_3CH_2OH和H_2O

18. 利用晶体学知识填写下表。

物　质	晶体类型	结点上的粒子	粒子间的作用力	熔点(高或低)	导电性
Cu					
NaCl					
单晶硅					
干冰					
NH_3					

19. 比较下列几组化合物中正离子的极化能力大小。

(1) $CuCl_2$　$FeCl_2$　$ZnCl_2$　$CaCl_2$　(2) $AlCl_3$　$SiCl_4$　PCl_5　$GeCl_4$

(3) ZnS　CdS　HgS　(4) $PbCl_2$　$PbBr_2$　PbI_2

20. 比较下列几种物质熔沸点的高低次序。

(1) MgO　(2) $MgCl_2$　(3) KCl　(4) NaCl

21. 判断下列化合物的分子间能否形成氢键，哪些能形成分子内氢键？

(1) H_2O　(2) H_2CO_3　(3) HNO_3　(4) CH_3COOH　(5) C_2H_5OH　(6) $C_2H_5OC_2H_5$

(7) HI

第八章 配位化学基础

当我们向硫酸铜水溶液中逐滴加入氨水，开始会有浅蓝色的$[Cu(OH)]_2SO_4$沉淀生成。继续加入氨水，浅蓝色的沉淀就会逐步溶解，溶液的颜色转为绛蓝色，生成$[Cu(NH_3)_4]SO_4$配合物。

$$CuSO_4 + NH_3 \cdot H_2O \longrightarrow [Cu(OH)]_2SO_4\text{(浅蓝色沉淀)} \longrightarrow$$
$$[Cu(NH_3)_4]SO_4\text{(绛蓝色，溶于水)}$$

实验证明，向绛蓝色的$[Cu(NH_3)_4]SO_4$水溶液中滴加$BaCl_2$溶液，即产生白色的$BaSO_4$沉淀，这说明在$[Cu(NH_3)_4]SO_4$水溶液中，SO_4^{2-}是以自由离子的形式存在的。如果向$[Cu(NH_3)_4]SO_4$水溶液中滴加少量NaOH溶液，却不会出现浅蓝色的$Cu(OH)_2$沉淀，加热该溶液也检测不到有氨气逸出。这说明在$[Cu(NH_3)_4]SO_4$的水溶液中，几乎没有游离的Cu^{2+}和自由的NH_3分子存在，而是以稳定的$[Cu(NH_3)_4]^{2+}$配离子形式存在的，即形成铜氨配离子。

$$Cu^{2+} + 4NH_3 \longrightarrow [Cu(NH_3)_4]^{2+}$$

第一节 配合物的基本概念

一、配合物的组成

配合物$[Cu(NH_3)_4]SO_4$是由$[Cu(NH_3)_4]^{2+}$配阳离子与SO_4^{2-}阴离子以离子键结合形成的，它在水溶液中完全电离。

$$[Cu(NH_3)_4]SO_4 \longrightarrow [Cu(NH_3)_4]^{2+} + SO_4^{2-}$$

配离子$[Cu(NH_3)_4]^{2+}$很稳定，在水溶液中能够稳定存在。Cu^{2+}与NH_3以配位键相结合，即 NH_3 提供孤对电子，与 Cu^{2+} 形成配位键。配合物可定义为：配合物是由可以提供孤对电子的一定数目的配体，与接受孤对电子的中心离子，按一定的组成和空间构型所形成的复杂化合物。简而言之，配合物是由中心离子和配体以配位键结合而成的化合物。在 $[Cu(NH_3)_4]^{2+}$ 配离子中，Cu^{2+} 是中心离子，NH_3 是配体，共有四个配位键。

通常把中心离子与配体所形成的配离子部分称为配合物的内界，用方括号界定，如 $[Cu(NH_3)_4]^{2+}$ 配离子；电荷匹配离子称为配合物的外界，如 SO_4^{2-}。有些配合物的分子无内界和外界之分，如 $[Co(NH_3)_3Cl_3]$，可以说，整个分子都是内界，方括号表明，三个 NH_3 和三个 Cl^- 配体均以配位键与 Co^{3+} 结合，形成稳定的配合物分子。

配位键是配合物的内在结合力，内界是配合物的特征部分。下面我们把与配合物组成有关的概念分别加以介绍。

1. 中心离子

中心离子是配合物的核心部分，它位于配离子或中性配合物分子的结构中心。中心离子一般是带正电荷的过渡金属和稀土金属离子，如 Mn^{2+}，Fe^{2+}，Co^{2+}，Ni^{2+}，Cu^{2+}，Zn^{2+}，Cd^{2+}，Pt^{2+}，Fe^{3+}，Co^{3+}，Sm^{3+}，Eu^{3+}，Ag^+，Cu^+ 等。少量配合物的中心离子也可以为主族金属离子，如 $[PbCl_4]^{2-}$，$[Ca(EDTA)]^{2-}$ 配离子中的 Pb^{2+}，Ca^{2+} 等，个别高氧化态的非金属离子也可以作为中心离子，如 $[BF_4]^-$，$[SiF_6]^{2-}$ 配离子中的 B(III)，Si(IV)等。某些羰基配合物的中心离子可以是金属原子，如 $[Ni(CO)_4]$ 中的零价镍原子。作为中心离子的金属离子或原子必须具有可以接受配体给予孤对电子的空轨道。

2. 配体、配位原子

在配合物中，提供孤对电子的分子或离子称为配体，例如 NH_3，H_2O，CO，OH^-，CN^-，SCN^-，X^-（卤素阴离子）等。配体中与中心离子直接成键的原子称为配位原子。配位原子提供孤对电子与中心离子的空轨道之间形成配位键。通常作为配位原子的是电负性较大的非金属原子，如：N，O，P，S，F，Cl，Br，I 等。

根据配体中所含配位原子数目的不同，可以将配体分为单齿配体和多齿配体。

1）单齿配体　只含一个配位原子的配体叫单齿配体。常见的单齿配体有：NH_3，H_2O，CO，OH^-，CN^-，X^-，吡啶等。

2）多齿配体　含有两个或两个以上配位原子的配体叫多齿配体。如乙二胺 $H_2N—CH_2—CH_2—NH_2$（二齿配体，缩写 en），草酸根 $^-OOC—COO^-$（缩写 ox），乙二胺四乙酸根（缩写 EDTA）等。

3. 配位数、配体数

在配合物中，与中心离子直接成键的配位原子的总数称为配位数，配合物所含各种配体的总数称为配体数。例如，在$[Cu(en)_2]SO_4$中，乙二胺是双齿配体，Cu^{2+}的配位数是4，而配体数却为2；在$[Pt(en)Cl_2]$中，Pt^{2+}的配位数是4，配体数为3；在$[Cu(NH_3)_4]SO_4$中，Cu^{2+}的配位数是4，配体数也为4。

中心离子配位数的大小，与中心离子的性质密切相关。中心离子的正电荷越多，半径越大，配位数就越大。例如，Cu^+、Ag^+、Au^+等一价金属离子的特征配位数是2和3，Cu^{2+}、Ni^{2+}、Zn^{2+}等二价金属离子的特征配位数是4和6，Cd^{2+}的特征配位数是6和7，Fe^{3+}、Co^{3+}、Cr^{3+}等三价过渡金属离子的特征配位数是6，Sm^{3+}、Eu^{3+}等三价稀土金属离子的特征配位数是8和9等。

4. 配离子电荷数

配离子的电荷数等于中心离子电荷数和配体电荷数的代数和。例如，在$[Cu(NH_3)_4]^{2+}$配离子中，由于NH_3为电中性配体，所以配离子的电荷数等于中心离子Cu^{2+}的电荷数；而在$[Fe(CN)_6]^{4-}$配离子中，由于中心离子为Fe^{2+}，配体为带负电荷的CN^-，该配离子的电荷数为$(+2)+(-1)\times6=-4$。

由于配合物分子是电中性的。因此我们也可以根据外界离子的总电荷数来确定配离子的电荷数。例如，在$K_3[Fe(CN)_6]$和$K_4[Fe(CN)_6]$中，配离子的电荷数分别为-3、-4。还可以推算出，在$K_3[Fe(CN)_6]$配合物中，中心离子为Fe^{3+}；而在$K_4[Fe(CN)_6]$中，中心离子为Fe^{2+}。

二、配合物的命名

配合物的命名服从一般无机物的命名原则，下面列举一些配合物命名的实例。

$[Cu(NH_3)_4]SO_4$	硫酸四氨合铜(II)
$[Ag(NH_3)_2]OH$	氢氧化二氨合银(I)
$[Co(NH_3)_5(H_2O)]Cl_3$	三氯化一水五氨合钴(III)
$[Pt(en)Cl_2]$	二氯一乙二胺合铂(II)
$K_3[Fe(CN)_6]$	六氰合铁(III)酸钾
$K_4[Fe(CN)_6]$	六氰合铁(II)酸钾
$H_2[SiF_6]$	六氟合硅(IV)酸
$[Ni(CO)_4]$	四羰基合镍
$[Cr(en)(NO_2)_2Cl_2]^-$	二氯二硝基一乙二胺合铬(III)配离子
$[Cu(NH_3)_4][PtCl_4]$	四氯合铂(II)酸四氨合铜(II)

具体的命名规则可归纳如下。

1) 在内界和外界之间以“某酸某”或“某化某”命名。如果阳离子是配离子，则在阴离子和阳离子间用一个“酸”字或一个“化”字联结起来，如$[Co(NH_3)_5(H_2O)]Cl_3$用

“化”字，而[$Cu(NH_3)_4$]SO_4用“酸”字。就像普通的无机盐命名一样，KCl为氯化钾，$CuSO_4$为硫酸铜。如果阴离子是配离子，则阴离子与阳离子之间用“酸”字连接，如六氰合铁(III)酸钾。

2）内界中，以“合”字将配体与中心离子联结起来，表示配体与中心离子以配位键相结合。

3）配体前面的中文数字表示该配体的数目。

4）中心离子后面括号内的罗马数字表示中心离子的氧化数。

5）若配体不止一种，配体命名的顺序为：先离子后分子，先无机后有机。如K[$Cr(en)(NO_2)_2Cl_2$]命名为二氯二硝基一乙二胺合铬(III)酸钾，en为有机配体。

第二节　配合物的结构理论

配合物中的化学键，主要是指中心离子与配体之间的化学键，即配位键。自20世纪20年代提出配位键的概念以来，关于配位键的本质，已发展了三种理论，即价键理论、晶体场理论、分子轨道理论。本节只简单介绍价键理论和晶体场理论。

一、配合物的价键理论

1931年，美国无机化学家鲍林在前人工作的基础上，把杂化轨道理论应用于配合物，形成了比较完整的配合物价键理论。

(一) 价键理论的要点

配合物的价键理论认为：中心离子M与配体L形成配合物时，中心离子以空的价电子轨道接受配体提供的孤对电子，形成配位键(一般用$M \leftarrow L$表示)。在形成配合物时，配体必须具有可给出的孤对电子，中心离子必须具有空的价电子轨道，以便接受配体提供的孤对电子。价键理论还认为，在形成配合物时，中心离子的空轨道还需要进行杂化，杂化轨道的空间构型决定了配合物的空间构型。

(二) 配合物的几何构型

无论在固体中还是在溶液中，配合物的内界(配离子)都保持有确定的空间构型。对此，价键理论认为中心离子在形成配合物时发生了轨道杂化，作出了令人信服的解释。由于中心离子的杂化轨道有一定的方向性，所以配合物具有一定的几何构型。下面分别讨论配位数为2、4、6的配合物的空间构型。

1. 配位数为2的配合物

电荷数为+1的中心离子通常形成配位数为2的配合物，例如[$Ag(NH_3)_2$]$^+$，

$[Cu(NH_3)_2]^+$，$[Au(CN)_2]^-$配离子等。现以$[Ag(NH_3)_2]^+$为例说明配位数为2的配合物的空间结构。

Ag^+的价层电子构型为$4d^{10}$，其外层电子结构如下。其中4d轨道全充满，而5s，5p轨道全空。理论上可以接纳4对孤对电子，但因Ag^+所带电荷少，半径大，对配体的吸引力较弱，所以只能形成配位数为2的配离子。

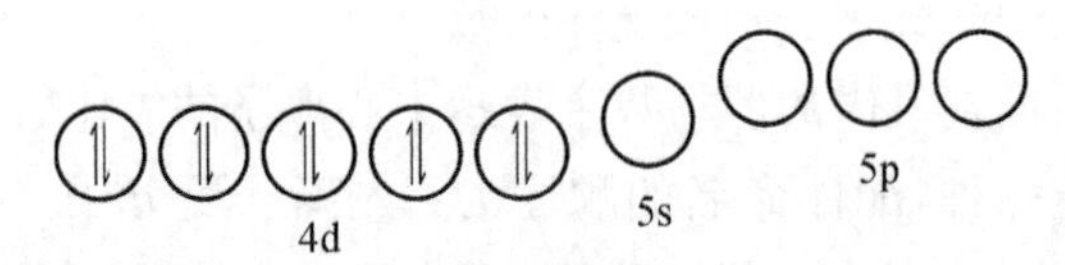

当Ag^+与2个NH_3分子结合为配离子$[Ag(NH_3)_2]^+$时，Ag^+的外层能级相近的一个5s空轨道和一个5p空轨道进行sp杂化，形成2个等价的sp杂化轨道，分别接纳2个NH_3配体中的N原子提供的孤对电子，形成2个配位键。

由于2个sp杂化轨道空间构型呈直线形，所以$[Ag(NH_3)_2]^+$配离子的空间构型也呈直线形，2个NH_3配体的N原子位于Ag^+离子两边(见表8-1)。

2. 配位数为4的配合物

电荷数为+2的中心离子容易形成配位数为4的配合物，例如$[Ni(NH_3)_4]^{2+}$，$[Ni(CN)_4]^{2-}$，$[Cu(NH_3)_4]^{2+}$配离子等。配位数为4的配合物有两种空间构型，即正四面体形、平面正方形。

(1) 正四面体构型

以$[Ni(NH_3)_4]^{2+}$为例。Ni^{2+}离子的价层电子构型为$3d^8$，3d没有空轨道，而4s和4p轨道是全空的。

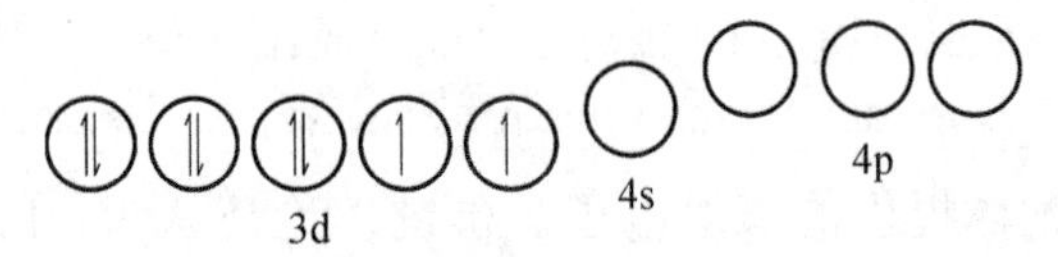

当Ni^{2+}与4个NH_3分子结合为$[Ni(NH_3)_4]^{2+}$时，Ni^{2+}的1个4s空轨道和3个4p空轨道进行sp^3杂化，组成4个sp^3杂化轨道，接纳4个NH_3中的N原子提供的4对孤对电子，形成4个配位键。由于sp^3杂化轨道呈现正四面体空间构型，所以$[Ni(NH_3)_4]^{2+}$配离子的空间构型也呈正四面体，Ni^{2+}离子位于正四面体的中心，4个NH_3配体的N原子位于正四面体的4个顶角。

(2) 平面正方形构型

当Ni^{2+}与四个CN^-结合时，形成平面正方形的$[Ni(CN)_4]^{2-}$配离子。这是由于CN^-的配位能力明显比NH_3强，Ni^{2+}在CN^-配体的影响下，3d轨道电子发生重排，使Ni^{2+}的2个未成对3d电子先配对，空出1个3d轨道。这个空的3d轨道与

1个4s空轨道和两个4p空轨道进行dsp^2杂化，组成4个空的dsp^2杂化轨道，接纳4个CN^-中的四个C原子所提供的4对孤对电子，从而形成4个配位键。

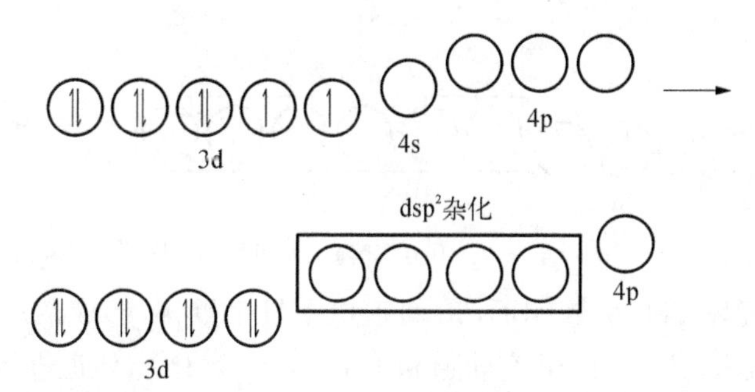

由于dsp^2杂化轨道的空间构型为平面正方形，4个dsp^2杂化轨道的伸展方向是从正方形中心指向4个顶角，所以$[Ni(CN)_4]^{2-}$配离子的空间构型是平面正方形，Ni^{2+}离子位于正方形的中心，4个配位C原子位于正方形的4个顶角。

因此，对于配位数为4的配离子，中心离子可形成两种杂化类型，即sp^3和dsp^2杂化。不同的杂化类型对应不同的空间构型。

3. 配位数为6的配合物

电荷数为+3、+2的过渡金属中心离子容易形成配位数为6的配合物，例如$[FeF_6]^{3-}$，$[Fe(CN)_6]^{3-}$，$[Co(CN)_6]^{3-}$，$[Co(NH_3)_5(H_2O)]^{2+}$配离子等。配位数为6的配合物都具有正八面体的空间构型，但分为sp^3d^2和d^2sp^3两种杂化类型。现以$[FeF_6]^{3-}$，$[Fe(CN)_6]^{3-}$为例来讨论。

Fe^{3+}的价层电子构型为$3d^5$，3d轨道半充满，4s、4p、4d轨道全空。

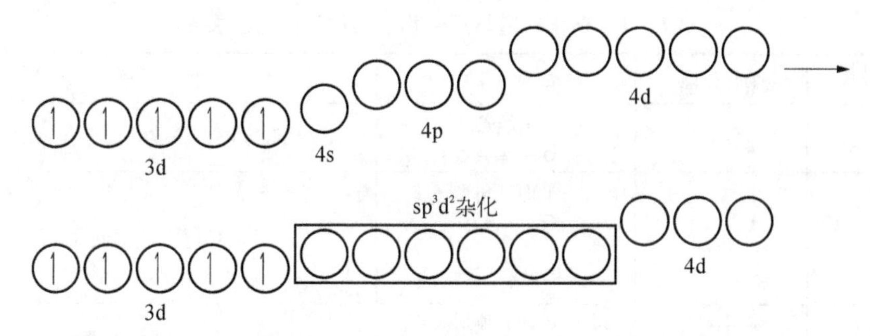

当Fe^{3+}与6个F^-形成$[FeF_6]^{3-}$时，Fe^{3+}的1个4s，3个4p和2个4d空轨道进行杂化，组成6个sp^3d^2杂化轨道，接纳6个F^-提供的6对孤对电子，形成6个配位键。这6个sp^3d^2杂化轨道在空间是对称分布的，指向正八面体的6个顶角。所以$[FeF_6]^{3-}$的空间构型为正八面体，Fe^{3+}位于正八面体的中心，6个F^-在正八面体的6个顶角。

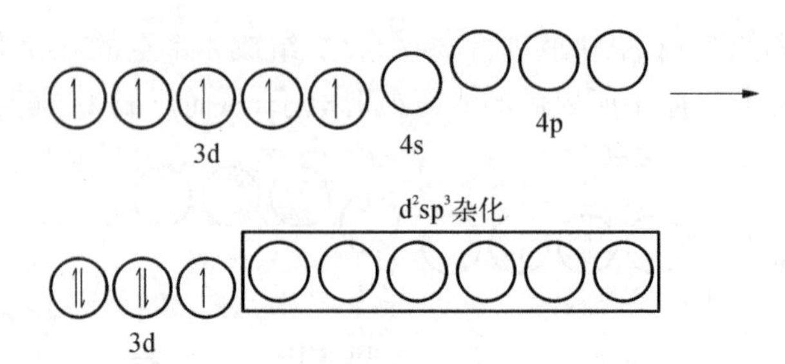

但当 Fe^{3+} 与 6 个 CN^- 结合为 $[Fe(CN)_6]^{3-}$ 时，由于 CN^- 的配位能力明显比 F^- 强，Fe^{3+} 在配体 CN^- 的影响下，3d 轨道电子发生重排，形成两对半的 3d 电子，空出 2 个 3d 轨道。这 2 个 3d 空轨道和 1 个 4s，3 个 4p 空轨道进行 d^2sp^3 杂化，组成 6 个 d^2sp^3 杂化轨道，容纳 6 个 CN^- 中的 6 个 C 原子所提供的 6 对孤对电子。由于 d^2sp^3 杂化轨道的空间构型也是正八面体形，所以 $[Fe(CN)_6]^{3-}$ 的空间构型为正八面体，Fe^{3+} 位于正八面体的中心，6 个配位 C 原子位于正八面体的 6 个顶角。

因此，配位数为 6 的配离子的几何构型均为正八面体，中心离子有两种杂化形式，即 sp^3d^2 杂化和 d^2sp^3 杂化。sp^3d^2 杂化采用中心离子的最外层轨道（ns，np，nd），称为外轨型配合物；d^2sp^3 杂化采用次外层（$n-1$）d 轨道和最外层的 ns，np 轨道，称为内轨型配合物。由于（$n-1$）d 轨道比 nd 轨道的能量低，所以相同类型的配合物中，内轨型配合物比外轨型配合物稳定。

过渡金属离子也能够形成配位数 3 的平面三角形配合物，以及配位数 5 的三角双锥形配合物。+3 价的稀土金属离子一般形成配位数 9 或 8 的配合物，空间构型较为复杂，这里不再赘述。表 8-1 中列出常见的杂化轨道与配合物空间构型的对应关系。

表 8-1　杂化轨道与配合物空间构型的对应关系

配位数	杂化类型	几何构型	实　例
2	sp	直线形	$[Ag(NH_3)_2]^+$，$[Ag(CN)_2]^-$，$[CuCl_2]^-$
3	sp^2	平面三角形	$[CuCl_3]^{2-}$，$[HgI_3]^-$
4	sp^3	正四面体形	$[Ni(NH_3)_4]^{2+}$，$[Zn(NH_3)_4]^{2+}$，$[HgI_4]^{2-}$，$[Ni(CO)_4]$，$[CoCl_4]^{2-}$
	dsp^2	正方形	$[Ni(CN)_4]^{2-}$，$[Cu(NH_3)_4]^{2+}$，$[PtCl_4]^{2-}$，$[Cu(CN)_4]^{2-}$，$[PtCl_2(NH_3)_2]$

续　表

配位数	杂化类型	几何构型	实　例
5	dsp^3	三角双锥形	$[Fe(CO)_5]$，$[Co(CN)_5]^{3-}$
6	sp^3d^2	正八面体形	$[FeF_6]^{3-}$，$[Fe(H_2O)_6]^{3+}$，$[CoF_6]^{3-}$
	d^2sp^3		$[Fe(CN)_6]^{3-}$，$[Fe(CN)_6]^{4-}$，$[Co(NH_3)_6]^{3+}$，$[PtCl_6]^{2-}$

(三) 配合物的磁性

配合物的价键理论不仅成功地解释了配合物的几何构型和某些化学性质，而且能够根据配合物中未成对电子数的多少较好地解释配合物的磁性。

物质的磁性与组成物质的原子、分子或离子中电子自旋运动有关。原子中的电子绕轴高速自旋，就相当于产生了一个环电流，进而产生磁场和磁矩。如果原子核外各个轨道中的正自旋电子数和逆自旋电子数相等(即电子皆已成对)，电子自旋所产生的磁效应相互抵消，该原子就表现出抗磁性。而当原子中正、逆自旋电子数不等时(即有成单电子)，则总磁效应不能相互抵消，整个原子的磁矩(μ)就不为零。所以，物质的磁性强弱与物质内部未成对电子数多少有关，可用磁矩来表示。

$\mu=0$ 的物质，原子核外电子皆已成对，具有抗磁性；

$\mu>0$ 的物质，原子核外有未成对电子，具有顺磁性。

磁矩 μ 的大小随物质中原子核外未成对电子数 n 的增多而增大。由于配合物的配体内的电子皆已成对(有机自由基配体例外)，则配合物的磁矩只与中心离子的核外未成对电子数有关。未成对电子数 n 可用下式进行近似计算。磁矩 μ 的单位为波尔磁子，单位符号为 B. M. 。

$$\mu=\sqrt{n(n+2)}$$

配合物的磁矩 μ 可以采用磁天平通过实验测得，根据上式可计算出未成对电子数 n，并进一步推断出中心离子的轨道杂化方式和配离子的空间构型，研究配合物是内轨型还是外轨型等微观结构。

例如，Fe^{3+} 中有 5 个未成对 d 电子，根据 $\mu=\sqrt{n(n+2)}$ 可以计算出自由的 Fe^{3+} 离子的磁矩理论值为

$$\mu_{理} = \sqrt{5(5+2)} = 5.92(B.M.)$$

实验测得，$[FeF_6]^{3-}$的磁矩为5.90 B.M.，表明中心离子Fe^{3+}仍保留有5个单电子，以sp^3d^2杂化轨道与F^-形成外轨型配合物。而实验测得，$[Fe(CN)_6]^{3-}$的磁矩为2.0 B.M.，与具有1个单电子的磁矩理论值1.73 B.M.接近，表明中心离子Fe^{3+}的未成对电子数减少为1，Fe^{3+}以d^2sp^3杂化轨道与CN^-形成内轨型配合物。

配合物价键理论根据杂化轨道成功地解释了配离子的几何构型和中心离子的配位数，解释了外轨型与内轨型配合物的稳定性和磁性。该理论在配位化学的发展过程中，起到了一定的作用，目前仍被使用。但是该理论有一定的缺点，如不能解释过渡金属配合物的吸收光谱和特征颜色，也无法定量地说明过渡金属配离子的稳定性随d电子数变化而改变的事实。从20世纪50年代后期开始，价键理论的地位逐渐被晶体场理论所取代。

二、配合物的晶体场理论及其应用

晶体场理论最早由德国贝特(H. Bethe)和范弗雷克(J. H. Van Vleck)于1929年提出，开始并未引起化学家的重视，自20世纪50年代以来，由于晶体场理论成功地解释了配合物的结构、磁性、颜色、热力学等性质，使得晶体场理论得到重视和发展，目前它已成为配位化学的主要结构理论。

晶体场理论是在静电理论的基础上，结合量子力学和群论的一些观点，着重研究中心离子在配体静电场的作用下d轨道能级发生分裂的情况，进而产生晶体场稳定化能和d电子重排，影响配合物的物理和化学性质。

1. 晶体场理论的基本要点

1) 中心离子与配体之间的作用，类似于离子晶体中正负离子间的静电作用，产生静电吸引和排斥。中心离子看作是阳离子，配体因为富含电子(孤对电子)而看作阴离子。

2) 过渡金属离子的五个能量相同(简并)的d轨道，由于受周围配体的非球形对称负电场的不同程度排斥作用，能级发生分裂，有些轨道能量升高，有些轨道能量降低。

3) 由于d轨道能级发生分裂，d轨道上的电子将重新分布，优先占据能量较低的d轨道，使得配合物的整体能量降低，给配合物带来了额外的晶体场稳定化能。

2. 正八面体配合物的d轨道能级分裂

以六配位正八面体配合物为例，按照晶体场理论，讨论中心离子的d轨道能级分裂情况。

自由的过渡金属离子的 5 个 d 轨道虽然空间取向不同，但具有相同的能量 E_0（图 8－1）。当形成六配位配合物时，处于正八面体 6 个顶角上的 6 个配体处于一个球面上，它们的孤对电子总体上形成一个围绕中心离子的球形负电场，与中心离子具有负电性的 5 个 d 轨道发生静电排斥作用，使得 5 个 d 轨道的能量都升高到 Es。

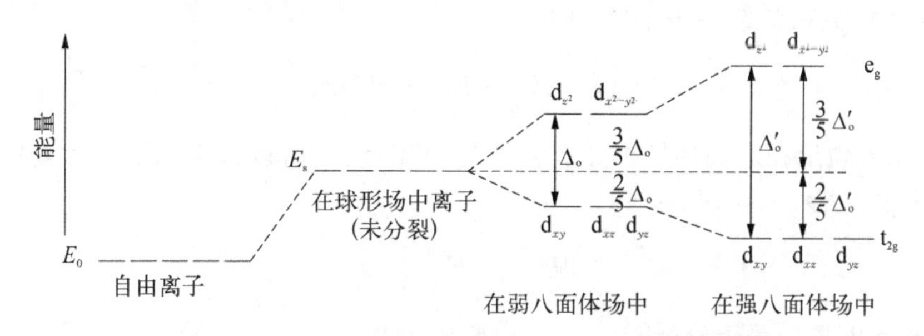

图 8－1 正八面体配合物中心离子 d 轨道能级分裂

进一步分析，由于 5 个 d 轨道在空间的取向不同（图 8－2），每个 d 轨道受到配体负电场的影响并不是完全球形对称的。$d_{x^2-y^2}$ 和 d_{z^2} 轨道处于和配体迎头相碰的位置，因而这两个 d 轨道受到配体负电场静电斥力较大，能量相对于平均能级 E_s 有所升高。而 d_{xy}，d_{yz}，d_{xz} 这三个轨道正好插在配体之间的空隙，受到配体的静电斥力较小，它们的能量相对于 E_s 有所降低。即在配体的不同程度影响下，原来能量简并的 5 个 d 轨道分裂为两组，一组为能量较高的 $d_{x^2-y^2}$，d_{z^2} 轨道，称为 e_g 轨道，e 代表轨道能级二重简并；另一组为能量较低的 d_{xy}，d_{yz}，d_{xz} 轨道，称为 t_{2g} 轨道，t 代表轨道能级三重简并。

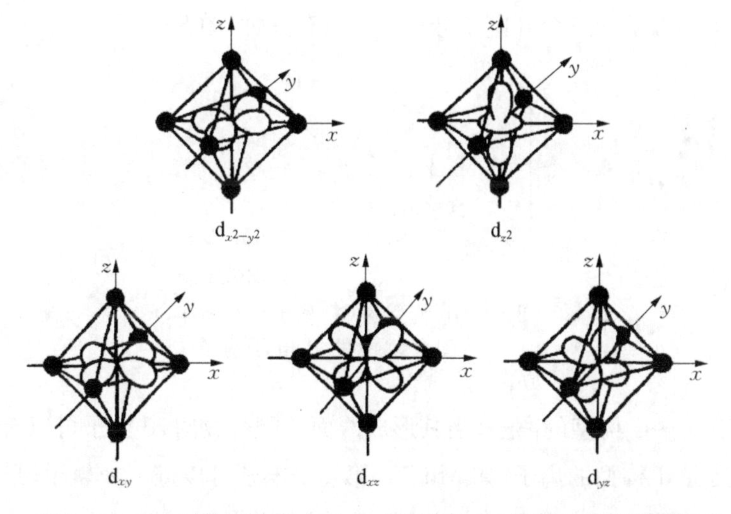

图 8－2 正八面体配合物中，5 个 d 轨道和 6 个配体的位置示意图

3. 分裂能、晶体场稳定化能

过渡金属离子的 d 轨道受配体负电场的影响，发生能级分裂，分裂后最高能级和最低能级之差称为分裂能，通常用符号 Δ 表示。对于六配位八面体配合物的分裂能，用 Δ_o 表示，它等于 1 个电子由 t_{2g} 轨道跃迁到 e_g 轨道所需要的能量。一般将 Δ_o 分为 10 等分，每等分为 1 Dq，即

$$\Delta_o = E_{e_g} - E_{t_{2g}} = 10D\text{q}$$

5 个 d 轨道在八面体场中分裂为两组（e_g 和 t_{2g}），若以分裂前的球形场中的能量为基准，即设 Es 为零，则

$$2E_{e_g} + 3E_{t_{2g}} = 0$$

而 t_{2g} 和 e_g 能量差等于分裂能 $E_{e_g} - E_{t_{2g}} = \Delta_o$

由上二式可以解出 $E_{e_g} = +\frac{3}{5}\Delta_o = +0.6\Delta_o = 6D\text{q}$

$$E_{t_{2g}} = -\frac{2}{5}\Delta_o = -0.4\Delta_o = -4D\text{q}$$

即在八面体场中 d 轨道能级分裂的结果，与球形场中分裂前比较，e_g 轨道的能量上升了 0.6Δ_o，而 t_{2g} 轨道的能量下降了 0.4Δ_o。由于 t_{2g} 轨道比 e_g 轨道能量低，按照能量最低原理，d 电子将优先分布在 t_{2g} 轨道上。

对于具有 $d^1 \sim d^3$ 构型的过渡金属离子，当其形成八面体配合物时，根据能量最低原理和洪特规则，d 电子应分占在 t_{2g} 轨道上，且自旋方向相同。例如，具有 d^3 构型的 Cr^{3+} 中心离子的三个 d 电子分布方式只有一种(图 8 - 3)。

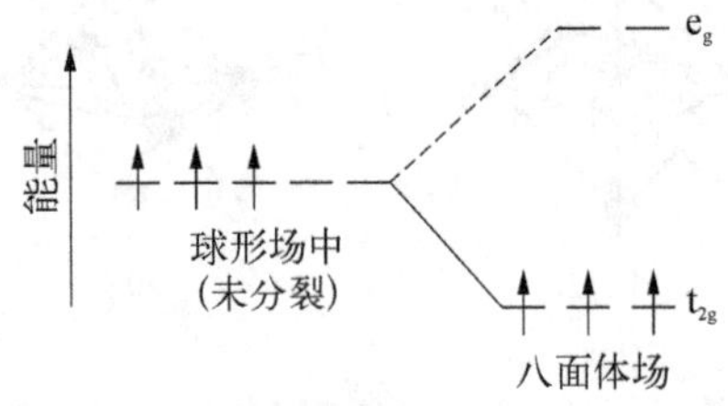

8 - 3 d^3 构型的 C_r^{3+} 离子在八面体配合物中的 d 电子分布方式

而对于 $d^4 \sim d^7$ 构型的离子，当其形成八面体配合物时，d 电子可以有两种分布方式。如具有 d^4 构型的离子(如 Mn^{3+})，第 4 个电子可以进入 e_g 轨道，形成高自旋配合物，此时需要克服分裂能 Δ_o；这个电子也可以进入 t_{2g} 轨道，并和原来占据 t_{2g}

轨道的一个单电子成对，形成低自旋配合物，此时需要克服电子成对能。所谓电子成对能(E_p)，是指当一个轨道上已有一个电子时，如果再进入一个电子与之成对，为克服电子间的排斥作用所需要的能量。

若$\Delta_o < E_p$，d电子将尽可能分占较多的d轨道，形成高自旋型配合物。

若$\Delta_o > E_p$，d电子将尽可能占据能量低的t_{2g}轨道，自旋成对，形成低自旋型配合物。

具有d^5，d^6，d^7构型的离子，其d电子也有高自旋和低自旋两种分布方式。而具有d^8，d^9，d^{10}构型的离子，其d电子分别只有一种分布方式，见表8-2。

中心离子d轨道上的电子究竟按哪种方式分布，需要比较分裂能Δ和电子成对能E_p的相对大小。在强场配体(如CN^-)作用下，分裂能Δ_o较大，通常$\Delta_o > E_p$，易形成低自旋配合物；在弱场配体(如H_2O，NH_3)作用下，分裂能Δ_o较小，若$\Delta_o < E_p$，易形成高自旋配合物。

在晶体场的作用下，中心离子d轨道发生分裂，进入分裂后各轨道上的d电子总能量通常比未分裂轨道时的总能量有所降低，这部分降低的能量就称为晶体场稳定化能(Crystal Field Stabilization Energy，CFSE)。

例如，在配合物$K_2[Fe(CN)_6]$中，CN^-是强场配体，因$\Delta_o > E_p$，Fe^{2+}(d^6)处于低自旋八面体配位场中，其6个d电子分布在t_{2g}轨道上，三对d电子分别占据d_{xy}，d_{yz}，d_{xz}轨道，共需要克服三对电子成对能E_p。考虑到在d轨道分裂前，6个d电子分占5个简并d轨道时，需要克服一对电子成对能，因此，配合物的晶体场稳定化能可以计算如下

$$CFSE = 6 \times (-4Dq) + 2E_p = -24Dq + 2E_p。$$

表8-2给出了六配位八面体配合物的中心离子在d^1～d^{10}电子构型时的晶体场稳定化能，分弱场配位和强场配位两种情况。

表8-2　中心离子的d电子在八面体场中的分布及其对应的晶体场稳定化能(CFSE)

d^n	弱场				强场			
	d电子排布方式		未成对电子数	CFSE	d电子排布方式		未成对电子数	CFSE
	t_{2g}	e_g			t_{2g}	e_g		
d^1	1	0	1	$-0.4\Delta_o$	1	0	1	$-0.4\Delta_o$
d^2	2	0	2	$-0.8\Delta_o$	2	0	2	$-0.8\Delta_o$
d^3	3	0	3	$-1.2\Delta_o$	3	0	3	$-1.2\Delta_o$
d^4	3	1	4	$-0.6\Delta_o$	4	0	2	$-1.6\Delta_o+E_p$
d^5	3	2	5	0.0	5	0	1	$-2.0\Delta_o+2E_p$

续 表

d^n	弱场				强场			
	d电子排布方式		未成对电子数	CFSE	d电子排布方式		未成对电子数	CFSE
	t_{2g}	e_g			t_{2g}	e_g		
d^6	4	2	4	$-0.4\Delta_o$	6	0	0	$-2.4\Delta_o+2E_p$
d^7	5	2	3	$-0.8\Delta_o$	6	1	1	$-1.8\Delta_o+E_p$
d^8	6	2	2	$-1.2\Delta_o$	6	2	2	$-1.2\Delta_o$
d^9	6	3	1	$-0.6\Delta_o$	6	3	1	$-0.6\Delta_o$
d^{10}	6	4	0	0.0	6	4	0	0.0

晶体场稳定化能与中心离子的d电子数有关，也与晶体场的场强和分裂能有关，此外还与配合物的几何构型有关。晶体场稳定化能越负(代数值越小)，体系越稳定。

大部分的过渡金属离子具有未充满的d轨道，当形成配合物时，由于晶体场稳定化能使得配合物能够稳定存在。这也解释了为什么过渡金属离子容易形成配合物的内在原因。相似地，稀土金属离子在形成配合物时，f轨道发生能级分离，产生晶体场稳定化能。由于f轨道的能级分裂比较复杂，这里不再讨论。

分裂能可通过配合物的光谱实验测得。同种中心离子，与不同配体形成相同构型的配离子时，其分裂能Δ_o值随配体场强的不同而变化。配体场强愈强，Δ_o值就愈大。一些配体的场强大致按照下列顺序减小。这个顺序是从配合物的光谱实验确定的，故称为光谱化学序列。

$CO>CN^->NO_2^->en>RNH_2>NH_3>H_2O>C_2O_4^{2-}>OH^->F^->Cl^->SCN^->S^{2-}>Br^->I^-$

4. 晶体场理论的应用

(1) 配合物的自旋状态和磁性

分裂能Δ_o可通过光谱实验测得，电子成对能E_p可以从理化数据手册查到，从而可推测出配合物中心离子的d电子分布及自旋状态。例如，Fe^{2+}(d^6构型)与弱场配体H_2O形成水合离子$[Fe(H_2O)_6]^{2+}$，其$\Delta_o=10\,365\ cm^{-1}$，$E_p=17\,470\ cm^{-1}$，由于$\Delta_o<E_p$，中心离子$Fe^{2+}$的d电子应处于高自旋状态，d电子分布方式如下

$$\uparrow\ \ \uparrow\quad e_g$$

$$\uparrow\downarrow\ \ \uparrow\ \ \uparrow\quad t_{2g}$$

未成对电子数$n=4$，根据磁矩与n的关系式：$\mu=\sqrt{n(n+2)}$，可以估算出$[Fe(H_2O)_6]^{2+}$的磁矩约为4.90 B.M.。

表 8-3 给出一些八面体配离子的自旋状态和理论磁矩。

表 8-3 某些正八面体配离子的 d 电子自旋状态和理论磁矩

配离子	d 电子数	E_p/cm^{-1}	Δ_o/cm^{-1}	单电子数	自旋状态	理论磁矩/B. M.
$[Cr(H_2O)_6]^{2+}$	4	23 405	13 876	4	高	4.90
$[Mn(H_2O)_6]^{3+}$	4	27 835	20 898	4	高	4.90
$[Mn(H_2O)_6]^{2+}$	5	24 474	8 786	5	高	5.92
$[Fe(H_2O)_6]^{3+}$	5	29 842	13 725	5	高	5.92
$[Fe(CN)_6]^{3-}$	5	29 842	35 777	1	低	1.73
$[Fe(H_2O)_6]^{2+}$	6	17 470	10 365	4	高	4.90
$[Fe(CN)_6]^{4-}$	6	17 470	32 851	0	低	0
$[Co(H_2O)_6]^{2+}$	7	23 907	9 278	3	高	3.87

(2) 配合物的颜色

当太阳光照射到物体上，若可见光全部被物体吸收，物体就呈黑色；如果只吸收可见光中某些波长的光线，则剩余的可见光线就是该物体的颜色。

过渡金属配合物一般具有特征的颜色，如 Cu^{2+} 配合物通常显蓝色，Co^{2+} 配合物常呈粉红色，而 Zn^{2+} 配合物无色，这可以用晶体场理论来解释。

具有 $d^1 \sim d^9$ 构型的过渡金属离子的水溶液通常有颜色，这是因为过渡金属离子在水溶液中形成了水合离子，金属离子在配体水分子的影响下，d 轨道能级发生分裂，而部分 d 轨道没有填满电子，如 d^9 构型的 Cu^{2+} 配离子，就有一个 d 轨道半充满。当配离子吸收可见光区某一部分波长的光时，d 电子就从能级低的 d 轨道跃迁到能级高的 d 轨道，如八面体配合物由 t_{2g} 轨道跃迁到 e_g 轨道，这种跃迁称为 d-d 跃迁，发生 d-d 跃迁所需的能量即为轨道的分裂能。

例如，在 $[Ti(H_2O)_6]^{3+}$ 配离子中，因金属离子 Ti^{3+} 吸收光能，而使 d 电子发生 d-d 跃迁，其吸收光谱如图 8-4 所示，最大吸收峰在 490 nm 处(蓝绿光)，所以它呈现与蓝绿光相应的补色，即紫红色。对于不同的过渡金属水合离子，虽然配体都是水分子，但 t_{2g} 与 e_g 能级差不同，即分裂能不同，d-d 跃迁时吸收的可见光也不同，故而显示不同的颜色。

一个有趣的例子是，无水硫酸铜($CuSO_4$)为白色粉末，而五水合硫酸铜($CuSO_4 \cdot 5H_2O$)为蓝色晶体。这是因为 $CuSO_4$ 为离子型化合物，自由的 Cu^{2+} 离子的 5 个 d 轨道简并，不能发生 d-d 跃迁。而 $CuSO_4 \cdot 5H_2O$ 是配合物，它的分子式实际上是 $[Cu(H_2O)_4]SO_4 \cdot H_2O$，中心 Cu^{2+} 离子处于四配位正方形环境中，在自然光照射下，能够吸收 580～600 nm 的黄光，发生 d-d 跃迁，我们肉眼观察到黄色的互补色，即蓝色五水硫酸铜。

如果过渡金属离子d轨道全空(d^0)或全满(d^{10}),则不可能发生d-d跃迁,其配合物通常是无色的,如Zn^{2+}、Cd^{2+}、Ag^+配合物是无色的。

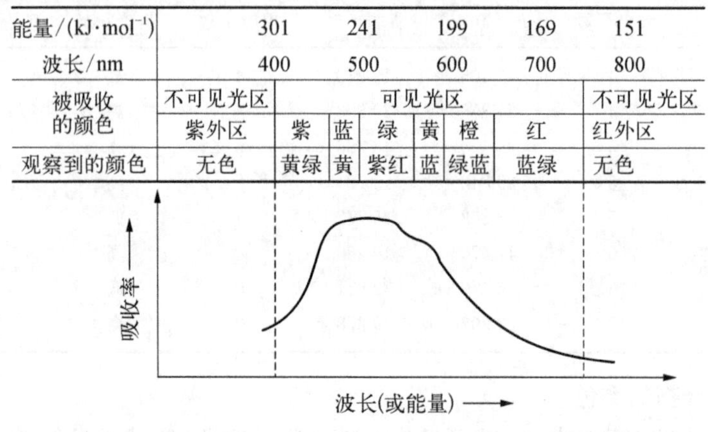

能量/($kJ \cdot mol^{-1}$)	301	241	199	169	151
波长/nm	400	500	600	700	800

被吸收的颜色	不可见光区	可见光区						不可见光区
	紫外区	紫	蓝	绿	黄	橙	红	红外区
观察到的颜色	无色	黄绿	黄	紫红	蓝	绿蓝	蓝绿	无色

图8-4 $[Ti(H_2O)_6]^{3+}$的吸收光谱

第三节 配合物的稳定性和配位平衡

配合物在溶液中的稳定性是指在水溶液中由金属离子和配体生成配合物的难易程度。通常以配合物生成反应的平衡常数(稳定常数)来衡量配合物在溶液中的稳定性,也可以用配合物解离反应的平衡常数(不稳定常数)来衡量配合物在溶液中的不稳定性。

一、溶液中的配位平衡和平衡常数

水分子是一种弱的配体,过渡金属离子在水溶液中常以水合离子存在。例如,$CuSO_4$溶解在水中,实际上形成了$[Cu(H_2O)_4]^{2+}$配离子。当在$CuSO_4$水溶液中加入氨水,由于NH_3的配位能力比H_2O强,所以NH_3取代H_2O,形成$[Cu(NH_3)_4]^{2+}$配离子。

$$[Cu(H_2O)_4]^{2+} + 4NH_3 \rightleftharpoons [Cu(NH_3)_4]^{2+} + 4H_2O$$

通常,水合金属离子中的水分子配体略去,上式可以简化为

$$Cu^{2+} + 4NH_3 \rightleftharpoons [Cu(NH_3)_4]^{2+}$$

正向反应为配离子的生成反应,逆向反应为配离子的解离反应。在一定条件下,正向和逆向反应达到平衡,则溶液中的$[Cu(NH_3)_4]^{2+}$、Cu^{2+}和NH_3保持一定浓度。

在$[Cu(NH_3)_4]^{2+}$配离子中,四个NH_3配体均以配位键与中心离子Cu^{2+}配位,形

成稳定的配离子。但在水溶液中，$[Cu(NH_3)_4]^{2+}$配离子存在少量的解离，这可以从实验证明。向$[Cu(NH_3)_4]^{2+}$溶液中滴加少量的 NaOH 溶液，并不产生$Cu(OH)_2$沉淀。但若滴加少量的 Na_2S溶液，立即产生黑色的 CuS 沉淀。说明在溶液中有自由Cu^{2+}离子存在，只不过Cu^{2+}离子浓度很低，外加少量OH^-时，由于$Cu(OH)_2$的K_{sp}比较大，所以不能使$[Cu(NH_3)_4]^{2+}$溶液中的微量Cu^{2+}以$Cu(OH)_2$沉淀析出。而外加 Na_2S溶液时，由于 CuS 的K_{sp}很小，就能使 CuS 沉淀析出。

$$[Cu(NH_3)_4]^{2+} \rightleftharpoons Cu^{2+} + 4NH_3$$

这就是配离子的解离平衡，也称配位平衡。配位平衡是化学平衡中的一种，具有化学平衡的一切特点。上述平衡的平衡常数表达式为

$$K^{\ominus}_{不稳} = \frac{c(Cu^{2+})c(NH_3)^4}{c[Cu(NH_3)_4^{2+}]} = 4.79 \times 10^{-14}$$

该平衡常数称配合物的不稳定常数（或解离常数），通常用$K^{\ominus}_{不稳}$来表示。它表示配合物的不稳定性，即配离子在水溶液中解离成中心离子和配体的倾向或程度的大小。$K^{\ominus}_{不稳}$值越大，表示该配离子越易解离，即在溶液中越不稳定。

配离子在水溶液中的解离与多元弱酸的解离类似，实际上也是分步进行的，存在着分步配位平衡，对应于这些平衡也有分步不稳定常数。以$[Cu(NH_3)_4]^{2+}$配离子的分步解离为例，则有下列逐级不稳定常数。

$$[Cu(NH_3)_4]^{2+} = [Cu(NH_3)_3]^{2+} + NH_3 \tag{1}$$

$$K_{不稳1} = \frac{c[Cu(NH_3)_3{}^{2+}]c(NH_3)}{c[Cu(NH_3)_4{}^{2+}]} = 5.01 \times 10^{-3}$$

$$[Cu(NH_3)_3]^{2+} = [Cu(NH_3)_2]^{2+} + NH_3 \tag{2}$$

$$K_{不稳2} = \frac{c[Cu(NH_3)_2^{2+}]c(NH_3)}{c[Cu(NH_3)_3{}^{2+}]} = 9.12 \times 10^{-4}$$

$$[Cu(NH_3)_2]^{2+} = [Cu(NH_3)]^{2+} + NH_3 \tag{3}$$

$$K_{不稳3} = \frac{c[Cu(NH_3)^{2+}]c(NH_3)}{c[Cu(NH_3)_2^{2+}]} = 2.14 \times 10^{-4}$$

$$[Cu(NH_3)]^{2+} = Cu^{2+} + NH_3 \tag{4}$$

$$K_{不稳4} = \frac{c[Cu^{2+}]c(NH_3)}{c[Cu(NH_3)^{2+}]} = 4.90 \times 10^{-5}$$

式中，$K_{不稳1}$、$K_{不稳2}$、$K_{不稳3}$、$K_{不稳4}$称为配离子的逐级不稳定常数。将四步解离反应式相加，即得$[Cu(NH_3)_4]^{2+}$的总解离反应式。因此，$[Cu(NH_3)_4]^{2+}$配离子的总不稳定常数(也称累积不稳定常数)等于逐级不稳定常数的乘积。

$$[Cu(NH_3)_4]^{2+} \rightleftharpoons Cu^{2+} + 4NH_3$$

$$K_{不稳} = K_{不稳1} \cdot K_{不稳2} \cdot K_{不稳3} \cdot K_{不稳4}$$

由于配位平衡是可逆的，也可以用配离子的稳定常数$K^{\ominus}_{稳}$来表示配离子在水溶液中的稳定性。以$[Cu(NH_3)_4]^{2+}$配离子的生成反应为例，则有

$$Cu^{2+} + 4NH_3 \rightleftharpoons [Cu(NH_3)_4]^{2+}$$

$$K^{\ominus}_{稳} = \frac{c([Cu(NH_3)_4^{2+}])}{c(Cu^{2+})C^4(NH_3)} = 2.10 \times 10^{13}$$

$K^{\ominus}_{稳}$越大，表示配离子越易形成，在水溶液中越稳定。事实上，配位平衡是可逆的，稳定常数和不稳定常数是从两个不同的方向来讨论配合物的稳定性。很显然，任何一个配合物的稳定常数与其不稳定常数互为倒数关系。

$$K^{\ominus}_{稳} = \frac{1}{K^{\ominus}_{不稳}}$$

一些常见配离子的总稳定常数列于表8-4中。

表8-4　一些常见配离子的稳定常数(25℃)

配离子	$K^{\ominus}_{稳}$	配离子	$K^{\ominus}_{稳}$
$[Cd(NH_3)_4]^{2+}$	$10^{7.12}$	$[Ni(CN)_4]^{2-}$	$10^{31.3}$
$[Co(NH_3)_6]^{2+}$	$10^{5.11}$	$[Ag(CN)_2]^-$	$10^{21.1}$
$[Co(NH_3)_6]^{3+}$	$10^{35.2}$	$[Zn(CN)_4]^{2-}$	$10^{16.7}$
$[Cu(NH_3)_2]^+$	$10^{10.86}$	$[Al(OH)_4]^-$	$10^{33.03}$
$[Cu(NH_3)_4]^{2+}$	$10^{13.32}$	$[Cr(OH)_4]^-$	$10^{29.9}$
$[Ni(NH_3)_4]^{2+}$	$10^{7.96}$	$[Cu(OH)_4]^{2-}$	$10^{18.5}$
$[Ni(NH_3)_6]^{2+}$	$10^{8.74}$	$[Zn(OH)_4]^{2-}$	$10^{17.66}$
$[Ag(NH_3)_2]^+$	$10^{7.05}$	$[CdI_4]^{2-}$	$10^{5.41}$
$[Zn(NH_3)_4]^{2+}$	$10^{9.46}$	$[HgI_4]^{2-}$	$10^{29.83}$
$[CdCl_4]^{2-}$	$10^{2.80}$	$[Co(NCS)_4]^{2-}$	$10^{3.00}$
$[HgCl_4]^{2-}$	$10^{15.07}$	$[Fe(NCS)]^{2+}$	$10^{2.3}$
$[Au(CN)_2]^-$	$10^{38.3}$	$[Fe(NCS)_2]^+$	$10^{4.2}$
$[Cu(CN)_2]^-$	$10^{24.0}$	$[Hg(SCN)_4]^{2-}$	$10^{21.23}$
$[Fe(CN)_6]^{4-}$	10^{35}	$[Ag(SCN)_2]^-$	$10^{7.57}$
$[Fe(CN)_6]^{3-}$	10^{42}	$[Ag(S_2O_3)_2]^{3-}$	$10^{13.46}$

例 8-1　已知$[Cu(NH_3)_4]^{2+}$的$K^{\ominus}_{不稳}=4.79\times10^{-14}$。若将浓度为0.02 mol·L^{-1}的$CuSO_4$与1.0 mol·L^{-1}的氨水等体积混合，求溶液中各组分的浓度。

解：$CuSO_4$与氨水等体积混合后，Cu^{2+}和NH_3浓度都得到了稀释。

$$c(Cu^{2+}) = 0.02/2 = 0.01\ (mol\cdot L^{-1})$$

$$c(NH_3) = 1.0/2 = 0.50\ (mol\cdot L^{-1})$$

首先，考虑到NH_3浓度大大过量，几乎所有的Cu^{2+}与NH_3反应生成了$[Cu(NH_3)_4]^{2+}$，溶液中$[Cu(NH_3)_4]^{2+}$的浓度为0.01 mol·L^{-1}，剩余NH_3浓度为0.46 mol·L^{-1}。反过来思考，由于$[Cu(NH_3)_4]^{2+}$在溶液中存在着解离平衡，溶液中各组分之间的平衡关系如下。设平衡时Cu^{2+}离子浓度为x mol·L^{-1}。

$$[Cu(NH_3)_4]^{2+} \rightleftharpoons Cu^{2+} + 4NH_3$$

平衡浓度(mol·L^{-1})	$0.01-x$	x	$0.46+4x$
由于x很小，近似有	≈0.01	x	≈0.46

将浓度代入平衡常数表达式

$$K^{\ominus}_{不稳} = \frac{c(Cu^{2+})c(NH_3)^4}{c[Cu(NH_3)_4{}^{2+}]} = \frac{x\cdot(0.46)^4}{0.01}$$
$$= 4.79\times10^{-14}$$

计算得到　　$x = 1.07\times10^{-14}$

溶液中各组分的浓度是$c(Cu^{2+}) = 1.07\times10^{-14}(mol\cdot L^{-1})$

$$c[Cu(NH_3)_4{}^{2+}] = 0.01 - x = 0.01 - 1.07\times10^{-14} \approx 0.01\ (mol\cdot L^{-1})$$

$$c(NH_3) = 0.46 + 4x = 0.46 + 4\times1.07\times10^{-14} \approx 0.46\ (mol\cdot L^{-1})$$

二、配位平衡的移动

配合物溶液在一定条件下建立了配位平衡。当外界条件发生变化后，原有的平衡会被打破，平衡发生移动，在新的条件下建立起新的平衡。

1. 配位平衡与沉淀溶解平衡

许多金属离子在溶液中会生成氢氧化物、硫化物或卤化物等沉淀。利用这些沉淀的生成，可以破坏溶液中的配离子。

例如，在 AgCl 沉淀中加入氨水，由于生成配离子$[Ag(NH_3)_2]^+$，使溶液中 Ag^+ 浓度降低，可以使 AgCl 沉淀完全溶解。向该溶液中加入 KI 溶液，则由于 AgI 的 $K_{sp}^\ominus$ 比 AgCl 的 $K_{sp}^\ominus$ 小得多，就会生成 AgI 沉淀。在该体系中再加入 KCN，则 CN^- 能与 Ag^+ 生成更加稳定的配离子$[Ag(CN)_2]^-$，使 AgI 沉淀再溶解。

上述反应中，不同配离子与不同沉淀交替形成，其实质是配体 NH_3、CN^- 与沉淀剂 Cl^-、I^- 对溶液中金属离子的争夺。究竟生成配离子，还是生成沉淀，与配体和沉淀剂的争夺能力和浓度有关。争夺能力的大小，主要取决于配离子的不稳定常数和沉淀物质的溶度积 $K_{sp}^\ominus$，哪一种能够使溶液中金属离子浓度降得更低，就向哪一方向转化。

例 8-2 在 1 000 mL 例 8-1 所述的$[Cu(NH_3)_4]^{2+}$配离子溶液中，加入 0.001 mol NaOH，是否有 $Cu(OH)_2$ 沉淀？若加入的是 0.001 mol Na_2S，是否有 CuS 沉淀？［溶液体积基本不变，已知：$K_{sp}^\ominus(Cu(OH)_2) = 2.2 \times 10^{-20}$；$K_{sp}^\ominus(CuS) = 6.3 \times 10^{-36}$］。

解：(1) 加入 0.001 mol NaOH 后，溶液中 $c(OH^-) = 0.001\ mol \cdot L^{-1}$

例 8-1 已计算出 $c(Cu^{2+}) = 1.07 \times 10^{-14}\ mol \cdot L^{-1}$

$$c(Cu^{2+})c^2(OH^-) = 1.07 \times 10^{-14} \times (0.001)^2 = 1.07 \times 10^{-20} < K_{sp}^\ominus[Cu(OH)_2]$$

所以，没有 $Cu(OH)_2$ 沉淀。

(2) 加入 0.001 mol Na_2S 后，溶液中 $c(S^{2-}) = 0.001\ mol \cdot L^{-1}$

$$c(Cu^{2+})c(S^{2-}) = 1.07 \times 10^{-14} \times 0.001 = 1.07 \times 10^{-17} > K_{sp}^\ominus(CuS)$$

所以，有 CuS 沉淀。

例 8-3 求在 25℃时，在 1 000 mL 6.0 $mol \cdot L^{-1}$ 氨水中能够溶解 AgCl 的物质的量。

已知：$K_{稳[Ag(NH_3)_2]^+}^\ominus = 1.10 \times 10^7$；$K_{sp}^\ominus(AgCl) = 1.77 \times 10^{-10}$。

解：AgCl 与 NH_3 的反应式：

$$AgCl(s) + 2NH_3 \rightleftharpoons [Ag(NH_3)_2]^+ + Cl^- \tag{1}$$

平衡常数表达式 $K^\ominus = \dfrac{c([Ag(NH_3)_2]^+)c(Cl^-)}{c^2(NH_3)}$

上述反应式可以分解为：$AgCl(s) \rightleftharpoons Ag^{+} + Cl^{-}$　(2)

$$K_{sp}^{\ominus}(AgCl) = 1.77 \times 10^{-10}$$

$$Ag^{+} + 2NH_3 \rightleftharpoons [Ag(NH_3)_2]^{+} \quad (3)$$

$$K_{稳[Ag(NH_3)_2]^{+}}^{\ominus} = 1.10 \times 10^{7}$$

根据多重平衡规则，式(1)＝式(2)＋式(3)。

因此：$K^{\ominus} = K_{sp}^{\ominus}(AgCl) \times K_{稳[Ag(NH_3)_2]^{+}}^{\ominus} = 1.77 \times 10^{-10} \times 1.10 \times 10^{7} = 1.95 \times 10^{-3}$

设溶解 AgCl 物质的量为 x mol，则平衡时各个组分的浓度为

$$c[Ag(NH_3)_2]^{+} = x\ mol \cdot L^{-1},\ c(Cl^{-}) = x\ mol \cdot L^{-1},$$

$$c(NH_3) = (6.0 - 2x)\ mol \cdot L^{-1}$$

$$K^{\ominus} = \frac{c([Ag(NH_3)_2]^{+})c(Cl^{-})}{c^{2}(NH_3)} = \frac{x^{2}}{(6.0-2x)^{2}} = 1.95 \times 10^{-3}$$

解得：$x = 0.24$ (mol)

答：可以溶解 0.24 mol 的 AgCl。

2. 配位平衡与氧化还原平衡

若在金属离子与金属组成的电对的溶液中加入某种配体，形成配离子后，电对变成金属配离子与金属组成的电对。如在 Cu^{2+}/Cu 电对的溶液中加入氨水，就形成了$[Cu(NH_3)_4]^{2+}/Cu$ 电对。由于$[Cu(NH_3)_4]^{2+}$配离子在溶液中存在着解离平衡，溶液中存在微量的 Cu^{2+} 离子，所以，该配合物所形成的电对的氧化还原反应，实质上仍然是下列反应：

$$Cu^{2+} + 2e^{-} = Cu$$

只是由于 Cu^{2+} 离子的浓度明显降低了，其电极电势明显低于 Cu^{2+}/Cu 电对的标准电极电势，后者要求 Cu^{2+} 离子的浓度为 $1.0\ mol \cdot L^{-1}$。

例 8-4　已知 $E^{\ominus}(Cu^{2+}/Cu) = 0.345$ V，$K_{不稳[Cu(NH_3)_4]^{2+}} = 4.79 \times 10^{-14}$，求$[Cu(NH_3)_4]^{2+}/Cu$ 电对的标准电极电势。

解： $[Cu(NH_3)_4]^{2+}/Cu$ 电对的电极反应为：$[Cu(NH_3)_4]^{2+} + 2e^{-} = Cu + 4NH_3$

该电对的标准电极电势规定了$[Cu(NH_3)_4]^{2+}$和 NH_3 的溶度需为 $1.0\ mol \cdot L^{-1}$。

考虑到该配合物电对的反应实质是溶液中的微量 Cu^{2+} 与 Cu 之间的氧化还原反应。

$$Cu^{2+} + 2e^- = Cu$$

而微量 Cu^{2+} 产生于配位平衡 $[Cu(NH_3)_4]^{2+} \rightleftharpoons Cu^{2+} + 4NH_3$

$$K^\ominus_{不稳[Cu(NH_3)_4]^{2+}} = \frac{c(Cu^{2+})c^4(NH_3)}{c([Cu(NH_3)_4]^{2+})}$$

因此，$E^\ominus[Cu(NH_3)_4]^{2+}/Cu$

$$= E\,(Cu^{2+}/Cu) = E^\ominus(Cu^{2+}/Cu) + \frac{0.059\,2}{2}\lg[Cu^{2+}]$$

$$= E^\ominus(Cu^{2+}/Cu) + \frac{0.059\,2}{2}\lg\frac{K^\ominus_{不稳[Cu(NH_3)_4]^{2+}} \times c([Cu(NH_3)_4]^{2+})}{c^4(NH_3)}$$

$$= 0.345 + \frac{0.059\,2}{2}\lg\frac{4.79\times 10^{-14}\times 1.0}{(1.0)^4}$$

$$= 0.345 - 0.393 = -0.048\ (V)$$

答：$[Cu(NH_3)_4]^{2+}/Cu$ 电对的标准电极电势为 -0.048 V。

3. 配位平衡与配离子之间的转化

在有配离子参加的反应中，一种配离子可以转化为更稳定的另一种配离子。这种配离子的转化反应，其方向可以用稳定常数来判断。

例 8-5 已知 $K^\ominus_{稳[Ag(NH_3)_2]^+} = 1.1\times 10^7$，$K^\ominus_{稳[Ag(CN)_2]^-} = 4.0\times 10^{20}$。判断 $[Ag(NH_3)_2]^+$ 能否转化为 $[Ag(CN)_2]^-$ 配离子。

解： 配离子转化反应为 $[Ag(NH_3)_2]^+ + 2CN^- \rightleftharpoons [Ag(CN)_2]^- + 2NH_3$

$$K^\ominus = \frac{c[Ag(CN)_2^-]c(NH_3)^2}{c[Ag(NH_3)_2^+][c(CN^-)]^2} = \frac{c[Ag(CN)_2^-][c(NH_3)]^2c(Ag^+)}{c[Ag(NH_3)_2^+][c(CN^-)]^2c(Ag^+)}$$

$$= \frac{K_{稳,Ag(CN)_2^-}}{K_{稳,Ag(NH_3)_2^+}} = \frac{4.0\times 10^{20}}{1.1\times 10^7} = 3.6\times 10^{13}$$

由于 $K^\ominus$ 值远大于 1，表明 $[Ag(NH_3)_2]^+$ 转化为 $[Ag(CN)_2]^-$ 的趋势很大，氰根能够取代氨配体，生成更稳定的 $[Ag(CN)_2]^-$ 配离子。

第四节　配合物的应用

自从 1893 年瑞士化学家维尔纳(Werner)创立配位化学学说以来,配位化学得到不断发展和完善,已成为无机化学的重要内容之一,它与分析化学、有机化学、物理化学、结构化学、生命科学、材料科学、环境科学等学科都有紧密的联系和交叉渗透。配合物种类繁多,结构和性质丰富多彩,随着科学技术的发展和生产实践的需要,人们对配合物的认识不断深入,配合物的作用也日益重要。例如稀土金属的分离、稀有金属的提取、新材料的制备和功能性质、配位催化有机合成、金属蛋白酶的模拟、生物固氮、抗癌药物、水的净化、电镀等工业生产和科学研究都离不开配合物。

一、分析化学中的应用

许多配体与金属离子作用,产生具有特征颜色的配合物,因而配合物在分析化学中常用于金属离子的定性鉴定。例如,丁二酮肟与 Ni^{2+} 形成难溶的鲜红色螯合物,可用于 Ni^{2+} 离子的定性鉴定(图 8-5)。

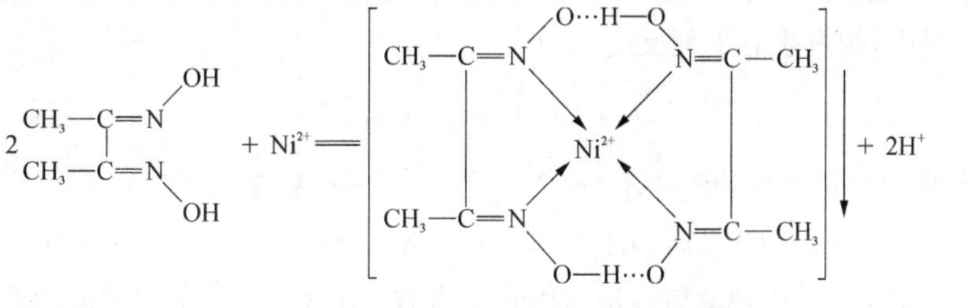

图 8-5　丁二酮肟与 Ni^{2+} 离子的配位反应

SCN^- 与 Fe^{3+} 反应,生成水溶性的血红色配合物,该配位反应可用于水溶液中 Fe^{3+} 含量的分光光度法测定。

配位滴定法常用于溶液中金属离子含量的定量测定,最常用的滴定剂是乙二胺四乙酸(EDTA)及其二钠盐,如采用 EDTA 溶液滴定水中的钙离子含量等。Ca^{2+} 与 EDTA 能够形成稳定的螯合物,其结构如图 8-6 所示。

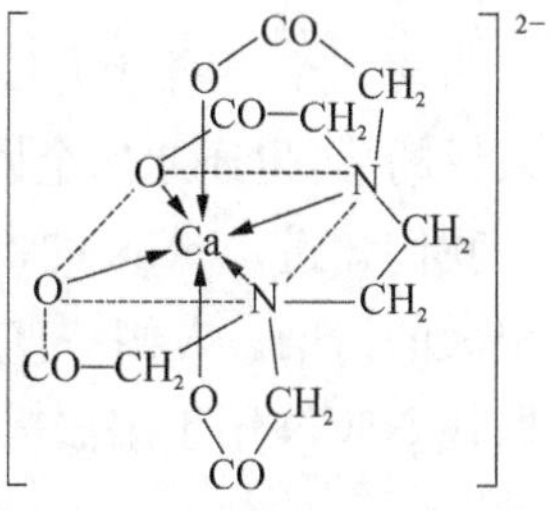

图 8-6　Ca^{2+} 与 EDTA 形成的螯合物结构示意图

由中心离子和多齿配体所形成的具有环状结构的配合物称为螯合物。螯合物是配合物的一种,一般具有五原子或六原子环的螯合物比较稳定。上述

$[Ca(EDTA)]^{2-}$配离子就含有5个五元螯合环。

乙二胺也是常用的双齿配体，当两个乙二胺分子与Cu^{2+}配位时，可形成具有两个五元螯合环的配离子$[Cu(en)_2]^{2+}$（图8-7）。

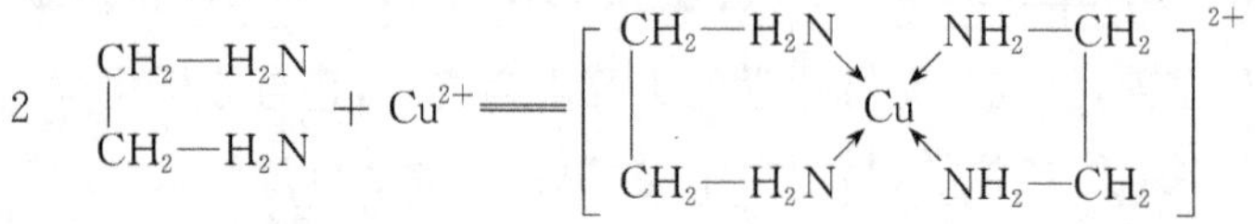

$$2\ \begin{matrix} CH_2-H_2N \\ | \\ CH_2-H_2N \end{matrix} + Cu^{2+} = \left[\begin{matrix} CH_2-H_2N & & NH_2-CH_2 \\ | & \searrow\ \ \swarrow & | \\ | & Cu & | \\ | & \nearrow\ \ \nwarrow & | \\ CH_2-H_2N & & NH_2-CH_2 \end{matrix} \right]^{2+}$$

图8-7　乙二胺与Cu^{2+}离子的螯合反应

二、湿法冶金中的应用

湿法冶金是指用水溶液直接从矿石中将金属元素以化合物的形式浸取出来，然后再进一步还原为金属的过程。湿法冶金比火法冶金经济又简单，广泛应用于从矿石中提取稀有金属和有色金属。现代的湿法冶金几乎涵盖了除钢铁以外的所有金属的提炼，有的金属其全部冶炼工艺属于湿法冶金，但大多数是矿物分解、提取和除杂采用湿法工艺，最后还原成金属采用火法冶炼或粉末冶金完成。

例如，金常以单质的形式分散于矿石中，因为$E^{\ominus}(Au^+/Au)=+1.68$ V，电极电势值很大，难以被氧化，不能用火法冶炼。若将金矿粉浸泡在NaCN溶液中，并暴露于空气中，则发生有下列反应

$$4Au + 8NaCN + O_2 + 2H_2O = 4Na[Au(CN)_2] + 4NaOH$$

由于CN^-是很强的配体，$[Au(CN)_2]^-$配离子很稳定，$E^{\ominus}([Au(CN)_2]^-/Au)=-0.58$ V，明显小于$E^{\ominus}(O_2/OH^-)=+0.41$ V，因而Au可以被空气中的O_2氧化，形成$[Au(CN)_2]^-$而被溶解在溶液中。在含有$[Au(CN)_2]^-$的澄清液中撒入锌粉，发生如下还原反应，即可获得金的单质。

$$2Na[Au(CN)_2] + Zn = 2Au + Na_2[Zn(CN)_4]$$

通常，金矿中伴生有银，在得到$Na[Au(CN)_2]$的同时，也得到了$Na[Ag(CN)_2]$。加入锌粉后，也还原出金属银，所以，用氰化法得到的黄金中常含有银。

我们知道，NaCN的毒性很大，大量使用NaCN提取黄金，会使矿区的环境受到很大的污染。人们一直在寻找能与Au^+有很强配位能力的环境友好的配体，以便取代NaCN用于湿法提金。

三、生物化学中的作用

配合物在生物化学中具有广泛而重要的作用。生物体内存在有钠、钾、钙、镁、

铁、铜、钼、锰、钴、锌等十几种金属元素，它们能与体内存在的糖、脂肪、蛋白质、核酸等大分子配体和氨基酸、多肽、核苷酸、有机酸根等小分子结合为化合物，许多是配合物。

金属蛋白酶能够催化生物化学反应，是生物体中的催化剂。金属蛋白酶的活性中心一般是金属配合物，例如，人体血液中的血红蛋白主要由肽链和血红素组成，血红素是体内氧气的输送者。血红素分子是一个具有卟啉结构的大分子配体，与 Fe^{2+} 所形成的配合物，在平面形的卟啉环中心，由卟啉中四个吡咯环上的氮原子与一个亚铁离子配位结合，形成稳定的二价铁配合物(图 8-8)。当血红蛋白在肺泡中与氧气相遇时，O_2 就从卟啉环的轴向与 Fe^{2+} 配位结合，随着血液的流动将氧气分子输送到人体的各个组织，从而使氧气与碳水化合物和脂肪发生“燃烧”反应，产生二氧化碳、水和能量。除了运载氧，血红蛋白还可以与一氧化碳结合，结合的方式与氧一样，只是 CO 结合得更牢固。一旦煤气中毒，需要在新鲜空气或高压氧舱的环境中，让 O_2 取代 CO 的配位。

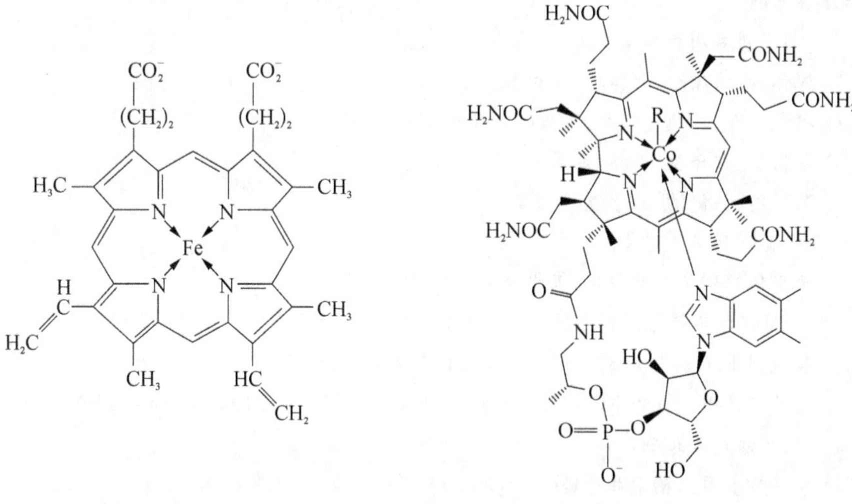

图 8-8　血红素(左)和维生素 B_{12}(右)的结构

维生素 B_{12} 是一种由含钴的咕啉类化合物组成的 B 族维生素。最初发现大量食用动物肝脏可以控制恶性贫血，1948 年从肝脏中分离出一种具有控制恶性贫血效果的红色晶体物质，定名为维生素 B_{12}。1963 年用单晶 X-射线衍射确定其结构，如图 8-8 所示。1973 年完成人工合成。维生素 B_{12} 分子的结构特征是含有一个咕啉大环配体，在咕啉环平面的中心，由四个还原的吡咯环的 N 原子与 Co^{3+} 离子配位，在咕啉环的下方，一个二甲基苯并咪唑的氮原子与钴离子配位，上方一个脱氧腺苷(R 基团)的碳原子与钴结合。

绿色植物含有叶绿素，叶绿素的活性中心是一个二价镁离子的卟啉配合物。植物的叶片通过叶绿素吸收太阳光能，把二氧化碳和水转化为碳水化合物，并释放出氧气。这是无机物向有机物的直接转化，是自然界生命循环的重要组成部分。在豆科植物根部生存的根瘤菌含有固氮酶，固氮酶是含有铁钼硫簇配合物的蛋白酶，它可以将大气中的氮分子转化为能够为植物吸收的氨，进而为植物提供合成氨基酸和蛋白质的氮素肥料，所以大豆中富含蛋白质。

在医药领域中，配合物已成为药物治疗的一个重要方面。例如，EDTA 已成为铅、汞等重金属离子中毒的解毒剂；顺式[$Pt(NH_3)_2Cl_2$]配合物等顺铂药品至今仍然是治疗癌症的主要药物；磺胺嘧啶银配合物是一种广谱抗菌剂，被用于严重烧伤时的抗菌消毒。另外，铜的超氧化物歧化酶(SOD)是一种含铜配合物的蛋白酶，它是化妆品的优质添加剂，有清除自由基和抗皱、祛斑、去色素等作用。

总之，配合物的合成、结构和应用具有广阔的发展前景。

思考题与习题

1. 区别下列名词和术语

(1) 配体、配位原子、配体数、配位数。

(2) 稳定常数、不稳定常数、逐级稳定常数。

(3) 配离子、配合物、内界、外界。

(4) 配位键、共价键、离子键。

2. 请解释下列实验现象

(1) 无水硫酸铜是白色粉末，五水合硫酸铜是蓝色晶体。

(2) AgCl 沉淀不能溶解在 NH_4Cl 中，却能够溶解在氨水中。

(3) 螯合剂 EDTA 可以用于重金属元素的解毒剂，为什么？

(4) 为什么使用剧毒的 KCN 提取金子，而不使用 NH_3、en、EDTA 等毒性小的配体。

3. 下列说法是否正确？

(1) 配位键本质上属于共价键。

(2) 配体数等于配位数。

(3) 配合物由内界和外界两部分组成。

(4) 外轨型配离子磁矩大，内轨型配离子磁矩小。

(5) 配离子的电荷数等于中心离子的电荷数。

4. 在敦煌壁画中，采用了多种过渡金属氧化物作为绘画颜料，为什么这些金属氧化物能呈现出五颜六色，且保存长久？

5. 配离子[$Cu(NH_3)_4$]$^{2+}$的第一级不稳定常数是否等于其第一级稳定常数的倒数？

6. 什么叫螯合物？螯合物的稳定性如何？几元螯合环较稳定？

7. 命名下列配合物，指出各配合物的中心离子、配体、配位原子、配体数、配位数和配离子的电荷数。

(1) $K[Pt(NH_3)Cl_3]$　(2) $H_2[Zn(OH)_2Cl_2]$　(3) $[Co(en)_3]SO_4$

(4) $Co_2(CO)_8$　(5) $[Cu(NH_3)_4](OH)_2$　(6) $[Co(en)_2(NH_3)Cl]Cl_2$

8. 写出下列配合物的分子式，并指出内界和配离子的电荷数。

(1) 氯化硝基三氨合铂(II)　(2) 三羟基一水一乙二胺合铬(III)

(3) 六氰合铁(II)酸铁　(4) EDTA合钙(II)酸钠

9. 已知$[Mn(H_2O)_6]^{2+}$和$[Mn(CN)_6]^{4-}$的磁矩分别是5.92和1.73 B. M.，请根据价键理论和晶体场理论分别推测这两个配离子的中心离子轨道杂化类型和d电子分布情况，以及配离子的几何构型及属内轨型还是外轨型。

10. 已知$[Ni(NH_3)_4]^{2+}$和$[Ni(CN)_4]^{2-}$的磁矩分别是2.82 B. M.和0.0 B. M.，请判断这两个配离子的中心离子d电子分布情况和杂化类型，以及配离子的几何构型和内、外轨性质，哪个配离子更稳定？

11. 将2.0 mol · L^{-1}氨水加入到等体积的0.2 mol · L^{-1} $AgNO_3$溶液中，计算达到平衡时溶液中Ag^+、$[Ag(NH_3)_2]^+$和NH_3的浓度。

12. 将100 mL 0.10 mol · L^{-1} $CuSO_4$溶液与等体积的6.0 mol · L^{-1}氨水混合，请计算溶液中Cu^{2+}、NH_3、$[Cu(NH_3)_4]^{2+}$的平衡浓度各为多少？若向该混合溶液中加入0.01 mol NaOH固体，是否有$Cu(OH)_2$沉淀生成？

13. 将含有0.2 mol · L^{-1} $AgNO_3$、0.6 mol · L^{-1} NaCN溶液与等体积0.02 mol · L^{-1} KI溶液混合，是否有AgI沉淀产生？(已知：$K^{\ominus}_{稳[Ag(CN)_2^-]} = 1.3 \times 10^{21}$，$K^{\ominus}_{sp}(AgI) = 8.3 \times 10^{-17}$)

14. 已知：$K^{\ominus}_{稳[Co(NH_3)_6^{2+}]} = 1.3 \times 10^5$，$E^{\ominus}(Co^{3+}/Co^{2+}) = 1.80$ V，$K^{\ominus}_{稳[Co(NH_3)_6^{3+}]} = 1.6 \times 10^{35}$，请计算$E^{\ominus}(Co(NH_3)_6^{3+}/Co(NH_3)_6^{2+})$，比较$Co^{3+}$与$Co(NH_3)_6^{3+}$的氧化性强弱。

15. 用配位场理论比较配离子$[Co(NH_3)_6]^{3+}$和$[CoF_6]^{3-}$的稳定性，计算它们的晶体场稳定化能和磁矩，画出两者在八面体场中d轨道的电子分布图。(已知在八面体场中的Co^{3+}中心离子，配体为F^-时，$\Delta_o = 13\,000$ cm^{-1}，电子成对能$E_p = 21\,000$ cm^{-1}；配体为NH_3时，$\Delta_o = 23\,000$ cm^{-1}，$E_p = 21\,000$ cm^{-1})

16. 已知$[Cd(CN)_4]^{2-}$的$K^{\ominus}_{不稳} = 1.66 \times 10^{-19}$，$[Cd(en)_3]^{2+}$的$K^{\ominus}_{不稳} = 8.31 \times 10^{-13}$，问反应$[Cd(CN)_4]^{2-} + 3en = [Cd(en)_3]^{2+} + 4CN^-$的平衡常数是多少？反应能否正向进行？

第九章

元素概论

从常用元素周期表可以知道，目前的已知元素有 112 种，其中自然存在于地球的有 92 种，人工合成元素有 20 种。

元素的分类方法很多，按性质可以分为金属元素和非金属元素，其中金属元素 90 种，非金属元素 22 种。在图 9－1 的元素周期表中，以硼—硅—砷—碲—砹和铝—锗—锑—钋之间的对角线划分，金属都位于对角线的左下角，非金属则位于对角线的右上角。位于对角线附近的锗、砷、碲等元素由于性质上介于金属和非金属之间，通常也称为准金属。

	IA	IIA	IIIB	IVB	VB	VIB	VIIB	VIII	VIII	VIII	IB	IIB	IIIA	IVA	VA	VIA	VIIA	0
1	1 H 氢																	2 He 氦
2	3 Li 锂	4 Be 铍											5 B 硼	6 C 碳	7 N 氮	8 O 氧	9 F 氟	10 Ne 氖
3	11 Na 钠	12 Mg 镁											13 Al 铝	14 Si 硅	15 P 磷	16 S 硫	17 Cl 氯	18 Ar 氩
4	19 K 钾	20 Ca 钙	21 Sc 钪	22 Ti 钛	23 V 钒	24 Cr 铬	25 Mn 锰	26 Fe 铁	27 Co 钴	28 Ni 镍	29 Cu 铜	30 Zn 锌	31 Ga 镓	32 Ge 锗	33 As 砷	34 Se 硒	35 Br 溴	36 Kr 氪
5	37 Rb 铷	38 Sr 锶	39 Y 钇	40 Zr 锆	41 Nb 铌	42 Mo 钼	43 Tc 锝	44 Ru 钌	45 Rh 铑	46 Pd 钯	47 Ag 银	48 Cd 镉	49 In 铟	50 Sn 锡	51 Sb 锑	52 Te 碲	53 I 碘	54 Xe 氙
6	55 Cs 铯	56 Ba 钡	57–71 La-Lu	72 Hf 铪	73 Ta 钽	74 W 钨	75 Re 铼	76 Os 锇	77 Ir 铱	78 Pt 铂	79 Au 金	80 Hg 汞	81 Tl 铊	82 Pb 铅	83 Bi 铋	84 Po 钋	85 At 砹	86 Rn 氡
7	87 Fr 钫	88 Ra 镭	89–103 Ac-Lr	104 Rf 𬬻	105 Db 𬭊	106 Sg 𬭳	107 Bh 𬭛	108 Hs 𬭶	109 Mt 鿏	110 Uun	111 Uuu	112 Uub		114		116		118

镧系	57 La 镧	58 Ce 铈	59 Pr 镨	60 Nd 钕	61 Pm 钷	62 Sm 钐	63 Eu 铕	64 Gd 钆	65 Tb 铽	66 Dy 镝	67 Ho 钬	68 Er 铒	69 Tm 铥	70 Yb 镱	71 Lu 镥
锕系	89 Ac 锕	90 Th 钍	91 Pa 镤	92 U 铀	93 Np 镎	94 Pu 钚	95 Am 镅	96 Cm 锔	97 Bk 锫	98 Cf 锎	99 Es 锿	100 Fm 镄	101 Md 钔	102 No 锘	103 Lr 铹

图 9－1　元素周期表

本章主要概述元素单质的主要性质及制备，其化合物的性质与制备将在后面章节中介绍。

第一节 金属元素概论

金属元素是指价电子数较少，在化学反应中易失去电子的元素。包括 s 区（H 除外）、d 区、ds 区、f 区及 p 区左下角的 10 种元素。常温时，除了汞是液体外，其他金属都是固体。金属是金属原子以金属键形成的紧密堆积体，属金属晶体，金属键既无饱和性也无方向性，金属具有光泽、导电性、导热性和延展性等通性。在工程技术上，常将金属分为黑色金属和有色金属两大类，黑色金属包括铁、锰、铬及其合金；有色金属包括除黑色金属以外的所有金属及其合金，可进一步分为轻有色金属、重有色金属、贵金属、准金属和稀有金属五大类。根据金属的物理性质，如密度不同，可分为轻金属（密度小于 5 $g \cdot cm^{-3}$），如：铝、镁、钛；重金属（密度大于 5 $g \cdot cm^{-3}$），如：铜、镍、铅、锌、锡；按金属的化学活泼性可分为活泼金属（s 区、ⅢB 族）、中等活泼金属（d、ds、p 区）和不活泼金属（d 区）。

一、金属元素在自然界的存在形式

金属元素在自然界中分布很广，他们大多以化合物的形式存在，极少数金属以单质的形式存在。

以单质形式存在的金属有：汞（Hg）、银（Ag）、金（Au）和铂系元素（Ru、Rh、Pd、Ir、Pt），以及陨石中的天然铜和铁。金、银和铂系金属也称贵金属。

金属化合物常见形态有天然金属矿、氧化物矿、硫化物矿、碳酸盐矿、氯化物矿、硫酸盐矿、硅酸盐矿等。海水中含有大量的钾、钠、钙、镁的氯化物、碳酸盐等。

1）ⅠA 族元素及 Mg 通常以卤化物形式存在于海水、盐湖水和岩盐矿中。

2）ⅡA 族元素通常以碳酸盐、硫酸盐形式存在于矿石中，我们熟悉的有石灰石（$CaCO_3$）、白云石[$CaMg(CO_3)_2$]、石膏（$CaSO_4$）、重晶石（$BaSO_4$）等。

3）d 区的ⅢB～ⅦB 过渡金属元素通常以氧化物的形式存在，如金红石（TiO_2）、铬铁矿（$FeO \cdot Cr_2O_3$）、赤铁矿（Fe_2O_3）、软锰矿（MnO_2）等。

4）ⅠB、ⅡB 元素及准金属元素通常以硫化物形式存在，如辉锑矿（Sb_2S_3）、辉铜矿（Cu_2S）、闪锌矿（ZnS）、辰砂矿（HgS）等。

二、s 区元素的性质

s 区元素中ⅠA 族元素也称碱金属元素，价电子构型为 ns^1，包括锂、钠、钾、铷、铯、钫。ⅡA 族元素即碱土金属元素，价电子构型为 ns^2，包括铍、镁、钙、锶、钡、镭。钫和镭是放射性元素，本章不作介绍。

(一) 物理性质

s 区元素都是银白色的轻金属，密度小、硬度低、熔点和沸点低，具有良好的导电性、导热性和延展性。除铍和镁较硬外，其他金属均较软，能用刀切割。碱土金属的金属键比碱金属的金属键要强，所以碱土金属的熔沸点、硬度、密度都比碱金属高得多。表 9-1 为 s 区元素的一些基本性质。

表 9-1　s 区元素的基本性质

元　素	Li	Na	K	Rb	Cs	Be	Mg	Ca	Sr	Ba
密度/($g \cdot cm^{-3}$)	0.534	0.97	0.89	1.53	1.873	1.85	1.74	1.54	2.64	3.62
熔点/K	180.50	97.794	63.5	39.30	28.5	1 287	650	842	777	727
沸点/K	1 342	882.940	759	688	671	2 471	1 090	1 484	1 382	1 897
硬度/莫氏硬度	0.6	0.5	0.4	0.3	0.2	5.5	2.5	1.75	1.5	1.25
升华热/($kJ \cdot mol^{-1}$)	150	103.3	79.23	74.19	67.09	304.95	136.7	163.54	145	148

(二) 化学性质

s 区元素其价层电子构型通式分别为 ns^1 和 ns^2，常见氧化值分别为 +1 和 +2。化学性质很活泼，具有很强的还原性，易形成阳离子盐。除铍外，s 区元素所形成的化合物大多数是离子化合物，其氢氧化物一般是强碱，其盐一般是强电解质。

1. 与氧气作用

s 区元素易与氧作用且能形成多种氧化物，包括：氧化物(含 O^{2-} 离子，也称正常氧化物)、过氧化物(含 O_2^{2-} 离子)和超氧化物(含 O_2^- 离子)。

氧化物类型	ⅠA 族	ⅡA 族
正常氧化物	M_2O	MO
过氧化物	M_2O_2	MO_2(Be、Mg 除外)
超氧化物	MO_2(Li 除外)	MO_4(Be、Mg 除外)

2. 与水的作用

s 区元素除铍以外均能与水反应生成相应氢氧化物和氢气

$$2M + 2H_2O \longrightarrow 2MOH + H_2\uparrow$$

$$M + 2H_2O \longrightarrow M(OH)_2 + H_2\uparrow$$

其反应程度和金属活泼性的规律一致：同族元素自上而下与水反应的激烈程度递增，锂较慢、钠较快、钾能燃烧、铷和铯遇水爆炸；同周期自左向右与水作用程度递减，所以碱土金属和水的反应较碱金属与水的反应要温和，如钠较快，而镁较慢。

碱金属的氢氧化物碱性很强，能与空气中的酸性物质（如 CO_2 等）反应生成盐，所以无法存在于自然界中，所以碱金属通常保存在煤油中；其氢氧化物也须保存在密闭容器中与空气隔绝。

3. 与酸作用

s 区金属很活泼，均能与稀酸溶液反应，置换出酸中的 H^+

$$M + 2H^+ \longrightarrow M^+ + H_2\uparrow$$

4. 与其他非金属作用

单质（铍除外）与氢、硫、氮、卤素反应，形成相应的离子型化合物，具有离子化合物的特点。如钠在氯气中可以燃烧

$$2Na + Cl_2 \longrightarrow 2NaCl$$

金属钠可以在加热的情况下和氢气化合，生成氢化钠，在氢化钠中，氢元素的氧化数为－1 价

$$2Na + H_2 \longrightarrow 2NaH$$

（三）锂、铍的特殊性

由于锂原子及锂离子半径特别小、Li^+ 又是 2 电子构型，所以锂的极化能力在碱金属中最大，具有较强的形成共价键的能力，使锂及其化合物的许多性质与其他碱金属元素及其化合物的性质有很大差异。同样原因，铍的强极化能力使铍及其化合物与碱土金属及其化合物的性质也有明显差异。但是 Li、Be 分别与下一周期右下方的 Mg、Al 的性质相似，称为对角线规则。

（四）对角线规则：锂与镁的相似性

对比周期系中元素的性质，可以发现有些元素的性质常常与它右下方相邻的元素类似，这种关系称为对角关系。在周期系中有三对元素的对角关系最为明显，即第二周期的锂、铍、硼分别与第三周期处于对角位置的镁、铝、硅性质相似。下面举例说明锂与镁的相似性。

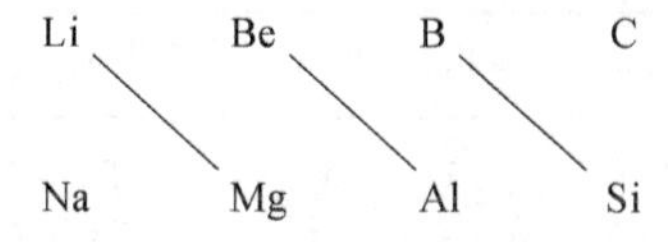

1）单质在过量氧中燃烧时，均只生成正常氧化物，不生成过氧化物。

$$4Li + O_2 \longrightarrow 2\ Li_2O,\ 2Mg + O_2 \longrightarrow 2MgO$$

2）氢氧化物均为中强碱，且在水中的溶解度都不大，加热都分解为相应氧化物。

$$2Li(OH) \longrightarrow Li_2O + H_2O,\ Mg(OH)_2 \longrightarrow MgO + H_2O$$

3）氟化物、碳酸盐、磷酸盐等均难溶。

4）氯化物共价性较强，受热水解，且都能溶于有机溶剂中。

5）水合能力都较强，在水溶液中会发生水解。

$$2Na + 2H_2O \longrightarrow 2NaOH + H_2\uparrow$$

6）能直接与C发生反应，生成Li_2C_2、Mg_2C_3，这些碳化物遇水形成氢氧化物和甲烷，也能与N_2直接化合。

$$2Li + 2C \longrightarrow Li_2C_2,\ 2Mg + 3C \longrightarrow Mg_2C_3$$

$$Li_2C_2 + H_2O \longrightarrow 2Li(OH) + C_2H_2\uparrow$$

7）硝酸盐、碳酸盐热分解均产生相应的氧化物。

$$4LiNO_3 \longrightarrow 2Li_2O + 4NO_2 + O_2\uparrow$$

$$2Mg(NO_3)_2 \longrightarrow 2MgO + 4NO_2 + O_2\uparrow$$

三、p区元素的性质

p区金属元素位于周期表ⅢA～ⅥA族中，具有$ns^2np^{1\sim4}$的价电子层构型。其中包括ⅢA族的铝、镓、铟、铊；ⅣA族的锗、锡、铅；ⅤA族的锑、铋和ⅥA族的钋。钋是稀有放射性元素。

1. 物理性质

位于p区对角线上的硼、硅、锗、砷、锑、硒、碲等元素处于周期系中由金属向非金属过渡的位置上，具有半导体的性质，并且其导电能力随着温度升高或光的照射而增大，通常称为准金属。

p区金属中，铝的密度小，属于轻金属，其他的都属于重金属。

p区金属元素的一些基本物理性质见表9-2。

表9-2 p区金属元素的基本物理性质

元素	Al	Ga	In	Tl	Ge	Sn	Pb	Sb	Bi
密度/$(g\cdot cm^{-3})$	2.70	5.91	7.31	11.8	5.323	7.287	11.3	6.68	9.79
熔点/K	660.32	29.77	156.60	304	938.25	231.93	327.462	630.6	271.406
沸点/K	2 519	2 204	2 072	1 473	2 833	2 602	1 749	1 587	1 564
硬度/金刚石10	2.75	1.5	1.2	1.2	6	1.5	1.5	3	2.25
升华热/$(kJ\cdot mol^{-1})$	303.7	261.59	233.26	169.2	365.8	297	182.77	87.7	170.9
$M^{n+}(g)$水合能/$(kJ\cdot mol^{-1})$	+3 4 665	+3 4 700	+3 4 112	+3 4 105		+2 1 556	+2 1 481		

铝(Al)是银白色轻金属,具有良好的延展性和导电性,能代替金属铜制造电线、电缆等电器设备,是一种重要的金属材料。

镓、铟、铊都是软的白色活泼金属,也属于稀散金属,镓和铟是制作半导体的重要原料。

锡是银白色金属,较软,有灰锡(α-型)、白锡(β-型)和脆锡(γ-型)三种同素异形体。在室温和高于室温的条件下,最稳定的形态是白锡。

铅是很软的金属,能防止 X 射线和 γ 射线的穿透,所以可以用铅制作防护用品。

锡、铅、铋都属于低熔点重金属,用于制造低熔合金,如 50%铋、25%铅、13%锡和 12%镉组成的合金称为“伍德合金”,其熔点为 344 K,可用于制造保险丝。37%铅和 63%锡组成的合金熔点为 456 K,可用于制造焊锡。

2. 化学性质

(1) ⅢA 族元素

ⅢA 族元素价电子构型为 ns^2np^1,由于该层原子轨道数为 4,而价电子只有 3 个,当与其他原子共享电子对形成正常共价键时,未能达到 8 电子的稳定结构,多余的一个空轨道有强烈的接受电子倾向,以便形成更稳定的 8 电子构型,因此,ⅢA族元素的基本特征就是缺电子性。

铝、镓、铟的化合物大部分属于共价型,少数为离子型,主要氧化数为+3,而铊的主要氧化态为+1 价,+3 价不稳定。从铝到铊,其化合物的共价性逐渐减弱,离子性逐渐增强。

p 区金属元素的活泼性比 s 区金属元素差,虽然铝的性质较为活泼,但由于其在空气中能形成致密氧化物薄膜,可阻止其进一步的氧化。

铝具有两性,易溶于稀酸,也溶于强碱

$$2Al + 3H_2SO_4 \longrightarrow Al_2(SO_4)_3 + 3H_2\uparrow$$

$$2Al + 2NaOH + 6H_2O \longrightarrow 2Na[Al(OH)_4] + 3H_2\uparrow$$

(2) ⅣA 族元素

ⅣA 族锗、锡、铅元素的价电子构型为 ns^2np^2,其金属活泼性属中等偏弱,从锗到铅逐渐增强,都能生成两性氧化物和氢氧化物。

1) 与非金属反应

与氧的反应:常温下,锡不反应,铅表面易氧化生成一层氧化铅或碳酸铅。高温下都与氧反应生成相应氧化物

$$Sn + O_2 \longrightarrow SnO_2,\ Pb + O_2 \longrightarrow PbO_2$$

与卤素反应生成卤化物

$$Sn + 2X_2 \longrightarrow SnX_4, \quad Pb + X_2 \longrightarrow PbX_2$$

与硫反应生成硫化物

$$Sn + S \longrightarrow SnS, \quad Pb + S \longrightarrow PbS$$

2) 与水反应　锡不与水反应,铅在空气中与水缓慢反应生成 $Pb(OH)_2$。

3) 与酸的反应　锡与盐酸反应生成低价氯化亚锡,与硫酸、硝酸反应生成高价化合物;铅与盐酸因产生的微溶氯化铅覆盖在铅表面而阻止了反应,与其他酸反应生成低价铅化合物。

4) 与碱的反应　锡、铅与强碱缓慢反应得到亚锡酸盐和亚铅酸盐,同时放出氢气。

$$Sn + 2NaOH + H_2O \longrightarrow 2H_2\uparrow + Na_2SnO_3$$

$$Pb + 2NaOH + H_2O \longrightarrow 2H_2\uparrow + Na_2PbO_3$$

(3) ⅤA 族元素

ⅤA 族砷、锑、铋元素的价电子构型为 ns^2np^3,常见氧化数为 +3 和 +5。砷、锑具有两性和准金属性质,铋呈金属性。易熔化、易挥发。气态时为多原子分子,如 As_2、As_4、Sb_2、Sb_4 和 Bi_2。常温下在空气中和水中都较稳定,难溶于稀酸,但能与硝酸反应生成砷酸(H_3AsO_4)、锑酸($Sb_2O_5 \cdot nH_2O$)和铋盐($Bi(NO_3)_3$)。

3. 对角线规则:铍与铝的相似性

ⅡA 族的 Be 也很特殊,其性质和ⅢA 族中的 Al 有些相近。

1) 氧化物和氢氧化物两性,ⅡA 族其余的氧化物和氢氧化物显碱性;

2) 无水氯化物 $BeCl_2$、$AlCl_3$ 共价成分大,可溶于醇、醚、易升华,其余ⅡA 族的 MCl_2 是离子晶体;

3) Be、Al 和冷浓 HNO_3 接触时,钝化,其余ⅡA 族金属易于和 HNO_3 反应。

$$3Ca + 8HNO_3 \longrightarrow 3Ca(NO_3)_2 + 2NO + 4H_2O$$

4. 惰性电子对效应

p 区金属元素,尤其是ⅢA、ⅣA、ⅤA 三族元素,同族自上而下,低氧化态逐渐趋于稳定,高氧化态表现出强氧化性,这一性质在第六周期表现尤为突出,主要原因是由于 ns^2 电子对由于钻穿效应从上至下趋于稳定,$6s^2$ 电子对的惰性效应使其不易参与成键造成的，故称为“惰性电子对效应”。

四、d 区及 ds 区金属元素的性质

d 区和 ds 区元素包括 d 区的ⅢB～ⅦB 族，Ⅷ族，ds 区的ⅠB、ⅡB 族(不包括镧以外的镧系元素和锕以外的锕系元素)，具有 $(n-1)d^{1\sim10}ns^{1\sim2}$(钯为 $4d^{10}5s^{0}$)的价电子层构型，由于这些元素内层的 d 能级正在填充，通常称为过渡元素或过渡金属。ds 区是过渡元素的一部分，具有 $(n-1)d^{10}ns^{1\sim2}$ 电子构型，其特征是次外层的 d 轨道为全充满结构。处于周期表第四周期的过渡金属也称第一过渡系(或轻过渡系)，第五、第六周期的过渡金属称第二、第三过渡系(或重过渡系)。d 区金属元素分布如表 9-3 所示。

表 9-3 d 区金属元素分布

	ⅢB 钪分族	ⅣB 钛分族	ⅤB 钒分族	ⅥB 铬分族	ⅦB 锰分族	Ⅷ 第八族	ⅠB 铜分族	ⅡB 锌分族
第 4 周期(第一过渡系)	Sc	Ti	V	Cr	Mn	Fe Co Ni(铁系)	Cu	Zn
第 5 周期(第二过渡系)	Y	Zr	Nb	Mo	Tc	Ru Rh Pd(轻铂组)	Ag	Cd
第 6 周期(第三过渡系)	La-Lu	Hf	Ta	W	Re	Os Ir Pt(重铂组)	Au	Hg

(一) d 区过渡金属的性质

1. 物理性质

过渡金属除钪、钇、钛属轻金属外，其余都是重金属。具有高熔点、高沸点、高密度和良好的导电性、导热性(ⅢB 族除外)。其熔点、沸点、硬度和密度的变化规律为：从左到右先逐渐升高然后又缓慢下降。这与金属键、晶格能、原子中未成对 d 电子参与成键造成部分共价键等影响因素有关。

d 区过渡金属之最：钨是熔点最高的金属，铼次之。铬是硬度最大的金属，表面容易形成一层钝化膜，具有很强的耐腐蚀性能。汞在常温下则呈液态，是熔点最低的金属。密度最大的金属是锇，其次是铱和铂。过渡金属元素密度大的原因，一般认为是过渡元素的原子半径较小而彼此堆积很紧密所致。

大多数过渡金属的原子或离子有未成对电子，因此具有磁性。此外由于 d-d 跃迁，d 区金属元素的水合离子一般都有颜色(见表 9-4)，这是由于 d-d 跃迁在可见区产生吸收，从而呈现出吸收颜色的互补色。

表 9-4 一些过渡金属水合离子的颜色

离子中未配对电子数	离子在水溶液中颜色
0	Ag^{+}, Zn^{2+}, Cd^{2+}, Hg^{2+}, Sc^{3+}, Ti^{4+}(无色)
1	Cu^{2+}(蓝色), Ti^{3+}(紫色)
2	Ni^{2+}(绿色)
3	Cr^{3+}(蓝紫色),Co^{2+}(桃红色)
4	Fe^{2+}(淡绿色)
5	Mn^{2+}(淡红色),Fe^{3+}(浅紫色)

2. 化学性质

由于次外层 d 电子也可参与成键,所以过渡元素往往具有多种氧化数。表 9-5为过渡金属元素常见氧化数。从左向右,随原子序数增加($^{21}Sc \rightarrow ^{25}Mn$),元素最高氧化数逐渐增高,但当 3d 轨道中电子数超过 5 时,元素最高氧化数又转向降低($^{26}Fe \rightarrow ^{28}Ni$),最后与ⅠB族元素的低氧化数相衔接。

表 9-5 过渡金属常见氧化数

	ⅢB	ⅣB	ⅤB	ⅥB	ⅦB	Ⅷ			ⅠB	ⅡB
元 素	Sc	Ti	V	Cr	Mn	Fe	Co	Ni	Cu	Zn
常见氧化数	3	0, 2, 4	0	0, 3, 6	0, 2, 4, 6, 7	0, 2, 3	0, 2, 3	0, 2, 3	0, 1, 2	0, 2
元 素	Y	Zr	Nb	Mo	Tc	Ru	Rh	Pd	Ag	Cd
常见氧化数	3	4	5	0, 4	0, 4, 6	0, 4, 6	0, 3	0, 2, 4	0, 1	0, 2
元 素	La-Lu	Hf	Ta	W	Re	Os	Ir	Pt	Au	Hg
常见氧化数	3	4	5	0, 4, 5, 6	0, 4, 6	0, 4, 6, 8	0, 3, 4	0, 4	0, 1, 3	0, 1, 2

过渡金属单质的化学活性差异较大,如钪分族很活泼而铂系金属很稳定,第一过渡系的较活泼,第二、第三过渡系的较稳定。同一过渡系金属的活泼性从左到右逐渐减弱(ⅡB除外),而同一族的过渡金属活泼性则是从上到下逐渐降低(ⅢB族除外)。

过渡金属在水溶液中的活泼性可以根据其标准电极电势值判断,标准电极电势值越小,其金属还原性越强、越活泼。如第一过渡系金属,除铜外,$E^{\ominus}(M^{2+}/M)$均为负值,其金属单质可从非氧化性酸中置换出氢。另外,同一周期元素从左向右过渡,总的变化趋势是$E^{\ominus}(M^{2+}/M)$值逐渐变大,其活泼性逐渐减弱。

此外过渡金属原子或离子由于具有能级相近的价电子轨道$(n-1)$d、ns 和 np,可以组成 sp^{3}、dsp^{2}、$d^{2}sp^{3}$等杂化轨道和配体的孤对电子成键形成配合物。

(二) ds区过渡金属的性质

1. 物理性质

铜族元素包括铜、银、金。铜族单质特点是密度大，熔点、沸点高及导电性、导热性和延展性好。其中银的导电性和传热性是所有金属中最好的，铜其次，而金的延展性最佳。

锌族元素包括锌、镉、汞三个元素，它们价电子构型为$(n-1)d^{10}ns^2$，都是银白色金属，由于 d 电子不参与成键，因此升华热小，熔点和沸点比铜族低得多。

锌是工业上重要的金属，镉能组成多种合金，是有毒重金属，汞在空气中很稳定，常温下是液体，密度大、蒸气压低，可用于制造压力计，单质汞及大多数汞的化合物都有毒性。

2. 化学性质

(1) 铜族概述

铜、银、金在强碱中均很稳定。铜在常温、干燥的空气中，不易氧化，加热生成黑色氧化铜，在潮湿空气中久置后表面逐渐生成一层铜绿。

$$Cu_2(OH)_2CO_3 \xrightarrow{\triangle} 2CuO + H_2O + CO_2\uparrow$$

银易与空气中 H_2S 反应生成黑色硫化银，这是银饰物变暗发黑的原因。

$$4Ag + 2H_2S + O_2 \longrightarrow 2Ag_2S + 2H_2O$$

由于金、银与铜的电极电势值都是正值，不能置换稀酸中的氢。但是在空气存在下，铜能缓慢溶解于稀酸中。

$$2Cu + 4HCl + O_2 \longrightarrow 2CuCl_2 + 2H_2O$$

铜与浓盐酸加热时形成配合物

$$2Cu + 8HCl(浓) \xrightarrow{\triangle} 2H_3[CuCl_4] + H_2\uparrow$$

铜可以被硝酸、热浓硫酸氧化而溶解，与酸的反应与铜类似，但更加困难，而金只能溶解于王水中。

$$Au + HNO_3 + 4HCl \longrightarrow H[AuCl_4] + NO\uparrow + 2H_2O$$

常温下，铜易与卤素反应，银与卤素的反应很慢，而金须在加热下与干燥的卤素反应。

(2) 锌族概述

常温下，锌、镉、汞单质的化学性质都很稳定。锌和镉在常见的化合物中氧化数为+2。汞有+1和+2两种氧化数。

加热时，均与O_2反应，生成MO式氧化物

$$4M + 2O_2 \xrightarrow{\triangle} 2MO \ (M = Zn, Cd, Hg)$$

在潮湿空气中，锌生成碱式盐

$$4Zn + 2O_2 + 3H_2O + CO_2 \longrightarrow ZnCO_3 \cdot 3Zn(OH)_2$$

Zn、Cd与稀盐酸、硫酸反应，放出氢气，Hg则不能，Hg只能溶于氧化性酸，汞与氧化合较慢，而与硫、卤素则很容易反应。

$$3Hg + 8HNO_3 \longrightarrow 3Hg(NO_3)_2 + 2NO\uparrow + 4H_2O$$

$$6Hg + 8HNO_3(\text{冷、稀}) \longrightarrow 3Hg_2(NO_3)_2 + 2NO\uparrow + 4H_2O$$

锌是典型的两性金属

$$Zn + 2NaOH + 2H_2O \longrightarrow Na_2[Zn(OH)_4] + H_2\uparrow$$

五、f区金属元素的性质

f区元素指的是元素周期表中的镧系元素和锕系元素。镧系元素是第57号元素镧到71号元素镥15种元素的统称。镧系元素的外层和次外层的电子构型基本相同，电子逐一填充到4f轨道上。镧系元素价电子构型是$4f^{0\sim14}5d^{0\sim1}6s^2$。镧系元素也属于过渡元素，只是镧系元素新增加的电子大都填入4f电子层中，所以镧系元素又可以称为4f系。为了区别于元素周期表中的d区过渡元素，故又将镧系元素(及锕系元素)称为内过渡元素。由于镧系元素都是金属，所以又可以和锕系元素统称为f区金属。镧系元素用符号Ln表示。由于f-f跃迁，Ln元素的水合离子大多是有颜色的。因为有未成对f电子，所以Ln元素的原子或离子都有顺磁性。镧系元素以及ⅢB族中的元素钇和镥性质相似，且在矿物中共生，总称为稀土元素。

锕系元素以第Ⅲ族副族元素锕为首的一系列元素，是原子序数第89元素锕到第103元素铹，共15种放射性元素，在周期表中占有一个特殊位置。锕系元素价电子构型是$5f^{0\sim14}6d^{0\sim1}7s^2$，这些元素的核外电子分为7层，最外层都是2个电子，次外层多数为8个电子(个别为9或10个电子)，从镤到锘电子填入第5层，使第5层电子数从18个增加到32个。1789年，德国克拉普罗特(Klaproth)从沥青铀矿中发现了铀，它是被人们认识的第一个锕系元素。其后陆续发现了锕、钍和镤。铀以后的元素都是在1940年后用人工核反应合成的，称为人工合成元素。锕系元素用符号An表示。

1. 物理性质

与同族的钪、钇、镧原子半径逐渐增大的规律恰恰相反，从铈到镥则是逐渐减小。这种镧系元素的原子半径和离子半径随原子序数的增加而逐渐减小的现象称为镧系收缩。由于镧系收缩，使镧系之后第五、第六周期同族上下元素的原子半径和离子半径极为接近，如第四副族锆与铪的半径分别为 80 pm 和 79 pm；第六副族钼与钨的半径都是 62 pm，造成第五、第六周期的同副族元素性质相似，在自然界中常共生在一起，造成分离上的困难。

2. 化学性质

镧系金属的化学性质很活泼，一般应保存在煤油中。其化学活性比铝强，与碱土金属相近，都是强还原剂，能分解水，与 O_2、N_2、X_2 反应，并能与绝大多数主族和过渡金属形成化合物。Ln 系元素的特征氧化态为＋3，所有镧系元素都能生成化学性质类似的三价化合物，个别镧系元素也能生成比较稳定或不很稳定的四价或二价化合物，如 Ce、Tb 可以呈现＋4 价，Eu、Yb 可以呈现＋2 价。

Ac 系元素的单质金属性较强，易与水或氧气反应。Ac 系元素的氧化数呈多样性，这是 Ac 系与 Ln 系的不同之处。Ac 系元素都是放射性元素。

六、金属元素的制备

从金属元素在自然界中的存在形式可知，除了部分金属是以单质形式存在外，大部分金属都是以化合物形式存在，且主要以矿物形式存在，因此纯金属的制备通常是将其从化合物中还原出来。依据金属本身的特性、原料来源和存在形式，通常采用的方法有熔盐或水溶液电解法、化学还原法、热还原法等，此外即使是单质形式存在的金属在自然界中也是混在矿石中，需要分离或提纯，通常采用电解、蒸馏、区域熔融等方法进行纯化处理。一般纯金属的制备在工业上称为冶金，根据金属的不同性质主要分为火法冶金、湿法冶金和电化学冶金。

火法冶金是利用高温使原料熔化，用气体或固体还原剂进行物理化学反应，从矿石中提取和提纯金属。湿法冶金是低温下用溶剂处理矿石，在水溶液或非水溶液中进行氧化、还原、中和、水解和配位等反应，对原料、中间产物中的金属提取和分离。电化学冶金是利用电化学原理从矿石或其他原料中提取、精炼金属，包括水溶液电解和熔盐电解等。

(一) 艾林汉姆图简介及金属冶炼

应用自由能变 $\Delta G^{\ominus}$ 可以判断某一金属从其化合物中还原出来的难易以及如何选择还原剂等问题。氧化物的生成自由能越负，则金属氧化物越稳定，还原成金属就越困难，所以可通过比较不同金属氧化物的生成自由能来确定其还原的难易。

艾林罕姆(Ellingham)在1944年首先将氧化物的标准生成自由能(纵坐标)对温度(横坐标)作图(其后又对硫化物、氯化物、氟化物等做类似的图形),通过这些图,我们可以较为直观地判断各种氧化物的稳定性,比较还原剂的强弱,估计还原反应进行的温度,选择还原方法。

这种图称为自由能-温度图,或艾林罕姆图(图 9-2),在冶金学上具有特别重要的意义。

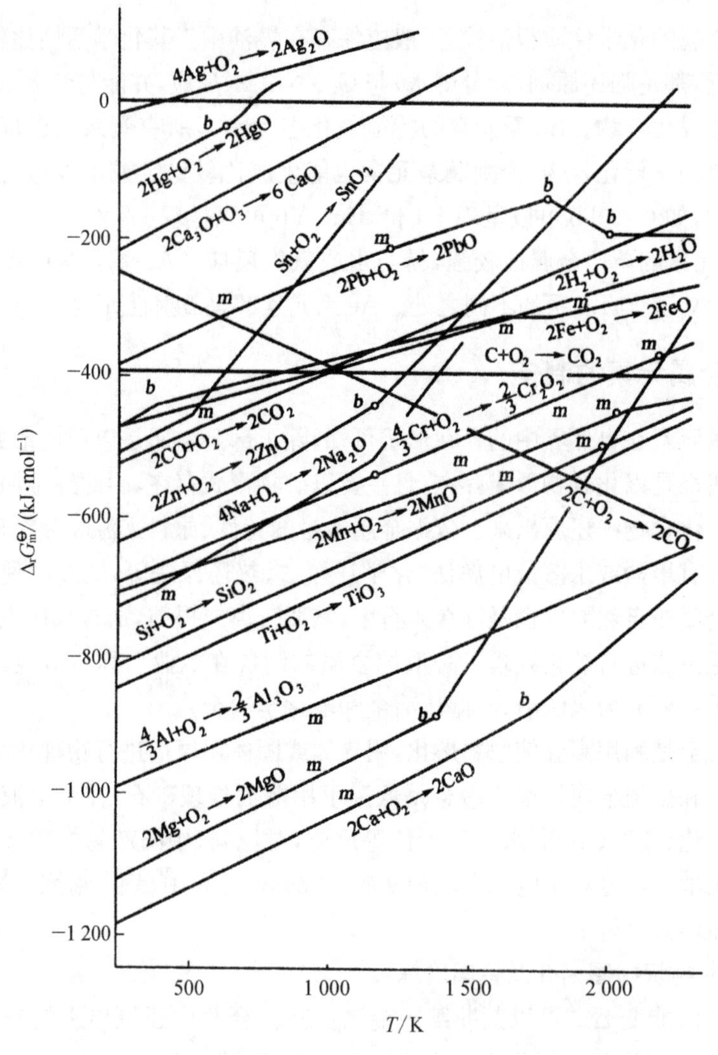

图 9-2 艾林罕姆的氧化物生成吉布斯自由能与温度的关系

注:m 表示溶点;b 表示沸点;· 表示单质;◦表示氧化物;× 表示相变

为方便作图及比较，规定以消耗1 mol O_2生成氧化物过程的自由能变作为标准来作图并进行比较。艾林罕姆图中的线称为某物质的氧化线，表示物质与1 mol O_2作用生成氧化物的过程。如图中用 Ag_2O 标记的线，表示 $4Ag+O_2 \longrightarrow 2Ag_2O$，称为 Ag 的氧化线，记作 $Ag \rightarrow Ag_2O$。用 $CO \rightarrow CO_2$ 标记的线，表示 $2CO+O_2 \longrightarrow 2CO_2$。

艾林罕姆图纵坐标表示氧化物的 $\Delta G^\ominus$，横坐标表示温度 T，由吉布斯公式 $\Delta G^\ominus = \Delta H^\ominus - T\Delta S^\ominus$ 可知 $\Delta G^\ominus - T$ 间变化关系是一个直线方程。当 $T=0$，$\Delta G^\ominus = \Delta H^\ominus$，即直线的截距可近似地等于氧化物的标准生成焓，直线的斜率为 $-\Delta S^\ominus$，它等于反应熵变的负值。如果反应物或生成物发生了相变，如熔化、气化、相转变等，必将引起熵的改变，此时直线的斜率发生变化，如图上最下两条 Ca、Mg 的线就是如此，这是由于 Ca、Mg 的熔化所引起熵的变化所致。

在艾林罕姆图上，一个氧化物的生成自由能负值越大，则金属-氧化物的线在图中的位置就越靠下。相反，氧化物生成自由能值负值越小。则其金属-氧化物线在图上的位置就越靠上。这就是说，根据图上各种线的位置的高低就可判断出这些氧化物稳定性的相对大小。因此金属-氧化物的线位置越低，意味着该氧化物就越稳定，所以也可以通过艾林罕姆图比较各氧化物的稳定性。

如若一个还原反应能够发生，必须是艾林罕姆图上位于下面的金属与位于上面的金属氧化物之间相互作用的结果。反之，位于上面的金属与位于下面的金属氧化物之间的反应将不发生。因此位于下面的金属还原性强。

根据这个原则，从艾林罕姆图可以排列出常见还原剂在一定温度 T 时的相对强弱次序。如在 1 073 K 时金属的强弱次序为：Ca>Mg>Al>Ti>Si>Zn>Fe

同理，常见氧化剂在 1 073 K 的强弱次序为：$Ag_2O > CuO > FeO > ZnO > SiO_2 > TiO_2$

对大多数金属氧化物的生成来说，如 $2M(s)+O_2(g) \longrightarrow 2MO(s)$，由于消耗氧气的反应是熵减少的反应，因而直线有正的斜率。但对反应 $2C(s)+O_2(g) \longrightarrow 2CO(g)$来说，气体分子数增加，是熵增的反应，故 $C \rightarrow CO$ 线有负的斜率。这样，$C \rightarrow CO$线将与许多金属-金属氧化物线会在某一温度时相交。

这意味着在低于该温度时，CO 不如金属氧化物稳定；但在高于该温度时，CO 的稳定性大于该金属氧化物，因而在高于该温度时，C 可以将该金属从其氧化物中还原出来。

因此艾林罕姆图可以作为金属提取方法的依据。

(二) 金属氧化物的还原方法

1. 氧化物热分解法

位于艾林罕姆图上端的 $Ag \rightarrow Ag_2O$ 和 $Hg \rightarrow HgO$(图上未示出)线，在 273 K

时位于 $\Delta G^\ominus = 0$ 线的下方，即在 273 K 时，这些氧化物的标准生成自由能是负值。但温度升高，如升到 673 K 以上，这时两条线均越过 $\Delta G^\ominus = 0$ 的线，即在 673 K 时，$\Delta G^\ominus > 0$。这表明 Ag_2O、HgO 在温度升高时会自动分解。所以对这些不活泼的金属氧化物就可以采用氧化物的热分解法来制取金属。

$$2Ag_2O \xrightarrow{\triangle} 4Ag + O_2\uparrow$$

$$2HgO \xrightarrow{\triangle} 2Hg + O_2\uparrow$$

2. C 还原法

从热力学看，用 C 作还原剂，与用 Al、Si 等还原剂有不同的特征。

由 C 生成其氧化物 CO 和 CO_2 的直线有明显的不同特征。CO_2 线几乎平行于温度坐标轴，说明这个反应的 $\Delta G^\ominus$ 几乎与温度无关，斜率接近零。CO 有负的斜率，随着温度的升高，$\Delta G^\ominus$ 减小(负值增大)，表明温度越高，CO 的稳定性越强。

这是因为由 $C + O_2 \longrightarrow CO_2$，反应的气体分子数不发生变化，$O_2$ 与 CO_2 的熵值又较接近，因而反应的熵变接近于零($\Delta S^\ominus = 3.3 \times 10^{-3}\ kJ \cdot K^{-1} \cdot mol^{-1}$)，所以直线斜率也几乎为零($\Delta H^\ominus = -393.5\ kJ \cdot mol^{-1}$，$\Delta G^\ominus = \Delta H^\ominus - T\Delta S^\ominus = -393.5 - 3.3 \times 10^{-3} T$)。而 $2C + O_2 \longrightarrow 2CO$，气体分子数增加，引起熵增加，斜率成为负值，直线向下倾斜 ($\Delta G^\ominus = -221 - 0.18T$)。

在两条线的交点，$\Delta G^\ominus(CO) = \Delta G^\ominus(CO_2)$

$$-393.5 - 3.3 \times 10^{-3} T = -221 - 0.18T$$

$$0.1767T = 172.5$$

$$T \approx 1\,000\ K$$

由于处于下方的氧化物稳定性较大，因此当温度低于 1 000 K 时，$\Delta G^\ominus(CO_2) < \Delta G^\ominus(CO)$，C 氧化时，趋向于生成 CO_2，反应的熵变虽然是正值($3.3 \times 10^{-3}\ kJ \cdot K^{-1} \cdot mol^{-1}$)，但很小，熵效应项与反应焓变的 $-393.5\ kJ \cdot mol^{-1}$ 相比是微不足道的，故 $\Delta G^\ominus(CO_2)$ 随温度的改变甚微，仅略向下倾斜，几乎成一水平线。当温度高于 1 000 K 时，C 倾向于生成 CO。因为此时 $\Delta G^\ominus(CO) < \Delta G^\ominus(CO_2)$，且反应熵变为较大的正值($179 \times 10^{-3}\ kJ \cdot K^{-1} \cdot mol^{-1}$)，斜率随温度升高而急剧向下倾斜。也就是说，温度升高，C 氧化生成 CO 的反应的 $\Delta G^\ominus$ 减少得愈多，以致 C 在高温下还原大多数金属氧化物成了可能。

这样，C 的氧化随温度的关系线，可以看作是由两相交直线构成的折线。在低于 1 000 K 时，$\Delta G^\ominus$ 几乎与温度无关，产物为 CO_2；高于 1 000 K，$\Delta G^\ominus$ 随温度而急剧下降，产物为 CO。

正因为 C－CO 线是负斜率(且斜率负值较大)线，因而增加了与金属-氧化物线相交的可能性，因此，很多金属氧化物都可在高温下被 C 还原，这在冶金上有十分重要的意义。例如

$$SnO_2 + 2C \longrightarrow Sn + 2CO\uparrow$$

$$PbO_2 + 2C \longrightarrow Pb + 2CO\uparrow$$

3. CO 还原法

CO 也是一种还原剂($CO \rightarrow CO_2$)，由艾林罕姆图可见，与 C 相比，在大约 1 000 K 以下 CO 还原能力比 C 强，大于 1 000 K 则是 C 的还原能力比 CO 强。因为在 1 000 K 以上，C 的线已位于 CO 线之下。

4. 活泼金属还原法

位于艾林罕姆图中下方的金属氧化物具有很低的标准生成自由能，这些金属可从上方的氧化物中将金属还原出来，常用的金属还原剂有 Mg、Al、Na、Ca 等。如

$$Cr_2O_3 + 2Al \longrightarrow 2Cr + Al_2O_3$$

5. 氢还原法

在艾林罕姆图(图 9－2)中，$H_2 \rightarrow H_2O$ 线的位置较高，位于 $H_2 \rightarrow H_2O$ 线上方的 $M \rightarrow MO$ 线也不是很多，而且，$H_2 \rightarrow H_2O$ 线斜率为正，与 $M \rightarrow MO$ 的线相交的可能性也不多，说明 H_2 作为还原剂有很大局限性。只有少数几种氧化物如 CuO、CoO、NiO 等可被 H_2 还原。但在制取高纯度金属时，用 H_2 做还原剂可以避免金属产物中混有碳或形成金属碳化物。如

$$WO_3 + 3H_2 \longrightarrow W + 3H_2O$$

$$MoO_3 + 3H_2 \longrightarrow Mo + 3H_2O$$

6. 电解还原法

在艾林罕姆图下方的金属氧化物有很低的标准生成自由能值，这些金属氧化物的还原必须通过电解的方法才能实现。如 Na、Mg、Al、Ca 等都是通过电解来制取的。

在自然界，许多 d 区元素是以硫化物的形式存在的。但由于 H_2S 和 CS_2 的 $\Delta G^\ominus$ 的代数值都相当高，所以不能直接用碳或氢气还原金属硫化物以制取金属，而是首先把硫化物转变为氧化物然后再用碳或氢气还原。

第二节　非金属元素概论

氢是周期系中第一号元素，宇宙间所有元素中含量最丰富的元素。在周期表中，除氢以外，其他非金属元素都在表的右上侧，属于p区，具体见图9-1。

一、非金属元素在自然界的存在形式

非金属元素在自然界中存在形式有游离态，也有化合物。稀有气体是单原子分子，以单质形式存在于空气中；N、O是以双原子分子形式（N_2、O_2）存在于空气中；硼以化合物硼砂的形式存在于自然界中；碳几乎以各种形式存在于自然界的所有分子中，以游离态存在的包括我们熟悉的金刚石、石墨、煤以及足球烯（C_{60}/C_{70}）、碳纳米管、石墨烯等各种同素异形体；以化合物形式存在的情况更多，所有的有机化合物都是含碳化合物。硅的氧化物（SiO_2）构成了地球上大部分的沙子、岩石和土壤。硫既以游离态的形式存在，也以石膏（硫酸钙）和黄铁矿（FeS_2）等硫化物矿形式存在；氟存在于萤石及冰晶石等矿物中；氯多存在于海水的可溶性盐及盐矿中；溴存在于海水、地下盐矿和深盐水井中；碘以无机盐和有机碘化物形式存在于海草、盐水井和海里。

二、非金属元素的主要性质

（一）物理性质

非金属元素常温时，除了溴是液体外，有些是气体，有些是固体。和金属相比，非金属晶体一般密度较小，大多无金属光泽，是热和电的不良导体，不具延展性。除了部分属原子晶体外，大多属分子晶体。

第N族的非金属元素的每个原子可以提供8－N个价电子去与8－N个邻近原子形成8－N个共价单键，称为非金属原子组成单质晶体的“8－N规则”（H为2－N）。即非金属原子成键（单键）数目等于8－N个。如：稀有气体的共价键数为8－8＝0，即稀有气体分子是单原子分子；硫的共价键数为8－6＝2，所以硫（S_8）是多原子分子，以链状或环状形式存在；同理磷（P_4）也是多原子分子。O_2和N_2是重键结合，不遵守8－N规则。

非金属单质按其结构和性质大致可分为三类。

1）有限分子物质：单原子分子、双原子分子，如O_2，H_2，X_2等，属分子晶体。

2）多原子物质：如S_8、P_4、As_4等，属分子晶体。

3）巨型分子物质：如C、Si、B、石墨等，属原子晶体。

周期表中的 0 族元素——氦(He)、氖(Ne)、氩(Ar)、氪(Kr)、氙(Xe)也称稀有气体，都是单原子分子，其结构除氦原子为 2 电子构型，其他均为 8 电子构型。稀有气体原子间存在微弱的色散力，故它们的熔点、沸点低，蒸发热和溶解度也很小，并随原子序数的增加而递增。

(二) 化学性质

非金属元素在 p 区，价电子构型为 $ns^2np^{1\sim6}$，除稀有气体和氟元素外，绝大多数非金属表现出既有氧化性又有还原性：与金属作用时易获得电子形成阴离子化合物，如氢化物(H^-)、硼化物(B^{3-})、碳化物(C^{4-})、氮化物(N^{3-})、硫化物(S^{2-})、氧化物(O^{2-})和卤化物(X^-)和含氧酸盐(硼酸盐、碳酸盐、硝酸盐、磷酸盐、硫酸盐等)；与活泼非金属作用能失去电子表现出还原性，彼此间可以形成氢化物(B_2H_6、CH_4、SiH_4)、氧化物(CO、NO)、卤化物(CCl_4、$SiCl_4$)、无氧酸(HF、HCl)和含氧酸(H_3BO_3、H_2CO_3、HNO_3)等。稀有气体由于最外层电子层都有相对饱和结构，电离能和电子亲和能均较大，所以它们在化学性质上表现为惰性，以前也称为惰性气体。直至 1962 年加拿大化学家巴列特(Bartlett)合成了世界上第一个稀有气体配合物 $Xe[PtF_6]$，人们才认识到，惰性气体并不“懒惰”，惰性气体这种传统说法被推翻，改名为稀有气体。至今已合成了数百种稀有气体化合物。

非金属元素作为氧化剂时，常见氧化数等于族数减去 8，如氮处于第五主族，形成 GaN 和 NH_3时，氧化数为 -3；硫为第六主族，形成 ZnS 时，氧化数为 -2；氧的常见氧化数除 -2 外，还有 -1(H_2O_2)和 $-\frac{1}{2}$(KO_2)。遇到氧化性更强的非金属元素时，非金属元素也表现出正氧化数，如 O_2F_2 中氧的氧化数是 $+1$，KClO、$KClO_2$、$KClO_3$、$KClO_4$ 中氯的氧化数分别为 $+1$、$+3$、$+5$ 和 $+7$。与过渡元素不同的是非金属元素的氧化数是跳跃式变化的。

1. 硼的性质

硼是ⅢA 族元素中唯一的非金属元素，单质硼有无定形硼和晶体硼。晶体硼属原子晶体，硬度大，熔沸点高(熔点 2 300℃，沸点 2 550℃)，化学性质不活泼，仅与 F_2 反应；而无定形硼为棕色粉末，化学性质较为活泼。如能与硝酸、硫酸等氧化性酸反应生成 H_3BO_3、与水蒸气和碱反应放出氢气高温下能与 O_2、X_2、S、N_2 等非金属单质反应生成相应的 B_2O_3、BX_3、B_2S_3 和 BN 等化合物。

硼的价电子构型为 $2s^22p^1$，因其原子半径小(88 pm)、电负性大(Xp=2.0)、电离能大($I_1=801\ kJ\cdot mol^{-1}$)，通常形成共价化合物，而其特征的缺电子性，使其能接受电子对而形成聚合分子和配合物，氧化数为 $+3$。

硼的重要化合物有硼的氢化物(硼烷系列)和硼的含氧化合物等。

2. 碳及其同素异形体的性质

碳的主要同素异形体有金刚石、石墨、富勒烯、碳管和石墨烯，而木炭、炭黑、活性炭等属于无定形碳。

碳在同族元素中，由于它的原子半径最小，电负性最大，电离能也最高，又没有d轨道，所以它与本族其他元素之间的差异较大。碳可采取 sp、sp^2、sp^3 杂化，形成σ键，其最大配位数为 4，还能形成 pπ－pπ 键，所以碳能形成多重键(双键或叁键)。

金刚石是原子晶体，碳原子采取 sp^3 杂化，熔点高达 3 550℃，硬度最大(10)，室温稳定，高温有空气存在时易氧化为 CO_2。除了常作装饰品(俗称钻石)外，工业上常用作钻头、刀具、精密轴承等。金刚石薄膜可制作手术刀、集成电路、散热芯片及各种敏感器件。

石墨是混合晶体，碳原子采取 sp^2 杂化，具有层状结构，质软，有金属光泽，能导电。常用作电极、坩埚、润滑剂、铅笔芯等。

由于碳碳单键的键能特别大，所以 C—C 键非常稳定。

C_{60} 由 12 个五边形和 20 个六边形组成，每个碳原子以 sp^3 杂化轨道与相邻的三个碳原子相连，使∠CCC 小于 120°，而大于 109°28′，形成曲面，剩余的 p 轨道在 C_{60} 球壳的外围和内腔形成球面 π 键，从而具有芳香性。

由于碳的成链能力最强，碳原子间除易形成多重键外，还能与其他元素如氮、氧、硫和磷形成多重键，因此碳化合物特别多。

3. 硅的性质

硅有晶体和无定形两种晶型。无定形硅为深灰色粉末，晶形硅为银灰色，且具金属光泽，能导电，但导电率不及金属，且随温度的升高而增加。硅在化学性质方面主要表现为非金属性。像这类性质介于金属和非金属之间的元素称为“准金属”、“类金属”或“半金属”。准金属是制造半导体的材料。计算机芯片、太阳能电池是硅做的。自然界没有单质硅，化学家将砂子(SiO_2)转化为硅(Si)，形成了计算机产业的基石。

硅原子的价电子构型与碳原子的相似，它也可形成 sp^3、sp^2 和 sp 等杂化轨道，并以形成共价化合物为特征。不过它的原子半径比碳的大，且有 3d 轨道，因而情况又与碳原子有所不同。

1) 它的最高配位数是 6，常见配位数是 4。

2) 它无多重键，倾向于以较多的单键形成聚合体，例如通过 Si—O—Si 链形成形形色色的 SiO_2 聚合体和硅酸盐。

硅易与氧结合，自然界中没有游离态的硅。大部分坚硬的岩石是由硅的含氧化合物构成的。硅在常温下不活泼，高温下硅的反应活性增强，它与氧、卤素、N、

C、S 等非金属作用，生成相应的二元化合物。

$$Si + 2NaOH + H_2O \longrightarrow Na_2SiO_3 + 2H_2$$

$$Si + 2F_2 \longrightarrow SiF_4$$

$$3Si + 2Cr_2O_7^{2-} + 16H^+ \longrightarrow 3SiO_2 + 4Cr^{3+} + 8H_2O$$

硅遇到氧化性酸发生钝化，因而不溶于盐酸、硫酸、硝酸和王水，但可与氢氟酸缓慢作用，可溶于 $HF-HNO_3$ 的混合酸中，常用 $HF-HNO_3$ 混合液作硅器件的腐蚀液。

$$Si + 4HNO_3(浓) + 6HF \longrightarrow H_2[SiF_6] + 4NO_2 + 4H_2O$$

硅溶于碱并放出 H_2：$Si + 2KOH + H_2O \longrightarrow K_2SiO_3 + 2H_2\uparrow$

硅在高温下与水蒸气反应：$Si(s) + 2H_2O(g) \longrightarrow H_2SiO_3(l) + 2H_2(g)$

4. 氮与磷的性质

ⅤA 族氮、磷的价层电子构型分别为 $2s^2 2p^3$ 和 $3s^2 3p^3$，主要氧化数为 +3 和 +5，与其他元素原子主要以共价键结合。

N 的价电子层中没有 d 轨道，而 P 的价电子层中则出现了 d 轨道，所以 N 形成 (p-p)π 键，双键和叁键的键能都很大，配位数一般不超过 4，而 P 易形成(p-d)π 键，由于 d 轨道的参与，配位数较大。此外 N 的电负性较大、半径较小，容易形成氢键。

N_2 分子非常稳定，难与金属反应，常用作保护气体。氮的重要化合物有氨、铵盐、氮的含氧酸及其盐如硝酸及其盐、亚硝酸及其盐等。

白磷不溶于水但能溶于 CS_2，其化学性质较活泼。如白磷在空气中能自燃、黄磷与卤素单质反应很剧烈：在氯气中燃烧、遇到液氯或溴会发生爆炸、易与酸碱反应、黄磷具有较强的还原性，能将金、银、铜等金属从其盐中还原出来、几乎与所有金属都能反应生成磷化物。

红磷难溶于水、碱和 CS_2，无毒性，化学性质较为稳定。

黑鳞化学性质极其稳定，难溶于水，也不溶于有机溶剂，但能导电，也称为金属磷，这主要是其具有类似石墨的片层结构。

磷的重要化合物有五氧化二磷、磷的含氧酸及其盐，如磷酸、焦磷酸、偏磷酸和相应的盐。

5. 氧与硫的性质

ⅥA 族氧、硫的价层电子构型分别为 $2s^2 2p^2$ 和 $3s^2 3p^2$。

氧的单质有 O_2 和 O_3。O_2 是无色无味的气体，也是人类和其他生物必不可少的气体。O_3 是具有鱼腥味的气体，称臭氧，在高空约 25 km 处有一臭氧层。O_2 在

90 K 凝结成淡蓝色液体，具有顺磁性，O_3在 80 K 凝结成深紫黑色固体，具有反磁性。由分子轨道理论可以解释，氧分子中有 2 个未成对电子，故具有顺磁性，而臭氧分子中没有单电子，故为反磁性分子。

氧的解离能较大，常温下化学活性不高，但在加热情况下，化学活性很高，可以与许多金属元素和非金属元素反应，形成相应氧化物。

臭氧是最强氧化剂之一，氧化性比 O_2强，仅次于 F_2，能氧化除金和铂族外的所有金属和大部分非金属，此外还能将硫化铅氧化为硫酸铅、将金属银氧化为氧化银、将碘化钾迅速氧化成单质碘，分析上用于定量测定单质碘。

$$4O_3 + PbS \longrightarrow PbSO_4 + 4O_2 \uparrow$$

$$2I^- + O_3 + H_2O \longrightarrow I_2 \downarrow + O_2 \uparrow + 2OH^-$$

鉴于臭氧的强氧化性和无污染性，可用于净化空气、处理工业污水、对饮用水杀菌消毒、对棉麻和纸张的漂白及皮毛的脱臭。

大气层中的臭氧是 O_2吸收紫外线产生的，臭氧层能吸收紫外线而保护地球上的动植物免受紫外线的强辐射。

$$O_2 + h\nu \longrightarrow O + O$$

$$O + O_2 \longrightarrow O_3$$

$$O_3 + h\nu \longrightarrow O_2 + O$$

但是氟氯代烃(如 $CFCl_3$、CF_2Cl_2)和氮氧化物(如 NOx)能破坏臭氧层。

硫有多种同素异性体，最常见的是晶状的斜方硫(菱形硫)和单斜硫。斜方硫又叫 a—硫，单斜硫又叫 β—硫。斜方硫是 $\Delta_f Hm^\ominus = 0$ 的硫单质。368.6K 是两种晶体的相变点，转变速度缓慢。

$$\text{斜方硫} \xrightleftharpoons[\text{869K 以下}]{\text{369K 以上}} \text{单斜硫}$$

斜方硫和单斜硫都易溶于 CS_2、苯和环已烷中，都是由 S_8 环状分子组成的(如图 9-3 所示)。在这个环状分子中，每个硫原子以 sp^3 杂化轨道与另外两个硫原子

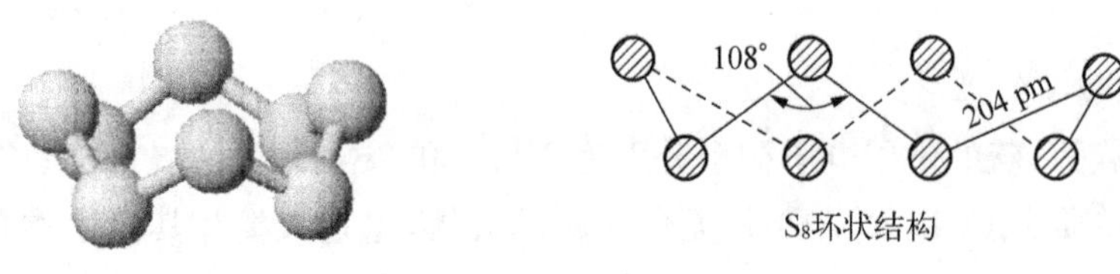

图 9-3 S_8 环状结构

形成共价单键相联结。

在环状 S_8 分子中，每个 S 原子以 sp^3 不等性杂化轨道中的两个轨道与相邻的两个 S 原子形成 σ 键，剩余的 sp^3 杂化轨道则容纳孤对电子。S_8 分子间以弱的分子间力相结合，熔点较低，加热固体，熔化后气化前，开环形成长链，迅速冷却得具有长链结构的弹性硫，有拉伸性。

硫和单质作用

$$S+O_2 \longrightarrow SO_2$$

$$S+3F_2 \longrightarrow SF_6\text{（无色液体）}$$

$$C+2S \longrightarrow CS_2$$

$$Hg+S \longrightarrow HgS$$

$$Fe+S \longrightarrow FeS$$

硫和酸碱作用

$$S+2HNO_3 \longrightarrow H_2SO_4+2NO$$

$$3S+6NaOH \longrightarrow 2Na_2S+Na_2SO_3+3H_2O$$

6. 氢的性质

常温下氢分子具有一定程度的惰性，与许多物质反应很慢，只有某些特殊的反应能迅速进行，如氢气同单质氟在暗处能迅速化合，在 23K 下也能同液态或固态氟发生反应。

氢气与其他卤素或氧混合时经引燃或光照都会猛烈反应，生成卤化氢或水，同时放出热量。

氢气同活泼金属在高温下反应，生成金属氢化物，这是制备离子型氢化物的基本方法。

$$H_2+2Na \xrightarrow{653K} 2NaH$$

$$H_2+2Ca \xrightarrow{423\sim573K} CaH_2$$

氢气的重要化学性质是还原性，在加热的条件下氢气可还原氧化铜。

$$CuO+H_2 \xrightarrow{\Delta} Cu+H_2O$$

在适当的温度、压强和相应的催化剂存在下，H_2 可与 CO 反应，生成一系列的有机化合物。如

$$CO(g)+2H_2(g)\xrightarrow{Cu/ZnO}CH_3OH(g)$$

原子氢是一种比分子氢更强的还原剂。它可同锗、锡、砷、锑、硫等能直接作用生成相应的氢化物，如

$$As+3H\longrightarrow AsH_3$$

原子氢还能把某些金属氧化物或氯化物迅速还原成金属。

$$CuCl_2+2H\longrightarrow Cu+2HCl$$

7. 卤素的性质

周期系ⅦA族的元素氟(F)、氯(Cl)、溴(Br)、碘(I)、砹(At)总称卤素。其主要物理性质如表9-6所示。

表9-6 卤素的物理性质

单 质	氟	氯	溴	碘
聚集状态	气	气	液	固
颜色	浅黄	黄绿	红棕	紫黑
熔点/℃	−219.6	−101	−7.2	113.5
沸点/℃	−188	−34.6	58.78	184.3
溶解度	分解水	0.732	3.58	0.029
密度	1.11(l)	1.57(l)	3.12(l)	4.93(s)

卤素分子内原子间以共价键相结合，分子间仅存在微弱的分子间作用力(主要是色散力)。卤族元素从上到下，随着分子量的增加，分子间力增大，聚集状态从气态到液态再到固态，颜色也依次加深。单质为非极性分子，除强氧化剂F_2与水激烈反应外，其余在水中溶解度均很小，而在有机溶剂中溶解度较大。碘易与I^-生成I_3^-，因此碘虽难溶于水，却易溶于KI、HI等碘化物的水溶液中。

$$I_2+I^-\rightleftharpoons I_3^- \qquad K^\ominus=725$$

气态卤素单质均为刺激性气味，能强烈刺激眼、鼻、气管等黏膜，吸入较多会引起严重中毒甚至死亡。液溴对皮肤有烧灼作用，应避免沾到皮肤。

卤素的价电子层结构为ns^2np^5，电负性较大，其中F的电负性是所有元素中最大的，具有强烈的得电子形成卤素阴离子的趋势。

$$X_2+2e^-=2X^-$$

因此，除I_2外其他卤素的氧化性都非常强，$E^\ominus(X_2/X^-)$依次减小，从上到下，随

着 X 原子半径的增大，卤素的氧化性依次减弱，X^- 的还原性依次增强。

卤素与水的反应情况差异较大，如

$$F_2 + H_2O \longrightarrow HF + O_2 \text{(反应激烈)}$$

$$X_2(Cl_2、Br_2、I_2) + H_2O \xlongequal{\quad} HX + HXO \text{(反应程度较小且依次减弱)}$$

Cl_2、Br_2、I_2 在碱性溶液中易发生歧化反应，反应产物与温度有关。常温 ClO^-，低温 BrO^-；热水 BrO_3^-，任意温度 IO_3^- 易于形成。

$$X_2 + 2OH^- \xlongequal{\quad} X^- + XO^- + H_2O$$

$$3X^- \xlongequal{\quad} 2X^- + XO_3^-$$

8. 对角线规则：硼与硅的相似性

硼与硅的相似性主要表现在以下六个方面。

1）其单质皆为原子型晶体，单质均有某些金属性，为准金属。

2）B—O 键和 Si—O 键十分稳定。

3）氢化物均多种多样，都具有挥发性、可自燃、能水解。

4）卤化物均彻底水解，是路易士酸：$BCl_3 + 3H_2O \longrightarrow H_3BO_3 + 3HCl$

5）都生成多酸和多酸盐，有类似的结构特征，正硼酸和正硅酸都是弱酸。

6）氧化物与某些金属氧化物共熔，可生成含氧酸盐：

$$B_2O_3 + CuO \longrightarrow Cu(BO_2)_2$$

三、非金属元素的制备

非金属元素中稀有气体以及 N_2、O_2 等存在于自然界中，因此可以用物理法分离制取，以化合物存在的往往是负价阴离子，因此通常可以用氧化法制取，此外还有电解法等。

1. 氟的制备

氟是强氧化剂，性质特别活泼，通常采用电解法制备。

$$HF - KF\,(l) \xrightarrow{\text{电解}} F_2\text{(阳极)} + H_2\text{(阴极)}$$

电解液中加有 KF 以传导电流。

现代工业使用装有石墨电极的镍制或铜制电解池，用 $KHF_2(l)$ 作电解质。

阳极(无定形碳)　$2F^- \xlongequal{\quad} F_2 + 2e^-$

阴极(电解槽)　$2HF_2^- + 2e^- \xlongequal{\quad} H_2 + 4F^-$

电解质　　氟氢化钾(KHF_2)＋氟化氢(HF)

2. 氯的制备

(1) 工业制备

工业上制备氯采用电解饱和食盐水溶液的方法

阴极(铁网)　　$2H_2O + 2e \xlongequal{} H_2\uparrow + 2OH^-$

阳极(石墨)　　$2Cl^- \xlongequal{} Cl_2 + 2e^-$

电解反应　　$2NaCl + 2H_2O \xlongequal{} H_2 + Cl_2 + 2NaOH$

(2) 实验室制备

实验室制备氯的方法通常是用 MnO_2,$KMnO_4$ 与浓盐酸反应制取少量以 Cl_2。

$$MnO_2 + 4HCl \longrightarrow MnCl_2 + Cl_2 + 2H_2O$$

$$2KMnO_4 + 16HCl \longrightarrow 2MnCl_2 + 2KCl + 5Cl_2 + 8H_2O$$

3. 溴的制备

Br^- 和 I^- 的还原性明显,实验室常用 Cl_2 将 Br^- 和 I^- 氧化以制取 Br_2 和 I_2。

$$2KBr + Cl_2 \longrightarrow 2KCl + Br_2$$

工业上常从海水中制备 Br_2。

$$3Br_2 + 3Na_2CO_3 \longrightarrow 5NaBr + NaBrO_3 + 3CO_2\uparrow$$

$$5Br^- + BrO_3^- + 6H^+ \longrightarrow 3Br_2 + 3H_2O$$

4. 碘的制备

$$Cl_2 + 2NaI \longrightarrow 2NaCl + I_2$$

上述反应要避免使用过量氧化剂,否则

$$I_2 + 5Cl_2 + 6H_2O \longrightarrow 2IO_3^- + 10Cl^- + 12H^+$$

5. 氢气的制备

由于氢气的燃烧值高、燃烧产物为水,对环境无污染,是最清洁的能源之一,且来源丰富、用途广泛,具有极大地潜在经济价值,氢气的制备受到了全球科学家和产业界的关注。尽管氢是宇宙中分布最广的元素,占了宇宙质量的百分之七十五,但地球上并不存在纯氢,因此它只能从其化合物中分解制备。制氢的方法很多,少量制氢可以通过金属与水、酸或碱反应及金属氢化物与水反应得到。目前工业上制氢方式主要有水的电解、化石燃料制氢等，通常需要消耗大量常规能源，因此制氢成本非常高。而生物制氢（主要指利用微生物产氢）、太阳能光解水制氢将能极大地降低制氢成本，使氢能具有极广阔的应用前景，则是未来制氢的发展方向。

(1) 金属与水、酸或碱反应生成氢气

金属钠或钠汞齐、金属钙与水反应生成氢气和氢氧化物

$$Ca + H_2O \longrightarrow H_2\uparrow + Ca(OH)_2$$

金属锌与稀酸反应生成氢气

$$Zn + HCl \longrightarrow H_2\uparrow + ZnCl_2$$

(2) 金属氢化物与水反应生成氢气

金属与氢结合可以形成金属氢化物（CaH_2、NaH 等），金属氢化物与水反应又可以放出氢气。其中 CaH_2 最稳定，因此可以将它装在罐子里，作为氢气源，便于野外工作时使用。

$$CaH_2 + 2H_2O \longrightarrow 2H_2\uparrow + Ca(OH)_2$$

(3) 化石燃料制氢

迄今为止，全球绝大多数氢气还是由化石燃料（煤、石油和天然气等）制备的。如以煤作原料、水蒸气作氧化剂制氢的基本反应如下

$$C(s) + H_2O(g) \longrightarrow CO(g) + H_2(g)$$

$$CO + H_2 + H_2O \longrightarrow CO_2 + 2H_2$$

以天然气作原料、水蒸气作氧化剂制氢的基本反应如下

$$CH_4 + H_2O \longrightarrow CO + 3H_2$$

反应均为吸热反应，所需热量可从煤或天然气的部分燃烧中获得，或利用外部热源。而煤和天然气都是宝贵的燃料和化工原料，因此使用化石燃料制氢仍摆脱不了人们对常规能源的依赖，排出的 CO_2 也会加剧地球温室效应。

(4) 电解水制备氢气

$$2H_2O + 2e^- \longrightarrow H_2 + 2OH^-$$

$$4OH^- - 4e^- \longrightarrow O_2 + 2H_2O$$

在工业上用镀镍的铁电极电解 15% KOH 水溶液来制备氢气；在氯碱工业中，电解饱和食盐水来制备氢气。电解水所产生的氢气纯度很高，可达 99.9%，但是耗电量也很大，传统的制氢方法通常需要消耗大量常规能源，因此制氢成本非常

高。而如果用太阳能作为获取氢气的一次能源，将能极大地降低制氢成本，使氢能具有极广阔的应用前景。

(5) 太阳能直接光催化制氢

太阳能半导体光催化反应制氢是通过半导体电极所组成的电化学电解槽利用光解水的方法把光能转化成氢气和氧气。TiO_2及过渡金属氧化物，层状金属化合物(如$K_4Nb_6O_{17}$、$Sr_2Ta_2O_7$等)，以及能利用可见光的催化材料(如CdS、Cu－ZnS等)都经研究发现能够在一定光照条件下催化分解水从而产生氢气。但由于很多半导体在光催化制氢的同时也会发生光溶作用，并且目前的光催化制氢效率较低，只有20 %～30 %，距离大规模制氢还有待深入研究。

思考题与习题

1. 标准电极电势$E^\ominus(Li^+/Li)$小于$E^\ominus(Na^+/Na)$，但是锂与水的反应不如钠与水的反应剧烈，为什么？

2. 对于金属的还原性，有以下几种排序方法：(1) 金属电动序；(2) $\Delta_r G^\ominus m-T$图给出的顺序；(3) 电离能大小的排列。试指出这三种的排序意义和适用范围。

3. 请归纳对比ⅠA族元素性质与ⅠB族元素的性质。

4. 比较锌族元素和碱土金属元素的异同点。

5. 什么是镧系收缩？对第六周期元素性质有何影响？

6. 举例说明惰性电子对效应及产生原因。

7. 卤素的制备方法有哪些？

8. 氢有哪些性能？谈谈你对氢能开发利用的认识。

9. 为什么碱土金属比相应碱金属熔点高、硬度大？

10. 碱金属能在自然界中存在吗？为什么？如何保存？

11. 碱金属氢氧化物能在自然界中存在吗？为什么？

12. 为什么卤素单质的物理性质随卤素单质相对分子质量的增大而呈现规律性的变化？

13. 在周期系中哪三对元素的对角关系最为明显？

14. 实验室如何制备氯气？

15. 在$NaCl+MnO_2$、$HCl+Br_2$、$HCl+KMnO_4$这几组物质中，哪一组只要加热就能生成少量氯气？

16. 若氢气中混有少量的SO_2和H_2S时，如何处理能得到纯净、干燥的氢气？

17. 分别写出金属锡与盐酸和硝酸反应的化学方程式。

18. 举出能从冷水、热水、水蒸气、酸、碱中置换出氢气的五种金属。写出有关反应式并注明必要条件。

19. 下列情况中，分别选择哪一种稀有气体最佳？

(1) 最低温的冷冻剂；(2) 电离能低又安全的放电光源；(3) 最廉价的惰性气氛。

第十章

非金属元素及其化合物

第一节　卤　　素

卤族元素又称卤素，是周期系第ⅦA族元素：氟(F)、氯(Cl)、溴(Br)、碘(I)、砹(At)的总称。

卤素原子的价层电子构型为ns^2np^5，与稳定的8电子构型ns^2np^6比较，仅缺少一个电子，故它们最容易取得电子。卤素和同周期元素相比较，其非金属性是最强的。在本族内从氟到碘非金属性依次减弱。

卤素在化合物中最常见的氧化数为-1。由于氟的电负性最大，所以不可能表现出正氧化数。其他卤族元素，如与电负性较大的元素化合(例如形成卤素的含氧酸及其盐或卤素互化物)，可以表现出正氧化数：$+1$、$+3$、$+5$和$+7$。

卤素单质皆为双原子分子，固态时为分子(非极性)晶体，因此熔点、沸点都比较低。随着卤素原子半径的增大和核外电子数目的增多，卤素分子之间的色散力逐渐增大，因而卤素单质的熔点、沸点、气化焓和密度等物理性质按F、Cl、Br、I顺序依次增大。

卤素单质的性质主要表现为氧化性，其氧化能力按F_2、Cl_2、Br_2、I_2的顺序减弱，还原产物是卤离子。氟参与的反应往往十分激烈，常伴随着燃烧和爆炸。F_2与Cu、Ni等金属作用因生成金属氟化物保护膜，可阻止进一步反应，这类金属或其合金可用来贮存氟。干燥的氯气也不与铁起反应，氯气可贮存在钢瓶中。

一、氢化物

卤素的氢化物叫卤化氢，为共价化合物；而其溶液叫氢卤酸，因为它们在水中都以离子形式存在，且都是酸。

1. 卤化氢的制备

卤化氢均为具有强烈刺激性的无色气体。可使用卤素与氢气反应制得，或者卤化物与不挥发性酸反应制得。实验室制备氟化氢及少量氯化氢时，可用浓硫酸与相应的卤化物作用。

$$CaF_2 + 2H_2SO_4(浓) \longrightarrow Ca(HSO_4)_2 + 2HF\uparrow$$

$$NaCl + H_2SO_4(浓) \longrightarrow NaHSO_4 + HCl\uparrow$$

制备溴化氢和碘化氢时，要用不挥发的非氧化性酸——磷酸。而浓硫酸会将溴化氢和碘化氢部分氧化为单质。

$$H_2SO_4 + 2HBr \longrightarrow Br_2 + SO_2\uparrow + 2H_2O$$

$$H_2SO_4 + 8HI \longrightarrow 4I_2 + H_2S\uparrow + 4H_2O$$

实验室中常用非金属卤化物水解的方法制备溴化氢和碘化氢。例如，将水滴入三溴化磷和三碘化磷表面即可产生溴化氢和碘化氢。

$$PBr_3 + 3H_2O \longrightarrow H_3PO_3 + 3HBr\uparrow$$

$$PI_3 + 3H_2O \longrightarrow H_3PO_3 + 3HI\uparrow$$

实际使用时，并不需要先制成非金属卤化物，而是将溴逐滴加入到磷与少量水的混合物中或将水逐滴加入到碘与磷的混合物中，这样，溴化氢或碘化氢即可不断产生。

$$3Br_2 + 2P + 6H_2O \longrightarrow 2H_3PO_3 + 6HBr\uparrow$$

$$3I_2 + 2P + 6H_2O \longrightarrow 2H_3PO_3 + 6HI\uparrow$$

2. 卤化氢的性质

卤化氢的一些重要性质列于表 10 - 1 中。

表 10 - 1　卤化氢的一些重要性质

性质 \ HX	HF	HCl	HBr	HI
熔点/℃	−83.1	−114.8	−88.5	−50.8
沸点℃	19.54	−84.9	−67	−35.38
$\Delta_f H_m^\ominus/(kJ \cdot mol^{-1})$	−271.1	−92.31	−36.4	26.48
键能/$(kJ \cdot mol^{-1})$	568.6	431.8	365.7	298.7
气态分子偶极矩 μ/D	1.91	1.07	0.828	0.448
表观解离度($0.1\ mol \cdot L^{-1}$,18℃)/%	10	93	93.5	95
溶解度[g/(100 g H_2O)]	35.3	42	49	57

从表中数据可以看出，卤化氢的性质随原子序数增加呈规律性的变化。

1）氢卤酸的酸性　在氢卤酸中，氢氯酸（盐酸）、氢溴酸和氢碘酸均为强酸，并且酸性依次增强，只有氢氟酸为弱酸。实验表明，氢氟酸的解离度随浓度的变化情况与一般弱电解质不同，它的解离度随浓度的增大而增加，浓度大于 $5\ mol \cdot L^{-1}$时，已变成强酸。

2）还原性　HX 还原能力的递变顺序为：HI＞HBr＞HCl＞HF。事实上 HF 不能被一般氧化剂所氧化。HCl 较难被氧化，与一些强氧化剂如 F_2、MnO_2、$KMnO_4$、PbO_2等反应才显还原性；Br^- 和 I^- 的还原性较强，空气中的氧就可以使它们氧化为单质。溴化氢溶液在日光、空气作用下即可变为棕色；而碘化氢溶液即使在阴暗处，也会逐渐变为棕色。

3）热稳定性　卤化氢的热稳定性是指其受热是否易分解为单质。

$$2HX \xrightarrow{\triangle} H_2 + X_2$$

卤化氢的热稳定性大小可由生成焓来衡量。从表 10-1 数据看出，随卤化氢分子生成焓代数值的依次增大，它们的热稳定性依 HF 到 HI 顺序急剧下降。HI(g)最易分解，加热到 200℃左右就明显地分解，而 HF(g)在 1 000℃还能稳定地存在。另一方面，也可从键能来判断同一系列化合物的热稳定性，通常键能大的化合物比键能小的化合物更稳定。

3. 氢卤酸的应用

氢卤酸中以氢氟酸和盐酸有较大的实用意义。

常用的浓盐酸的质量分数为37％，密度 $1.19\ g \cdot cm^{-3}$，浓度 $12\ mol \cdot L^{-1}$。盐酸是一种重要的工业原料和化学试剂，用于制造各种氯化物。在皮革工业、焊接、电镀、搪瓷和医药部门也有广泛应用。此外，也用于食品工业（合成酱油、味精等）。

氢氟酸（或 HF 气体）能和硅酸盐或玻璃 SiO_2反应生成气态 SiF_4。

$$SiO_2 + HF \longrightarrow SiF_4 \uparrow + 2H_2O$$

利用这一反应，氢氟酸被广泛用于分析化学中，用以测定矿物或钢样中 SiO_2 的含量，还用在玻璃器皿刻蚀标记和花纹，毛玻璃和灯泡的“磨砂”也是用氢氟酸腐蚀的。通常氢氟酸储存在塑料容器里。氟化氢有氟源之称，利用它制取单质氟和许多氟化物。氢氟酸的腐蚀性比浓硫酸还强，属于一级腐蚀品。氟化氢对皮肤会造成痛苦的难以治疗的灼伤（对指甲也有强烈的腐蚀作用），使用时要注意安全。

二、卤化物

1. 卤化物简介

严格地说，卤素与电负性较小的元素所形成的化合物才称为卤化物，例如卤素与ⅠA、ⅡA族的绝大多数金属形成离子型卤化物，这些卤化物具有高的熔点、沸点和低挥发性，熔融时能导电。但广义来说，卤化物也包括卤素与非金属、卤素与氧化数较高的金属所形成的共价型卤化物。共价型卤化物熔点、沸点较低，熔融时不导电，并具有挥发性。但是离子型卤化物与共价型卤化物之间没有严格的界限，例如 $FeCl_3$ 是易挥发的共价型卤化物，它在熔融态时能导电。

卤化物化学键的类型与成键元素的电负性、原子或离子的半径以及金属离子的电荷有关。一般来说，碱金属(Li 除外)、碱土金属(Be 除外)和大多数镧系、锕系元素的卤化物基本上是离子型化合物。其中电负性最大的氟与电负性最小、离子半径最大的铯化合形成的氟化铯(CsF)，是最典型的离子型化合物。随着金属离子半径的减小，离子电荷的增加以及卤素离子半径的增大，键型由离子型向共价型过渡的趋势增强。

2. 卤化物的键型与性质的递变规律

1) 同一周期卤化物的键型，从左向右，由离子型过渡到共价型。如第三周期元素的氟化物性质和键型(表 10－2)。

表 10－2 第三周期元素的氟化物性质和键型

氟化物	NaF	MgF_2	AlF_3	SiF_4	PF_5	SF_6
熔点/℃	993	1 250	1 040	−90	−83	−51
沸点/℃	1 695	2 260	1 260	−86	−75	−64(升华)
熔融态导电性	易	易	易	不能	不能	不能
键型	离子型	离子型	离子型	共价型	共价型	共价型

2) p 区同族元素卤化物的键型，自上而下，由共价型过渡到离子型。如氮族元素的氟化物的性质和键型(表 10－3)。

表 10－3 氮族元素的氟化物的性质和键型

氟 化 物	NF_3	PF_3	AsF_3	SbF_3	BiF_3
熔点/℃	−206.6	−151.5	−85	292	727
沸点/℃	−129	−101.5	−63	319(升华)	102.7(升华)
熔融态导电性	不能	不能	不能	难	易
键型	共价型	共价型	共价型	过渡型	离子型

3) 同一金属的不同卤化物，从氟化物到碘化物，由离子键向共价键过渡，如表 10－4 列出了 AlX_3 的性质和键型。

表 10-4　AlX_3的性质和键型

卤化物	AlF_3	$AlCl_3$	$AlBr_3$	AlI_3
熔点/℃	1 040	190(加压)	97.5	191
沸点/℃	1 260	178(升华)	263.3	360
熔融态导电性	易	难	难	难
键型	离子型	共价型	共价型	共价型

4) 同一金属组成不同氧化数的卤化物时,高氧化数卤化物具有更多的共价性。如表 10-5 所示。

表 10-5　不同氧化数氯化物的熔点、沸点和键型

氯化物	$SnCl_2$	$SnCl_4$	$PbCl_2$	$PbCl_4$
熔点/℃	246	−33	501	−15
沸点℃	652	114	950	105
键型	离子型	共价型	离子型	共价型

大多数卤化物易溶于水。氯、溴、碘的银盐(AgX)、铅盐(PbX_2)、亚汞盐(Hg_2X_2)、亚铜盐(CuX)是难溶的。氟化物的溶解度表现有些反常。例如 CaF_2 难溶,而其他 CaX_2 易溶;AgF 易溶,而其他 AgX 难溶。这是因为钙的卤化物基本上是离子型的,F^- 半径小,与 Ca^{2+} 吸引力强,CaF_2 的晶格能大,致使其难溶;而在 AgX 系列中,虽然 Ag^+ 的极化力和变形性都大,但 F^- 半径小难以被极化,故 AgF 基本上是离子型而易溶,在 AgX 中,从 Cl^- 到 I^-,变形性增大,与 Ag^+ 相互极化作用增加,键的共价性随之增加,故它们均难溶,且溶解度越来越小。

三、卤素含氧酸及其盐

1. 概述

除氟外,卤素均可形成正氧化数的含氧酸及其盐,表 10-6 列出了已知的卤素含氧酸。

表 10-6　卤素的含氧酸

名　称	氧化数	氯	溴	碘
次卤酸	+1	HClO	HBrO	HIO
亚卤酸	+3	$HClO_2$	$HBrO_2$	—
卤酸	+5	$HClO_3$	$HBrO_3$	HIO_3
高卤酸	+7	$HClO_4$	$HBrO_4$	HIO_4、H_5IO_6

卤素含氧酸不稳定，大多只能存在于水溶液中，各种次卤酸、亚卤酸、卤酸中的氯酸和溴酸、高卤酸中的高溴酸等至今尚未得到游离的纯酸。

卤素的电势图如下。

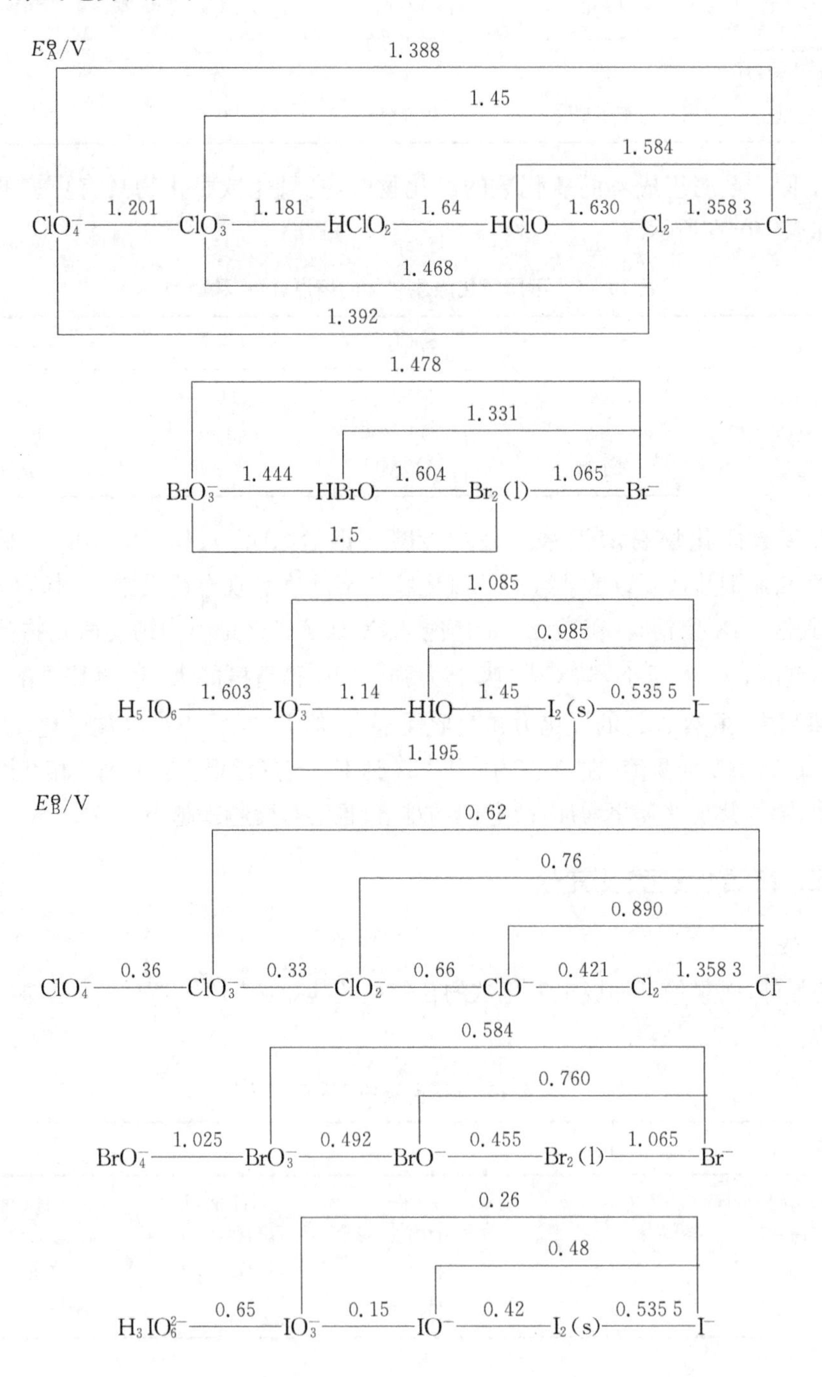

从卤素电势图可以看出：

1）在$E_A^\ominus$图中，几乎所有电对的电极电势都有较大的正值，表明在酸性介质中，卤素单质及各种含氧酸均有较强的氧化性，它们做氧化剂时的还原产物一般为X^-。

2）在图$E_B^\ominus$中，除X_2/X^-电对的电极电势与$E_A^\ominus$值相同外（为什么？），其余电对的电极电势虽为正值，但均相应变小，表明在碱性介质中，卤素各种含氧酸盐的氧化性已大为降低（NaClO除外），说明含氧酸的氧化性强于其盐。

3）许多中间氧化数物质由于$E^\ominus_{(右)} > E^\ominus_{(左)}$，因而存在着发生歧化反应的可能性。

2．次氯酸及其盐

氯气和水作用生成次氯酸和盐酸

$$Cl_2 + H_2O = HClO + HCl$$

上述反应所得的次氯酸浓度很低，如往氯水中加入能和HCl作用的物质（如HgO、$CaCO_3$等），则可使反应向右进行的程度增大，从而得到浓度较大的次氯酸溶液。例如

$$2Cl_2 + 2HgO + H_2O = HgO \cdot HgCl_2 \downarrow + 2HClO$$

$$CaCO_3 + H_2O + 2Cl_2 = CaCl_2 + CO_2 + 2HClO$$

次氯酸是很弱的酸（$K_a^\ominus = 4.0 \times 10^{-8}$），比碳酸还弱，且很不稳定，只存在于稀溶液中。

把氯气通入冷碱溶液，可生成次氯酸盐，反应如下

$$Cl_2 + 2NaOH = NaClO + NaCl + H_2O$$

工业上生产次氯酸钠采取电解冷的食盐稀溶液的方法。在阴极放出氢气，从而使溶液中的OH^-浓度增大。阳极上生成的氯气在它逸出之前与OH^-作用生成次氯酸盐。

阳极反应　$$2Cl^- - 2e^- = Cl_2$$

$$Cl^- + 2OH^- = ClO^- + Cl^- + H_2O$$

阴极反应　$$2H^+ + 2e^- = H_2$$

漂白粉是次氯酸钙和碱式氯化钙的混合物，有效成分是其中的次氯酸钙$Ca(ClO)_2$。

$$2Cl_2 + 3Ca(OH)_2 \xlongequal{40℃} Ca(ClO)_2 + CaCl_2 \cdot Ca(OH)_2 \cdot H_2O + H_2O$$

次氯酸盐(或漂白粉)的漂白作用主要是基于次氯酸的氧化性。漂白粉中的$Ca(ClO)_2$可以说只是潜在的强氧化剂,使用时必须加酸,使之转变成 HClO 后才能有强氧化性,发挥其漂白、消毒作用。例如,棉织物的漂白是先将其浸入漂白粉液,然后再用稀酸溶液处理。二氧化碳可从漂白粉中将弱酸 HClO 置换出来。

$$Ca(ClO)_2 + CaCl_2 \cdot Ca(OH)_2 \cdot H_2O + 2CO_2 = 2CaCO_3 + CaCl_2 + 2HClO + H_2O$$

所以浸泡过漂白粉的织物,在空气中晾晒也能产生漂白作用。

漂白粉对呼吸系统有损害,与易燃物混合易引起燃烧、爆炸。

3. 氯酸及其盐

用氯酸钡与稀硫酸反应可制得氯酸

$$Ba(ClO)_2 + H_2SO_4 \longrightarrow BaSO_4 \downarrow + 2HClO_3$$

氯酸仅存在于溶液中,若将其含量提高到 40%即分解,含量再高,就会迅速分解并发生爆炸。

$$3HClO_3 \longrightarrow 2O_2 \uparrow + Cl_2 \uparrow + HClO_4 + H_2O$$

氯酸是强酸,其强度接近于盐酸,氯酸又是强氧化剂,例如,它能将碘氧化为碘酸。

$$2HClO_3 + I_2 \longrightarrow 2HIO_3 + Cl_2 \uparrow$$

氯酸钾是重要的氯酸盐,它是无色透明晶体。在催化剂存在时,200℃下$KClO_3$即可分解为氯化钾和氧气。

$$2KClO_3 \xrightarrow{MnO_2,\ 200℃} 2KCl + 3O_2 \uparrow$$

如果没有催化剂,400℃左右,主要分解成高氯酸钾和氯化钾。

$$4KClO_3 \xrightarrow{40℃} 3KClO_4 + KCl$$

固体$KClO_3$是强氧化剂,与易燃物质(如硫、磷、碳)混合后,经摩擦或撞击就会爆炸,因此可用来制造炸药、火柴及烟火等。

氯酸盐通常在酸性溶液中显氧化性。例如,$KClO_3$在中性溶液中不能氧化 KI,但酸化后,即可将I^-氧化为I_2。

$$ClO_3^- + 6I^- + 6H^+ \longrightarrow 3I_2 + Cl^- + 3H_2O$$

氯酸钾有毒,内服 2~3 g 即致命。

工业上制备氯酸钾采用无隔膜槽电解饱和食盐水溶液。先制得 $NaClO_3$,然后再与 KCl 反应,得到 $KClO_3$,降温后 $KClO_3$溶解度变小,即可从 NaCl 中分离出来。

$$2NaCl + 2H_2O \xrightarrow{\text{电解}} \underset{\text{（阳极）}}{Cl_2\uparrow} + \underset{\text{（阴极）}}{H_2\uparrow} + 2NaOH$$

$$3Cl_2 + 6NaOH \xrightarrow{\text{加热}} NaClO_3 + 5NaCl + 3H_2\uparrow$$

$$NaClO_3 + KCl \xrightarrow{\text{冷却}} KClO_3 + NaCl$$

4. 高氯酸及其盐

用浓硫酸与高氯酸钾作用，可制得高氯酸。

$$KClO_4 + H_2SO_4 \xrightarrow{\text{冷却}} KHSO_4 + HClO_4$$

然后用减压蒸馏方法，把 $HClO_4$ 从反应混合物中分离出来。

工业上采用电解法氧化氯酸盐以制备高氯酸。在阳极区生成高氯酸盐，酸化后，再减压蒸馏可得市售的 $HClO_4$(60%)。

$$NaClO_3 + H_2O \xrightarrow{\text{电解}} \underset{\text{（阳极）}}{NaClO_4} + \underset{\text{（阴极）}}{H_2\uparrow}$$

$$NaClO_4 + HCl \longrightarrow HClO_4 + NaCl$$

无水高氯酸是无色、黏稠状液体，冷、稀溶液比较稳定，浓高氯酸不稳定，受热分解。

$$4HClO_4 \xrightarrow{\text{加热}} 2Cl_2\uparrow + 7O_2\uparrow + 2H_2O$$

浓 $HClO_4$($>60\%$)与易燃物相遇会发生猛烈爆炸，但冷的稀酸没有明显的氧化性。$HClO_4$ 是最强的无机酸。

高氯酸盐则较稳定，$KClO_4$ 的热分解温度高于 $KClO_3$。高氯酸盐一般是可溶的，但 K^+、Rb^+、Cs^+、NH_4^+ 的高氯酸盐溶解度却很小。有些高氯酸盐有较显著的水合作用，例如无水高氯酸镁[$Mg(ClO_4)_2$]可做高效干燥剂。

现将氯的含氧酸及其盐的氧化性、热稳定性和酸性变化的一般规律总结如下。

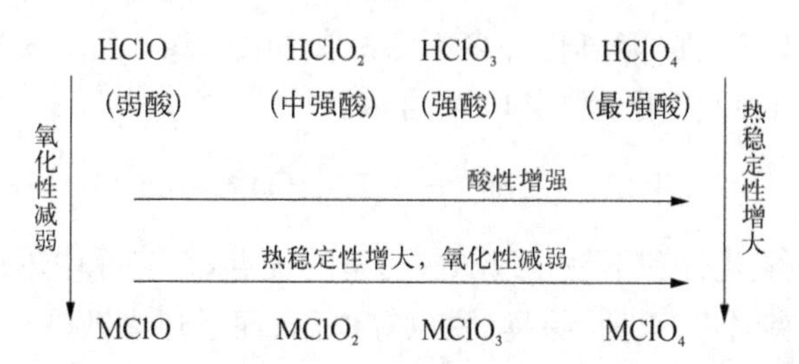

第二节　氧、硫、氮、磷

氧、硫的价层电子构型为 ns^2np^4，其原子有获得两个电子达到稀有气体稳定电子层结构的趋势，表现出较强的非金属性。它们在化合物中的常见氧化数为－2。氧在ⅥA 族中的电负性最大(仅次于氟)，可以和大多数金属元素形成二元离子型化合物。硫与大多数金属元素化合时主要形成共价化合物。氧、硫与非金属元素或金属性较弱的元素化合时皆形成共价化合物。硫的原子外层存在着可利用的 d 轨道，能够形成氧化数为＋2、＋4、＋6 的化合物。氧除了与氟化合时显正氧化数外，其氧化数一般表现为－2，在过氧化物中为－1。氮、磷的价层电子构型为 ns^2np^3，与ⅦA、ⅥA 两族元素相比，形成正氧化数化合物的趋势较明显。它们和电负性较大的元素结合时，氧化数主要为＋3 和＋5。

一、臭氧与过氧化氢

1. 臭氧

臭氧的分子结构如图 10－1 所示，组成臭氧分子的 3 个氧原子呈 V 形排列。

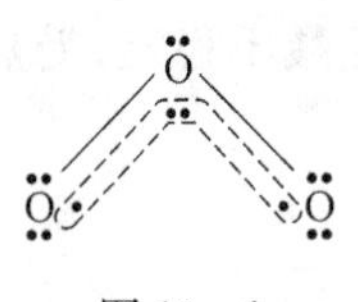

图 10－1
O_3的分子结构

中心氧原子采取 sp^2杂化，形成 3 个 sp^2杂化轨道。其中一个 sp^2杂化轨道为孤对电子所占，另外 2 个未成对电子则分别与另外 2 个氧原子形成 σ 键。中心氧原子未参与杂化的 p 轨道上有一对电子，两边氧原子的 p 轨道上各有 1 个电子，这些未参与杂化的 p 轨道互相平行，形成了垂直于分子平面的三中心四电子大 π 键，以 Π_3^4 表示。臭氧分子中没有单电子，所以是反磁性物质。

臭氧比氧气易溶于水，在常温下缓慢分解，200℃以上分解较快。臭氧分解时放热。

$$2O_3 \xlongequal{} 3O_2\text{；}\qquad \Delta_r H_m^\ominus = -286\ \text{kJ} \cdot \text{mol}^{-1}$$

纯的臭氧容易爆炸。

O_3的氧化性比 O_2强，能氧化许多不活泼单质如 Hg、Ag、S 等。可从碘化钾溶液中使碘析出，此反应用于测定 O_3的含量。

$$O_3 + 2I^- + 2H^+ \longrightarrow I_2 + O_2\uparrow + H_2O$$

利用 O_3的强氧化性和不易导致二次污染的优点，在实际中用来净化空气和废水。臭氧不仅具有消毒、灭菌、除臭、脱色等作用，而且还有改变植物呼吸状态，激活植物细胞，解毒，分化有机不纯物质等许多有益于人类和环保“正向化”作用。真氧层最重要的意义在于吸收阳光中强烈的紫外线辐射，保护地球上的生命。

2. 过氧化氢

过氧化氢(H_2O_2)的水溶液俗称双氧水，纯品为无色黏稠液体。商品浓度有30%和3%两种。实验室中可用冷的稀硫酸或稀盐酸与过氧化钠反应制备过氧化氢。

$$Na_2O_2 + H_2SO_4 + 10H_2O \xrightarrow{\text{低温}} Na_2SO_4 \cdot 10H_2O + H_2O_2$$

工业上制备过氧化氢目前主要有两种方法：电解法和蒽醌法。

1) 电解法 首先电解硫酸氢铵饱和溶液制得过二硫酸铵。

$$2NH_4HSO_4 \xrightarrow{\text{电解}} (NH_4)_2S_2O_8 + H_2\uparrow$$

然后加入适量稀硫酸使过二硫酸铵水解，即得到过氧化氢

$$(NH_4)_2S_2O_8 + 2H_2O \xrightarrow{H_2SO_4} 2NH_4HSO_4 + H_2O_2$$

生成的硫酸氢铵可循环使用。

2) 蒽醌法 以 H_2 和 O_2 作原料，在有机溶剂(重芳烃和氢化萜松醇)中借助2-乙基蒽醌和钯(Pd)的作用制得过氧化氢，总反应如下

$$H_2 + O_2 \xrightarrow[\text{Pd 催化}]{\text{2-乙基蒽醌}} H_2O_2$$

与电解法相比，蒽醌法能耗低，氧取自于空气，乙基蒽醌能重复使用，所以现在工业上较普遍地采用蒽醌法生产过氧化氢。

过氧化氢分子中有一过氧基(—O—O—)，每个氧原子连着一个氢原子。结构研究表明，分子中两个氢原子和氧原子不在同一平面上。在气态时，H_2O_2 的空间结构如图 10-2 所示，两个氢原子像在半展开书本的两页纸上，两面的夹角为 111.5°，氧原子在书的夹缝上，键角∠OOH 为 94.8°，O—O 和 O—H 的键长分别为 148 pm 和 95 pm。

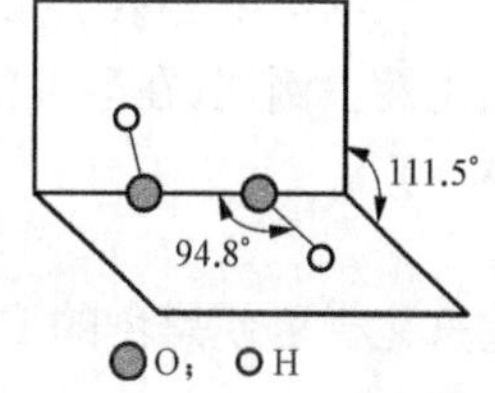

图 10-2 H_2O_2 的空间结构示意图

纯的过氧化氢的熔点为-1℃，沸点为 150℃。在固态和液态时分子缔合程度比水大，过氧化氢与水可以任何比例互溶。

过氧化氢的化学性质主要表现为对热不稳定性、强氧化性、弱还原性和极弱的酸性。

1) 不稳定性 由于过氧基—O—O—内过氧键的键能较小，因此过氧化氢分子不稳定，易分解。

$$2H_2O_2(l) \xlongequal{} 2H_2O(l) + O_2(g); \quad \Delta_r H_m^\ominus = -196.06\ kJ \cdot mol^{-1}$$

纯的过氧化氢在避光和低温下较稳定，常温下分解缓慢，但153℃时爆炸分解。过氧化氢在碱性介质中分解较快。微量杂质或重金属离子(Fe^{2+}、Mn^{2+}、Cr^{3+}、Cu^{2+})及MnO_2等能加速过氧化氢的分解。为防止其分解，通常储存在光滑塑料瓶或棕色玻璃瓶中并置于阴凉处，若能再放入一些稳定剂，如微量的锡酸钠、焦磷酸钠等，则效果更好。

2) 弱酸性　H_2O_2具有极弱的酸性，$K_{a1} = 2.3 \times 10^{-12}$。$H_2O_2$可与碱反应，如

$$H_2O_2 + Ba(OH)_2 \longrightarrow \underset{\text{过氧化钡}}{BaO_2} + 2H_2O$$

因此，BaO_2可视为H_2O_2的盐。

3) 氧化还原性　过氧化氢中氧的氧化数为-1，因此H_2O_2既有氧化性又有还原性。H_2O_2在酸性和碱性介质中的标准电极电势如下。

酸性介质：

$$H_2O_2 + 2H^+ + 2e^- \xlongequal{} 2H_2O \qquad E^\ominus = 1.763\ V$$

$$O_2 + 2H^+ + 2e^- \xlongequal{} H_2O_2 \qquad E^\ominus = 0.695\ V$$

碱性介质：

$$HO_2^- + H_2O + 2e^- \xlongequal{} 3OH^- \qquad E^\ominus = 0.867\ V$$

$$O_2 + H_2O + 2e^- \xlongequal{} HO_2^- + OH^- \qquad E^\ominus = -0.076\ V$$

从电极电势数值可以看出，无论在酸性介质还是碱性介质中过氧化氢都有强氧化性。例如，在酸性溶液中可以将I^-氧化为单质I_2。

$$H_2O_2 + 2H^+ + 2I^- \longrightarrow I_2 + 2H_2O$$

过氧化氢可使黑色的PbS氧化为白色的$PbSO_4$。

$$PbS + 4H_2O_2 \longrightarrow PbSO_4 \downarrow + 4H_2O$$

这一反应用于油画的漂白。在碱性介质中H_2O_2可以把$[Cr(OH)_4]^-$氧化为CrO_4^{2-}。

$$2[Cr(OH)_4]^- + 3H_2O_2 + 2OH^- \longrightarrow CrO_4^{2-} + 8H_2O$$

过氧化氢还原性较弱，只有遇到比它更强的氧化剂时才表现出还原性。例如

$$2MnO_4^- + 5H_2O_2 + 6H^+ \longrightarrow 2Mn^{2+} + 5O_2 \uparrow + 8H_2O$$

$$Cl_2 + H_2O_2 \longrightarrow 2HCl + O_2 \uparrow$$

前一反应用来测定 H_2O_2 的含量，后一反应在工业上常用于除氯。

一般来说，H_2O_2 的氧化性比还原性要显著得多，因此，它主要用作氧化剂。H_2O_2 作为氧化剂的主要优点是它的还原产物是水，不会给反应系统引入新的杂质，而且过量部分很容易在加热下分解成 H_2O 及 O_2，O_2 可从系统中逸出也不会增加新的物种。

过氧化氢的用途主要是基于它的氧化性，3%（稀）和 30% 的过氧化氢溶液是实验室常用的氧化剂。工业上使用 H_2O_2 作漂白剂，用于漂白纸浆、织物、皮革、油脂、象牙以及合成物等。医药上用稀 H_2O_2 作为消毒杀菌剂。纯 H_2O_2 可作为火箭燃料的氧化剂。

二、硫的化合物

（一）硫化氢和硫化物

硫化氢（H_2S）正常情况下是一种无色、易燃的酸性有毒气体，浓度低时带恶臭，气味如臭蛋。工业上 H_2S 在空气中的最大允许含量为 $0.01\ mg \cdot L^{-1}$。

硫蒸气能和氢直接化合生成硫化氢。实验室中常用金属硫化物与酸作用来制备硫化氢。

$$FeS + 2H^+ \longrightarrow Fe^{2+} + H_2S\uparrow$$

H_2S 分子的构型与水分子相似，呈 V 字形。H_2S 分子的极性比水弱。由于分子间形成氢键的倾向很小，因此熔点（−86℃）、沸点（−71℃）比水低得多。

硫化氢气体能溶于水，在 20℃时，一体积水能溶解 2.6 体积的硫化氢。硫化氢饱和溶液的浓度约为 $0.1\ mol \cdot L^{-1}$，这种溶液叫氢硫酸，是一种很弱的二元酸。

硫化氢和硫化物中硫的氧化数是−2，所以硫化氢和硫化物有还原性，可被氧化到单质硫或更高的氧化态，有关的氧化还原电势如下。

酸性介质　$S + 2H^+ + 2e^- = H_2S$；　$E^\ominus = 0.144\ V$

碱性介质　$S + 2e^- = S^{2-}$；　$E^\ominus = -0.407\ V$

当硫化氢溶液在空气中放置时，容易被空气中的氧氧化，析出单质硫。在酸性介质中，I_2、Fe^{3+} 等可将 S^{2-} 氧化为 S，例如：

$$2H_2S + O_2 \longrightarrow 2H_2O + 2S\downarrow$$

$$H_2S + I_2 \longrightarrow 2HI + S\downarrow$$

$$H_2S + 2FeCl_3 \longrightarrow S\downarrow + 2FeCl_2 + 2HCl$$

但遇强氧化剂时，可将 S^{2-} 氧化为 H_2SO_4，例如：

$$H_2S + 4Cl_2 + 4H_2O \longrightarrow H_2SO_4 + 8HCl$$

氢硫酸可形成正盐和酸式盐，酸式盐均易溶于水，而正盐中除碱金属（包括 NH_4^+）的硫化物和 BaS 易溶于水外，其他硫化物大多难溶于水，并具有特征的颜色。

大多数金属硫化物难溶于水是因为 S^{2-} 的变形性较大，在与极化力较大的金属离子结合时，由于离子相互极化作用，金属硫化物中的 M—S 键的性质发生变化，显共价性，造成此类硫化物难溶于水。根据硫化物在酸中的溶解情况，将其分为四类。见表 10－7。

表 10－7　硫化物的分类

溶于稀盐酸*		溶于浓盐酸		溶于浓硝酸		仅溶于王水
MnS	CoS	SnS	Sb_2S_3	CuS	As_2S_3	HgS
（肉色）	（黑色）	（褐色）	（橙色）	（黑色）	（浅黄）	（黑色）
ZnS	NiS	SnS_2	Sb_2S_5	Cu_2S	As_2S_5	Hg_2S
（白色）	（黑色）	（黄色）	（橙色）	（黑色）	（浅黄）	（黑色）
FeS		PbS	CdS	Ag_2S		
（黑色）		（黑色）	（黄色）	（黑色）		
		Bi_2S_3				
		（暗棕）				

* $0.3\ mol \cdot L^{-1}$ HCl

由于氢硫酸是弱酸，所以硫化物都有不同程度的水解性。碱金属硫化物，例如 Na_2S 溶于水，因水解而使溶液呈碱性。工业上常用价格便宜的 Na_2S 代替 NaOH 作为碱使用，所以硫化钠俗称“硫化碱”。其水解反应式如下

$$S^{2-} + H_2O \rightleftharpoons HS^- + OH^-$$

有些氧化数较高的金属硫化物如 Al_2S_3、Cr_2S_3 等遇水发生完全水解

$$Al_2S_3 + 6H_2O \longrightarrow 2Al(OH)_3 \downarrow + 3H_2S \uparrow$$

$$Cr_2S_3 + 6H_2O \longrightarrow 2Cr(OH)_3 \downarrow + 3H_2S \uparrow$$

可溶性硫化物可用作还原剂，制造硫化染料、脱毛剂、农药和鞣革，也用于制荧光粉。

（二）多硫化物

在可溶硫化物的浓溶液中加入硫粉时，硫溶解而生成相应的多硫化物，例如

$$(NH_4)_2S + (x-1)S \longrightarrow (NH_4)_2S_x$$

随着硫原子数(x)的增加,多硫化物的颜色从黄色变为橙色甚至红色。自然界中的黄铁矿 FeS_2就是铁的多硫化物。

多硫化物与酸反应生成多硫化氢 H_2S_x,它不稳定,能分解成为硫化氢和单质硫。

多硫化物具有氧化性,可以与 Sn(Ⅱ)、As(Ⅲ)、Sb(Ⅲ)等的硫化物反应生成相应元素高氧化数的硫代酸盐。例如

$$SnS + S_2^{2-} \longrightarrow SnS_3^{2-} \text{(硫代锡酸根)}$$

(三) 硫的含氧酸及其盐

根据硫含氧酸的结构类似性可将其分为四个系列:亚硫酸系列、硫酸系列、连硫酸系列、过硫酸系列,见表 10-8。

表 10-8 硫的若干含氧酸

分类	名称	化学式	结构式	存在形式
亚硫酸系列	亚硫酸	H_2SO_3	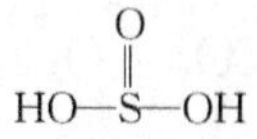 $HO-S(=O)-OH$	水溶液和盐 Na_2SO_3,$NaHSO_3$
硫酸系列	硫 酸	H_2SO_4	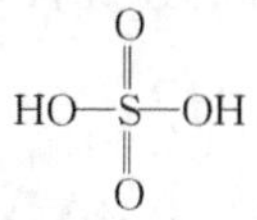 $HO-S(=O)_2-OH$	纯酸,盐和水溶液
	焦硫酸	$H_2S_2O_7$	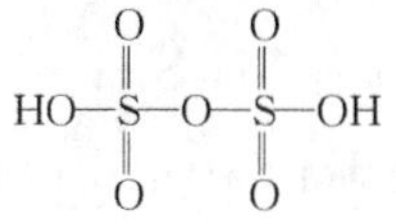 $HO-S(=O)_2-O-S(=O)_2-OH$	纯酸,盐
	硫代硫酸	$H_2S_2O_3$	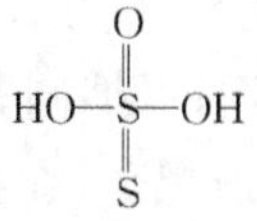 $HO-S(=O)(=S)-OH$	盐 $Na_2S_2O_3$
连硫酸系列	连多硫酸	$H_2S_xO_6$ ($x=2\sim5$)	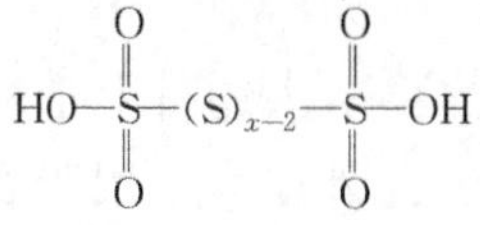 $HO-S(=O)_2-(S)_{x-2}-S(=O)_2-OH$	盐和水溶液
过硫酸系列	过二硫酸	$H_2S_2O_8$	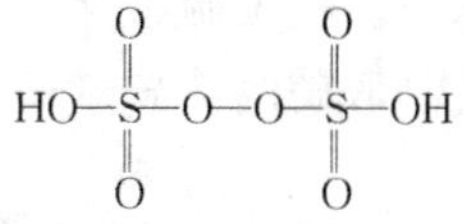 $HO-S(=O)_2-O-O-S(=O)_2-OH$	酸,盐 $K_2S_2O_8$,$(NH_4)_2S_2O_8$

1. 亚硫酸及其盐

亚硫酸只存在于水溶液中,不能从水溶液中分离出来。亚硫酸是二元中强酸,在溶液中分步解离:

$$H_2SO_3 \rightleftharpoons H^+ + HSO_3^- \qquad K_{a1}^{\ominus} = 1.41 \times 10^{-2}$$

$$HSO_3^- \rightleftharpoons H^+ + SO_3^{2-} \qquad K_{a2}^{\ominus} = 6.31 \times 10^{-8}$$

当亚硫酸盐与酸作用时,平衡向左移动,产生 SO_2,这是实验室制取 SO_2 的方法,也是鉴定 SO_3^{2-} 的方法。

亚硫酸可形成正盐和酸式盐。绝大多数的正盐(K^+、Na^+、NH_4^+ 除外)都难溶于水,酸式盐都溶于水。在含有难溶性钙盐溶液中通入 SO_2,可使其转变为可溶性的酸式盐。

$$CaSO_3 + SO_2 + H_2O \longrightarrow Ca(HSO_3)_2$$

亚硫酸及其盐中硫的氧化数为+4,既有氧化性又有还原性,但以还原性为主,例如

$$H_2SO_3 + I_2 + H_2O \longrightarrow H_2SO_4 + 2HI$$

$$2H_2SO_3 + O_2 \longrightarrow 2H_2SO_4$$

亚硫酸盐比亚硫酸具有更强的还原性,例如

$$SO_3^{2-} + Cl_2 + H_2O \longrightarrow SO_4^{2-} + 2Cl^- + 2H^+$$

只有在较强还原剂的作用下,才表现出氧化性,例如

$$H_2SO_3 + 2H_2S \longrightarrow 3S\downarrow + 3H_2O$$

亚硫酸盐有很多用途,主要用作印染工业的还原剂,羊毛和蚕丝织物的漂白剂,造纸工业用 $Ca(HSO_3)_2$ 溶解木质素以制造纸浆。还是一类广泛使用的食品添加剂:可作为食品漂白剂、防腐剂;可抑制非酶褐变和酶促褐变,防止食品褐变,使水果不至黑变,还能防止鲜虾生成黑斑;在酸性介质中,还是十分有效的抗菌剂。

2. 硫酸及其盐

硫酸是重要的化工产品之一,大约有上千种化工产品需要硫酸为原料。硫酸近一半的产量用于化肥生产,此外还大量用于农药、染料、医药、化学纤维,以及石油、冶金、国防和轻工业等部门。我国硫酸年产量居世界第三位。

工业上主要采取接触法制取硫酸。硫铁矿或硫磺在空气中焙烧,得到 SO_2。

$$4FeS_2 + 11O_2 \xrightarrow{\triangle} 2Fe_2O_3 + 8SO_2\uparrow$$

$$S + O_2 \xrightarrow{\triangle} SO_2\uparrow$$

在450℃左右通过催化剂(V_2O_5),使 SO_2 氧化为 SO_3,然后用98.3%的硫酸吸收

SO_3,即得浓硫酸。

H_2SO_4呈四面体形,各键角和4个S—O键的键长是不相等的。原因是中心原子硫的3s、3p轨道上的成对电子中的一个被激发到d轨道,同时进行sp^3杂化。4个sp^3杂化轨道与4个氧原子形成4个σ键,其中未与H相连的两个氧原子还可与硫原子的d电子形成(p-d)π键,这两个S—O键可近似地看作双键[1个σ键、1个(p-d)π键]。

含氧酸根ClO_4^-、PO_4^{3-}、SiO_4^{4-} 等的结构与SO_4^{2-} 的结构类似。

纯硫酸是无色油状液体,10.4 ℃时凝固,市售的浓硫酸密度是1.84~1.86 g·mL^{-1},浓度约为18 mol·L^{-1}。98%的硫酸沸点是338 ℃,是常用的高沸点酸。

硫酸是二元酸中酸性最强的。第一步解离是完全的,第二步解离并不完全,HSO_4^- 相当于中强电解质。

$$H_2SO_4 = H^+ + HSO_4^-$$

$$HSO_4^- = H^+ + SO_4^{2-} \qquad K_{a(2)}^{\ominus} = 1.02 \times 10^{-2}$$

浓硫酸有强吸水性。它与水混合时,形成水合物放出大量的热,可使水局部沸腾而飞溅,所以要配制稀硫酸时,只能在搅拌下将浓硫酸慢慢倒入水中,切不可将水倒入浓硫酸中。

利用浓硫酸的吸水能力,可作良好的干燥剂,用以干燥酸性和中性气体,如CO_2、H_2、N_2、NO_2、HCl、SO_2等,不能干燥碱性气体,如NH_3,以及常温下具有还原性的气体,如H_2S。浓硫酸不仅有吸水性,还具有强烈的脱水性,能按照水的氢氧原子组成比脱去有机物中的氢氧元素,例如,蔗糖被浓硫酸脱水

$$C_{12}H_{22}O_{11} \longrightarrow 12C + 11H_2O$$

因此浓硫酸能严重地破坏动植物组织,如损坏衣服和烧坏皮肤等,使用时必须注意安全。

热、浓H_2SO_4是较强的氧化剂,可与许多金属或非金属反应,本身一般被还原为SO_2,例如

$$Cu + 2H_2SO_4(浓) \longrightarrow CuSO_4 + SO_2\uparrow + 2H_2O$$

$$C + 2H_2SO_4(浓) \xrightarrow{\triangle} CO_2\uparrow + 2SO_2\uparrow + 2H_2O$$

$$Zn + 2H_2SO_4(浓) \longrightarrow ZnSO_4 + SO_2\uparrow + 2H_2O$$

由于锌的强还原性,同时还进行下列反应:

$$3Zn + 4H_2SO_4(浓) \longrightarrow 3ZnSO_4 + S\downarrow + 4H_2O$$

$$4Zn + 5H_2SO_4(浓) \longrightarrow 4ZnSO_4 + H_2S\uparrow + 4H_2O$$

但 Al、Fe、Cr 在冷的浓 H_2SO_4 中不反应，原因是金属表面生成一层致密的保护膜，使之不与硫酸继续反应，这种现象称为钝化。所以可以用铁、铝制的器皿盛放浓硫酸。

上述的浓硫酸具有氧化性，是指成酸元素中硫的氧化性，而稀硫酸的氧化作用是由于 H_2SO_4 中所解离出来的 H^+ 夺电子所致，所以稀 H_2SO_4 只能与电极电势顺序在氢以前的金属(如 Zn、Mg、Fe 等)反应，放出 H_2。

硫酸盐矿有芒硝、石膏、重晶石、天青石等。结构研究表明，硫酸盐中，SO_4^{2-} 的构型为正四面体。SO_4^{2-} 中 4 个 S—O 键键长均为 144 pm，具有很大程度的双键性质。

硫酸能生成两种盐，即正盐和酸式盐。硫酸盐中除 $BaSO_4$、$PbSO_4$、$CaSO_4$、$SrSO_4$ 等难溶，Ag_2SO_4 稍溶于水外，其余都易溶于水。酸式硫酸盐大部分易溶于水。在酸式盐中，仅最活泼的碱金属元素(如 Na、K)才能形成稳定的固态酸式硫酸盐。例如，在硫酸钠溶液内加入过量的硫酸，即结晶析出硫酸氢钠。

$$Na_2SO_4 + H_2SO_4 = 2NaHSO_4$$

可溶性硫酸盐从溶液中析出时常带有结晶水，如 $CuSO_4 \cdot 5H_2O$、$FeSO_4 \cdot 7H_2O$ 等。这种带结晶水的过渡金属硫酸盐俗称矾。如 $CuSO_4 \cdot 5H_2O$ 称为胆矾或蓝矾，$FeSO_4 \cdot 7H_2O$ 称为绿矾，$ZnSO_4 \cdot 7H_2O$ 称为皓矾等。但化学上真正属于矾的应为符合下列通式的复盐：$M(\text{I})_2SO_4 \cdot M(\text{II})SO_4 \cdot 6H_2O$ 和 $M(\text{I})_2SO_4 \cdot M(\text{III})_2(SO_4)_3 \cdot 24H_2O$。M(Ⅰ)可以是碱金属离子或 NH_4^+、Tl^+ 等离子；M(Ⅲ)可以是 Al^{3+}、Fe^{3+}、Co^{3+}、Cr^{3+}、Ti^{3+} 等离子，因为这些离子的半径相近，在晶格中可以互相替代。符合前一通式的有著名的摩尔盐 $(NH_4)_2SO_4 \cdot FeSO_4 \cdot 6H_2O$，符合后一通式的有常见的明矾(或铝钾矾) $K_2SO_4 \cdot Al_2(SO_4)_3 \cdot 24H_2O$[简式为 $KAl(SO_4)_2 \cdot 12H_2O$]。

许多硫酸盐具有重要用途，如明矾是常用的净水剂、媒染剂；胆矾是消毒菌剂和农药；绿矾是农药、药物和制墨水的原料；芒硝($Na_2SO_4 \cdot 10H_2O$)是化工原料。

3. 焦硫酸及其盐

焦硫酸是一种无色晶状固体，熔点 35℃，由等物质的量的三氧化硫和纯硫酸化合而成。

$$SO_3 + H_2SO_4 \longrightarrow H_2S_2O_7$$

焦硫酸可看作是由两分子硫酸脱去一分子水所得的产物

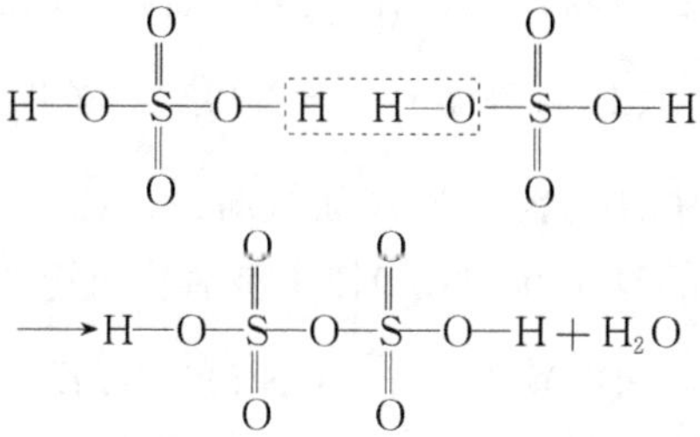

$$\begin{array}{ccccccccccccc} & & O & & & & & & O & & \\ & & \| & & & & & & \| & & \\ H- & O- & S- & O- & \boxed{H \quad H-O} & - & S- & O- & H \\ & & \| & & & & \| & & \\ & & O & & & & O & & \end{array}$$

$$\longrightarrow \begin{array}{ccccccccc} & & O & & O & & & \\ & & \| & & \| & & & \\ H- & O- & S- & O- & S- & O- & H \\ & & \| & & \| & & & \\ & & O & & O & & & \end{array} + H_2O$$

焦硫酸与水作用又可生成硫酸。焦硫酸比硫酸具有更强的氧化性、吸水性和腐蚀性。它还是良好的磺化剂，应用于制造某些染料、炸药和其他有机磺酸类化合物。碱金属的酸式硫酸盐加热到熔点以上时，可脱水转变为焦硫酸盐。

$$2KHSO_4 \xrightarrow{\triangle} K_2S_2O_7 + H_2O$$

焦硫酸盐与某些不溶于水也不溶于酸的金属矿物(如 Fe_3O_4、Cr_2O_3、Al_2O_3 等)共熔时，生成可溶性的硫酸盐。例如

$$Al_2O_3 + 3K_2S_2O_7 \xrightarrow{\triangle} Al_2(SO_4)_3 + 3K_2SO_4$$

$$Cr_2O_3 + 3K_2S_2O_7 \xrightarrow{\triangle} Cr_2(SO_4)_3 + 3K_2SO_4$$

4. *硫代硫酸及其盐*

硫代硫酸很不稳定，仅存在于某些溶剂中。硫代硫酸可看成是硫酸分子中的一个氧原子被硫原子所代替的产物。

硫代硫酸钠($Na_2S_2O_3 \cdot 5H_2O$)是最重要的硫代硫酸盐，商品名为海波，俗称大苏打，是无色透明的晶体。将硫粉溶于沸腾的亚硫酸钠溶液中便可制得硫代硫酸钠

$$Na_2SO_3 + S \xrightarrow{\triangle} Na_2S_2O_3$$

$S_2O_3^{2-}$ 具有 SO_4^{2-} 相似的四面体构型，如图 10-3 所示。$S_2O_3^{2-}$ 可看作是 SO_4^{2-} 中的一个 O 原子被 S 原子所取代。

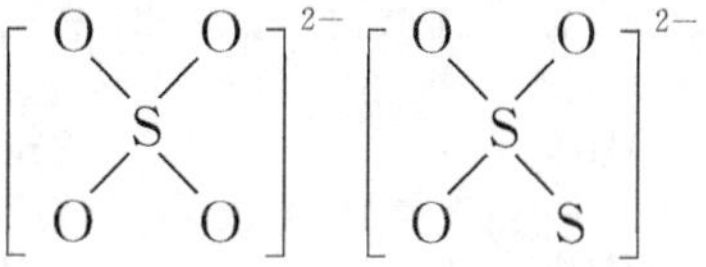

$$\left[\begin{array}{ccc} O & & O \\ & S & \\ O & & O \end{array}\right]^{2-} \qquad \left[\begin{array}{ccc} O & & O \\ & S & \\ O & & S \end{array}\right]^{2-}$$

SO_4^{2-} $\qquad$ $S_2O_3^{2-}$

图 10-3 硫酸与硫代硫酸的结构

硫代硫酸钠易溶于水，溶液呈弱碱性。它在中性、碱性溶液中很稳定，在酸性溶液中不稳定，易分解成单质硫和二氧化硫。

$$S_2O_3^{2-} + 2H^+ \longrightarrow S\downarrow + SO_2\uparrow + H_2O$$

常用此反应鉴定 $S_2O_3^{2-}$。

硫代硫酸钠是中强还原剂，与强氧化剂如氯、溴等作用被氧化成硫酸钠，如

$$S_2O_3^{2-} + 4Cl_2 + 5H_2O \longrightarrow 2SO_4^{2-} + 8Cl^- + 10H^+$$

在纺织和造纸工业中，$Na_2S_2O_3$用作除氯剂。

硫代硫酸钠与较弱的氧化剂（如碘）作用被氧化成连四硫酸钠

$$2S_2O_3^{2-} + I_2 \longrightarrow S_4O_6^{2-} + 2I^-$$

在分析化学中用来定量测定碘。

硫代硫酸钠的另一个重要性质是配合性，可与 Ag^+、Cd^{2+} 等形成稳定的配离子。例如

$$AgBr + 2S_2O_3^{2-} \longrightarrow [Ag(S_2O_3)_2]^{3-} + Br^-$$

在照相技术中，硫代硫酸钠用作定影液，就是利用这个反应将未感光的溴化银溶解。

硫代硫酸钠可用于鞣制皮革、由矿石中提取银；可用以除去自来水中的氯气，在水产养殖上被广泛地应用；临床用于治疗皮肤瘙痒症、荨麻疹、药疹、氰化物、铊中毒和砷中毒等。

5. 过硫酸及其盐

过硫酸可视为过氧化氢的衍生物。若 HO—OH 中一个 H 被 HSO_3^- 取代，形成过一硫酸，$HO—OSO_3H$；若两个 H 都被 HSO_3^- 取代，则形成过二硫酸，$HSO_3O—OSO_3H$。它的结构式如下

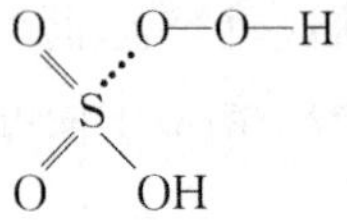

过一硫酸 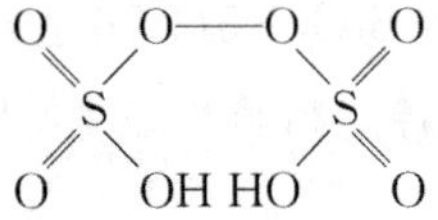　　　　过二硫酸

工业上制备过二硫酸盐的方法是电解硫酸和硫酸铵的混合溶液。

阳极　　$2SO_4^{2-} - 2e^- = S_2O_8^{2-}$

阴极　　$2H^+ + 2e^- = H_2$

总反应　　$2HSO_4^- \xrightarrow{电解} S_2O_8^{2-} + H_2\uparrow$

过二硫酸是无色晶体，在 65℃时熔化并分解，有强的吸水性，能使有机物炭化。$K_2S_2O_8$和$(NH_4)_2S_2O_8$是重要的过二硫酸盐，均为强氧化剂。

$$S_2O_8^{2-} + 2e^- \longrightarrow 2SO_4^{2-}; \qquad E_A^\ominus = 2.01\ V$$

过二硫酸盐在 Ag^+ 催化作用下，能将 Mn^{2+} 氧化成紫红色的 MnO_4^-。

$$2Mn^{2+} + 5S_2O_8^{2-} + 8H_2O \xrightarrow{Ag^+} 2MnO_4^- + 10SO_4^{2-} + 16H^+$$

此反应在钢铁分析中用于测定锰的含量。

过硫酸及其盐不稳定。如 $K_2S_2O_8$ 受热易分解

$$2K_2S_2O_8 \xrightarrow{\triangle} 2K_2SO_4 + 2SO_3\uparrow + O_2\uparrow$$

三、氮的化合物

(一) 氨与铵盐

氨是氮的重要化合物之一。几乎所有含氮的化合物都可以由它来制取。氨分子的构型为三角锥形，氮原子以 sp^3 不等性杂化轨道与氢原子成键，另有一对孤对电子。

实验室需用少量氨气时，通常用铵盐和强碱反应

$$2NH_4Cl + Ca(OH)_2 \xrightarrow{\triangle} CaCl_2 + 2NH_3\uparrow + 2H_2O$$

工业上制备氨是在高温、高压和催化剂存在下用氮气和氢气合成的。

$$N_2 + 3H_2 \xrightarrow[\text{催化剂}]{\text{高温、高压}} 2NH_3$$

氨是无色、有刺激性臭味的气体，常温下加压易被液化，具有较大的蒸发潜热，常用作冷冻机的循环制冷剂。液氨与水类似，也是一种良好的溶剂，有微弱的解离作用。

$$2NH_3(l) \longrightarrow NH_4^+ + NH_2^- \qquad K^\ominus(NH_3, l) = 10^{-30}(-50℃)$$

液氨能溶解碱金属和碱土金属。

氨主要有下列三类反应。

1. *加合反应*

因为 NH_3 分子中 N 原子上有孤电子对。可发生一系列的加合反应。氨能与酸、许多金属离子及一些分子加合。例如

$$NH_3 + H^+ \longrightarrow NH_4^+$$

$$Cu^{2+} + 4NH_3 \longrightarrow [Cu(NH_3)_4]^{2+}$$

$$Ag^+ + 2NH_3 \longrightarrow [Ag(NH_3)_2]^+$$

$$CaCl_2 + 8NH_3 \longrightarrow CaCl_2 \cdot 8NH_3$$

能与水形成氨的水合物 $NH_3 \cdot H_2O$ 和 $2NH_3 \cdot H_2O$，故氨在水中的溶解度较大。氨水溶液中存在下列平衡，水溶液呈弱碱性。

$$NH_3 + H_2O \rightleftharpoons NH_3 \cdot H_2O \rightleftharpoons NH_4^+ + OH^-; \qquad K_b^\ominus = 1.8 \times 10^{-5}$$

2. 取代反应

在一定条件下，氨分子可以看作是一种三元酸，其中的氢原子可依次被取代，生成一系列氨的衍生物：氨基化物（$-NH_2$），如 $NaNH_2$；亚氨基化物（$=NH$），如 Li_2NH；氮化物（$\equiv N$），如 AlN。

取代反应的另一种形式是氨以氨基形式取代其他化合物中的原子或原子团，例如

$$HgCl_2 + 2NH_3 \longrightarrow \underset{\text{氨基氯化汞}}{Hg(NH_2)Cl} \downarrow + NH_4Cl$$

$$\underset{\text{光气}}{COCl_2} + 4NH_3 \longrightarrow \underset{\text{尿素}}{CO(NH_2)_2} + 2NH_4Cl$$

3. 氧化反应

氨分子中的氮处于最低氧化数（-3），具有还原性，在一定条件下，可被氧化剂氧化成氮气或氧化数更高的氮的化合物。氨与氧的反应随外界条件不同产物亦不同。

$$4NH_3 + 3O_2 \xrightarrow{400℃} 2N_2 \uparrow + 6H_2O$$

$$4NH_3 + 5O_2 \xrightarrow[\text{Pt-Rh}]{800℃} 4NO \uparrow + 6H_2O$$

前一反应是氨在纯氧中燃烧的反应，后一反应是工业上制造硝酸的基础反应。

氨能与某些氧化物反应，例如

$$3CuO + 2NH_3 \xrightarrow{\triangle} 3Cu + N_2 \uparrow + 3H_2O$$

氨能与 Cl_2、Br_2 反应，例如

$$3Cl_2 + 2NH_3 \longrightarrow N_2 \uparrow + 6HCl$$

产生的 HCl(g) 和剩余的 NH_3 进一步反应产生 NH_4Cl 白烟，工业用此反应检查氯气管道是否漏气。

氨和酸作用可得到相应的铵盐。铵盐一般为无色晶体（若阴离子无色），易溶于水。铵盐与碱金属的盐非常相似，特别是钾盐，因为 NH_4^+ 的半径（143 pm）与 K^+ 的半径（133 pm）相近。

铵盐的一个重要性质是它的热稳定性差。固态铵盐加热极易分解，其分解产

物与铵盐中阴离子对应酸的性质以及分解温度有关。如果酸是挥发性的，则氨和酸一起挥发。如

$$NH_4HCO_3 \xrightarrow{\text{常温}} NH_3\uparrow + H_2CO_3$$
$$H_2CO_3 \longrightarrow CO_2\uparrow + H_2O$$

$$NH_4Cl \xrightarrow{\triangle} NH_3\uparrow + HCl\uparrow \text{（遇冷又结合成 } NH_4Cl\text{）}$$

如果酸是非挥发性酸，则逸出氨，而酸或酸式盐留在容器中。如

$$(NH_4)_2SO_4 \xrightarrow{\triangle} NH_3\uparrow + NH_4HSO_4$$

$$(NH_4)_3PO_4 \xrightarrow{\triangle} 3NH_3\uparrow + H_3PO_4$$

如果酸是氧化性酸，则分解出来的氨会被酸氧化，生成 N_2 或氮的氧化物。

$$(NH_4)_2Cr_2O_7 \xrightarrow{\triangle} N_2\uparrow + Cr_2O_3 + 4H_2O$$

$$NH_4NO_3 \xrightarrow{\triangle} N_2O\uparrow + 2H_2O$$

$$2NH_4NO_3 \xrightarrow{>300℃} 2N_2\uparrow + O_2\uparrow + 4H_2O\uparrow$$

由于反应产生大量的气体和热量，气体受热体积又急剧膨胀，如果在密闭容器中进行，就会发生爆炸，因此硝酸铵用于制造炸药(称硝铵炸药)。

铵盐中最重要的是硝酸铵和硫酸铵，这两种铵盐大量地用作化肥。

(二) 氮的含氧酸及其盐类

1. 亚硝酸及其盐

将等物质的量的 NO 和 NO_2 混合物溶解在冰水中，或在亚硝酸盐的冷溶液中加入硫酸，均可生成亚硝酸。

$$NO + NO_2 + H_2O \xrightarrow{\text{冷冻}} 2HNO_2$$

$$Ba(NO_2)_2 + H_2SO_4 \longrightarrow BaSO_4\downarrow + 2HNO_2$$

亚硝酸有顺式和反式两种结构，其中反式结构比较稳定，如图 10－4 所示。

亚硝酸是弱酸，酸性比醋酸略强

$$HNO_2 \rightleftharpoons H^+ + NO_2^- \qquad K_a^\ominus = 7.2\times10^{-4}$$

亚硝酸很不稳定，仅存在于冷的稀溶液

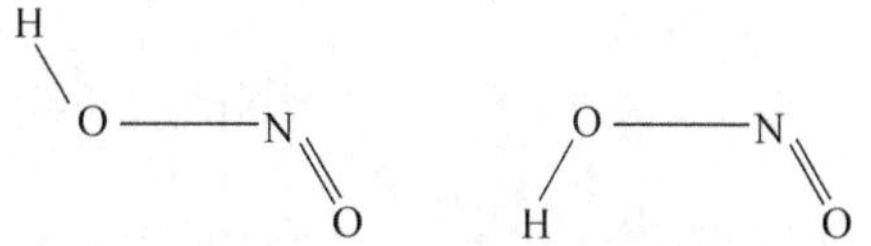

反式　　顺式

图 10－4　HNO_2 结构示意图

中，从未制得游离酸，其溶液浓缩或加热时就按下式分解

$$2HNO_2 \rightleftharpoons \underset{(蓝色)}{N_2O_3} + H_2O \rightleftharpoons NO\uparrow + \underset{(红棕色)}{NO_2}\uparrow + H_2O$$

亚硝酸盐，特别是碱金属和碱土金属的亚硝酸盐，热稳定性高。用金属在高温下还原固态硝酸盐，可以得到亚硝酸盐。例如

$$Pb(粉) + KNO_3 \longrightarrow KNO_2 + PbO$$

用 NaOH 或 Na_2CO_3溶液吸收 NO 和 NO_2的混合气体(合成硝酸的尾气)可以得到亚硝酸钠。

亚硝酸根离子的构型是 V 形，氮原子采取 sp^2 杂化，与两个氧形成 σ 键，未参与杂化的 p 轨道电子与氧原子 p 轨道电子形成三中心四电子大 π 键。

亚硝酸盐一般易溶于水，但淡黄色的 $AgNO_2$难溶。

在亚硝酸及其盐中，氮的氧化数处于中间状态，因此它既有氧化性又有还原性。亚硝酸盐在酸性溶液中是强氧化剂，例如，它可以氧化 Fe^{2+} 和 I^- 等，本身被还原为 NO。

$$NO_2^- + Fe^{2+} + 2H^+ \longrightarrow NO\uparrow + Fe^{3+} + H_2O$$

$$2NO_2^- + 2I^- + 4H^+ \longrightarrow 2NO\uparrow + I_2 + 2H_2O$$

后一反应可用于定量测定亚硝酸盐。

亚硝酸及其盐与强氧化剂作用时，可被氧化成 NO_3^-，例如

$$5NO_2^- + 2MnO_4^- + 6H^+ \longrightarrow 5NO_3^- + 2Mn^{2+} + 3H_2O$$

由于 NO_2^- 中的氮和氧原子上都含有孤电子对，所以 NO_2^- 是一种很好的配体，如

$$Co^{3+} + 6NO_2^- \longrightarrow [Co(NO_2)_6]^{3-}$$

2. 硝酸及其盐

硝酸是三大无机酸之一，在国民经济和国防工业中都有极重要的用途，世界年产量以百万吨计。工业上普遍采用氨催化氧化法制备硝酸。

$$4NH_3 + 5O_2 \xrightarrow[Pt-Rh]{800℃} 4NO + 6H_2O$$

$$2NO + O_2 \longrightarrow 2NO_2$$

$$3NO_2 + H_2O \longrightarrow 2HNO_3 + NO$$

反应所得的硝酸浓度为50%～55%，加硝酸镁作脱水剂，经加热、蒸馏，可制得浓HNO_3。

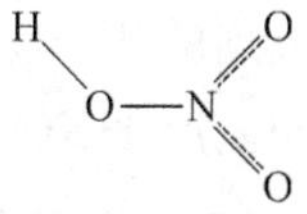

硝酸是平面型结构的分子，其中氮原子采用sp^2杂化轨道与3个氧原子形成3个σ键，氮原子上孤电子对则与两个非羟基氧原子的另一个2p轨道上未成对的电子形成三中心四电子大π键，表示为Π_3^4结构。如图10-5所示。

图10-5 HNO_3的结构示意图

纯硝酸是无色液体，沸点83℃，易挥发，属挥发性酸。硝酸能和水以任何比例互溶。市售的硝酸约含HNO_3 68%～70%，密度约为1.4 $g \cdot cm^{-3}$相当于15 $mol \cdot L^{-1}$。溶有NO_2(10%～15%)的浓硝酸(含98% HNO_3以上)，称为发烟硝酸。硝酸受热或光照时分解产生的NO_2溶于HNO_3中，使硝酸呈黄到棕色。溶解NO_2的越多，硝酸的颜色越深。硝酸热分解反应如下

$$4HNO_3 \longrightarrow 4NO_2\uparrow + O_2\uparrow + 2H_2O$$

硝酸的重要化学性质表现为强氧化性。尤其是发烟硝酸具有强氧化性。很多非金属元素如碳、磷、硫、碘等都能被硝酸氧化成相应的氧化物或含氧酸，而硝酸被还原为NO，例如

$$3C + 4HNO_3 \longrightarrow 3CO_2\uparrow + 4NO\uparrow + 2H_2O$$

$$3P + 5HNO_3 + 2H_2O \longrightarrow 3H_3PO_4 + 5NO\uparrow$$

$$S + 2HNO_3 \longrightarrow H_2SO_4 + 2NO\uparrow$$

$$3I_2 + 10HNO_3 \longrightarrow 6HIO_3 + 10NO\uparrow + 2H_2O$$

除了少数金属(如Au和Pt等)外，硝酸能与大部分金属反应生成相应的硝酸盐，但是反应情况较为复杂。有些金属和硝酸反应后生成可溶性的硝酸盐；有些金属(如Sn、W、Sb等)与硝酸反应后生成难溶氧化物或其水合物；有些金属(如Al、Fe、Cr、Ni、Ti等)可溶于稀硝酸，但在冷、浓硝酸中钝化。

硝酸作氧化剂，被还原产物有多种：NO_2、HNO_2、NO、N_2O、N_2、NH_4NO_3，而且往往是多种物质的混合物。究竟哪种产物较多些，主要取决于硝酸的浓度和金属的活泼性。浓硝酸主要被还原为NO_2；稀硝酸一般被还原为NO，若与活泼金属反应，可得到N_2O；极稀的硝酸和活泼金属反应，可得到NH_4^+。例如

$$Cu + 4HNO_3(浓) \longrightarrow Cu(NO_3)_2 + 2NO_2\uparrow + 2H_2O$$

$$3Cu + 8HNO_3(稀) \longrightarrow 3Cu(NO_3)_2 + 2NO\uparrow + 4H_2O$$

$$4Zn + 10HNO_3(稀) \longrightarrow 4Zn(NO_3)_2 + N_2O\uparrow + 5H_2O$$

$$4Zn + 10HNO_3(\text{很稀}) \longrightarrow 4Zn(NO_3)_2 + NH_4NO_3 + 3H_2O$$

由上列的几个反应式可以看出，与同种金属反应，硝酸越稀，氮被还原的程度越大；与同浓度 HNO_3 反应，金属越活泼，HNO_3 被还原程度越大。

Au、Pt 等贵金属可用王水(浓硝酸和浓盐酸体积比＝1∶3 的混合物)溶解，是因为金属离子能形成稳定的配离子，如 $[AuCl_4]^-$、$[PtCl_6]^{2-}$ 等，使 Au 或 Pt 的电极电势减小，增强了金属的还原性，因此在浓硝酸作用下，反应有可能向 Au、Pt 溶解的方向进行。

$$Au + HNO_3 + 4HCl \longrightarrow H[AuCl_4] + NO\uparrow + 2H_2O$$
$$3Pt + 4HNO_3 + 18HCl \longrightarrow 3H_2[PtCl_6] + 4NO\uparrow + 8H_2O$$

硝酸与金属或金属氧化物作用可制得相应的硝酸盐。大多数硝酸盐是无色、易溶于水的离子晶体，其水溶液没有氧化性。

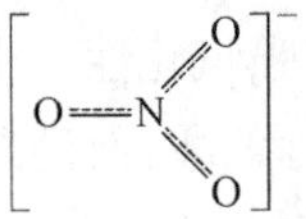

在 NO_3^- 中，氮原子仍采取 sp^2 杂化，除与 3 个氧原子形成 3 个 σ 键外，还与 3 个氧原子形成一个垂直于 3 个 σ 键所在平面的大 π 键，形成该大 π 键的电子除了由氮原子及 3 个氧原子提供外，还有决定硝酸根离子电荷的那个外来电子，共同组成一个四中心六电子大 π 键(Π_4^6)，见图 10－6。

图 10－6 NO_3^- 的结构示意图

固体硝酸盐在常温下比较稳定，但在高温时，都会因分解而显氧化性。分解的产物因金属离子的不同而有差别。

除硝酸铵外，硝酸盐受热分解有三种情况。

活泼金属(金属活泼性比 Mg 强的碱金属和碱土金属)的硝酸盐分解产生亚硝酸盐和氧气。

$$2NaNO_3 \xrightarrow{\triangle} 2NaNO_2 + O_2\uparrow$$

中等活泼的金属(活泼性在 Mg 与 Cu 之间)的硝酸盐热分解时得到相应的金属氧化物、NO_2 和 O_2。

$$2Pb(NO_3)_2 \xrightarrow{\triangle} 2PbO + 4NO_2\uparrow + O_2\uparrow$$

不活泼金属(活泼性比 Cu 弱)的硝酸盐则分解为金属单质、NO_2 和 O_2。

$$2AgNO_3 \xrightarrow{\triangle} 2Ag + 2NO_2\uparrow + O_2\uparrow$$

硝酸盐中最重要的是硝酸钾、硝酸钠、硝酸铵、硝酸钙等。硝酸铵大量用作肥料。由于硝酸盐在高温时容易放出氧，所以是高温氧化剂。根据这种性质，硝酸盐可用来制造烟火及黑火药。

四、磷的化合物

(一) 磷的氢化物

膦(PH_3)是磷常见的氢化物，是无色气体，具有大蒜臭味，剧毒。用白磷与热的浓碱溶液作用可制得膦。

$$4P(s) + 3KOH + 3H_2O \xrightarrow{\triangle} PH_3 \uparrow + 3KH_2PO_2$$

PH_3的分子结构与NH_3分子相似，呈三角锥形。但是磷的电负性比氮小，PH_3分子间不能形成氢键，所以PH_3的熔点(−133℃)、沸点(−87.7℃)比NH_3低，在水中的溶解度很小，20℃时只有氨溶解度的1/2 600。

PH_3的化学性质和NH_3类似，具有弱碱性、还原性和加合性。PH_3的还原性比NH_3强，一般方法制得的PH_3燃点(39℃)低，在空气中易自燃。

$$4PH_3 + 8O_2 \longrightarrow P_4O_{10} + 6H_2O$$

PH_3的碱性比NH_3弱得多($K_b^\ominus$约为10^{-28})，在水溶液中不易形成稳定的PH_4^+(鏻)盐。

(二) 磷的氧化物

磷的氧化物常见的是P_4O_{10}和P_4O_6。磷在充足的空气中燃烧可得P_4O_{10}；如果氧不足，则生成P_4O_6。P_4O_{10}和P_4O_6的化学式一般习惯写为P_2O_5和P_2O_3，P_2O_5和P_2O_3分别称为磷酸酐和亚磷酸酐。

P_4O_6和P_4O_{10}的分子结构均以P_4的四面体为基本骨架。P_4O_6可视为P_4(白磷)分子的六个P—P单键断开后，在P原子间各嵌入一个氧原子而形成的笼状分子[如图10-7(a)所示]。在P_4O_6分子中每个磷原子再结合一个氧原子即构成P_4O_{10}[如图10-7(b)所示]。

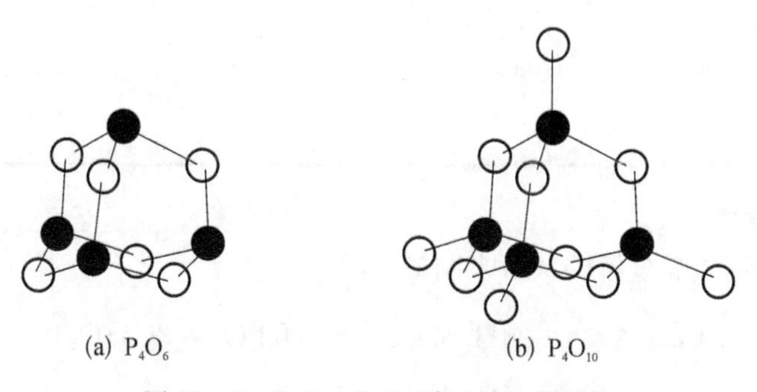

图10-7 P_4O_6、P_4O_{10}分子的空间结构

P_4O_{10}为白色雪花状晶体，易升华。它有很强的吸水性，吸水后迅速潮解，它的干燥性能优于其他常用的干燥剂。它不但能有效地吸收气体或液体中的水，甚至能从许多化合物中夺取化合态的水。例如，可使 H_2SO_4 和 HNO_3 脱水分别变为硫酸酐和硝酸酐：

$$P_2O_5 + 3H_2SO_4 \longrightarrow 3SO_3 + 2H_3PO_4$$

$$P_2O_5 + 6HNO_3 \longrightarrow 3N_2O_5 + 2H_3PO_4$$

(三) 磷的含氧酸及其盐

磷有多种含氧酸，现将较重要的列于表 10-9 中。

表 10-9 磷的含氧酸

名称	分子式	磷的氧化数	结构式
正磷酸	H_3PO_4	+5	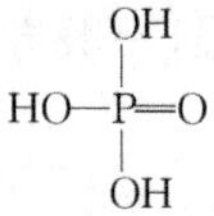 HO—P(=O)(OH)—OH
焦磷酸	$H_4P_2O_7$	+5	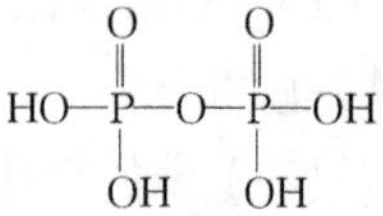 HO—P(=O)(OH)—O—P(=O)(OH)—OH
偏磷酸	HPO_3	+5	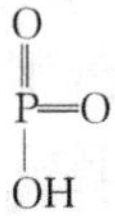 O=P(=O)—OH
亚磷酸	H_3PO_3	+3	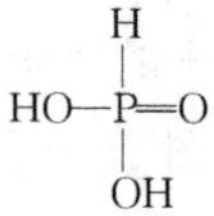 HO—P(=O)(H)—OH
次磷酸	H_3PO_2	+1	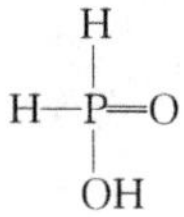 H—P(=O)(H)—OH

1. (正)磷酸

工业上常用硫酸分解磷灰石来制备磷酸

$$Ca_3(PO_4)_2 + 3H_2SO_4 \longrightarrow 2H_3PO_4 + 3CaSO_4$$

这种方法制得的磷酸不纯。纯磷酸可用磷酸酐(P_4O_{10})与热水作用制取。

磷酸的几何结构如图 10－8 所示，它是由单一的磷氧四面体构成的。与 H_2SO_4 类似，H_3PO_4 分子中也含有(p－d)π 键。

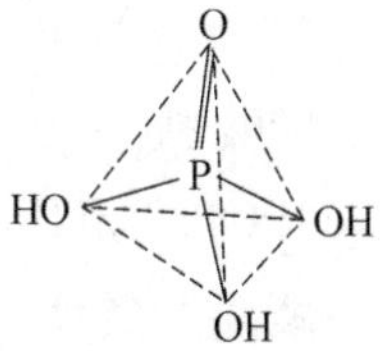

图 10－8
H_3PO_4 的几何结构

纯磷酸是无色晶体，熔点 42.3℃。市售的磷酸为黏稠状浓溶液(含 H_3PO_4 约 85%)，密度 1.68 $g \cdot cm^{-3}$，相当于 14.6 $mol \cdot L^{-1}$。磷酸是一种无氧化性、不挥发的三元中强酸。

$$H_3PO_4 \rightleftharpoons H^+ + H_2PO_4^-; \quad K^{\ominus}_{a(1)} = 6.92 \times 10^{-3}$$

$$H_2PO_4^- \rightleftharpoons H^+ + HPO_4^{2-}; \quad K^{\ominus}_{a(2)} = 6.17 \times 10^{-8}$$

$$HPO_4^{2-} \rightleftharpoons H^+ + PO_4^{3-}; \quad K^{\ominus}_{a(3)} = 4.79 \times 10^{-13}$$

磷酸受热时会发生缩合作用，例如

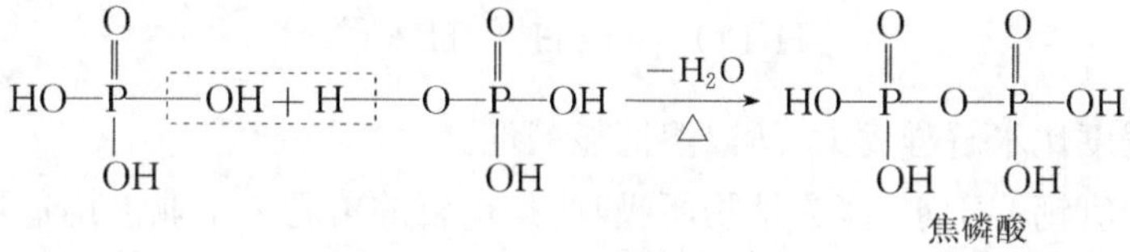

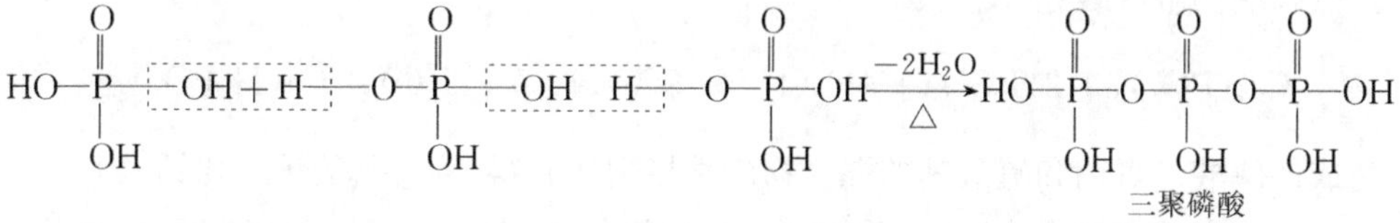

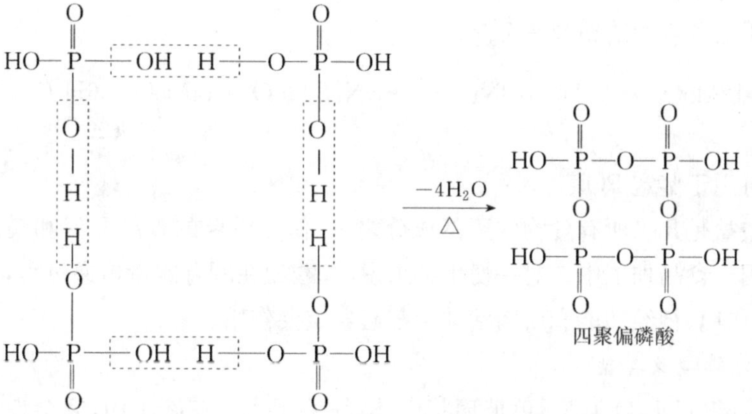

$$HO-\underset{OH}{\overset{O}{P}}-\boxed{OH+H}-O-\underset{OH}{\overset{O}{P}}-OH \xrightarrow[\triangle]{-H_2O} HO-\underset{OH}{\overset{O}{P}}-O-\underset{OH}{\overset{O}{P}}-OH$$

焦磷酸

$$HO-\underset{OH}{\overset{O}{P}}-\boxed{OH+H}-O-\underset{OH}{\overset{O}{P}}-\boxed{OH\ \ H}-O-\underset{OH}{\overset{O}{P}}-OH \xrightarrow[\triangle]{-2H_2O} HO-\underset{OH}{\overset{O}{P}}-O-\underset{OH}{\overset{O}{P}}-O-\underset{OH}{\overset{O}{P}}-OH$$

三聚磷酸

$$\begin{matrix} HO-\overset{O}{P}-\boxed{OH\ \ H}-O-\overset{O}{P}-OH \\ | \qquad\qquad\qquad\qquad | \\ \boxed{O-H\ \ H}-O \qquad \boxed{O-H\ \ H}-O \\ | \qquad\qquad\qquad\qquad | \\ HO-\underset{O}{P}-\boxed{OH\ \ H}-O-\underset{O}{P}-OH \end{matrix} \xrightarrow[\triangle]{-4H_2O} \begin{matrix} HO-\overset{O}{P}-O-\overset{O}{P}-OH \\ | \qquad\quad | \\ O \qquad\quad O \\ | \qquad\quad | \\ HO-\underset{O}{P}-O-\underset{O}{P}-OH \end{matrix}$$

四聚偏磷酸

焦磷酸、三聚磷酸和四聚偏磷酸都是多聚磷酸(同多酸)，多聚磷酸为缩合酸，一般缩合酸的酸性比正酸的酸性强。

磷酸是重要的无机酸，主要用于制药、食品、肥料等工业，也可用作化学试剂。

2. 磷酸盐

磷酸盐有三种类型，即磷酸正盐，Na_3PO_4、$Ca_3(PO_4)_2$；磷酸一氢盐，Na_2HPO_4、$CaHPO_4$；磷酸二氢盐，NaH_2PO_4、$Ca(H_2PO_4)_2$。

磷酸二氢盐($H_2PO_4^-$)都易溶于水，而其他两种盐除 K^+、Na^+、NH_4^+ 盐外，一般难溶于水。可溶性磷酸盐在水中都有不同程度的水解，使溶液显示不同的 pH。

$$PO_4^{3-} + H_2O \rightleftharpoons HPO_4^{2-} + OH^- \qquad \text{溶液显碱性}$$

$$HPO_4^{2-} + H_2O \rightleftharpoons H_2PO_4^- + OH^- \qquad \text{溶液显碱性(pH=9～10)}$$

$$H_2PO_4^- + H_2O \rightleftharpoons H_3PO_4 + OH^- \qquad \text{溶液显酸性(pH=4～5)}$$

$H_2PO_4^-$ 水解后溶液显微酸性，是因为 $H_2PO_4^-$ 水解同时，还发生解离作用。

$$H_2PO_4^- \rightleftharpoons H^+ + HPO_4^{2-}$$

而且解离程度比水解程度大，所以溶液显酸性。

磷酸二氢钙溶于水，能为植物所吸收，是重要的磷肥。工业上用适量硫酸处理天然磷酸钙生产磷肥，反应如下

$$Ca_3(PO_4)_2 + 2H_2SO_4 + 4H_2O \longrightarrow 2(CaSO_4 \cdot 2H_2O) + Ca(H_2PO_4)_2$$

生成的磷酸二氢钙和硫酸钙的混合物能直接用作肥料，称过磷酸钙或普钙。

在含有硝酸的水溶液中，将 PO_4^{3-} 与过量的钼酸铵$(NH_4)_2MoO_4$混合、加热，可慢慢析出黄色的磷钼酸铵沉淀。

$$PO_4^{3-} + 12MoO_4^{2-} + 24H^+ + 3NH_4^+ \longrightarrow \underset{\text{(黄色)}}{(NH_4)_3PO_4 \cdot 12MoO_3 \cdot 6H_2O\downarrow} + 6H_2O$$

此反应可用于鉴定 PO_4^{3-}。

磷酸盐是几乎所有食物的天然成分之一，作为重要的食品配料和功能添加剂被广泛用于食品加工中。对一切生物来说，磷酸盐在所有能量传递过程，如新陈代谢、光合作用、神经功能和肌肉活动中都起着重要作用。

3. 焦磷酸及其盐

焦磷酸($H_4P_2O_7$)是无色玻璃状固体，易溶于水。在冷水中，它会慢慢地转化为磷酸。焦磷酸是四元酸($K_1^\ominus=3.0\times10^{-2}$)，酸性比磷酸强。一般来说，同类含氧酸的缩合程度越大，酸性越强。常见的焦磷酸盐有 $M(I)_2H_2P_2O_7$ 和 $M(I)_4P_2O_7$ 两种类型。将磷酸一氢钠加热可得焦磷酸钠。

$$2Na_2HPO_4 \xrightarrow{\triangle} Na_4P_2O_7 + H_2O$$

焦磷酸盐用于制洗涤剂、软水剂，并用于电镀等。

4. 偏磷酸及其盐

偏磷酸的化学式可简写成 HPO_3，实际上是多聚偏磷酸$(HPO_3)_x$。常见的有三聚偏磷酸和四聚偏磷酸。偏磷酸是透明的玻璃状物质，质硬，易溶于水，在溶液中逐步转变为磷酸。

将磷酸二氢钠加热至 400～500℃，可制得三聚偏磷酸盐。

$$3NaH_2PO_4 \xrightarrow{400 \sim 500℃} Na_3(PO_3)_3 + 3H_2O$$

继续加热到 700℃后骤冷，可得到多磷酸盐的玻璃体，链长约达 30～90 个 PO_3^- 单元。该盐主要用于处理锅炉用水。它可以和硬水中的 Ca^{2+}、Mg^{2+} 等形成可溶性配合物，使硬水软化，阻止锅垢生成。

第三节　碳、硅、硼

一、碳的化合物

碳原子价层电子构型为 $2s^22p^2$，能形成氧化数为＋2、＋4 的化合物。碳的 M(Ⅱ)化合物不稳定，主要形成氧化数为＋4 的化合物，碳有时还能形成氧化数为－4 的化合物。

(一) 碳的氧化物

CO 和 CO_2 是碳的主要氧化物。实验室可以用浓硫酸从 HCOOH 中脱水制备少量的 CO。碳在氧气不充分的条件下燃烧生成 CO。工业上 CO 的主要来源是水煤气。CO 是无色、无臭、有毒的气体。空气中 CO 的体积分数为 0.1%时，就会使人中毒，原因是它能与血液中携带 O_2 的血红蛋白结合，破坏血液的输 O_2 功能。CO 是良好的气体燃料，也是重要的化工原料，冶金工业上用作还原剂。

CO_2 主要来自煤、石油气及其他含碳化合物的燃烧、碳酸钙的分解、动物的呼吸过程及发酵过程。CO_2 是无色、无臭的气体，不助燃，易液化。大气中正常含量的体积分数约占 0.03%。自然界通过植物的光合作用和海洋中浮游生物可将 CO_2 转变为 O_2，维持着大气中 O_2 与 CO_2 的平衡。

固态 CO_2 称为干冰。干冰常不经熔化而直接升华，可用作制冷剂(冷冻温度可达－70℃)。CO_2 大量用于生产 Na_2CO_3、$NaHCO_3$ 和 NH_4HCO_3，也用作灭火剂、防腐剂和灭虫剂。

(二) 碳酸及其盐

1. 碳酸

二氧化碳溶于水形成碳酸。实际上大部分 CO_2 是以水合分子($CO_2 \cdot H_2O$)的形式存在的,只有约 1/600 CO_2 分子转化为 H_2CO_3。碳酸不稳定,只存在于水溶液中,浓度很小,若浓度增大就分解出 CO_2。至今尚未制得过纯碳酸。

碳酸是二元弱酸,水溶液中 H_2CO_3 的解离分步进行

$$H_2CO_3 \rightleftharpoons H^+ + HCO_3^- ; \qquad K^\ominus_{a(1)} = 4.47 \times 10^{-7}$$

$$HCO_3^- \rightleftharpoons H^+ + CO_3^{2-} ; \qquad K^\ominus_{a(2)} = 4.68 \times 10^{-11}$$

2. 碳酸盐

碳酸能形成两种类型的盐:正盐(碳酸盐)和酸式碳酸盐(碳酸氢盐)。除铵和碱金属(锂除外)的碳酸盐外,多数碳酸盐难溶于水;大多数酸式碳酸盐易溶于水。

对难溶碳酸盐来说,其相应的酸式盐比正盐的溶解度大,例如

$$\underset{(难溶)}{CaCO_3} + CO_2 + H_2O \longrightarrow \underset{(易溶)}{Ca(HCO_3)_2}$$

对易溶的碳酸盐来说,它们相应的酸式碳酸盐的溶解度却相对较小。向浓碳酸钠溶液中通入 CO_2 至饱和,可以析出碳酸氢钠:

$$2Na^+ + CO_3^{2-} + CO_2 + H_2O \longrightarrow 2NaHCO_3$$

由于碳酸盐的水解性,碱金属的碳酸盐(例如 Na_2CO_3)水溶液呈碱性,碳酸氢盐(例如 $NaHCO_3$)水溶液显微碱性,所以常把碳酸盐当碱使用。例如,无水碳酸钠叫纯碱,十水碳酸钠($Na_2CO_3 \cdot 10H_2O$)叫洗涤碱,都是常用的廉价碱。在实际工作中,可溶性碳酸盐既可作为碱又可作为沉淀剂,用于分离溶液中某些金属离子。

根据金属碳酸盐和氢氧化物的溶解度不同,金属离子与可溶性碳酸盐的作用有以下三种沉淀形式。

若金属[如 Al(Ⅲ)、Fe (Ⅲ)、Cr(Ⅲ)]氢氧化物的溶解度小于相应的碳酸盐,则生成氢氧化物沉淀,例如

$$2Fe^{3+} + 3CO_3^{2-} + 3H_2O \longrightarrow 2Fe(OH)_3 \downarrow + 3CO_2 \uparrow$$

$$2Al^{3+} + 3CO_3^{2-} + 3H_2O \longrightarrow 2Al(OH)_3 \downarrow + 3CO_2 \uparrow$$

若金属[如 Bi(Ⅲ)、Cu(Ⅱ)、Mg(Ⅱ)、Pb(Ⅱ)等]氢氧化物与相应的碳酸盐溶解度相差不大,则生成碱式碳酸盐沉淀,例如

$$2Cu^{2+} + 2CO_3^{2-} + H_2O \longrightarrow Cu_2(OH)_2CO_3 \downarrow + CO_2 \uparrow$$

若金属[如Ca(Ⅱ)、Sr(Ⅱ)、Ba(Ⅱ)、Ag(Ⅰ)、Cd(Ⅱ)、Mn(Ⅱ)等]氢氧化物的溶解度大于相应的碳酸盐，则生成碳酸盐沉淀，例如

$$Ba^{2+} + CO_3^{2-} \longrightarrow BaCO_3\downarrow$$

不同的碳酸盐分解温度相差很大。金属离子的极化能力越强，相应碳酸盐的热稳定性越差。一般来说，碳酸盐热稳定性的顺序是

碱金属盐>碱土金属盐>过渡金属盐>铵盐

碳酸盐>碳酸氢盐>碳酸

这一规律可用极化理论来解释。当没有外电场影响时，CO_3^{2-} 中 3 个 O^{2-} 已被 C^{4+} 所极化而变形；当金属离子(M^+)接近一个 O^{2-} 时，会对 O^{2-} 产生极化，由于金属离子(M^+)对其极化的偶极方向与 C^{4+} 对 O^{2-} 极化所产生的偶极方向相反，使这个 O^{2-} 原来的偶极矩变小甚至反向，从而削弱了C—O键，这种作用称反极化作用，如图 10-9 所示。由于反极化作用，导致碳酸根容易断裂，MCO_3 分解成 MO 和 CO_2。

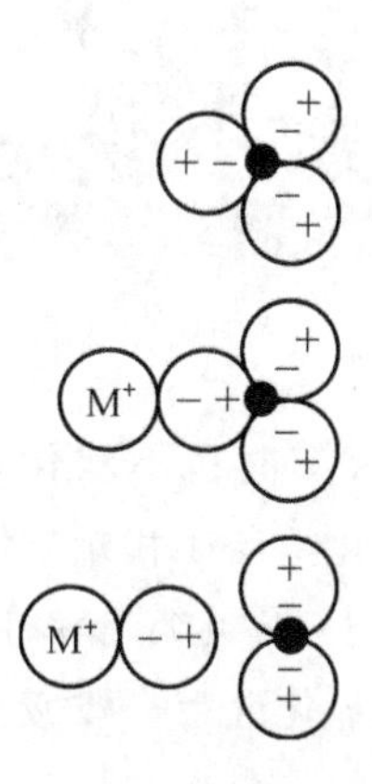

图 10-9　金属离子对 CO_3^{2-} 的反极化作用示意图

表 10-10　一些碳酸盐的分解温度

M^{n+}	Li^+	Na^+	Mg^{2+}	Ca^{2+}	Ba^{2+}	Fe^{2+}	Cd^{2+}	Pb^{2+}
离子半径/pm	60	95	65	99	135	74	97	120
离子电子构型	2e	8e	8e	8e	8e	(9～17)e	18e	(18+2)e
分解温度/℃	1 100	1 800	402	814	1 277	282	360	315

表 10-10 列出了一些常见碳酸盐的分解温度，显然，金属离子的极化力越强，它对碳酸根的反极化作用也越强烈，碳酸盐也就越不稳定。

二、硅的化合物

1. 二氧化硅　SiO_2

二氧化硅广泛存在于自然界中，与其他矿物共同构成了岩石。天然二氧化硅又称硅石，其存在形式有结晶态和无定形态两种。石英晶体是结晶的二氧化硅，具有不同的晶型和色彩。石英中无色透明的晶体是通常所说的水晶。若含有微量杂质的水晶带有不同颜色，有紫水晶、茶晶、墨晶等。具有彩色环带状或层状的称为

玛瑙。普通砂粒是混有杂质的石英细粒。自然界存在的硅藻土是无定形二氧化硅，是低等水生植物硅藻的遗体。

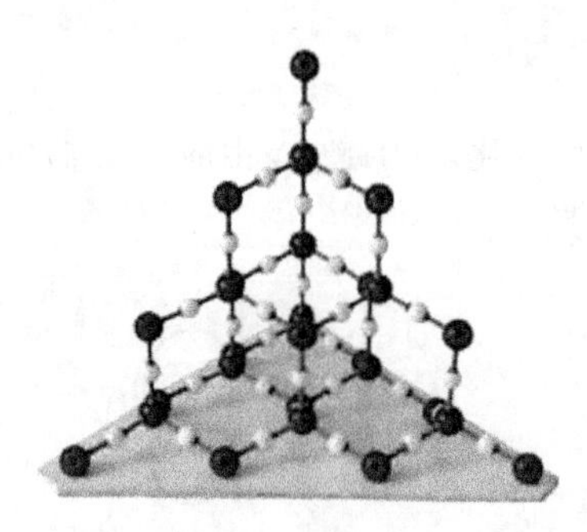

图 10-10　二氧化硅晶体示意图

二氧化硅晶体中，硅原子的 4 个价电子与 4 个氧原子形成 4 个共价键，硅原子位于正四面体的中心，4 个氧原子位于正四面体的 4 个顶角上(图 10-10)，SiO_2 是表示组成的最简式，仅是表示二氧化硅晶体中硅和氧的原子个数之比。二氧化硅是原子晶体。

石英在 1 600℃时熔化成黏稠液体，其内部结构变为不规则状态，若急剧冷却，形成石英玻璃。石英玻璃具有许多特殊性能，如加热至 1 400℃时也不软化，热膨胀系数小，可透过可见光和紫外光，因而可用于制造高级化学器皿和光学仪器。石英玻璃的另一个重要用途是制光导纤维，用在光导通讯上，石英类光导纤维是光通讯的重要原料。

二氧化硅与一般酸不起反应，但能与氢氟酸反应。

$$SiO_2 + 4HF \longrightarrow SiF_4 \uparrow + 2H_2O$$

二氧化硅与氢氧化钠或纯碱共熔可制得硅酸钠。

$$SiO_2 + 2NaOH \longrightarrow Na_2SiO_3 + H_2O$$

$$SiO_2 + Na_2CO_3 \longrightarrow Na_2SiO_3 + CO_2 \uparrow$$

2. *硅酸及硅酸盐*

硅酸的形式很多，其组成随形成时的条件而异，常以通式 $x SiO_2 \cdot y H_2O$ 来表示。已知在一定条件下能稳定存在的有偏硅酸 H_2SiO_3($x=1$，$y=1$)、正硅酸H_4SiO_4($x=1$，$y=2$)、二偏硅酸 $H_2Si_2O_5$($x=2$，$y=1$)和焦硅酸 $H_6Si_2O_7$($x=2$，$y=3$)。

硅酸的酸性很弱，$K^{\ominus}_{a(1)} = 2.5 \times 10^{-10}$，$K^{\ominus}_{a(2)} = 1.6 \times 10^{-12}$。实验室中，用可溶性硅酸盐与酸反应可制得硅酸。

$$SiO_4^{4-} + 4H^+ \longrightarrow H_4SiO_4$$

硅酸在水中的溶解度不大。刚开始生成的单分子硅酸可以溶于水，不会立即沉淀，当这些单分子硅酸逐步缩合成多硅酸时，则形成硅酸溶胶。

$$HO-\underset{OH}{\overset{OH}{|}}\!\!\!\!Si-\boxed{OH + H}O-\underset{OH}{\overset{OH}{|}}\!\!\!\!Si-OH \longrightarrow HO-\underset{OH}{\overset{OH}{|}}\!\!\!\!Si-O-\underset{OH}{\overset{OH}{|}}\!\!\!\!Si-OH + H_2O$$

若在稀的硅酸溶胶内加入电解质，或者在适当浓度的硅酸盐溶液中加酸，则生成硅酸胶状沉淀（凝胶）。

硅酸凝胶为多硅酸，其含水量高，软而透明，有弹性。如果将硅酸凝胶中大部分水脱去，则得到白色、稍透明的硅酸干胶，称之为硅胶。

硅胶内有很多微小的孔隙，内表面积很大，因此硅胶有很强的吸附性能，可作吸附剂、干燥剂和催化剂的载体。例如，实验室常用变色硅胶作精密仪器的干燥剂。变色硅胶内含有氯化钴，无水时 $CoCl_2$ 呈蓝色，含水时 $[Co(H_2O)_6]^{2+}$ 呈粉红色。

二氧化硅与不同比例的碱性氧化物共熔，可得到一些组成确定的硅酸盐，其中最简单的是偏硅酸盐和正硅酸盐。如碱金属的硅酸盐

$$SiO_2 + M_2O \longrightarrow M_2SiO_3$$

$$SiO_2 + 2M_2O \longrightarrow M_4SiO_4$$

所有硅酸盐中，仅碱金属的硅酸盐可溶于水，重金属的硅酸盐难溶于水，并且具有特征的颜色。例如

$CuSiO_3$	$CoSiO_3$	$MnSiO_3$	$Al_2(SiO_3)_3$	$NiSiO_3$	$Fe_2(SiO_3)_3$
蓝绿色	紫色	浅红色	无色透明	翠绿色	棕红色

工业上将石英砂与碳酸钠熔融即得玻璃状的硅酸钠熔体，它能溶于水，其水溶液俗称水玻璃。水玻璃的用途非常广泛，为纺织、造纸、制皂、铸造等工业的重要原料，此外，还可作清洁剂、黏合剂、胶合剂、耐熔抗酸的胶结及密封胶等的材料。

玻璃、水泥、陶瓷等都含有硅酸盐。普通玻璃是用 Na_2CO_3、石灰石和 SiO_2 共熔得到的，大致组成为：$Na_2SiO_3 \cdot CaSiO_3 \cdot 4SiO_2$。若加入不同的金属氧化物可得到不同颜色的玻璃，如加入氧化钴呈蓝色；加入氧化铈呈浅红色；加入 Fe_2O_3 呈黄色。陶瓷是用适当的黏土矿物配料成型，经高温煅烧制得的。水泥则是用石灰石和黏土在 1 400℃左右煅烧而成，它是铝酸钙和硅酸钙的混合物。

三、硼的化合物

1. *硼烷*

硼氢化合物的物理性质与碳的氢化物（烷烃）、硅的氢化物（硅烷）相似，所以硼的氢化物称为硼烷。现已合成出 20 多种硼烷，可分为两大类，通式分别为 B_nH_{n+4} 和 B_nH_{n+6}，最简单的是 B_2H_6（乙硼烷）。B_2H_6 分子中具有桥状结构，在 B_2H_6 分子中，B 原子采取不等性 sp^3 杂化，每个 B 原子的 4 个 sp^3 杂化轨道中有 2 个用于与 2 个 H 原子的 s 轨道形成正常的 σ 键，位于两侧的这 4 个 H 原子和 2 个 B 原子处在

同一平面上；2个B原子之间利用每个B原子另外2个sp^3杂化轨道(一个有电子，另一个没有电子)与另外2个H原子的s轨道形成2个$B\overset{H}{\frown}B$键，犹如2个B原子通过氢原子作为桥梁连接，故$B\overset{H}{\frown}B$也称为氢桥键。两个氢桥键位于平面上、下两侧，并垂直于平面，如图10-11所示。氢桥键由于是由3个原子共用2个电子键合起来的，所以叫做三中心二电子键(简称三中心键)，简写为3c—2e。

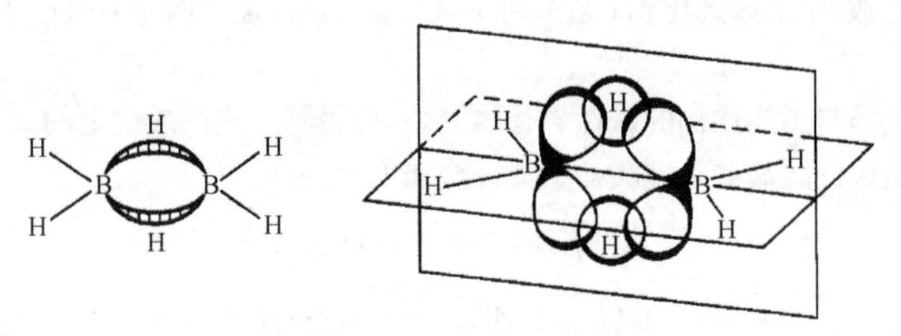

图10-11 乙硼烷的结构

在常温下，B_2H_6及B_4H_{10}为气体，B_5H_9、B_6H_{10}为液体，$B_{10}H_{14}$及其他高硼烷为固体。随着原子数目的增加和相对分子质量的增大。分子变形性增大，熔点、沸点升高。

乙硼烷在空气中能自燃，燃烧时生成三氧化二硼和水，并放出大量的热。

$$B_2H_6(g)+3O_2 \xlongequal{\quad} B_2O_3(s)+3H_2O(g);\qquad \Delta_r H_m^\ominus=-2\,033.79\ kJ\cdot mol^{-1}$$

由于硼烷燃烧时放出大量的热，且反应速率快，因此曾考虑用作火箭或导弹的高能燃料，但由于所有的硼烷都有很大的毒性，且贮存条件苛刻而放弃。

硼烷遇水发生水解作用

$$B_2H_6(g)+6H_2O \xlongequal{\quad} 2H_3BO_3(aq)+6H_2\uparrow;\qquad \Delta_r H_m^\ominus=-465\ kJ\cdot mol^{-1}$$

此反应产生氢气和大量的热。

NH_3、CO是具有孤电子对的分子，能与硼烷发生加合作用，例如

$$B_2H_6+2CO \longrightarrow 2[H_3B\leftarrow CO]$$

$$B_2H_6+2NH_3 \longrightarrow 2[H_3B\leftarrow NH_3]$$

乙硼烷在有机合成中有重要作用，如乙硼烷与不饱和烃可生成烃基硼烷(即硼氢化反应)，烃基硼烷是有机合成的重要中间体；乙硼烷还可使单质硼均匀地涂覆在金属表面，增加金属抗腐蚀和抗磨损能力。

2. 硼酸

硼的含氧酸包括偏硼酸、正硼酸和多硼酸($xB_2O_3\cdot yH_2O$)等。

将纯硼砂($Na_2B_4O_7 \cdot 10H_2O$)溶于沸水中并加入盐酸，放置后可析出硼酸。

$$Na_2B_4O_7 + 2HCl + 5H_2O \longrightarrow 4H_3BO_3 + 2NaCl$$

硼酸的晶体结构单位 $B(OH)_3$，为平面三角形，硼原子位于三角形的中心，硼酸晶体的片状结构如图 10-12 所示。分子内每一个硼原子通过 sp^2 杂化与 3 个氧原子以共价键结合形成平面三角形结构；分子间再通过氢键形成接近六角形的层状结构，层与层之间借助范德华力联系在一起。因此硼酸晶体为鳞片状，具有解理性，可用作滑润剂。

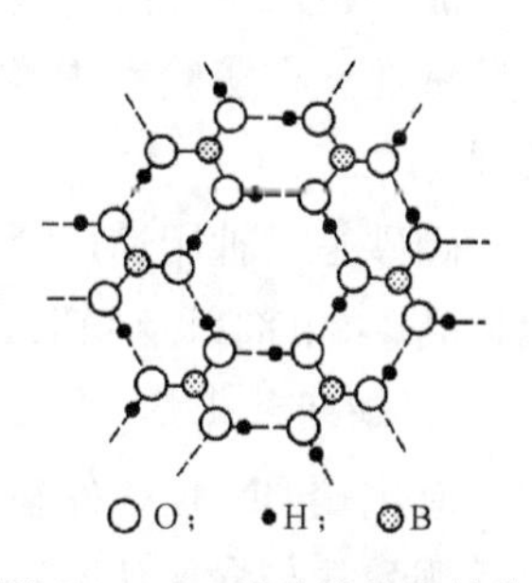

图 10-12　硼酸的晶体结构

硼酸是固体酸。微溶于冷水，随着温度的升高，硼酸中的部分氢键断裂，故在热水中的溶解度明显增大。

硼酸是一元弱酸($K_a^\ominus = 5.4 \times 10^{-10}$)，在水中之所以呈酸性，是由于硼酸中的硼原子是缺电子原子，价层具有空轨道，能接受水解离出的具有孤电子对的 OH^-，以配位键形式加合，生成$[B(OH)_4]^-$。

$$H_3BO_3 + H_2O \longrightarrow [B(OH)_4]^- + H^+$$

硼酸大量用于搪瓷和玻璃工业。还用于消毒、杀虫、防腐，在核电站中控制铀核分裂的速度，以及制取其他硼化合物。

3. 硼酸盐

硼酸盐有偏硼酸盐、正硼酸盐和多硼酸盐等多种。最重要的硼酸盐是四硼酸钠，俗称硼砂。硼砂的化学式为 $Na_2B_4O_5(OH)_4 \cdot 8H_2O$，但习惯上常把它的化学式写成 $Na_2B_4O_7 \cdot 10H_2O$。

硼砂晶体的主要结构单元是$[B_4O_5(OH)_4]^{2-}$。它是由两个 BO_3 原子团和两个 BO_4 原子团通过共用角上氧原子联结而成。

硼砂是无色透明的晶体，在空气中易风化失水。受热时先失去结晶水成为蓬松状物质；加热至 350～400℃时，脱去全部结晶水成为无水盐 $Na_2B_4O_7$；在 878℃时熔化成玻璃态。熔化的硼砂可以溶解铁、钴、镍、锰等金属氧化物，形成偏硼酸的复盐。不同金属的偏硼酸复盐显不同的特征颜色。例如

$$Na_2B_4O_7 + CoO \longrightarrow \underset{\text{(蓝色)}}{Co(BO_2)_2 \cdot 2NaBO_2}$$

$$Na_2B_4O_7 + MnO \longrightarrow \underset{\text{(绿色)}}{Mn(BO_2)_2 \cdot 2NaBO_2}$$

硼砂的这一反应性能叫做硼砂珠实验。可用于某些金属离子的定性分析和焊接金属时除锈。

硼砂在水中的溶解度很大，且随温度的升高而增加。在水溶液中易水解，水溶液呈碱性。在实验室中常用硼砂作为标定酸浓度的基准物质及配制缓冲溶液的试剂。

硼砂是一种用途广泛的化工原料，主要用于玻璃和搪瓷行业，还用作清洁剂、化妆品、杀虫剂以及制取其他硼化合物等。

4. 硼的氮化物

氮化硼 BN 是一种新型的无机合成材料。工业上较好的制法是用三氧化二硼或者硼酸盐与含氮化合物进行反应(800～1 200℃)。在实验室中为得到少量纯度高的氮化硼，可利用卤化硼和氨反应来制取。

BN 共有 12 个电子，与两个碳原子的核外电子数相等，属于等电子体。等电子体常常表现出相似的结构和相近的性质。BN 有三种晶型：无定形(类似无定形碳)、六方晶型(类似石墨)和立方晶型(类似金刚石)。六方晶型的 BN 又称白石墨，是一种优良的耐高温润滑剂。用它做成的氮化硼纤维质地柔软、具有抗化学侵蚀性质，质轻、防火、耐高温、耐腐蚀等特点，已被用于工业上。立方晶系氮化硼具有比金刚石还强的硬度，可作超硬材料。

思考题与习题

1. 为何不用 NH_4NO_3、$(NH_4)_2Cr_2O_7$、NH_4HCO_3 制取 NH_3？

2. 反应 $4NH_3(g)+5O_2(g)\xrightarrow[\text{催化剂}]{\triangle}4NO(g)+6H_2O(g)$ 是生产硝酸的重要反应。

(1) 试通过热力学计算证明该反应在常温下可以自发进行。

(2) 生产上一般选择反应温度在 800℃ 左右，试分析原因。

3. 为什么一般情况下浓 HNO_3 被还原为 NO_2，而稀 HNO_3 被还原成 NO？这与它们氧化能力的强弱是否矛盾？

4. 解释下列事实：

(1) NH_4HCO_3 俗称“气肥”，储存时要密封。

(2) 用浓氨水可检查氯气管道是否漏气。

5. 用平衡移动的观点解释 Na_2HPO_4 和 NaH_2PO_4 与 $AgNO_3$ 作用都生成黄色淀。沉淀析出后溶液的酸碱性有何变化？写出相应的反应方程式。

6. 试从水解、解离平衡角度综合分析 Na_3PO_4 Na_2HPO_4 NaH_2PO_4 水溶液的酸碱性。

7. 要使氨气干燥，应将其通过下列哪种干燥剂？

(1) H_2SO_4 (2) $CaCl_2$ (3) P_4O_{10} (4) NaOH(s)

8. 汽车废气中的 NO 和 CO 均为有害气体，为了减少这些气体对空气的污染，从热力学观点看下述反应可否利用?

$$2CO(g) + 2NO(g) \longrightarrow 2CO_2(g) + N_2(g)$$

9. 如何鉴定 NH_4^+、NO_3^-、PO_4^{3-}? 写出其反应方程式。

10. 如何除去 CO 中的 CO_2 气体?

11. 试通过热力学分析说明下列反应要在高温下才能进行。

$$SiO_2(s) + 2C(s) \longrightarrow Si(s) + 2CO(g)$$

12. 用反应式表示下列反应:

(1) 氯水逐滴加入 KBr 溶液中。

(2) 氯气通入热的石灰乳中。

(3) 用 $HClO_3$ 处理 I_2。

(4) 氯酸钾在无催化剂存在时加热分解。

13. 试写出下列制备过程的有关反应方程式:

(1) 以食盐为基本原料制备 NaClO、$Ca(ClO)_2$、$KClO_3$、$HClO_4$。

(2) 以萤石(CaF_2)为基本原料制备 F_2。

(3) 以 KI 为基本原料制备 KIO_3。

14. 完成下列反应方程式。

(1) $Cl_2 + KOH$(冷) $\longrightarrow$

(2) $Cl_2 + KOH$(热) $\longrightarrow$

(3) $KClO_3 + HCl \longrightarrow$

(4) $KClO_3 \longrightarrow$

(5) $I_2 + H_2O \longrightarrow$

(6) $KClO_3 + KI + H_2SO_4 \longrightarrow$

15. 下列各对物质在酸性溶液中能否共存? 为什么?

(1) $FeCl_3$ 与 Br_2 水

(2) $FeCl_3$ 与 KI 溶液

(3) NaBr 与 $NaBrO_3$ 溶液

(4) KI 与 KIO_3 溶液

16. 有 9.43 g 的 NaCl、$CaCl_2$、KI 混合物,将其溶于水后,通入氯气使之反应。反应后将溶液蒸干,灼烧所得残留物重 6.22 g。再将残留物溶于水,加入足量 Na_2CO_3 溶液,所得沉淀经过滤、烘干后重 1.22 g。计算原混合物中各物质的质量。

17. 用一简便方法,将下列五种固体加以鉴别,并写出有关反应式。

$$Na_2S \quad Na_2S_2 \quad Na_2SO_3 \quad Na_2SO_4 \quad Na_2S_2O_3$$

18. 完成并配平下列反应方程式(尽可能写出离子反应方程式)。

(1) $H_2O_2 \longrightarrow$

(2) $H_2O_2 + KI + H_2SO_4 \longrightarrow$

(3) $H_2O_2 + KMnO_4 + H_2SO_4 \longrightarrow$

(4) $H_2S + FeCl_3 \longrightarrow$

(5) $Na_2S_2O_3 + I_2 \longrightarrow$

(6) $Na_2S_2O_3 + Cl_2 + H_2O \longrightarrow$

(7) $H_2S + H_2SO_3 \longrightarrow$

(8) $Al_2O_3 + K_2S_2O_7 \longrightarrow$

(9) $Na_2S_2O_8 + MnSO_4 + H_2O \longrightarrow$

(10) $AgBr + Na_2S_2O_3 \longrightarrow$

19. 写出下列各铵盐、硝酸盐的热分解反应式。

(1) 铵盐：NH_4Cl　$(NH_4)_2SO_4$　$(NH_4)_2Cr_2O_7$

(2) 硝酸盐：KNO_3　$Cu(NO_3)_2$　$AgNO_3$

20. 写出下列反应的方程式。

(1) 亚硝酸盐在酸性溶液中分别被 MnO_4^-、$Cr_2O_7^{2-}$ 氧化成硝酸盐。其中 MnO_4^-、$Cr_2O_7^{2-}$ 分别被还原为 Mn^{2+}、Cr^{3+}。

(2) 亚硝酸盐在酸性熔液中被 I^- 还原成 NO。

(3) 亚硝酸与氨水反应产生 N_2。

21. 如何用简便方法鉴别下列各组物质的溶液？写出其反应方程式。

(1) NH_4Cl 和 $(NH_4)_2SO_4$。

(2) KNO_2 和 KNO_3。

22. 完成并配平下列反应方程式。

(1) $S + HNO_3$(浓) $\longrightarrow$

(2) $Zn + HNO_3$(很稀) $\longrightarrow$

(3) $CuS + HNO_3 \longrightarrow$

(4) $PCl_5 + H_2O \longrightarrow$

(5) $AsO_3^{3-} + H_2S + H^+ \longrightarrow$

(6) $AsO_4^{3-} + I^- + H^+ \longrightarrow$

(7) $Sb_2S_3 + S^{2-} \longrightarrow$

23. 在经稀 HNO_3 酸化的化合物 A 溶液中加入 $AgNO_3$ 溶液，生成白色沉淀 B。B 能溶解于氨水得一溶液 C。C 中加入稀 HNO_3 时，B 重新析出。将 A 的水溶液以 H_2S 饱和，得一黄色沉淀 D。D 不溶于稀 HCl，但能溶于 KOH 和 $(NH_4)_2S_2$。D 溶于 $(NH_4)_2S_2$ 时得到溶液 E 和单质硫。酸化 E，析出黄色沉淀 F，并放出一腐臭气体 G。试标明各代号所示物质，并写出有关反应方程式。

24. 完成下列反应方程式。

(1) $SiO_2 + Na_2CO_3 \xrightarrow{\text{熔融}}$

(2) $NaSiO_3 + CO_2 + H_2O \longrightarrow$

(3) $Si + HF \longrightarrow$

(4) $SiCl_4 + H_2O \longrightarrow$

(5) $B_2H_6 + H_2O \longrightarrow$

(6) $BF_3 + HF \longrightarrow$

25. 某白色固体 A 不溶于水，当加热时，猛烈地分解而产生一固体 B 和无色气体 C（此气体可使澄清的石灰水变浑浊）。固体 B 不溶于水，但溶解于 HNO_3 得一溶液 D。向 D 溶液中加 HCl 产生白色沉淀 E。E 易溶于热水，E 溶液与 H_2S 反应得一黑色沉旋 F 和挂出液 G。沉淀 F 溶解于 60% HNO_3 中产生一淡黄色沉淀 H、溶液 D 和一无色气体 I，气体在空气中转变成红棕色。根据以上实验现象，判断各代号物质的名称，并写出有关的反应式。

26. 写出硼砂分别与 NiO、CuO 共熔时的反应式。

第十一章 金属元素及其化合物

上一章我们学习了非金属元素及其化合物的制备、性质及其应用方面的知识，非金属元素的单质如氢气、碳与硅、氧气与硫、氮与磷及卤素等都是重要的化工原料和原材料，尤其是它们容易获得电子的氧化性质使其可与电负性较小的非金属和金属元素形成各种以离子键、配位键和共价键结合的非金属化合物，这些化合物是重要的化工原料，如硫酸、硝酸、盐酸、磷酸、碳酸钠和氢氧化钠等；化学肥料，如碳酸氢铵、硝酸铵和磷酸二氢钾等；也包括一些重要的无机非金属材料，如碳化硅、氮化硅、砷化镓和氮化硼等。本章则主要介绍金属与电负性比它大的非金属元素结合而形成的化合物的制备、性质及其应用。由于金属元素的种类繁多，性质差异性大，形成的化合物或材料各具特色，在不同的领域，如能源、信息和生物等高新技术领域都有很好的应用。

第一节 碱金属与碱土金属

一、氢化物

碱金属和碱土金属中的 Ca、Sr、Ba 在高温下与 H_2 反应，生成离子型的氢化物，其中以氢化钠、氢化锂最为常见。离子型氢化物具有离子化合物特征，如熔点、沸点较高，熔融时能够导电等。

氢化钠 NaH 是一种强还原剂，常用于有机合成中。LiH 非常活泼，是强还原剂。遇水发生激烈反应并放出大量的氢气。

$$LiH + H_2O \longrightarrow LiOH + H_2\uparrow$$

1 kg 氢化锂分解后可放出 2 800 L 氢气。因此氢化锂确是名不虚传的“制造氢气的工厂”。第二次世界大战期间，美国飞行员备有轻便的氢气源——氢化锂，作应急之用。

二、氧化物

碱金属与氧所形成的二元化合物包括普通氧化物、过氧化物、超氧化物和臭氧化物。碱土金属与氧形成的二元化合物只有前三种氧化物。过氧化物 M_2O_2 中的氧无单电子，为抗磁性物质，超氧化物和臭氧化物中的氧有单电子为顺磁性物质。碱金属在充足的空气中燃烧时，只有锂生成普通氧化物 Li_2O，钠生成过氧化物 Na_2O_2，钾、铷、铯生成超氧化物 MO_2（M=K、Rb、Cs）。碱土金属 Be、Mg、Ca、Sr 在充足的空气中燃烧都形成普通氧化物 MO，钡形成过氧化物 BaO_2。

1. 普通氧化物

氧化锂可由单质锂在空气中燃烧获得，氧化钠可用叠氮化钠（NaN_3）还原亚硝酸钠的方法获得，氧化钾则是从单质钾还原硝酸钾获得。

$$4Li + O_2 \longrightarrow 2Li_2O$$

碱土金属的普通氧化物可以从单质与氧气的燃烧反应中直接获得，但实际生产中常从它们的碳酸盐或硝酸盐加热分解制备。

$$CaCO_3 \xrightarrow{\triangle} CaO + CO_2\uparrow$$

碱金属氧化物与水反应生成相应的氢氧化物，并放出大量的热。

$$Na_2O + H_2O = 2NaOH$$

碱土金属由于离子半径小、电荷高，其氧化物的晶格能大，导致它们的熔点比相应的碱金属氧化物高很多，与水反应比较温和。经过煅烧的 BeO 和 MgO 极难与水反应，而且熔点高，是极好的耐火材料。

2. 过氧化物

过氧化物是含有过氧基（—O—O—）的化合物，可看成是 H_2O_2 的盐，除铍外，碱金属、碱土金属在一定条件下都能形成过氧化物。常见的是过氧化钠和过氧化钙。过氧化物的稳定性随离子的半径增大而增强，碱土金属的过氧化物稳定性低于碱金属过氧化物。

过氧化钠 Na_2O_2 呈强碱性，含有过氧离子，在碱性介质中过氧化钠是一种强氧化剂，常用作氧化分解矿石的熔剂。例如：

$$Cr_2O_3 + 3Na_2O_2 \longrightarrow 2Na_2CrO_4 + Na_2O$$

$$MnO_2 + Na_2O_2 \longrightarrow Na_2MnO_4$$

Na_2O_2与水作用产生 H_2O_2，H_2O_2立即分解放出氧气。所以过氧化钠常用作纺织品、麦秆、羽毛等的漂白剂和氧气发生剂。在潮湿的空气中，过氧化钠能吸收二氧化碳气并放出氧气。

$$2Na_2O_2 + 2CO_2 \longrightarrow 2Na_2CO_3 + O_2 \uparrow$$

因此过氧化钠广泛用于防毒面具、高空飞行和潜水艇里，吸收人呼出的二氧化碳并供给氧气。

在酸性介质中，当遇到像高锰酸钾这样的强氧化剂时，过氧化钠就呈现还原性，过氧离子被氧化成氧气单质。反应式如下

$$5O_2^{2-} + 2MnO_4^- + 16H^+ \longrightarrow 2Mn^{2+} + 5O_2 \uparrow + 8H_2O$$

3. 超氧化物

超氧化钾 KO_2、超氧化铷 RbO_2和超氧化铯 CsO_2中都含有超氧离子，因为超氧离子中有一个未成对的电子，所以超氧化物有顺磁性并呈现出颜色。超氧化钾是橙黄色，超氧化铷是深棕色，超氧化铯是深黄色。

超氧化物都是强氧化剂，与水剧烈地反应放出氧气和过氧化氢。

$$2MO_2 + 2H_2O \longrightarrow O_2 \uparrow + H_2O_2 + 2MOH(M = K、Rb、Cs)$$

超氧化物还能除去二氧化碳并再生出氧气，可以用于急救器、潜水和登山等方面。

$$4MO_2 + 2CO_2 \longrightarrow 2M_2CO_3 + 3O_2(M = K、Rb、Cs)$$

4. 臭氧化物

钾、铷、铯的氢氧化物与臭氧反应，可得臭氧化物，如 KO_3。臭氧化物不稳定，容易分解。

$$3KOH(s) + 2O_3(g) \longrightarrow 2KO_3(s) + KOH + H_2O(s) + 1/2O_2$$

$$4KO_3 + 2H_2O \longrightarrow 5O_2 + 4KOH$$

三、氢氧化物

碱金属溶于水生成相应的氢氧化物，而工业上则采取电解碱金属氯化物饱和溶液的方法制取碱金属的氢氧化物。它们最突出的化学性质是强碱性，对纤维和皮肤有强烈的腐蚀作用，所以称它们为苛性碱。

$$2NaOH + SiO_2 \longrightarrow Na_2SiO_3 + H_2O$$

碱金属的氢氧化物都是白色晶状固体，具有较低的熔点。除 LiOH 在水中的

溶解度(13 g/100 g 水)较小外,其余碱金属的氢氧化物都易溶于水,并放出大量的热。在空气中易吸湿潮解,所以固体 NaOH 是常用的干燥剂。它们还容易与空气中的二氧化碳作用生成碳酸盐,所以要密封保存。

碱土金属(除 BeO 和 MgO 外)溶于水生成相应的氢氧化物,$Be(OH)_2$为两性,$Mg(OH)_2$为中强碱,其他为强碱。

NaOH 和 KOH 是重要的化工基本原料,它们的水溶液和熔融物能与许多金属或非金属氧化物作用,在工业生产和科学研究上有很多重要用途。

四、盐类

碱金属和碱土金属的常见盐类有卤化物、碳酸盐、硝酸盐、硫酸盐等。除锂外,碱金属与碱土金属盐都是离子型化合物,属离子晶体,具有较高的熔点,在熔融状态有很强的导电能力。碱金属盐在水中完全电离,是强电解质。碱土金属与一价阴离子形成的盐多数易溶于水,如氯化物、硝酸盐和碳酸氢盐等;但其氟化物以及与负电荷高的阴离子形成的盐溶解度一般较小,如 $CaSO_4$、$BaSO_4$、$BaCrO_4$等,原因在于晶格能较大。

1. 离子型盐溶解度的一般规律

离子型盐类溶解度的一般规律如下。

1) 离子的电荷小、半径大的盐往往是易溶的。例如碱金属离子的电荷比碱土金属低,半径比碱土金属大,所以碱金属的氟化物比碱土金属氟化物易溶。

2) 阴离子半径较大时,盐的溶解度常随金属原子序数的增大而减少。例如 I^-、SO_4^{2-} 的半径较大,它们的盐的溶解度按锂到铯,铍到钡的顺序逐渐减小。

3) 相反,阴离子半径较小时,盐的溶解度常随金属的原子序数的增大而增大。例如 F^-、OH^- 的半径较小,其盐的溶解度按锂到铯,铍到钡的顺序逐渐增大。

4) 一般来讲,盐中正负离子半径相差较大时,其盐的溶解度较大。相反,盐中正负离子半径相近时,其溶解度较小。

2. 盐的结晶水与复盐

半径小的碱金属对水分子的引力较大,容易形成结晶水合盐,但碱金属卤化物一般不带结晶水。硝酸盐中只有硝酸锂有结晶水($LiNO_3 \cdot H_2O$ 与 $LiNO_3 \cdot 3H_2O$)。碳酸盐中除碳酸锂外其他碱金属盐都带结晶水。硫酸盐中 $Na_2SO_4 \cdot 10H_2O$ 最为常见,熔化热较大,受热溶于其结晶水而熔化,冷却结晶时放出较多热量,故可以做储热材料。碱土金属离子的电荷比碱金属高,盐带结晶水的趋势更大,如 $MgCl_2 \cdot 6H_2O$、$MgSO_4 \cdot 7H_2O$、$CaCl_2 \cdot 6H_2O$ 等,碱土金属的无水盐有吸水性,无水氯化钙是重要的干燥剂。

除锂外，碱金属离子能形成一系列复盐。复盐的溶解度比简单盐小是形成复盐的主要因素，如 $KCl \cdot MgCl_2 \cdot 6H_2O$（光卤石）、$K_2SO_4 \cdot Al_2(SO_4)_3 \cdot 24H_2O$（明矾）、$K_2SO_4 \cdot MgCl_2 \cdot 6H_2O$（软钾镁矾）、$K_2SO_4 \cdot Cr_2(SO_4)_3 \cdot 24H_2O$（铬钾矾）。

3. 含氧酸盐的热稳定性

碱金属以及碱土金属离子的极化能力影响着含氧酸盐的热稳定性。其离子半径越小，极化能力越强，含氧酸盐的热稳定性越差，分解温度越低。以碳酸盐为例，Li_2CO_3 的分解温度最低，700℃即分解，而 Na_2CO_3 和 K_2CO_3 的分解温度要高于 1 000℃。

$$Li_2CO_3 \longrightarrow Li_2O + CO_2$$

碱土金属含氧酸盐的热稳定性低于碱金属含氧酸盐，又高于碳酸，原因在于阳离子极化能力的强弱。从 Be 到 Ba，随着阳离子极化能力的减弱，碳酸盐的稳定性增强。硝酸盐和硫酸盐的热稳定性与此相似。

$$2Mg(NO_3)_2 \longrightarrow 2MgO + 4NO_2 + O_2$$

$$2KNO_3 \longrightarrow 2KNO_2 + O_2 (630℃)$$

第二节　铝、镓、铟、铊

一、铝的成键特征

Al 原子的价电子层结构为 $3s^2 3p^1$，在化合物中经常表现为+3 氧化态。由于 Al^{3+} 有强的极化能力，在化合物中常显共价，表现出缺电子特点。分子自身容易聚合生成加合物。

Al 原子有空的 3d 轨道，与电子对给予体能形成配位数为 6 或 4 的稳定配合物。例如 $Na_3[AlF_6]$、$Na[AlCl_4]$ 等。

二、氧化铝和氢氧化铝

1. 氧化铝

Al_2O_3 有多种变体，其中最为人们所熟悉的是 $\alpha-Al_2O_3$ 和 $\gamma-Al_2O_3$。它们都是难熔也不溶于水的白色粉末。单质铝表面的氧化膜，既不是 $\alpha-Al_2O_3$，也不是 $\gamma-Al_2O_3$，它是氧化铝的另一种变体。自然界中存在的刚玉为 $\alpha-Al_2O_3$，它的晶体属于六方紧密堆积结构，6 个 O 原子围成一个八面体，在整个晶体中有 2/3 的八面体孔穴为 Al 原子所占据。由于这种紧密堆积结构，晶格能大，所以 $\alpha-Al_2O_3$ 的熔点(2 288 K±15 K)和硬度(8.8)都很高。它不溶于水,也不溶于酸或碱,耐腐蚀而且电绝缘性好。用做高硬度的研磨材料和耐火材料。

天然的或人造刚玉中由于含有不同的杂质而有多种颜色。例如含有微量的 Cr^{3+} 呈红色,称为红宝石。含有 Fe^{2+}、Fe^{3+} 或 Ti^{4+} 的称为蓝宝石。将水合氧化铝加热至 1 273 K 以上,都可以得到 $\alpha-Al_2O_3$。

加热使氢氧化铝脱水,在较低的温度下生成 $\gamma-Al_2O_3$。它的晶体属于面心立方紧密堆积构型。Al 原子不规则的排列在由 O 原子围成的八面体和四面体空穴中。这种结构使 $\gamma-Al_2O_3$ 硬度不高,具有较大的表面积(约 200～600 m^2/g),具有较高的吸附能力和催化活性,性质比 $\alpha-Al_2O_3$ 活泼,较易溶于酸或碱溶液中。又称为活性氧化铝,可以用做吸附剂和催化剂载体。

$$\gamma-Al_2O_3 + 6HCl \longrightarrow 2AlCl_3 + 3H_2O$$

$$\gamma-Al_2O_3 + 2NaOH + 3H_2O \longrightarrow 2Na[Al(OH)_4]$$

2. 氢氧化铝

Al_2O_3 的水合物一般称为氢氧化铝 $Al(OH)_3$,加氨水或碱于铝盐溶液中,可以沉淀出絮状的白色 $Al(OH)_3$ 沉淀,它是一种两性氢氧化物,但其碱性略强于酸性,仍属于弱碱。

$$Al^{3+} + 3OH^- \longrightarrow Al(OH)_3$$

$$Al(OH)_3 + 3H^+ \longrightarrow Al^{3+} + 3H_2O$$

$$Al(OH)_3 + OH^- \longrightarrow Al(OH)_4^-$$

$Al(OH)_3$ 不溶于 NH_3 中,它与 NH_3 不生成配合物。$Al(OH)_3$ 和 Na_2CO_3 一同溶于氢氟酸中,则可以生成冰晶石 Na_3AlF_6

$$2Al(OH)_3 + 12HF + 3Na_2CO_3 \longrightarrow 2Na_3AlF_6 + 3CO_2\uparrow + 9H_2O$$

三、铝盐和铝酸盐

金属铝、氧化铝或氢氧化铝与酸反应得到的产物是铝盐,铝在这里表现为金属。金属铝、氧化铝或氢氧化铝与碱反应得到的产物是铝酸盐,铝在这里表现为非金属。

1. 铝盐

铝盐都含有 Al^{3+} 离子,在水溶液中 Al^{3+} 是以八面体水合配离子的形式存在,它水解使溶液显酸性。

$$[Al(H_2O)_6]^{3+} + H_2O \longrightarrow [Al(H_2O)_5(OH)]^{2+} + H_3O^+$$

$[Al(H_2O)_5(OH)]^{2+}$还将逐级水解，直至产生 $Al(OH)_3$沉淀。

铝盐溶液加热时会促进 Al^{3+}水解而产生一部分 $Al(OH)_3$沉淀。

$$[Al(H_2O)_6]^{3+} \longrightarrow Al(OH)_3\downarrow + 3H_2O + 3H^+$$

在铝盐溶液中加入碳酸盐或硫化物会促使铝盐完全水解。

$$2Al^{3+} + 3CO_3^{2-} + 3H_2O \longrightarrow 2Al(OH)_3\downarrow + 3CO_2\uparrow$$

$$2Al^{3+} + 3S^{2-} + 3H_2O \longrightarrow 2Al(OH)_3\downarrow + 3H_2S\uparrow$$

2. 铝酸盐

Al_2O_3与碱熔融可以制得铝酸盐

$$Al_2O_3 + 2NaOH \longrightarrow 2NaAlO_2 + H_2O$$

固态的铝酸盐有 $NaAlO_2$、$KAlO_2$等，在水溶液中尚未找到 AlO_2^-这样的离子，铝酸盐离子在水溶液中是以$[Al(OH)_4]^-$配离子形式存在的。

铝酸盐水解使溶液显碱性

$$Al(OH)_4^- \longrightarrow Al(OH)_3 + OH^-$$

在这个溶液中通入 CO_2气体，可以促使水解的进行而得到 $Al(OH)_3$的沉淀。反应式如下

$$2NaAlO_2 + 3CO_2 + 3H_2O \longrightarrow 2Al(OH)_3\downarrow + Na_2CO_3$$

工业上正是利用这个反应从铝矾土矿制取 $Al(OH)_3$，而后制备 Al_2O_3。

3. 铝的卤化物

三卤化铝是铝的特征卤化物。除 AlF_3是离子型化合物外，$AlCl_3$、$AlBr_3$和 AlI_3均为共价型化合物。下面我们主要介绍 $AlCl_3$。

(1) 三氯化铝的结构特点

在气相或非极性溶剂中 $AlCl_3$是二聚的。因为 $AlCl_3$是缺电子分子，Al 原子有空轨道，Cl 原子有孤电子对，Al 原子采取 sp^3杂化，接受 Cl 原子的一对孤电子对形成四面体构型。两个 $AlCl_3$分子靠氯桥键(三中心两电子键)结合起来形成 Al_2Cl_6分子，这种氯桥键与 B_2H_6的氢桥键结构相似。

(2) 三氯化铝的化学性质

无水 $AlCl_3$在常温下是一种白色固体，遇水发生强烈水解并放热，甚至在潮湿的空气中也强烈的冒烟：

$$AlCl_3 + H_2O \longrightarrow Al(OH)Cl_2 + HCl\uparrow$$

$AlCl_3$将逐级水解直至产生 $Al(OH)_3$沉淀。

$$Al(OH)Cl_2 + H_2O \longrightarrow Al(OH)_2Cl + HCl\uparrow$$

$$Al(OH)_2Cl + H_2O \longrightarrow Al(OH)_3\downarrow + HCl\uparrow$$

聚合氯化铝是一种高效净水剂。它是由介于 $AlCl_3$和 $Al(OH)_3$之间的一系列中间水解产物聚合而成的高效的高分子化合物，组成式是 $[Al_2(OH)_nCl_{6-n}]_m$ $(1\leqslant n\leqslant 5,\ m\leqslant 10)$，是一个多羟基多核配合物，通过羟基架桥而聚合。因其化学式量比一般絮凝剂 $Al_2(SO_4)_3$、明矾或 $FeCl_3$大得多，而且有桥式结构，所以它有强的吸附能力。能除去水中的铁、锰、氟、放射形污染物、重金属、泥沙、油脂、木质素以及印染废水中的疏水性燃料等，在水质处理方面优于 $Al_2(SO_4)_3$和 $FeCl_3$。$AlCl_3$易溶于乙醚等有机溶剂中，这也恰好证明它是一种共价型化合物。

与 BF_3一样，$AlCl_3$容易与电子对给予体形成配离子或加合物。

$$AlCl_3 + Cl^- \longrightarrow AlCl_4^-$$

$$AlCl_3 + NH_3 \longrightarrow AlCl_3\cdot NH_3$$

这一性质使 $AlCl_3$成为有机合成中常用的催化剂。

(3) 三氯化铝的制备方法

由于铝盐容易水解，在水溶液中无法制得无水 $AlCl_3$，即使是把铝盐溶于浓盐酸中也只能得到组成为 $AlCl_3\cdot 6H_2O$ 的无色晶体。为此无水 $AlCl_3$只能用干法制备。

熔融的金属铝与 Cl_2气反应：$2Al + 3Cl_2 \longrightarrow 2AlCl_3$

氧化铝和碳的混合物中通入 Cl_2气：$Al_2O_3 + 3C + 3Cl_2 \longrightarrow 2AlCl_3 + 3CO$

四、镓、铟和铊

与同族的硼与铝相比，镓、铟与铊除了可以生成三价化合物外，还能生成一价的化合物，且由于惰性电子对效应，自 B 到 Tl+3 价的化合物稳定性下降，+1 价的化合物稳定性上升。例如 Tl_2O_3很不稳定，受热易分解。

$$Tl_2O_3 \longrightarrow Tl_2O + O_2$$

Ga_2O_3和 $Ga(OH)_3$均为两性化合物，反常的是氢氧化镓的酸性强于氢氧化铝。主要表现在氢氧化镓能够溶于氨水，而氢氧化铝则不能。

$$Ga(OH)_3 + NH_3\cdot H_2O \longrightarrow NH_4[Ga(OH)_4]$$

In_2O_3、$In(OH)_3$、Tl_2O_3、TlOH 均为碱性化合物，其中 TlOH 是强碱，类似于

KOH。

Tl^{3+}具有很强的氧化性，能够与许多典型的还原剂(如 Fe^{2+}、S^{2-}、I^-、SO_3^{2-}等)发生反应，自身被还原为稳定的 Tl^+盐。

镓与铟的氮化物 GaN 和 $In_xGa_{1-x}N$ 是新的发光材料，在 3～10 V 直流电激发下可发出可见光和近紫外光，可用于照明、显示和发光二极管。铟与锡的复合氧化物 ITO 是重要的导电陶瓷材料，ITO 优良的透明导电性能和良好的加工工艺性能，已开始大量用于液晶显示器 TFT、LCD、PLZT 陶瓷反射显示器制造，ITO 作为透明导电电极成为太阳能电池的重要组成部分，已得到大量应用。砷化镓属于第三代半导体，它能将电能直接转变为光能，砷化镓灯泡寿命是普通灯泡的 100 倍，而耗能只有其 10%，推广砷化镓等发光二极管(LED)照明，是节能减排的有效举措。

第三节 锡、铅、锑、铋

一、氧化物与氢氧化物

1. 酸碱性

Sn、Pb、Sb 与 Bi 都有两种氧化物，分别为 MO、MO_2、M_2O_3与 M_2O_5。铅的氧化物除 PbO(密陀僧)和 PbO_2外，还有鲜红色的 Pb_3O_4(铅丹)和橙色的 Pb_2O_3，它们可被看作是 PbO 和 PbO_2的复合氧化物。如铅丹为[$2PbO \cdot PbO_2$或Pb_2PbO_4]，Pb_2O_3为[$PbO \cdot PbO_2$或 $PbPbO_3$]。MO、M_2O_3两性偏碱，MO_2、M_2O_5两性偏酸，均不溶于水。氧化物的水合物也不同程度的具有两性，酸碱性递变规律符合 R－OH 规则。$Pb(OH)_2$是最强的碱，H_3SbO_4是最强的酸，Sn、Sb 的氧化物及其水合物可以溶于酸和碱，而 Bi 的三价氧化物和氢氧化物只能溶于酸，PbO_2只能溶于碱。如

$$Pb_3O_4 + 4HNO_3 \longrightarrow 2Pb(NO_3)_2 + PbO_2 \downarrow + 2H_2O$$

$$Pb_2O_3 + 2HNO_3 \longrightarrow Pb(NO_3)_2 + PbO_2 \downarrow + H_2O$$

$$Sn(OH)_2 + 2OH^- \longrightarrow [Sn(OH)_4]^{2-}$$

$$Sn(OH)_2 + 2H^+ \longrightarrow Sn^{2+} + 2H_2O$$

锡酸有两种构型，即 α－H_2SnO_3和 β－H_2SnO_3。锡酸脱水生成的氧化锡是重要的气体敏感材料，可用于司机酗酒检测和可燃气体报警。前者属无定形锡酸，化学性质活泼，易溶于浓盐酸，也溶于碱。向 Sn^{4+}的溶液中加入氨水可得到白色沉淀物 α－H_2SnO_3。

$$Sn^{4+} + 4NH_3 \cdot H_2O \longrightarrow \alpha\text{-}H_2SnO_3 + 4NH_4^+ + H_2O$$

β-H_2SnO_3化学性质表现为惰性，既不溶于浓酸，也不溶于浓碱。将金属Sn与浓硝酸反应所得的即为β-H_2SnO_3。在溶液中静置或加热可将α-H_2SnO_3转变为β-H_2SnO_3。

2. 氧化还原性

依据惰性电子对效应，二价的铅、四价的锡、三价的锑和铋比较稳定，二价的锡、四价的铅和五价的铋不够稳定，氧化还原性较强。

(1) PbO_2的氧化性

PbO_2为棕黑色，属强氧化剂，可以将Cl^-氧化为Cl_2，把Mn^{2+}氧化为紫色的MnO_4^-，还可以与浓硫酸反应放出O_2。

$$PbO_2 + 4HCl(浓) \longrightarrow PbCl_2 + Cl_2\uparrow + 2H_2O$$

$$2Mn^{2+} + 5PbO_2 + 4H^+ \longrightarrow 2MnO_4^- + 5Pb^{2+} + 2H_2O$$

$$2PbO_2 + 4H_2SO_4(浓) \longrightarrow 2PbSO_4 + O_2\uparrow + 2H_2O$$

(2) $Sn(OH)_2$的还原性

$Sn(OH)_2$为白色粉末，在碱性介质中具有较强的还原性，可将三价铋离子还原为黑色的金属铋，这是鉴定Bi^{3+}的方法。

$$Sn(OH)_2 + 8OH^- + 2Bi^{3+} \longrightarrow 2Bi\downarrow + 3[Sn(OH)_6]^{2-}$$

(3) $NaBiO_3$的氧化性

$NaBiO_3$为棕黄色粉末，微溶于水，可在碱性介质中用Cl_2或NaClO将$Bi(OH)_3$氧化获得。在酸性介质中其氧化性很强，可以氧化Mn^{2+}至MnO_4^-，在分析化学上，这是一个定性检定溶液中有无Mn^{2+}的重要反应。在硝酸溶液中加入固体$NaBiO_3$，加热时有特征的紫红色(MnO_4^-)出现，则可判定溶液中有Mn^{2+}存在。

$$Bi(OH)_3 + Cl_2 + 3NaOH \longrightarrow NaBiO_3\downarrow + 2HCl + 3H_2O$$

$$5NaBiO_3 + 2Mn^{2+}(浅红色) + 14H^+ \longrightarrow 2MnO_4^-(紫红色) + 5Bi^{3+} + 5Na^+ + 7H_2O$$

二、卤化物

锡、铅、锑、铋的卤化物特征是容易水解，低价卤化物以离子性为主，高价卤化物以共价性为主。四价的铅和五价的铋由于具有强的氧化性，没有卤化物。

$SnCl_2$为白色固体，极易水解而生成白色的碱式盐Sn(OH)Cl沉淀，因此在配

制 $SnCl_2$ 溶液时要用盐酸溶解 $SnCl_2$ 固体以抑制水解。$PbCl_2$ 为白色固体，微溶于水，水解程度低于 $SnCl_2$。

$$SnCl_2 + H_2O \longrightarrow Sn(OH)Cl\downarrow + HCl$$

$SnCl_2$ 具有较强的还原性，易被空气氧化，因此在配制 $SnCl_2$ 溶液时，需要加入 Sn 粒防止 $SnCl_2$ 的氧化。$SnCl_2$ 的还原性还体现在与 $HgCl_2$ 的反应，少量 $SnCl_2$ 与 $HgCl_2$ 反应生成 Hg_2Cl_2 白色沉淀，过量的 $SnCl_2$ 可将其进一步还原为黑色的单质 Hg。利用反应过程中沉淀从白色到灰色、黑色的变化，可以鉴定溶液中的 Hg^{2+}。

$$2Sn^{2+} + O_2 + 4H^+ \longrightarrow 2Sn^{4+} + 2H_2O$$

$$Sn + Sn^{4+} \longrightarrow 2Sn^{2+}$$

$$2HgCl_2 + SnCl_2 + 2HCl \longrightarrow Hg_2Cl_2\downarrow(\text{白色}) + H_2SnCl_6$$

$$Hg_2Cl_2 + SnCl_2 + 2HCl \longrightarrow Hg\downarrow(\text{黑}) + H_2SnCl_6$$

$SbCl_3$ 与 $BiCl_3$ 都易发生不完全水解反应，生成 SbOCl 和 BiOCl 白色碱式盐沉淀。配制 Sb^{3+} 与 Bi^{3+} 的溶液时，需加入强酸抑制其水解。

$$SbCl_3 + H_2O \longrightarrow SbOCl\downarrow + 2HCl$$

$$BiCl_3 + H_2O \longrightarrow BiOCl\downarrow + 2HCl$$

$SnCl_4$ 为无色液体，比 $SnCl_2$ 更容易水解，在潮湿的空气中冒烟，因此在制备 $SnCl_4$ 时要严防体系与水接触。$PbCl_4$ 为无色液体，受热易爆炸。

三、硫化物

锡、铅、锑、铋属于亲硫元素，都容易形成硫化物，包括黄色的 SnS_2、棕色的 SnS、橙色的 Sb_2S_3 和 Sb_2S_5、黑色的 PbS 和 Bi_2S_3，PbS_2 与 Bi_2S_5 不存在。酸性的硫化物 SnS_2、Sb_2S_5 和两性的 Sb_2S_3 都溶于 Na_2S、$(NH_4)_2S$ 和 NaOH 溶液，而碱性硫化物 SnS、PbS 和 Bi_2S_3 则不溶于上述溶液，但可溶于浓盐酸或氧化性酸溶液中。如

$$Sb_2S_5 + 3Na_2S \longrightarrow 2Na_3SbS_4(SnS_2、Sb_2S_3)$$

$$Sb_2S_3 + 6NaOH \longrightarrow Na_3SbO_3 + Na_3SbS_3 + 3H_2O(SnS_2、Sb_2S_5)$$

$$Bi_2S_3 + 6HCl \longrightarrow BiCl_3 + 3H_2S\uparrow(SnS、PbS)$$

$$3PbS + 8H^+ + 2NO_3^- \longrightarrow 3Pb^{2+} + 3S\downarrow + 2NO\uparrow + 4H_2O(SnS、Bi_2S_3)$$

SnS 能被多硫化钠氧化成硫代锡酸盐而溶解

$$SnS + S_2^{2-} \longrightarrow SnS_3^{2-}$$

硫代酸盐不稳定,在酸性溶液中会分解生成硫化物沉淀,释放出硫化氢。

$$SnS_3^{2-} + 2H^+ \longrightarrow SnS_2 \downarrow + H_2S \uparrow$$

第四节　钛、钒、铬、锰

一、钛的重要化合物

钛被认为是一种稀有金属,是由于在自然界中存在分散并难于提取。但其相对丰度在所有元素中居第十位。钛重要的矿石有金红石(TiO_2)、钛铁矿($FeTiO_3$)以及钒钛铁矿。我国钛资源丰富,世界上已探明的钛储量中,我国约占一半。钛族元素中锆和铪是稀有金属,主要矿石有锆英石 $ZrSiO_4$,铪常与锆共生。

钛原子的价层电子构型为 $3d^2 4s^2$,最高氧化数为+4,此外还有+3 和+2 氧化数,其中+4 氧化数的化合物最重要。

1. 钛(Ⅳ)的化合物

(1) 二氧化钛(TiO_2)

TiO_2在自然界中有三种晶型:金红石、锐钛矿和板钛矿,其中最常见的为金红石。纯净的二氧化钛又称钛白粉,是重要的白色颜料,不溶于水,也不溶于稀酸,但能缓慢溶解在氢氟酸和热的浓硫酸中。

$$TiO_2 + 6HF \longrightarrow H_2TiF_6 + 2H_2O$$

$$TiO_2 + H_2SO_4 \longrightarrow TiOSO_4 + H_2O$$

TiO_2具有两性(以碱性为主),还可溶于浓碱中,生成偏钛酸钠。

$$TiO_2 + 2NaOH(浓) \longrightarrow Na_2TiO_3 + H_2O$$

TiO_2的化学性质不活泼,且覆盖能力强、折射率高,可用于制造高级白色油漆。TiO_2在工业上称为"钛白",它兼有锌白(ZnO)的持久性和铅白[$Pb(OH)_2CO_3$]的遮盖性,是高档白色颜料,其最大的优点是无毒,在高级化妆品中用作增白剂和抗紫外线吸收剂。TiO_2粒子具有半导体性能,且以其无毒、廉价、催化活性高、稳定性好等特点,成为目前多相光催化反应最常用的半导体材料。世界钛矿开采量的90%以上是用于生产钛白的。钛白的制备方法随其用途而异。

工业上生产 TiO_2 的方法主要有硫酸法和氯化法。目前我国生产 TiO_2 主要用硫酸法。其主要反应如下。

$$FeTiO_3 + 2H_2SO_4(浓) \xrightarrow{煮沸} FeSO_4 + TiOSO_4 + 2H_2O$$

$$TiOSO_4 + 2H_2O \xrightarrow{煮沸} H_2TiO_3 + H_2SO_4$$

$$H_2TiO_3 \xrightarrow{煅烧} TiO_2$$

硫酸法比较突出的问题是副产品的利用和环保问题，大量的硫酸亚铁副产品如果不能有效利用，会造成环境污染。该法制备的氧化钛一般是锐钛矿结构。

氯化法是将粉碎后的金红石或高钛渣与焦炭混合，在流化床氯化炉中与氯气反应生成 $TiCl_4$，经净化，于 1 000℃左右通氧气使 $TiCl_4$ 转化为 TiO_2。

$$TiO_2 + 2C + 2Cl_2 \overset{\triangle}{=\!=} TiO_2 + 2CO$$

$$TiCl_4 + O_2 \xrightarrow{煅烧} TiO_2 + 2Cl_2$$

氯化法比硫酸法能耗低，以气相反应为主，氯气可循环使用，排出的废弃物只有硫酸法的 1/10，其易生产出优质金红石钛白粉。

(2) 钛酸盐和钛氧盐

TiO_2 为两性偏碱性氧化物，可形成两系列盐——钛酸盐和钛氧盐，钛酸盐大都难溶于水。$BaTiO_3$(白色)、$PbTiO_3$(淡黄)介电常数高，具有压电效应，是最重要的压电陶瓷材料，这是一种可以使电能和机械能相互转换的功能材料，广泛用于电子信息技术和光电技术领域。

将二氧化钛与碳酸钡一起熔融可以制得 $BaTiO_3$。

$$BaCO_3 + TiO_2 \longrightarrow BaTiO_3 + CO_2\uparrow$$

若要制备高纯度 $BaTiO_3$，一般采用溶胶-凝胶法，如制备 $BaTiO_3$，选用 $Ba(OAc)_2$[或 $Ba(NO_3)_2$]和 $Ti(OC_4H_9)_4$ 为原料，乙醇作溶剂。先制成溶胶，在空气中存贮，经加入(或吸收)适量水，发生水解——聚合反应变成凝胶，再经热处理可制得所需样品。

硫酸氧钛($TiOSO_4$)为白色粉末，可溶于冷水。在溶液或晶体内实际上不存在简单的钛酰离子 TiO^{2+}，而是以 TiO^{2+} 聚合形成的锯齿状长链(—O—Ti—O—Ti—O) 形式存在，在晶体中这些长链彼此之间由 SO_4^{2-} 连接起来。

TiO_2 为两性氧化物，酸、碱性都很弱，对应的钛酸盐和钛氧盐皆易水解，形成白色偏钛酸(H_2TiO_3)沉淀。

$$Na_2TiO_3 + 2H_2O \longrightarrow H_2TiO_3 \downarrow + 2NaOH$$

$$TiOSO_4 + 2H_2O \xrightarrow{\triangle} H_2TiO_3 \downarrow + H_2SO_4$$

(3) 四氯化钛

四氯化钛($TiCl_4$)是钛最重要的卤化物,通常由 TiO_2、氯气和焦炭在高温下反应制得。$TiCl_4$为共价化合物(正四面体构型),其熔点和沸点分别为−23.2℃和136.4℃,常温下为无色液体,易挥发,具有刺激气味,易溶于有机溶剂。$TiCl_4$极易水解,在潮湿空气中由于水解而冒烟,利用此反应可以制造烟幕。

$$TiCl_4 + 3H_2O \longrightarrow H_2TiO_3 \downarrow + 4HCl \uparrow$$

$TiCl_4$是制备钛的其他化合物的原料。利用氮等离子体,由 $TiCl_4$可获得仿金镀层 TiN。

$$2TiCl_4 + N_2 \xrightarrow{\text{等离子技术}} 2TiN + 4Cl_2$$

2. 钛(Ⅲ)的化合物

氧化数为+3 的钛化合物中,较重要的是紫色的三氯化钛($TiCl_3$)。在500～800℃用氢气还原干燥的气态 $TiCl_4$,可得 $TiCl_3$粉末。

$$2TiCl_4 + H_2 \xrightarrow{\triangle} 2TiCl_3 + 2HCl$$

在酸性溶液中,Ti^{3+}有较强的还原性。$TiCl_3$与 $TiCl_4$一样,均可作为某些有机合成反应的催化剂。在 Ti(Ⅳ)盐的酸性溶液中加入 H_2O_2则生成较稳定的橙色配合物$[TiO(H_2O_2)]^{2+}$,可利用此反应测定钛。

$$TiO^{2+} + H_2O_2 \xrightarrow{\triangle} [TiO(H_2O_2)]^{2+}$$

二、钒的重要化合物

钒重要的矿石除钒钛铁矿外,还有铀钒钾矿$[K(UO_2)VO_4 \cdot 3/2H_2O]$、钒酸铅矿$[Pb_5(VO_4)_3Cl]$等。我国钒矿储量虽居世界首位,但91%是伴生的,回收率低。铌、钽在矿物中共生,其矿物通式以$(Fe、Mn)(Nb、Ta)_2O_6$表示,若以铌为主,称为铌铁矿,若以钽为主,称为钽铁矿。钒主要用作钢的添加剂。含钒(0.1%～0.3%)的钢材,具有强度大、弹性好、抗磨损、抗冲击等优点,广泛用于制造高速切削钢、弹簧钢、钢轨等。

钒原子的价层电子构型为 $3d^3 4s^2$，可形成+5、+4、+3、+2 等氧化数的化合物，其中以氧化数为+5 的化合物较重要。钒的某些化合物具有催化作用和生理功能。

1. 五氧化二钒

五氧化二钒(V_2O_5)为橙黄至砖红色固体，无味、有毒(钒的化合物均有毒)，微溶于水，其水溶液呈淡黄色并显酸性。目前工业上是以含钒铁矿熔炼钢时所获得的富钒炉渣(含 $FeO \cdot V_2O_3$)为原料制取 V_2O_5。首先与纯碱反应

$$4FeO \cdot V_2O_3 + 4Na_2CO_3 + 5O_2 \xrightarrow{\triangle} 8NaVO_3 + 2Fe_2O_3 + 4CO_2 \uparrow$$

然后用水从烧结块中浸出 $NaVO_3$，用酸中和至 pH=5～6 时加入硫酸铵，调节 pH=2～3，可析出六聚钒酸铵，再通过热处理转化为 V_2O_5。

V_2O_5为两性氧化物(以酸性为主)，易溶于强碱(如 NaOH)溶液中。

$$V_2O_5 + 6OH^- \xrightarrow{冷} 2VO_4^{3-}(正钒酸根，无色) + 3H_2O$$

$$V_2O_5 + 2OH^- \xrightarrow{热} 2VO_3^-(偏钒酸根，黄色) + H_2O$$

V_2O_5也可溶于强酸(如 H_2SO_4)，但得不到 V^{5+}，而是形成淡黄色的 VO_2^+。

$$V_2O_5 + 2H^+ \longrightarrow 2VO_2^+(淡黄) + H_2O$$

V_2O_5为中强氧化剂，如与盐酸反应，V(Ⅴ)可被还原为 V(Ⅳ)，并放出氯气。

$$V_2O_5 + 6H^+ + 2Cl^- \longrightarrow 2VO^{2+}(蓝) + Cl_2 \uparrow + 3H_2O$$

V_2O_5在硫酸工业中可作催化剂，石油化工中可用作设备的缓蚀剂。

2. 二氧化钒(VO_2)

二氧化钒为深蓝色晶体粉末，单斜晶系结构。不溶于水，易溶于酸和碱中。溶于酸时不能生成四价离子，而生成正二价的钒氧离子。在干的氢气流中加热至赤热时被还原成三氧化二钒，也可被空气或硝酸氧化生成五氧化二钒，溶于碱中生成亚钒酸盐。可由碳、一氧化碳或草酸还原五氧化二钒制得。

用 V_2O_5和草酸为原料先制出 $VOC_2O_4 \cdot H_2O$，再将其在管式真空炉内煅烧即可得到纳米尺寸的 VO_2。反应式为

$$V_2O_5 + 3H_2C_2O_4 \longrightarrow 2VOC_2O_4 + 2CO_2 + 3H_2O$$

$$VOC_2O_4 \cdot H_2O \xrightarrow{\triangle} VO_2 + CO_2 + 3H_2O$$

二氧化钒在材料世界以其迅速和突然的相变而显得与众不同，其相变温度为

68℃。温度高于 341 K,二氧化钒为金红石结构,表现为金属性;温度低于 341 K,二氧化钒具有单斜结构,呈半导体性,同时电阻率、透光率(特别是红外波段的光学透过率)、磁化率等发生突变。二氧化钒独特的导电特性和光学性能使其在智能玻璃、光存储、激光辐射保护膜、锂离子电池等领域得到了应用。

3. 钒酸盐

钒酸盐的形式多种多样。在一定条件下,向钒酸盐溶液中加酸,随着 pH 的逐渐减小,钒酸根会逐渐脱水,缩合为多钒酸根。

$$\underset{\text{(正钒酸根)}}{VO_4^{3-}} \xrightarrow{pH=12\sim10} \underbrace{V_2O_7^{4-} \xrightarrow{pH=9} V_3O_9^{3-} \xrightarrow{pH=2.2} H_2V_{10}O_{28}^{4-}}_{\text{[多钒酸根]}} \xrightarrow{pH<1} VO_2^+$$

钒酸盐在强酸性溶液中(以 VO_2^+ 形式存在)有氧化性。VO_2^+ 可被 Fe^{2+}、草酸等还原为 VO^{2+}。

$$\underset{\text{(钒酰离子)}}{VO_2^+} + Fe^{2+} + 2H^+ \longrightarrow \underset{\text{(亚钒酰离子)}}{VO^{2+}} + Fe^{3+} + H_2O$$

$$2VO_2^+ + H_2C_2O_4 + 2H^+ \xrightarrow{\triangle} 2VO^{2+} + 2CO_2\uparrow + 2H_2O$$

上述反应可用于氧化还原法测定钒含量。

VO_2^+、VO^{2+} 以及前面已提到过的 SbO^+、BiO^+、TiO^{2+} 等均可看成是相应高价阳离子水解的中间产物,命名时称某酰离子。

三、铬的重要化合物

铬(Cr)、钼(Mo)、钨(W)为 d 区ⅥB 族元素,钼、钨虽为稀有元素,但在我国,钨锰铁矿[主要成分为 $(FeMn)WO_4$]、辉钼矿(主要成分为 MoS_2)的蕴藏丰富。我国钨占世界总储量的一半以上,居世界第一位,钼的储量居世界第二位。铬在自然界中主要以铬铁矿 $Fe(CrO_2)_2$ 形式存在,在我国主要分布在青海的柴达木和宁夏的贺兰山。

由于铬具有高硬度、耐磨、耐腐蚀、良好光泽等优良性能,常用作金属表面的镀层(如自行车汽车精密仪器的零件常为镀铬制件),并大量用于制造合金,如铬钢、不锈钢。

由铬的电极电势可知:在酸性溶液中,氧化数为+6 的铬($Cr_2O_7^{2-}$)有较强氧化性,可被还原为 Cr^{3+};而 Cr^{2+} 有较强还原性,可被氧化为 Cr^{3+}。因此,在酸性溶液中 Cr^{3+} 不易被氧化,也不易被还原。在碱性溶液中,氧化数为+6 的铬(CrO_4^{2-})氧化性很弱,相反,Cr(Ⅲ)易被氧化为 Cr(Ⅵ)。

铬的价层电子构型为 $3d^5 4s^1$，有多种氧化数，其中以氧化数为 +3 和 +6 的化合物较常见，也较重要。

1. Cr(Ⅲ)化合物

(1) 三氧化二铬及其水合物

高温下，通过金属铬与氧直接化合，重铬酸铵或三氧化铬的热分解，都可生成绿色三氧化二铬(Cr_2O_3)固体。

$$4Cr + 3O_2 \xrightarrow{\triangle} 2Cr_2O_3$$

$$(NH_4)_2Cr_2O_7 \xrightarrow{\triangle} Cr_2O_3 + N_2\uparrow + 4H_2O$$

$$CrO_3 \xrightarrow{\triangle} 2Cr_2O_3 + 3O_2\uparrow$$

Cr_2O_3是溶解或熔融都难的两性氧化物，对光、大气、高温及腐蚀性气体(SO_2，H_2S等)极稳定。高温灼烧过的Cr_2O_3在酸、碱液中都呈惰性，但与酸性熔剂共熔，能转变为可溶性铬(Ⅲ)盐。

$$Cr_2O_3 + 3K_2Cr_2O_7 \xrightarrow{高温} Cr_2(SO_4)_3 + 3K_2SO_4$$

Cr_2O_3是冶炼铬的原料，还是一种绿色颜料(俗称铬绿)，广泛应用于陶瓷、玻璃、涂料、印刷等工业。

向铬(Ⅲ)盐溶液中加入碱，可得灰绿色胶状水合氧化铬($Cr_2O_3 \cdot xH_2O$)沉淀，水合氧化铬含水量是可变的，通常称之为氢氧化铬，习惯上以$Cr(OH)_3$表示。

氢氧化铬难溶于水，具有两性，易溶于酸形成蓝紫色的$[Cr(H_2O)_6]^{3+}$，也易溶于碱形成亮绿色的$[Cr(OH)_4]^-$或为$[Cr(OH)_6]^{3-}$。

$$Cr(OH)_3 + 3H^+ \longrightarrow Cr^{3+} + 3H_2O$$

$$Cr(OH)_3 + OH^- \longrightarrow [Cr(OH)_4]^-$$

(2) 铬(Ⅲ)盐

常见的铬(Ⅲ)盐有六水合氯化铬 $CrCl_3 \cdot 6H_2O$(紫色或绿色)，十八水合硫酸铬 $Cr_2(SO_4)_3 \cdot 18H_2O$(紫色)以及铬钾矾(简称)$KCr(SO_4)_2 \cdot 12H_2O$(蓝紫色)，它们都易溶于水。$CrCl_3$的稀溶液呈紫色，其颜色随温度、离子浓度而变化，在冷的稀溶液中，由于$[Cr(H_2O)_6]^{3+}$的存在而显紫色，但随着温度的升高和 Cl^- 浓度的加大，由于生成了$[CrCl(H_2O)_5]^{2+}$(浅绿)或$[CrCl_2(H_2O)_4]^+$(暗绿)而使溶液变为绿色。

由于水合氧化铬为难溶的两性化合物，其酸性、碱性都很弱，因而对应的Cr^{3+}和$[Cr(OH)_4]^-$盐易水解。

在碱性溶液中，$[Cr(OH)_4]^-$有较强的还原性。例如，可用H_2O_2将其氧化为CrO_4^{2-}。

$$2[Cr(OH)_4]^-(\text{绿色}) + 3H_2O_2 + 2OH^- \longrightarrow CrO_4^{2-}(\text{黄色}) + 8H_2O$$

在酸性溶液中，需用很强的氧化剂如过硫酸盐，才能将Cr^{3+}氧化为$Cr_2O_7^{2-}$。

$$2Cr^{3+} + 3S_2O_8^{2-} + 7H_2O \xrightarrow{Ag^+\ \text{催化}} Cr_2O_7^{2-} + 6SO_4^{2-} + 14H^+$$

(3) 铬(Ⅲ)配合物

目前已知的铬(Ⅲ)配合物有几千个，大多数配位数为6。在这些配合物中，e_g轨道全空，在可见光照射下极易发生d-d跃迁，所以，Cr(Ⅲ)配合物大都显色。

$[Cr(H_2O)_6]^{3+}$为最常见的Cr(Ⅲ)的配合物，它存在于水溶液中，也存在于许多盐的水合晶体中。

Cr^{3+}除了可与H_2O、Cl^-等配体形成配合物外，还可与NH_3(l)、$C_2O_4^{2-}$、OH^-、CN^-、SCN^-等形成单一配体配合物，如$[Cr(CN)_6]^{3-}$、$[Cr(NCS)_6]^{3-}$等；此外，还能形成含有两种或两种以上配体的配合物，如$[CrCl(H_2O)_5]^{2+}$、$[CrBrCl(NH_3)_4]^+$等。

2. 铬(Ⅵ)化合物

铬(Ⅵ)化合物主要有三氧化铬(CrO_3)、铬酸钾(K_2CrO_4)和重铬酸钾($K_2Cr_2O_7$)。

(1) 三氧化铬

三氧化铬俗名“铬酐”。向$K_2Cr_2O_7$的饱和溶液中加入过量浓硫酸，即可析出暗红色的CrO_3晶体。

$$K_2Cr_2O_7 + H_2SO_4(\text{浓}) \longrightarrow 2CrO_3\downarrow + K_2SO_4 + H_2O$$

CrO_3有毒，对热不稳定，加热到197℃时分解放氧。

$$4CrO_3 \xrightarrow{\triangle} 2Cr_2O_3 + 3O_2\uparrow$$

CrO_3有强氧化性，与有机物(如酒精)剧烈反应，甚至着火、爆炸。CrO_3易潮解，溶于水主要生成铬酸(H_2CrO_4)，溶于碱生成铬酸盐。

$$CrO_3 + H_2O \longrightarrow H_2CrO_4(\text{黄色})$$

$$CrO_3 + 2NaOH \longrightarrow Na_2CrO_4(\text{黄色}) + H_2O$$

CrO_3广泛用作有机反应的氧化剂和电镀的镀铬液成分，也用于制取高纯铬。

(2) 铬酸盐与重铬酸盐

由于铬(Ⅵ)的含氧酸无游离状态，因而常用其盐。钾、钠的铬酸盐和重铬酸盐是铬的最重要的盐，K_2CrO_4为黄色晶体，$K_2Cr_2O_7$为橙红色晶体（俗称红矾钾）。$K_2Cr_2O_7$在高温下溶解度大（100℃时为 102 g/100 g 水），低温下的溶解度小（0℃时为 5 g/100 g 水），易通过重结晶法提纯；而且$K_2Cr_2O_7$不易潮解，又不含结晶水，故常用作化学分析中的基准物。

向铬酸盐溶液中加入酸，溶液由黄色变为橙红色，而向重铬酸盐溶液中加入碱，溶液由橙红色变为黄色。这表明在铬酸盐或重铬酸盐溶液中存在如下平衡：

$$2CrO_4^{2-}(\text{黄色}) + 2H^+ \underset{OH^-}{\overset{H^+}{\rightleftharpoons}} Cr_2O_7^{2-}(\text{橙红色}) + H_2O$$

实验证明，当 pH=11 时，Cr(Ⅵ)几乎 100%以CrO_4^{2-}形式存在；而当 pH=1.2 时，其几乎 100%以$Cr_2O_7^{2-}$形式存在。

重铬酸盐大都易溶于水；而铬酸盐，除K^+盐、Na^+盐、NH_4^+盐外，一般都难溶于水。向重铬酸盐溶液中加入Ba^{2+}、Pb^{2+}或Ag^+时，可使上述平衡向生成CrO_4^{2-}的方向移动，生成相应的铬酸盐沉淀。

$$Cr_2O_7^{2-} + 2Ba^{2+} + H_2O \longrightarrow 2BaCrO_4(\text{柠檬黄})\downarrow + 2H^+$$

$$Cr_2O_7^{2-} + 2Pb^{2+} + H_2O \longrightarrow 2PbCrO_4(\text{铬黄})\downarrow + 2H^+$$

$$Cr_2O_7^{2-} + 4Ag^+ + H_2O \longrightarrow 2Ag_2CrO_4(\text{砖红})\downarrow + 2H^+$$

上列第二个反应可用于鉴定CrO_4^{2-}。柠檬黄、铬黄可作为颜料。

由铬的电势图可知，重铬酸盐在酸性溶液中有强氧化性，可以氧化H_2S、H_2SO_3、HCl、HI、$FeSO_4$等许多物质，本身被还原为Cr^{3+}。

$$Cr_2O_7^{2-} + 3H_2S + 8H^+ \longrightarrow 2Cr^{3+} + 3S\downarrow + 7H_2O$$

$$Cr_2O_7^{2-} + 3SO_3^{2-} + 8H^+ \longrightarrow 2Cr^{3+} + 3SO_4^{2-} + 4H_2O$$

$$Cr_2O_7^{2-} + 6I^- + 14H^+ \longrightarrow 2Cr^{3+} + 3I_2 + 7H_2O$$

$$Cr_2O_7^{2-} + 6Fe^{2+} + 14H^+ \longrightarrow 2Cr^{3+} + 6Fe^{3+} + 7H_2O$$

在化学分析中常用最后一个反应来测定铁的含量。过去化学实验中用于洗涤玻璃器皿的铬酸“洗液”，是由重铬酸钾的饱和溶液与浓硫酸配制的混合物。

在酸性溶液中，$Cr_2O_7^{2-}$还能氧化H_2O_2。

$$Cr_2O_7^{2-} + 3H_2O_2 + 8H^+ \longrightarrow 2Cr^{3+} + 3O_2\uparrow + 7H_2O$$

在反应过程中，先生成蓝色的过氧化铬(CrO_5)，这是检验 Cr(Ⅵ)和 H_2O_2的灵敏反应。CrO_5不稳定，会逐渐分解成 Cr^{3+}，并放出氧气。但其在乙醚和戊醇中较为稳定。

$$Cr_2O_7^{2-} + 4H_2O_2 + 2H^+ \longrightarrow 2CrO_5(\text{蓝色}) + 5H_2O$$

$$4CrO_5 + 12H^+ \longrightarrow 4Cr^{3+} + 6H_2O + 7O_2\uparrow$$

四、锰的重要化合物

锰是银白色金属，性坚而脆，化学性活泼。在常温下缓慢地溶于水，与稀酸作用放出氢气。锰主要用于制造合金钢。含 Mn 10%～15%以上的锰钢具有良好的抗冲击、耐磨损及耐蚀性，可用作耐磨材料，如制造粉碎机、钢轨和装甲板等。

锰在自然界的储量位于过渡元素中第三位，仅次于铁和钛，主要以软锰矿($MnO_2 \cdot xH_2O$)形式存在，我国锰矿有一定储量，但质量较差；1973 年美国发现深海有“锰结核(含锰 25%)”，估计海底存有锰结核 3 万多亿吨，可供人类使用几千年。

锰的价层电子构型为 $3d^5 4s^2$，最高氧化数为+7，还有+6、+4、+3、+2 等氧化数。一般情况下锰以 Mn^{2+} 最稳定。锰氧化数为+2、+4 和+7 的化合物最重要。

锰的电势图如下：

$$E_A/V\ MnO_4^- \xrightarrow{+0.56} MnO_4^{2-} \xrightarrow{+2.290} MnO_2 \xrightarrow{+0.95} Mn^{3+} \xrightarrow{+1.5} Mn^{2+} \xrightarrow{-1.18} Mn$$

$$E_B/V\ MnO_4^- \xrightarrow{+0.56} MnO_4^{2-} \xrightarrow{+0.62} MnO_2 \xrightarrow{-0.25} Mn(OH)_3 \xrightarrow{+0.15} Mn(OH)_2 \xrightarrow{-1.56} Mn$$

由锰的电势图可知，在酸性溶液中 Mn^{3+} 和 MnO_4^{2-} 均易发生歧化反应。

$$2Mn^{3+} + 2H_2O \longrightarrow Mn^{2+} + MnO_2\downarrow + 4H^+$$

$$3MnO_4^{2-} + 4H^+ \longrightarrow 2MnO_4^- + MnO_2\downarrow + 2H_2O$$

Mn^{2+} 较稳定，不易被氧化，也不易被还原。MnO_4^- 和 MnO_2有强氧化性。在碱性溶液中，$Mn(OH)_2$不稳定，易被空气中的氧气氧化为 MnO_2；MnO_4^{2-} 也能发生歧化反应，但反应不如在酸性溶液中进行得完全。

锰的氧化物及其水合物酸碱性的递变规律，是过渡元素中最典型的：随锰的氧化值升高，碱性逐渐减弱，酸性逐渐增强。

碱性增强 ←

MnO(绿)	Mn_2O_3(棕)	MnO_2(黑)		Mn_2O_7(绿)
$Mn(OH)_2$(白)	$Mn(OH)_3$(棕)	$Mn(OH)_4$(棕黑)	H_2MnO_4(绿)	$HMnO_4$(紫红)
碱性	弱碱性	两性	酸性	强酸性

→ 酸性增强

1. 锰(Ⅱ)盐

锰(Ⅱ)的强酸盐均溶于水,只有少数弱酸盐如 $MnCO_3$、MnS 等难溶于水。从水溶液中结晶出来的锰(Ⅱ)盐为带有结晶水的粉红色晶体,例如 $MnSO_4 \cdot 7H_2O$、$Mn(NO_3)_2 \cdot 6H_2O$ 和 $MnCl_2 \cdot 4H_2O$ 等。$[Mn(H_2O)_6]^{2+}$ 是水合锰(Ⅱ)盐和这些盐的水溶液显粉红色的原因。

锰(Ⅱ)盐与碱液反应时,产生的白色胶状沉淀 $Mn(OH)_2$ 在空气中不稳定,迅速被氧化为棕色的 $MnO(OH)_2$(水合二氧化锰)。

$$Mn^{2+} + 2OH^- \longrightarrow Mn(OH)_2\text{(白色)}$$

$$2Mn(OH)_2 + O_2 \longrightarrow 2MnO(OH)_2\text{(棕色)}$$

在酸性溶液中,$Mn^{2+}(3d^5)$ 比同周期的其他 M(Ⅱ),如 $Cr^{2+}(d^4)$、$Fe^{2+}(d^6)$ 等稳定,只有用强氧化剂,如 $NaBiO_3$、PbO_2、$(NH_4)_2S_2O_8$,才能将 Mn^{2+} 氧化为呈现紫红色的高锰酸根(MnO_4^-)。

$$2Mn^{2+} + 14H^+ + 5NaBiO_3 \longrightarrow 2MnO_4^- + 5Bi^{3+} + 5Na^+ + 7H_2O$$

这个反应可用于鉴定溶液中微量的 Mn^{2+}。

2. 二氧化锰(MnO_2)

MnO_2 为棕黑色粉末,是锰最稳定的氧化物,在酸性溶液中有强氧化性。例如

$$MnO_2 + 4HCl\text{(浓)} \longrightarrow MnCl_2 + Cl_2\uparrow + 2H_2O$$

在实验室中常利用此反应制取少量氯气。MnO_2 与碱共熔,可被空气中的氧所氧化,生成绿色的锰酸盐。

$$2MnO_2 + 4KOH + O_2 \longrightarrow 2K_2MnO_4 + 2H_2O$$

在工业上,MnO_2 有许多用途,例如,用作干电池的去极化剂,火柴的助燃剂,某些有机反应的催化剂,以及合成磁性记录材料铁氧体 $MnFe_2O_4$ 的原料等。

3. 锰酸盐、高锰酸盐

(1) 锰酸盐

氧化值为+6 的锰的化合物,仅以深绿色的锰酸根(MnO_4^{2-})形式存在于强碱

溶液中。例如K_2MnO_4是在空气或其他氧化剂(如$KClO_3$、KNO_3等)存在下,由MnO_2同碱金属氢氧化物或碳酸盐共熔而制得。

$$2MnO_2 + 4KOH + O_2 \xrightarrow{熔融} 2K_2MnO_4 + 2H_2O$$

$$3MnO_2 + 6KOH + KClO_3 \xrightarrow{熔融} 3K_2MnO_4 + KCl + 3H_2O$$

锰酸盐在酸性溶液中易发生歧化反应

$$3MnO_4^{2-} + 4H^+ \longrightarrow 2MnO_4^- + MnO_2 \downarrow + 2H_2O$$

在中性或弱碱性溶液中也发生歧化反应,但趋势及速率小。

$$3MnO_4^{2-} + 2H_2O \longrightarrow 2MnO_4^- + MnO_2 \downarrow + 4OH^-$$

锰酸盐在酸性溶液中有强氧化性,但由于它的不稳定性,所以不用作氧化剂。

(2) 高锰酸盐

$KMnO_4$俗称灰锰氧,深紫色晶体,能溶于水,是一种强氧化剂。工业上用电解K_2MnO_4的碱性溶液或用Cl_2氧化K_2MnO_4来制备$KMnO_4$。

$$2MnO_4^{2-} + 2H_2O \xrightarrow{电解} 2MnO_4^-(阳极) + H_2(阴极)\uparrow + 2OH^-$$

$$2MnO_4^{2-} + Cl_2 \longrightarrow 2MnO_4^- + 2Cl^-$$

$KMnO_4$在酸性溶液中会缓慢地分解而析出MnO_2。

$$4MnO_4^- + 4H^+ \longrightarrow 4MnO_2 \downarrow + 3O_2 \uparrow + 2H_2O$$

光对此分解有催化作用,因此$KMnO_4$必须保存在棕色瓶中。$KMnO_4$的氧化能力随介质的酸性减弱而减弱,其还原产物也因介质的酸碱性不同而变化。MnO_4^-在酸性、中性(或微碱性)、强碱介质中的还原产物分别为Mn^{2+}、MnO_2及MnO_4^{2-}。例如

$$2MnO_4^-(紫色) + 5SO_3^{2-} + 6H^+ \longrightarrow 2Mn^{2+}(粉红色或无色) + 5SO_4^{2-} + 3H_2O$$

$$2MnO_4^- + 2SO_3^{2-} + H_2O \longrightarrow 2MnO_2 \downarrow(棕色) + 3SO_4^{2-} + 2OH^-$$

$$2MnO_4^- + SO_3^{2-} + 2OH^- \longrightarrow 2MnO_4^{2-}(绿色) + SO_4^{2-} + H_2O$$

$KMnO_4$在化学工业中用于生产维生素C、糖精等,在轻化工中用于纤维、油脂的漂白和脱色,在医疗上用作杀菌消毒剂,在日常生活中可用于饮食用具、蔬菜、水果等消毒。

第五节　铁系与铂系元素

一、铁系与铂系元素概述

周期表d区第Ⅷ族元素包括三个元素族共九种元素：即铁(Fe)、钴(Co)、镍(Ni)；钌(Ru)、铑(Rh)、钯(Pb)；锇(Os)、铱(Ir)、铂(Pt)。由于镧系收缩的影响，第Ⅷ族同周期比同纵列的元素在性质上更为相似些。第一过渡系的铁、钴、镍与其余六种元素在性质上差别较大，通常把铁、钴、镍三种元素称为铁系元素，其余六种元素称为铂系元素。铂系元素被列为稀有元素，与金、银元素一起称为贵金属元素。

前面讨论过的过渡元素，d电子和s电子可以全部参与成键，其最高氧化数等于该元素所属族数，但第Ⅷ族过渡元素3d电子已超过5个，全部d电子参与成键的可能性逐渐减小，所以铁系元素不像其前面的过渡元素易形成VO_3^-、CrO_4^{2-}、MnO_4^-那样的含氧酸根离子。铁系元素中只有d电子最少的铁，可以形成很不稳定的、氧化数为+6（如高铁酸根FeO_4^{2-}）的化合物。一般条件下，铁的氧化数为+2和+3，其中氧化数为+3的化合物最稳定。钴的氧化数可为+2、+3。镍主要形成氧化数为+2的化合物。

铁是地壳中丰度排行第四的元素，主要以化合态存在。铁的主要矿物有赤铁矿(Fe_2O_3)、磁铁矿(Fe_3O_4)和黄铁矿(FeS_2)。我国铁矿储量居世界第三。钴和镍在自然界中常共生，主要矿物有镍黄铁矿(NiS·FeS)和辉钴矿(CoAsS)。

铁、钴、镍的单质都是具有光泽的银白色金属。密度大、熔点高。铁和镍的延展性好，而钴则较硬而脆。它们都具有磁性，在外加磁场作用下，磁性增强，外磁场被移走后，仍保持很强的磁性，所以称为铁磁性物质。铁、钴、镍的合金都是良好的磁性材料。

铁、钴、镍均为中等活泼的金属，能从非氧化性酸中置换出氢气(钴反应较慢)。冷、浓硝酸可使铁、钴、镍变成钝态，因此储运浓HNO_3的容器和管道可用铁制品。

金属铁能被浓碱溶液侵蚀，而钴和镍在强碱中的稳定性却比铁高，因此实验室在熔融碱性物质时，最好用镍坩埚。

铁是钢铁工业最重要的产品和原材料。通常钢和铸铁都称为铁碳合金，一般含碳0.02%～2.0%的称为钢，若于钢中加入一定量其他元素所生成的钢叫合金钢。如不锈钢：含Cr 16.5%～19.5%、Ni 8%～10%、C 0.07%～0.15%。这种钢有韧性、展性、容易铸造，可热轧、冷轧、不生锈、耐腐蚀、耐热、无磁性等特点。含Cr 18%、Ni 8%、Ti 0.5%的不锈钢对海水抗腐蚀性比普通钢高200倍。含碳大于 2%的称为铸铁。

自然界中铂系金属在矿物中以单质状态存在，但高度分散在各矿石中，最主要的是天然铂矿（铂系金属共生，以铂为主要成分）和锇铱矿（同时含钌和铑）。

铂系元素的最外电子层（*n*s）电子数除 Os 和 Ir 为 2 外，其余均为 1 或 0。它们形成高氧化态的倾向在周期表中由左向右逐渐减少；从上往下逐渐增大。

大多数铂系金属能吸收气体，其中钯的吸氢能力最大（钯溶解氢的体积比为 1：700）。所有的铂系金属都有催化性能，例如氨氧化法制硝酸用 Pt－Rh(90：10)合金或 Pt－Ru－Pd(90：5：5)合金作催化剂。

铂系元素有很高的化学稳定性。常温下，与氧、硫、氯等非金属元素都不反应，在高温下才可反应。钯和铂能溶于王水

$$Pt + 4HNO_3 + 18HCl \longrightarrow 3H_2[PtCl_6] + 4NO\uparrow + 8H_2O$$

钯还能溶于硝酸和热硫酸中。而钌和锇、铑和铱不但不溶于普通强酸，甚至也不溶于王水。

铂系金属主要用于化学工业及电气工业方面。例如铂（俗称“白金”），由于其化学稳定性很高，又耐高温，故常用它制造各种反应器皿、蒸发皿、坩埚以及电极、铂网等（但注意：它不能用作苛性钠或过氧化钠的反应器皿）。铂和铂铑合金常用作热电偶，锇、铱合金常用来制造一些仪器（如指南针）的主要零件以及自来水笔的笔尖头。较大数量的铂合金（含铂 90%）用于打造首饰。

二、铁、钴、镍的化合物

铁、钴、镍的价层电子构型依次为 $3d^6 4s^2$、$3d^7 4s^2$ 和 $3d^8 4s^2$。铁系元素能形成+2、+3 两种氧化数的化合物，其中铁以+3 而钴和镍以+2 的化合物较为稳定。这是由于 Fe^{2+} $(3d^6)$ 再丢失一个 3d 电子能成为半充满的稳定结构 $(3d^5)$，而 Co^{2+} $(3d^7)$ 和 Ni^{2+} $(3d^8)$ 却不能，因此，相应地容易得到 Fe(Ⅲ)的化合物，而不易得到 Ni(Ⅲ)的化合物。

1. 氧化物和氢氧化物

(1) 氧化物

铁、钴、镍均能形成+2 和+3 氧化数的氧化物，它们的颜色各不相同。FeO、Co_2O_3 与 Ni_2O_3 为黑色，CoO 为灰绿色，NiO 为暗绿色，Fe_2O_3 为砖红色。

铁除了生成+2、+3 氧化数的氧化物之外，还能形成混合价态氧化物 Fe_3O_4 $(FeO \cdot Fe_2O_3)$，经 X 射线结构研究证明：Fe_3O_4 是一种铁(Ⅲ)酸盐，即 Fe(Ⅱ)Fe_2(Ⅲ)O_4，与尖晶石结构的 MFe_2O_4（M＝Mn、Zn、Ni、Cu 等）结构相似。

Fe、Co、Ni 的＋2、＋3 氧化数的氧化物均能溶于强酸，而不溶于水和碱，属碱性氧化物。它们的＋3 氧化态氧化物的氧化能力按铁—钴—镍顺序递增而稳定性递降。

(2) 氢氧化物

铁系元素的氢氧化物均难溶于水，它们的氧化还原性及变化规律与其氧化物相似：

←—还原性增强

$Fe(OH)_2$	$Co(OH)_2$	$Ni(OH)_2$
(白色)	(粉红色)	(浅绿色)
$Fe(OH)_3$	$CoO(OH)$	$NiO(OH)$
(红棕色)	(棕黑色)	(黑色)

氧化性增强—→

其中，$Fe(OH)_2$很不稳定，容易被氧化。例如向亚铁盐溶液中加入碱，先得到白色$Fe(OH)_2$，随即被空气氧化成红棕色 $Fe(OH)_3$。

$$Fe^{2+} + 2OH^- \longrightarrow Fe(OH)_2 \downarrow$$

$$Fe(OH)_2 + O_2 + 2H_2O \longrightarrow 4Fe(OH)_3 \downarrow \text{(实为水合氧化铁 } Fe_2O_3 \cdot xH_2O\text{)} \ (Co^{2+})$$

$Co(OH)_2$虽较 $Fe(OH)_2$稳定，但在空气中也能缓慢地被氧化成棕黑色的 $CoO(OH)$。$Ni(OH)_2$则更稳定，长久置于空气中也不被氧化，除非与强氧化剂作用才变为黑色的 $NiO(OH)$。

$$2Ni(OH)_2 + NaClO \longrightarrow 2NiOOH + NaCl + H_2O \quad [Co(OH)_2]$$

反之，高氧化态氢氧化物的氧化性按铁—钴—镍顺序依次递增。例如，$Fe(OH)_3$与盐酸只能起中和作用，而 $CoO(OH)$却能氧化盐酸，放出氯气。

$$Fe(OH)_3 + 3HCl \longrightarrow FeCl_3 + 3H_2O$$

$$2CoO(OH) + 6HCl \longrightarrow 2CoCl_2 + Cl_2 \uparrow + 4H_2O \quad (NiOOH)$$

2. 盐类

(1) M(Ⅱ)盐

氧化值为＋2 的铁、钴、镍盐，在性质上有许多相似之处。它们的强酸盐都易溶于水，并有微弱的水解，因而溶液显酸性。强酸盐从水溶液中析出结晶时，往往带有一定数目的结晶水，如 $MCl_2 \cdot 6H_2O$、$M(NO_3)_2 \cdot 6H_2O$、$MSO_4 \cdot 7H_2O$。水合盐晶体及其水溶液呈现各种颜色，如$[Fe(H_2O)_6]^{2+}$为浅绿色、$[Co(H_2O)_6]^{2+}$为粉红色、$[Ni(H_2O)_6]^{2+}$为苹果绿色。铁系元素的硫酸盐都能和碱金属或铵的硫酸盐形成复盐，如硫酸亚铁铵$(NH_4)_2SO_4 \cdot FeSO_4 \cdot 6H_2O$(俗称摩尔盐)比相应的亚铁盐$FeSO_4 \cdot 7H_2O$(俗称绿矾)更稳定，不易被氧化，是化学分析中常用的还原剂，用于标定$KMnO_4$的标准溶液等。

$CoCl_2 \cdot 6H_2O$是常用的钴盐，它在受热脱水过程中伴有颜色的变化

$$\underset{(粉红)}{CoCl_2 \cdot 6H_2O} \xrightleftharpoons{52℃} \underset{(紫红)}{CoCl_2 \cdot 2H_2O} \xrightleftharpoons{90℃} \underset{(蓝紫)}{CoCl_2 \cdot H_2O} \xrightleftharpoons{120℃} \underset{(蓝)}{CoCl_2}$$

利用氯化钴的这种特性，可判断干燥剂的含水情况。例如用作干燥剂的硅胶，常浸以$CoCl_2$溶液后烘干备用。当它由蓝色变为红色时，表明吸水已达饱和。将红色硅胶在120℃烘干，待蓝色恢复后仍可使用。

(2) M(Ⅲ)盐

在铁系元素中，只有铁能形成稳定的氧化值为+3的简单盐，常见Fe(Ⅲ)的强酸盐，如$Fe(NO_3)_3 \cdot 6H_2O$、$FeCl_3 \cdot 6H_2O$、$Fe_2(SO_4)_3 \cdot 12H_2O$等都易溶于水，在这些盐的晶体中含有$[Fe(H_2O)_6]^{3+}$，这种水合离子也存在于强酸性(pH=0左右)溶液中。

由于$Fe(OH)_3$比$Fe(OH)_2$的碱性更弱，所以Fe(Ⅲ)盐较Fe(Ⅱ)盐易水解，而使溶液显黄色或红棕色。

$$[Fe(H_2O)_6]^{3+} + H_2O \rightleftharpoons [Fe(OH)(H_2O)_5]^{2+} + H_3O^+$$

$$[Fe(OH)(H_2O)_5]^{2+} + H_2O \rightleftharpoons [Fe(OH)_2(H_2O)_4]^{+} + H_3O^+$$

若增大pH，将会发生进一步缩聚成红棕色的胶状溶液。当pH≈4～5时，即形成水合三氧化二铁沉淀。

Fe^{3+}的氧化性虽远远不如Co^{3+}和Ni^{3+}，但仍属中强的氧化剂，能氧化许多物质。例如：

$$2Fe^{3+} + H_2S \longrightarrow 2Fe^{2+} + S\downarrow + 2H^+$$

$$2Fe^{3+} + 2I^- \longrightarrow 2Fe^{2+} + I_2$$

$$2Fe^{3+} + Cu \longrightarrow 2Fe^{2+} + Cu^{2+}$$

在电子工业中，利用最后这个反应刻蚀印刷电路铜板。

3. 配合物

(1) 氨合物

Fe^{2+}、Co^{2+}、Ni^{2+}均能和氨形成氨合配离子，其氨合配离子的稳定性，按Fe^{2+}—Co^{2+}—Ni^{2+}顺序依次增强。Fe^{2+}难以形成稳定的氨合物，无水$FeCl_2$虽然

可与 NH_3形成$[Fe(NH_3)_6]Cl_2$，但此配合物遇水分解。

$$[Fe(NH_3)_6]Cl_2 + 6H_2O \longrightarrow Fe(OH)_2\downarrow + 4NH_3\cdot H_2O + 2NH_4Cl$$

由于 Fe^{3+}强烈水解，所以在其水溶液中加入氨时，不是形成氨合物，而是生成 $Fe(OH)_3$沉淀。

Co^{2+}与过量氨水反应，可形成土黄色的$[Co(NH_3)_6]^{2+}$，此配离子在空气中可慢慢被氧化变成更稳定的红褐色$[Co(NH_3)_6]^{3+}$。

$$4[Co(NH_3)_6]^{2+} + O_2 + 2H_2O \longrightarrow 4[Co(NH_3)_6]^{3+} + 4OH^-$$

对比 Co^{3+}在氨水和酸性溶液中的标准电极电势：

$$[Co(NH_3)_6]^{3+} + e^- \rightleftharpoons [Co(NH_3)_6]^{2+} \qquad E^\ominus_B = 0.108\ V$$

$$[Co(H_2O)_6]^{3+} + e^- \rightleftharpoons [Co(H_2O)_6]^{2+} \qquad E^\ominus_A = 1.92\ V$$

可见 Co^{3+}很不稳定，氧化性很强，而 Co(Ⅲ)氨合物的氧化性大为减弱，稳定性显著增强。

Ni^{2+}在过量的氨水中可生成蓝色$[Ni(NH_3)_4(H_2O)_2]^{2+}$以及紫色$[Ni(NH_3)_6]^{2+}$。$Ni^{2+}$的配合物都比较稳定。

(2) 氰合物

Fe^{2+}、Co^{2+}、Ni^{2+}、Fe^{3+}等离子均能与 CN^-形成配合物。

Fe(Ⅱ)盐与 KCN 溶液作用得白色 $Fe(CN)_2$沉淀，KCN 过量时 $Fe(CN)_2$溶解，形成$[Fe(CN)_6]^{4-}$：

$$Fe^{2+} + 2CN^- \longrightarrow Fe(CN)_2\downarrow$$

$$Fe(CN)_2 + 4CN^- \longrightarrow [Fe(CN)_6]^{4-}$$

从溶液中析出来的黄色晶体 $K_4[Fe(CN)_6]\cdot 3H_2O$，俗称黄血盐。黄血盐主要用于制造颜料、油漆、油墨。$[Fe(CN)_6]^{4-}$在溶液中相当稳定，在其溶液中几乎检不出 Fe^{2+}的存在，通入氯气(或加入其他氧化剂)，可将$[Fe(CN)_6]^{4-}$氧化为$[Fe(CN)_6]^{3-}$。

$$2[Fe(CN)_6]^{4-} + Cl_2 \longrightarrow 2[Fe(CN)_6]^{3-} + 2Cl^-$$

由此溶液中可析出 $K_3[Fe(CN)_6]$深红色晶体，俗名赤血盐。它主要用于印刷制版、照片洗印及显影，也用于制晒蓝图纸等。

在含有 Fe^{2+}的溶液中加入赤血盐溶液；在含有 Fe^{3+}的溶液中加入黄血盐溶液，均能生成蓝色沉淀：

$$K^+ + Fe^{2+} + [Fe(CN)_6]^{3-} \longrightarrow KFe[Fe(CN)_6]\downarrow(蓝)$$

$$K^+ + Fe^{3+} + [Fe(CN)_6]^{4-} \longrightarrow KFe[Fe(CN)_6]\downarrow(蓝)$$

这两个反应分别用来鉴定 Fe^{2+} 和 Fe^{3+}。X 射线衍射证明这两种蓝色配合物为同分异构体。上述蓝色配合物广泛用于油漆和油墨工业，也用于蜡笔、图画颜料的制造。

Co^{2+} 与 CN^- 反应，先形成浅棕色水合氰化物沉淀，此沉淀溶于过量 CN^- 溶液中并形成含有$[Co(CN)_5(H_2O)]^{3-}$的茶绿色溶液。此配离子易被空气中的氧气氧化为黄色$[Co(CN)_6]^{3-}$，由于 CN^- 是强场配体，分裂能较高，$Co^{2+}(d^7)$中只有一个电子处于能级高的 e_g 轨道，因而易失去。

Ni^{2+} 与 CN^- 反应先形成灰蓝色水合氰化物沉淀，此沉淀溶于过量的 CN^- 溶液中，形成橙黄色的$[Ni(CN)_4]^{2-}$，此配离子是 Ni^{2+} 最稳定的配合物之一，具有平面正方形结构；在较浓的 CN^- 溶液中，可形成深红色的$[Ni(CN)_5]^{3-}$。

(3) 硫氰合物

Fe^{3+} 与 SCN^- 反应，形成血红色的$[Fe(NCS)_n]^{3-n}$

$$Fe^{3+} + nSCN^- \longrightarrow [Fe(NCS)_n]^{3-n}(n = 1 \sim 6)$$

n 值随溶液中的 SCN^- 浓度和酸度而定。这一反应非常灵敏，常用来鉴定 Fe^{3+} 和比色法测定 Fe^{3+} 的含量。

Co^{2+} 与 SCN^- 反应，形成蓝色的$[Co(NCS)_4]^{2-}$，用于鉴定 Co^{2+}。因为$[Co(NCS)_4]^{2-}$ 在水溶液中不稳定，用水冲稀时可变为粉红色的$[Co(H_2O)_6]^{2+}$，所以用 SCN^- 检出 Co^{2+} 时，常使用浓 NH_4SCN 溶液，以抑制$[Co(NCS)_4]^{2-}$的解离，并用丙酮进一步抑制解离或用戊醇萃取。

Ni^{2+} 可与 SCN^- 反应，形成$[Ni(NCS)]^+$、$[Ni(NCS)_3]^-$等配合物，这些配离子均不太稳定。

(4) 羰合物

铁系元素与 CO 易形成羰合物，例如 $Fe(CO)_5$、$Co_2(CO)_8$、$Ni(CO)_4$。羰合物不稳定，受热易分解，利用此性质可用于制备纯金属。

(5) 螯合物

Ni^{2+} 与丁二酮肟在中性、弱酸性或弱碱性溶液中形成鲜红色的螯合物沉淀，此反应是鉴定 Ni^{2+} 的特征反应，丁二酮肟又称为镍试剂。

此外，铁是第一个公认的生命过程必需的微量过渡元素。成年人体内约含4～6 g 铁(以 70 kg 体重计)，其中大部分是以血红蛋白和肌红蛋白的形式存在于血液和肌肉组织中，其余与各种蛋白质和酶结合，分布在肝、骨髓及脾脏内。血红蛋白和肌红蛋白都是Fe(Ⅱ)与血红素蛋白质形成的配合物，血红蛋白是血红细胞(红血球)中的载氧蛋白，在动脉血中把O_2从肺部运送到肌肉，将O_2转移固定在肌红蛋白上，并在静脉血中将CO_2带回双肺排出，即血红蛋白和肌红蛋白分别起载氧和储氧功能。

值得注意的是，血红蛋白与CO形成的配合物比它与O_2形成的配合物稳定得多，实验证明：空气中CO的浓度达到0.08%时，就会发生严重的煤气中毒，因此时血红蛋白优先与CO结合，失去了载氧功能，身体各组织中所需O_2被中断，代谢发生故障，造成缺氧者昏迷甚至死亡。

钴也是生命必需的微量元素之一。钴的配合物之一——维生素B_{12}在许多生物化学过程中起非常特效的催化作用，能促使红细胞成熟，是治疗恶性贫血症的特效药。

镍是人体必需的微量元素，最先发现存在于辅酶F340中。镍具有加强胰岛素的作用、协助制造血液等生理功能。镍还能激活一些酶的活性，如肽酶。缺镍会影响铁的吸收。过量的镍有致癌作用，如肝癌和鼻咽癌。

第六节　铜族元素与锌族元素

一、铜的重要化合物

1. 铜族元素通性

周期表ds区ⅠB族(铜分族)包含铜(Cu)、银(Ag)、金(Au)。铜、银主要以硫化物矿和氧化物矿的形式存在。例如辉铜矿Cu_2S、黄铜矿$CuFeS_2$、赤铜矿Cu_2O、孔雀石$Cu_2(OH)_2CO_3$和蓝铜矿$Cu_3(OH)_2(CO_3)_2$，闪银矿Ag_2S以及角银矿AgCl等。金主要以单质形式散存于岩石(岩脉金)或砂砾(冲积金)中。

铜族元素价层电子构型为$(n-1)d^{10}ns^1$，铜、银、金最常见的氧化数分别为+2、+1、+3。铜族金属离子具有较强的极化力，本身变形性又大，所以它们的二元化合物一般有相当程度的共价性。与其他过渡元素类似，易形成配合物。

铜、银、金能与许多金属形成合金，其中铜的合金品种最多，例如黄铜(Cu 60%, Zn 40%)；青铜(Cu 80%, Sn 15%, Zn 5%)；白铜(Cu 50%～70%, Ni 13%～15%, Zn 13%～25%)等。其中黄铜表面经抛光可呈金黄色，是仿金首饰的材料。银表面反射光线能力强，过去用作眼镜、保温瓶、太阳能反射镜。

铜、银、金的化学活泼性较差。在干燥空气中铜很稳定，有二氧化碳及湿气存在时，则表面上生成绿色的碱式碳酸铜（“铜绿”的主要成分，它没有保护内层金属的能力，是“秦俑”的绿色颜料）。

$$2Cu + O_2 + H_2O + CO_2 \longrightarrow Cu_2(OH)_2CO_3$$

金是在高温下唯一不与氧气起反应的金属，在自然界中仅与碲形成天然化合物（碲化金）。银的活泼性介于铜和金之间。银在室温下不与氧气、水作用，即使在高温下也不与氢、氮或碳作用，与卤素反应较慢，但即使在室温下与含有 H_2S 的空气接触时，表面因蒙上一层 Ag_2S 而发暗，这是银币和银首饰变暗的原因。

$$4Ag + 2H_2S + O_2 \longrightarrow 2Ag_2S + 2H_2O$$

铜、银不溶于非氧化性稀酸，能与硝酸、热的浓硫酸作用

$$Cu + 4HNO_3(浓) \longrightarrow Cu(NO_3)_2 + NO_2\uparrow + 2H_2O$$

$$3Cu + 8HNO_3(稀) \longrightarrow 3Cu(NO_3)_2 + 2NO\uparrow + 4H_2O$$

$$Cu + 2H_2SO_4(浓) \longrightarrow CuSO_4 + SO_2\uparrow + 2H_2O$$

$$2Ag + 2H_2SO_4(浓) \longrightarrow Ag_2SO_4 + SO_2\uparrow + 2H_2O$$

$$Ag + 2HNO_3(65\%) \longrightarrow AgNO_3 + NO_2\uparrow + H_2O$$

金不溶于单一的无机酸中，但金能溶于王水（浓 HCl：浓 HNO_3 = 3：1 的混合液）中

$$Au + HNO_3 + 4HCl \longrightarrow H[AuCl_4] + NO\uparrow + 2H_2O$$

铜、银的用途很广，除作钱币、饰物外，铜大量用来制造电线电缆，广泛用于电子工业和航天工业以及各种化工设备，如热交换器、蒸馏器等。铜合金主要用于制造齿轮等机械零件、热电偶、刀具等。银主要用于电镀、制镜、感光材料、化学试剂、电池、催化剂、药物等方面及补牙齿用的银汞齐等。金主要作为黄金储备、铸币、电子工业及制造首饰。

2. 氧化物和氢氧化物

加热分解硝酸铜或碳酸铜可得黑色的 CuO，它不溶于水，但可溶于酸。CuO 的热稳定性很高，加热到 1 000℃ 才开始分解为暗红色的 Cu_2O。

$$4CuO \xrightarrow{1\,000℃} 2Cu_2O + O_2$$

加碱于铜盐溶液中，可析出浅蓝色的 $Cu(OH)_2$ 沉淀，$Cu(OH)_2$ 受热易脱水变成 CuO。

$$Cu^{2+} + 2OH^- \longrightarrow Cu(OH)_2 \downarrow$$

$$Cu(OH)_2 \xrightarrow{\triangle, 80 \sim 90℃} CuO + H_2O$$

CuO 是高温超导材料的重要原料，如 Bi－Sr－Ca－CuO、Ti－Ba－Ca－CuO 等都是超导转变温度超过了 120 K 的新材料。$Cu(OH)_2$ 显两性(但以弱碱性为主)，易溶于酸；也能溶于浓的强碱溶液中，生成亮蓝色的四羟基合铜(Ⅱ)配阴离子。

$$Cu(OH)_2 + 2H^+ \longrightarrow Cu^{2+} + 2H_2O$$

$$Cu(OH)_2 + 2OH^- \longrightarrow [Cu(OH)_4]^{2-}$$

$[Cu(OH)_4]^{2-}$ 配离子可被葡萄糖还原为暗红色的 Cu_2O，医学上用此反应来检查糖尿病。

$$[Cu(OH)_4]^{2-} + C_6H_{12}O_6(\text{葡萄糖}) \longrightarrow Cu_2O \downarrow + C_6H_{12}O_7(\text{葡萄糖酸}) + 4OH^- + 2H_2O$$

Cu_2O 对热很稳定，在 1 235℃熔化也不分解，难溶于水，但易溶于稀酸，并立即歧化为 Cu 和 Cu^{2+}。

$$Cu_2O + 2H^+ \longrightarrow 2Cu^+ + Cu \downarrow + H_2O$$

Cu_2O 与盐酸反应形成难溶于水的 CuCl

$$Cu_2O + 2HCl \longrightarrow 2CuCl \downarrow (\text{白色}) + H_2O$$

此外，Cu_2O 还能溶于氨水形成无色配离子 $[Cu(NH_3)_2]^+$，但 $[Cu(NH_3)_2]^+$ 遇到空气则被氧化为深蓝色的 $[Cu(NH_3)_4]^{2+}$。

$$Cu_2O + 4NH_3 + H_2O \longrightarrow 2[Cu(NH_3)_2]^+ + 2OH^-$$

$$4[Cu(NH_3)_2]^+ + O_2 + 8NH_3 + 2H_2O \longrightarrow 4[Cu(NH_3)_4]^{2+} + 4OH^-$$

Cu_2O 主要用作玻璃、搪瓷工业的红色颜料。此外，由于 Cu_2O 具有半导体性质，可用它和铜制造亚铜整流器。CuOH 极不稳定，至今尚未制得 CuOH。

3. 盐类

(1) 氯化亚铜(CuCl)

在热的浓盐酸溶液中，用铜粉还原 $CuCl_2$，生成 $[CuCl_2]^-$，用水稀释即可得到难溶于水的白色 CuCl 沉淀：

$$Cu^{2+} + Cu + 4Cl^- \longrightarrow 2[CuCl_2]^- (\text{无色})$$

$$2[CuCl_2]^- \xrightarrow{H_2O} 2CuCl\downarrow + 2Cl^-$$

总反应为

$$Cu^{2+} + Cu + 2Cl^- \longrightarrow 2CuCl\downarrow$$

CuCl 的盐酸溶液能吸收 CO，形成氯化羰基亚铜$[CuCl(CO)]\cdot H_2O$，此反应在气体分析中可用于测定混合气体中 CO 的含量。在有机合成中 CuCl 用作催化剂和还原剂。

(2) 氯化铜

铜(Ⅱ)的卤化物中，只有氯化铜较重要。无水氯化铜($CuCl_2$)为棕黄色固体，可由单质直接化合而成，它是共价化合物，其结构为由 $CuCl_4$ 平面组成的长链。

$CuCl_2$ 不但易溶于水，而且易溶于一些有机溶剂(如乙醇、丙酮)中。在 $CuCl_2$ 很浓的水溶液中，可形成黄色的$[CuCl_4]^{2-}$。

$$Cu^{2+} + 4Cl^- \longrightarrow [CuCl_4]^{2-}$$

而 $CuCl_2$ 的稀溶液为浅蓝色，原因是水分子取代了$[CuCl_4]^{2-}$中的 Cl^-，形成$[Cu(H_2O)_4]^{2+}$。

$$[CuCl_4]^{2-}(\text{黄}) + 4H_2O \longrightarrow [Cu(H_2O)_4]^{2+}(\text{浅蓝}) + 4Cl^-$$

$CuCl_2$ 的浓溶液通常为黄绿色或绿色，这是由于溶液中同时含有$[CuCl_4]^{2-}$和$[Cu(H_2O)_4]^{2+}$之故。氯化铜用于制造玻璃、陶瓷用颜料、消毒剂、媒染剂和催化剂。

(3) 硫酸铜

无水硫酸铜($CuSO_4$)为白色粉末，但从水溶液中结晶时，得到的是蓝色五水合硫酸铜($CuSO_4\cdot 5H_2O$)晶体，俗称胆矾，其结构式为$[Cu(H_2O)_4]SO_4\cdot H_2O$。

无水 $CuSO_4$ 易溶于水，吸水性强，吸水后即显出特征的蓝色，可利用这一性质检验有机液体中的微量水分，也可用作干燥剂，从有机液体中除去水分。$CuSO_4$ 溶液由于 Cu^{2+} 水解而显酸性。

$CuSO_4$ 为制取其他铜盐的重要原料，在电解或电镀中用作电解液和配制电镀液、纺织工业中用作媒染剂。$CuSO_4$ 由于具有杀菌能力，用于蓄水池、游泳池中可防止藻类生长。硫酸铜和石灰乳混合而成的“波尔多液”可用于消灭植物病虫害。

4. 配合物

(1) Cu(Ⅰ)配合物

常见的 Cu(Ⅰ)配离子有

配离子	$[CuCl_2]^-$	$[Cu(SCN)_2]^-$	$[Cu(NH_3)_2]^+$	$[Cu(S_2O_3)_2]^{3-}$	$[Cu(CN)_2]^-$
$K_f^\ominus$	3.16×10^5	1.51×10^5	7.24×10^{10}	1.66×10^{12}	1.0×10^{24}

多数 Cu(Ⅰ)配合物的溶液具有吸收烯烃、炔烃和 CO 的能力，例如：

$$[Cu(NH_2CH_2CH_2OH)_2]^+ + C_2H_4 \rightleftharpoons [Cu(NH_2CH_2CH_2OH)_2(C_2H_4)]^+;\quad \Delta_r H_m^\ominus < 0$$

$$[Cu(NH_3)_2]^+ + CO \rightleftharpoons [Cu(NH_3)_2(CO)]^+;\qquad \Delta_r H_m^\ominus < 0$$

上述反应是可逆的，受热时放出 C_2H_4 和 CO，前一反应用于从石油气中分离出 C_2H_4；后一反应用于合成氨工业铜洗工段吸收可使催化剂中毒的 CO 气体。

(2) Cu(Ⅱ)配合物

Cu^{2+} 与单齿配体一般形成配位数为 4 的正方形配合物。例如已介绍过的 $[Cu(H_2O)_4]^{2+}$、$[CuCl_4]^{2-}$、$[Cu(NH_3)_4]^{2+}$ 等。我们熟悉的深蓝色的 $[Cu(NH_3)_4]^{2+}$，它是由过量氨水与 Cu(Ⅱ)盐溶液反应而形成：

$$[Cu(H_2O)_4]^{2+}(浅蓝) + 4NH_3 \longrightarrow [Cu(NH_3)_4]^{2+}(深蓝) + 4H_2O$$

溶液中 Cu^{2+} 的浓度越小时，所形成的蓝色$[Cu(NH_3)_4]^{2+}$的颜色越浅，根据溶液颜色的深浅，用于比色分析法可测定铜的含量。此外$[Cu(NH_3)_4]^{2+}$溶液有溶解纤维的能力，在所得的纤维素溶液中加酸或水时，纤维又可析出，工业上利用这种性质制造人造丝。

此外，Cu^{2+} 还可和一些有机配合剂(如乙二胺等)形成稳定的螯合物。

5. 铜(Ⅰ)和铜(Ⅱ)的相互转化

从 Cu^+ 的价层电子结构($3d^{10}$)看，Cu(Ⅰ)化合物应该是稳定的，自然界中也确有含 Cu_2O 和 Cu_2S 的矿物存在。但在水溶液中，Cu^+ 易发生歧化反应，生成 Cu^{2+} 和 Cu。由于 Cu^{2+} 所带的电荷比 Cu^+ 多，半径比 Cu^+ 小，Cu^{2+} 的水合焓($-2\,100\ kJ\cdot mol^{-1}$)比 Cu^+($-593\ kJ\cdot mol^{-1}$)的代数值小得多，因此在水溶液中 Cu^+ 不如 Cu^{2+} 稳定。

由铜的电势图可知，在酸性溶液中，Cu^+ 易发生歧化反应：

$$2Cu^+ \rightleftharpoons Cu^{2+} + Cu \qquad K^\ominus = c(Cu^{2+})/c^2(Cu^+) = 2\times10^6$$

Cu^+ 歧化反应的平衡常数相当大，反应进行得很彻底。为使 Cu(Ⅱ)转化为 Cu(Ⅰ)，必须有还原剂存在；同时要降低溶液中的 Cu^+ 的浓度，使之成为难溶物或难解离的配合物。前面提到的 CuCl 的制备就是其中一例，由下列电势图

$$E_A/V \qquad Cu^{2+}(aq)\ \underline{+0.559}\ CuCl(s)\ \underline{+0.12}\ Cu(s)$$

可知 $E^{\ominus}(Cu^{2+}/CuCl) > E^{\ominus}(CuCl/Cu)$，故 Cu^{2+} 可将 Cu 氧化为 CuCl。若用 SO_2 代替铜作还原剂，则可发生下列反应：

$$2Cu^{2+} + SO_2 + 2Cl^- + 2H_2O \longrightarrow 2CuCl\downarrow + SO_4^{2-} + 4H^+$$

又如 $CuSO_4$ 溶液与 KI 反应，可得到白色 CuI 沉淀。

$$2Cu^{2+} + 4I^- \longrightarrow 2CuI\downarrow + I_2$$

由于 $E^{\ominus}(Cu^{2+}/CuI) = 0.86\ V > E^{\ominus}(I_2/I^-)$，所以 Cu^{2+} 与 I^- 反应得不到 CuI_2，而得到 CuI。同理，在热的 Cu(Ⅱ)盐溶液中加入 KCN，可得到白色 CuCN 沉淀。

$$2Cu^{2+} + 4CN^- \longrightarrow 2CuCN\downarrow + (CN)_2\uparrow$$

若继续加入过量的 KCN，则 CuCN 因形成 Cu(Ⅰ)最稳定配离子 $[Cu(CN)_x]^{1-x}$ 而溶解：

$$CuCN + (x-1)CN^- \longrightarrow [Cu(CN)_x]^{1-x} \quad (x = 2 \sim 4)$$

总之，在水溶液中凡能使 Cu^+ 生成难溶盐或稳定的 Cu(Ⅰ)配离子时，则可使 Cu(Ⅱ)转化为 Cu(Ⅰ)化合物。

二、银的重要化合物

1. 卤化银

卤化银中只有 AgF 易溶于水，其余的卤化银均难溶于水。硝酸银与可溶性卤化物反应，生成不同颜色的卤化银沉淀。卤化银的颜色依 Cl—Br—I 的顺序加深，溶解度依次降低。

卤化银有感光性。在光照下被分解为单质(先变为紫色，最后变为黑色)。如：

$$AgBr \xrightarrow{\text{光子}} Ag + Br$$

基于卤化银的感光性，可用它作照相底片上的感光物质。例如照相底片上敷有一层含有 AgBr 胶体粒子的明胶，在光照下，AgBr 被分解为“银核”(银原子)。然后用显影剂(主要含有有机还原剂对苯二酚)处理，使含有银核的 AgBr 粒子被还原为金属而变为黑色，最后在定影液(主要含有 $Na_2S_2O_3$)作用下，使未感光的 AgBr 形成 $[Ag(S_2O_3)_2]^{3-}$ 而溶解，晾干后就得到“负像”(俗称底片)：

$$AgBr + 2S_2O_3^{2-} \longrightarrow [Ag(S_2O_3)_2]^{3-} + Br^-$$

印相时，将负像放在照相纸上再进行曝光，经显影、定影，即得“正像”。

AgI 在人工降雨中用作冰核形成剂。作为快离子导体(固体电解质),AgI 已用于固体电解质电池和电化学器件中。

2. 硝酸银

$AgNO_3$是最重要的可溶性银盐。将 Ag 溶于热的 65%硝酸,蒸发、结晶,制得无色菱片状硝酸银晶体。$AgNO_3$受热不稳定,加热到 713 K,按下式分解

$$2AgNO_3 \xrightarrow{\triangle} 2Ag + 2NO_2 + O_2$$

在日光照射下,$AgNO_3$也会按上式缓慢地分解,因此必须保存在棕色瓶中。

硝酸银具有氧化性,遇微量的有机物即被还原为黑色的单质银。一旦皮肤沾上 $AgNO_3$溶液,就会出现黑色斑点。

$AgNO_3$主要用于制造照相底片所需的溴化银乳剂,它还是一种重要的分析试剂。医药上常用它作消毒剂。

3. 配合物

常见的 Ag(Ⅰ)的配离子有$[Ag(NH_3)_2]^+$、$[Ag(SCN)_2]^-$、$[Ag(S_2O_3)_2]^{3-}$、$[Ag(CN)_2]^-$,它们的稳定性依次增强。

$[Ag(NH_3)_2]^+$具有弱氧化性,工业上用它在玻璃或暖水瓶胆上化学镀银。反应式如下

$$2[Ag(NH_3)_2]^+ + RCHO(\text{甲醛或葡萄糖}) + 3OH^- \longrightarrow$$
$$2Ag\downarrow + RCOO^- + 4NH_3\uparrow + 2H_2O$$

$[Ag(CN)_2]^-$作为镀银电解液的主要成分,在阴极被还原为 Ag,该法的电镀效果极好,但因氰化物剧毒,近年来逐渐由无毒镀银液(如$[Ag(SCN)_2]^-$等)所代替。

$$[Ag(CN)_2]^- + e^- = Ag + 2CN^-$$

三、锌的重要化合物

1. 锌族元素通性

锌族元素包括锌(Zn)、镉(Cd)和汞(Hg)三个元素。锌主要以氧化物或硫化物存在于自然界,重要的矿石有闪锌矿(ZnS)、红锌矿(ZnO)、菱锌矿($ZnCO_3$)等。

锌族元素的价层电子构型为$(n-1)d^{10}ns^2$,由于$(n-1)$d 电子未参与成键,故锌族元素的性质与典型过渡元素有较大区别,而与 p 区(四、五、六周期)元素接近,如氧化数主要为+2,汞有+1(总是以双聚离子$[—Hg—Hg—]^{2+}$形式存在),离子

无色，金属键较弱而硬度、熔点较低等。

锌族元素的金属活泼性比铜族强，除 Hg 外，Zn、Cd 是较活泼金属。活泼性依 Zn—Cd—Hg 次序减弱，Zn 和 Cd 化学性质较接近，汞和它们相差较大，类似于铜族元素。

锌族元素的 M^{2+} 均无色，所以它们的许多化合物也无色。但是，由于 M^{2+} 具有 18 电子构型外壳，其极化能力和变形性依 $Zn^{2+} \rightarrow Cd^{2+} \rightarrow Hg^{2+}$ 的顺序而增强，以致 Cd^{2+} 特别是 Hg^{2+} 与易变形的阴离子形成的化合物，往往显色并具有较低的溶解度。

锌族元素一般都能形成较稳定的配合物。

常温下，汞是唯一液态金属，有“水银”之称。汞受热均匀膨胀且不润湿玻璃，故用于制造温度计。室内空气中即使含有微量的汞蒸气，都有害于人体健康。若不慎将汞撒落，可用锡箔把它“沾起”(形成锡汞齐)，再在可能有残汞的地方撒上硫粉以形成无毒的 HgS。应采用铁罐或厚瓷瓶作容器贮存汞，汞的上面加水封，以防汞蒸发。

汞能溶解许多金属形成汞齐，汞齐是汞的合金。钠汞齐与水反应放出氢，在有机合成中常用作还原剂。利用汞与某些金属形成汞齐的特点，自矿石中提取金、银等。

锌和镉的化学性质相似，而汞的化学活泼性差得多。锌在加热条件下可以和绝大多数非金属发生化学反应，在 1 000℃时，锌在空气中燃烧生成氧化锌，汞需加热至沸才缓慢与氧作用生成氧化汞，它在 500℃以上又重新分解成氧和汞。

$$2Zn + O_2 \xrightarrow{1\,000℃} 2ZnO$$

锌在潮湿空气中，表面生成的一层致密碱式碳酸盐 $Zn(OH)_2 \cdot ZnCO_3$ 起保护作用，使锌有防腐蚀的性能，故铜铁等制品表面常镀锌防腐。

$$2Zn + O_2 + H_2O + CO_2 \longrightarrow Zn(OH)_2 \cdot ZnCO_3$$

锌与铝相似，具有两性，既可溶于酸，也可溶于碱。

$$Zn + 2H^+ \longrightarrow Zn^{2+} + H_2\uparrow$$

$$Zn + 2OH^- + 2H_2O \longrightarrow [Zn(OH)_4]^{2-} + H_2\uparrow$$

与铝不同的是，锌与氨水能形成配离子而溶解。

$$Zn + 4NH_3 + 2H_2O \longrightarrow [Zn(NH_3)_4](OH)_2 + H_2\uparrow$$

汞与硫粉直接研磨时，由于汞呈液态，接触面积较大，且二者亲和力较强，可以形成硫化汞。

2. 氧化锌和氢氧化锌

锌与氧直接化合得白色粉末状氧化锌(ZnO)，俗称锌白，它可以做白色颜料。ZnO 对热稳定，微溶于水，显两性，溶于酸、碱分别形成锌盐和锌酸盐。

由于 ZnO 对气体吸附力强，在石油化工上用作脱氢、苯酚和甲醛缩合等反应的催化剂。ZnO 大量用作橡胶填料及油漆颜料，医药上用它制软膏、锌糊、橡皮膏等。

在锌盐溶液中，加入适量的碱可析出 $Zn(OH)_2$沉淀。$Zn(OH)_2$也显两性，溶于酸成锌盐，溶于碱成锌酸盐。

$$Zn(OH)_2 + 2OH^- \longrightarrow [Zn(OH)_4]^{2-}$$

$Zn(OH)_2$能溶于氨水，形成配合物

$$Zn(OH)_2 + 4NH_3 \longrightarrow [Zn(NH_3)_4]^{2+}, + 2OH^-$$

3. 氯化锌

无水氯化锌($ZnCl_2$)为白色固体，可由锌与氯气反应，或在 700℃下用干燥的氯化氢通过金属锌制得。

$ZnCl_2$吸水性很强，极易溶于水，其水溶液由于 Zn^{2+} 的水解而显酸性。

$$Zn^{2+} + H_2O \rightleftharpoons Zn(OH)^+ + H^+$$

$ZnCl_2$的浓溶液中，由于形成配合酸 $H[ZnCl_2(OH)]$ 而使溶液具有显著的酸性(如 6 mol · L^{-1} $ZnCl_2$溶液的 pH=1)能溶解金属氧化物。

$$ZnCl_2 + H_2O \longrightarrow H[ZnCl_2(OH)]$$

$$Fe_2O_3 + 6H[ZnCl_2(OH)] \longrightarrow 2Fe[ZnCl_2(OH)]_3 + 3H_2O$$

因此在用锡焊接金属之前，常用 $ZnCl_2$浓溶液清除金属表面的氧化物，焊接时它不损害金属表面，当水分蒸发后，熔盐覆盖在金属表面，使之不再氧化，能保证焊接金属的直接接触。

$ZnCl_2$主要用作有机合成工业的脱水剂、缩合剂及催化剂，以及印染业的媒染剂，也用作石油净化剂和活性炭活化剂。此外，$ZnCl_2$还用于干电池、电镀、医药、木材防腐和农药等方面。

4. 硫化锌

往锌盐溶液中通入 H_2S 时，会生成 ZnS

$$Zn^{2+} + H_2S \longrightarrow ZnS\downarrow(白色) + 2H^+$$

ZnS是常见的难溶硫化物中唯一呈白色的，可用作白色颜料，它同$BaSO_4$共沉淀所形成的混合物晶体$ZnS \cdot BaSO_4$叫做锌钡白(俗称立德粉，是一种优良的白色颜料)。无定形ZnS在H_2S气氛中灼烧可以转变为晶体ZnS。若在ZnS晶体中加入微量Cu、Mn、Ag作活化剂，经光照射后可发出不同颜色的荧光，这种材料可作荧光粉，制作荧光屏。

5. 配合物

Zn^{2+}与氨水、氰化钾等能形成无色的四配位的配离子

$$Zn^{2+} + 4NH_3 \rightleftharpoons [Zn(NH_3)_4]^{2+}; \qquad K_f^\ominus = 2.88 \times 10^9$$

$$Zn^{2+} + 4CN^- \rightleftharpoons [Zn(CN)_4]^{2-}; \qquad K_f^\ominus = 5.01 \times 10^{16}$$

$[Zn(CN)_4]^{2-}$主要用于电镀，例如它和$[Cu(CN)_4]^{3-}$的混合液用于镀黄铜(Cu-Zn合金)。由于

$$[Cu(CN)_4]^{3-} + e^- \rightleftharpoons Cu + 4CN^-; \qquad E^\ominus = -1.27\ V$$

$$[Zn(CN)_4]^{2-} + 2e^- \rightleftharpoons Zn + 4CN^-; \qquad E^\ominus = -1.34\ V$$

铜、锌配合物有关电对的标准电极电势接近，它们的混合液在电解时，Zn、Cu在阴极可同时析出。

四、汞的重要化合物

汞能形成氧化值为+1、+2的化合物。在锌族M(Ⅰ)的化合物中，以Hg(I)的化合物最为重要。

1. 氧化汞

氧化汞(HgO)有红、黄两种变体，都不溶于水，有毒。500℃时分解为汞和氧气。在汞盐溶液中加入碱，可得到黄色HgO。这是由于生成的$Hg(OH)_2$极不稳定，立即脱水分解。红色的HgO一般是由硝酸汞受热分解而制得。

$$Hg^{2+} + 2OH^- \longrightarrow HgO\downarrow(黄) + H_2O$$

$$2Hg(NO_3)_2 \xrightarrow{\triangle} 2HgO\downarrow(红) + 4NO_2\uparrow + O_2\uparrow$$

HgO是制备许多汞盐的原料，还用作医药制剂、分析试剂、陶瓷颜料等。

2. 氯化汞和氯化亚汞

氯化汞($HgCl_2$)可在过量的氯气中加热金属汞而制得。$HgCl_2$为共价型化合物，氯原子以共价键与汞原子结合成直线型分子Cl—Hg—Cl。$HgCl_2$熔点较低

(280℃)，易升华，因而俗名升汞。$HgCl_2$ 略溶于水，在水中解离度很小，主要以 $HgCl_2$ 分子形式存在，所以 $HgCl_2$ 有假盐之称。$HgCl_2$ 在水中稍有水解

$$HgCl_2 + H_2O \rightleftharpoons Hg(OH)Cl + HCl$$

$HgCl_2$ 与稀氨水反应则生成难溶解的氨基氯化汞

$$HgCl_2 + 2NH_3 \longrightarrow Hg(NH_2)Cl\downarrow(\text{白色}) + NH_4Cl$$

$HgCl_2$ 还可与碱金属氯化物反应形成四氯合汞(Ⅱ)配离子 $[HgCl_4]^{2-}$，使 $HgCl_2$ 的溶解度增大。

$$HgCl_2 + 2Cl^- \longrightarrow [HgCl_4]^{2-}$$

$HgCl_2$ 在酸性溶液中有氧化性 $[E^\ominus(HgCl_2/Hg_2Cl_2) = 0.63\ V]$，适量的 $SnCl_2[E^\ominus(Sn^{4+}/Sn^{2+}) = 0.154\ V]$ 可将之还原为难溶于水的白色氯化亚汞 Hg_2Cl_2。

$$2HgCl_2 + SnCl_2 \longrightarrow Hg_2Cl_2\downarrow + SnCl_4$$

如果 $SnCl_2$ 过量，生成的 Hg_2Cl_2 可进一步被 $SnCl_2$ 还原为金属汞 $[E^\ominus(Hg_2Cl_2/Hg) = 0.268\ 2\ V]$，使沉淀变黑：

$$Hg_2Cl_2 + SnCl_2 \longrightarrow 2Hg\downarrow + SnCl_4$$

在分析化学中利用此反应鉴定 Hg(Ⅱ)或 Sn(Ⅱ)。$HgCl_2$ 的稀溶液有杀菌作用，外科上用作消毒剂。$HgCl_2$ 也用作有机反应的催化剂。

金属汞与 $HgCl_2$ 固体一起研磨，可制得氯化亚汞(Hg_2Cl_2)：

$$HgCl_2 + Hg \longrightarrow Hg_2Cl_2$$

Hg_2Cl_2 分子结构为直线形(Cl—Hg—Hg—Cl)。Hg_2Cl_2 为白色固体，难溶于水。少量的无毒，因为略甜，俗称甘汞。常用于制作甘汞电极。见光易分解，因此应把它保存在棕色瓶中。

$$Hg_2Cl_2 \xrightarrow{\text{光}} HgCl_2 + Hg$$

Hg_2Cl_2 与氨水反应可生成氨基氯化汞和汞，而使沉淀显灰色。

$$Hg_2Cl_2 + 2NH_3 \longrightarrow Hg(NH_2)Cl\downarrow(\text{白色}) + Hg\downarrow(\text{黑色}) + NH_4Cl$$

此反应可用于鉴定 Hg(Ⅰ)。在医药上，Hg_2Cl_2 用作泻剂和利尿剂。

3. 硝酸汞和硝酸亚汞

硝酸汞[$Hg(NO_3)_2$]和硝酸亚汞[$Hg_2(NO_3)_2$]都溶于水,并水解生成碱式盐沉淀,因此在配制 $Hg(NO_3)_2$ 和 $Hg_2(NO_3)_2$ 溶液时,应先溶于稀硝酸中。

$$2Hg(NO_3)_2 + H_2O \longrightarrow HgO \cdot Hg(NO_3)_2 \downarrow + HNO_3$$

$$Hg_2(NO_3)_2 + H_2O \longrightarrow Hg_2(OH)NO_3 \downarrow + HNO_3$$

在 $Hg(NO_3)_2$ 溶液中加入 KI 可产生橘红色 HgI_2 沉淀,后者溶于过量 KI 中,形成无色$[HgI_4]^{2-}$。

$$Hg^{2+} + 2I^- \longrightarrow HgI_2 \downarrow$$

$$HgI_2 + 2I^- \longrightarrow [HgI_4]^{2-}$$

同样,在 $Hg_2(NO_3)_2$ 溶液中加入 KI,先生成浅绿色 Hg_2I_2 沉淀,继续加入 KI 溶液则形成$[HgI_4]^{2-}$,同时有汞析出。

$$Hg_2^{2+} + 2I^- \longrightarrow Hg_2I_2 \downarrow$$

$$Hg_2I_2 + 2I^- \longrightarrow [HgI_4]^{2-} + Hg \downarrow$$

在 $Hg(NO_3)_2$ 溶液中加入氨水,可得碱式氨基硝酸汞白色沉淀。

$$2Hg(NO_3)_2 + 4NH_3 + H_2O \longrightarrow HgO \cdot NH_2HgNO_3 \downarrow + 3NH_4NO_3$$

而在硝酸亚汞溶液中加入氨水,不仅有上述白色沉淀产生,同时有汞析出。

$$2Hg_2(NO_3)_2 + 4NH_3 + H_2O \longrightarrow$$
$$HgO \cdot NH_2HgNO_3(\text{白色}) \downarrow + 2Hg(\text{黑色}) \downarrow + 3NH_4NO_3$$

$Hg(NO_3)_2$ 是实验室常用的化学试剂,可以用它制备汞的其他化合物。

$Hg_2(NO_3)_2$ 受热易分解

$$Hg_2(NO_3)_2 \xrightarrow{\triangle} 2HgO + 2NO_2$$

由于 $E^\ominus(Hg^{2+}/Hg_2^{2+}) = 0.911\ V$,而 $O_2 + 4H^+ + 4e^- \rightleftharpoons 2H_2O$, 当 $c(H^+) = 1\ mol \cdot L^{-1}$ 时 $E^\ominus(O_2/H_2O) = 1.229\ V$,所以 $Hg_2(NO_3)_2$ 溶液与空气接触时易被氧化为 $Hg(NO_3)_2$,因此可在 $Hg_2(NO_3)_2$ 溶液中加入少量金属汞,使所生成的 Hg^{2+} 被还原为 Hg_2^{2+}

$$Hg_2(NO_3)_2 + O_2 + 4HNO_3 \longrightarrow 4Hg(NO_3)_2 + 2H_2O$$

$$Hg^{2+} + Hg \longrightarrow Hg_2^{2+}$$

除此之外，汞还能形成许多稳定的有机化合物，如甲基汞 $Hg(CH_3)_2$、乙基汞 $Hg(C_2H_5)_2$等。这些化合物中都含有 C—Hg—C 共价键直线结构，较易挥发，且毒性更大，在空气和水中相当稳定。

4. 配合物

Hg(Ⅰ)形成配合物的倾向较小，Hg(Ⅱ)容易和 Cl^-、Br^-、I^-、CN^-、SCN^-等形成较稳定的配离子，它们的配位数为 4。例如：$K_f^\ominus([HgCl_4]^{2-}) = 1.17 \times 10^{15}$；$K_f^\ominus([HgI_4]^{2-}) = 6.76 \times 10^{29}$；$K_f^\ominus([Hg(SCN)_4]^{2-}) = 1.698 \times 10^{21}$；$K_f^\ominus([Hg(CN)_4]^{2-}) = 2.51 \times 10^{41}$。

碱性溶液中的 $K_2[HgI_4]$(奈斯勒试剂)是鉴定 NH_4^+ 的特效试剂。溶液中有 NH_4^+或 NH_3遇奈斯勒试剂立即生成特殊的红色沉淀。

$$2[HgI_4]^{2-} + NH_4^+ + 4OH^- \longrightarrow O\begin{matrix} Hg \\ \\ Hg \end{matrix}NH_2I \downarrow(红色) + 7I^- + 3H_2O$$

5. Hg(Ⅱ)和 Hg(Ⅰ)的相互转化

由前面汞的电势图可知，因 $E^\ominus(Hg^{2+}/Hg_2^{2+})$大于 $E^\ominus(Hg_2^{2+}/Hg)$，故在溶液中 Hg^{2+}可氧化 Hg 而生成 Hg_2^{2+}

$$Hg^{2+} + Hg \rightleftharpoons Hg_2^{2+};\ K^\ominus = c(Hg_2^{2+})/c(Hg^{2+}) \approx 120$$

表明在平衡时，Hg^{2+}基本上都转变为 Hg_2^{2+}，因此 Hg(Ⅱ)化合物用金属汞还原，即可得到 Hg(Ⅰ)化合物。例如前面提到的 $HgCl_2$和 $Hg(NO_3)_2$在溶液中与金属汞接触时，可转变为 Hg(Ⅰ)化合物。

除用汞作还原剂外，还可用其他还原剂(其 $E^\ominus$值在 0.911 V 与 0.853 5 V 之间) 将 Hg(Ⅱ)还原为 Hg(Ⅰ)，并保证无单质汞产生。若用更强的还原剂时，Hg(Ⅱ)必须过量方能使 Hg(Ⅱ)转化为 Hg(Ⅰ)，因为此时产生的单质汞可与过量的 Hg(Ⅱ)反应变为 Hg(Ⅰ)。

由于 $Hg^{2+} + Hg \rightleftharpoons Hg_2^{2+}$ 反应的平衡常数较大，平衡偏向于生成 Hg_2^{2+}的一方，为使 Hg(Ⅰ)转化为 Hg(Ⅱ)，即 Hg_2^{2+}的歧化反应能够进行，必须降低溶液中 Hg^{2+}的浓度，例如使之变为某些难溶物或难解离的配合物。

$$Hg_2^{2+} + 2OH^- \longrightarrow HgO\downarrow + Hg\downarrow + H_2O$$

$$Hg_2^{2+} + S^{2-} \longrightarrow HgS\downarrow + Hg\downarrow$$

$$Hg_2Cl_2 + 2NH_3 \longrightarrow Hg(NH_2)Cl\downarrow + Hg\downarrow + NH_4Cl$$

$$Hg_2^{2+} + 2CN^- \longrightarrow Hg(CN)_2 + Hg\downarrow$$

$$Hg_2^{2+} + 4I^- \longrightarrow [HgI_4]^{2-} + Hg\downarrow$$

除 Hg_2F_2 外，Hg_2X_2 都是难溶的，如果用适量 X^-（包括拟卤素）和 Hg_2^{2+} 作用，生成物是相应难溶 Hg_2X_2。只有当 X^- 过量时，才能歧化成 $[HgX_4]^{2-}$ 和 Hg。

思考题与习题

1. 完成并配平下列化合物与 H_2O 和 CO_2 反应的方程式。

(1) Li_2O (2) Na_2O_2 (3) BaO_2 (4) KO_3 (5) NaH

2. 查阅书中或书后附表，请回答：

(1) 为什么锂的电离能最大，而标准电势值最小？

(2) $E^\ominus(Li^+/Li)$ 值最小，能否说明 Li 和 H_2O 反应最剧烈？

(3) 为什么锂离子化合物是优良的吸湿材料和锂离子电池电极材料？

3. 现有一混合物，其中可能含 $MgCO_3$、Na_2SO_4、$Ba(NO_3)_2$、KCl、$CuSO_4$，按如下步骤进行实验：

(1) 溶于水得到一无色溶液和白色沉淀。

(2) 白色沉淀可溶于稀盐酸并有气体产生。

(3) 无色溶液的焰色是黄色。

问以上五种物质哪些一定存在？哪些一定不存在？哪些可能存在？

4. 铝与硫混合，当加热时会剧烈的反应，生成硫化铝，但是此硫化铝不能从混有铝离子和硫离子的溶液中得到，如何解释？写出硫化铝与水的化学反应方程式。

5. 如何制备无水 $AlCl_3$？能否用加热脱去 $AlCl_3 \cdot 6H_2O$ 中水的方法制备无水 $AlCl_3$？

6. 如何使高温灼烧过的 Al_2O_3 转化为可溶性的 Al(Ⅲ)盐？

7. 如何配制 $SnCl_2$ 溶液？为什么要往 $SnCl_2$ 溶液中加锡粒？溶液中加锡粒后在放置的过程中，溶液里的 $C(Sn^{2+})$ 和 $C(H^+)$ 如何改变？

8. 完成并配平下列化学方程式。

(1) $Sb_2S_5 + (NH_4)_2S \longrightarrow$

(2) $NaBiO_3 + MnSO_4 + H_2SO_4 \longrightarrow$

(3) $(NH_4)_3SbS_4 + HCl \longrightarrow$

(4) $Bi(OH)_3 + Cl_2 + NaOH \longrightarrow$

(5) $Sn(OH)_2 + Bi^{3+} + 9OH^- \longrightarrow$

(6) $SnCl_2 + FeCl_3 \longrightarrow$

(7) $Pb_3O_4 + HNO_3 \longrightarrow$

(8) $Pb_3O_4 + HCl$(浓) $\longrightarrow$

9. SnS_2 能溶于 Na_2S，SnS 不溶于 Na_2S 但溶于 Na_2S_2，而 PbS 既不能溶于 Na_2S，也不能溶于 Na_2S_2。请根据以上事实比较 SnS_2、SnS 和 PbS 的酸碱性和还原性。

10. Pb(Ⅱ)有哪些难溶盐？使用什么溶剂可以溶解这些盐？

11. 已知 $PbO_2 + 4H^+ + 2e^- = Pb^{2+} + 2H_2O \quad E^\ominus = 1.46\ V$，求反应

$PbO_2 + 4H^+ + SO_4^{2-} + 2e^- = PbSO_4 + 2H_2O$ 的 $E^\ominus$

12. 有一种 p 区元素，其白色氯化物溶于水后得到透明的溶液。此溶液和碱作用得白色沉

淀，沉淀能溶于过量的碱，问这种白色化合物可能是何种元素的氯化物。如何进一步加以确证？

13. 二氧化钛在现代社会里有广泛的用途，它的产量是一个国家国民经济发展程度的标志。试画出硫酸法生产二氧化钛的简化流程框图，并回答下列问题。

(1) 指出流程框图中何处发生了化学反应，写出相应的化学反应方程式。

(2) 该法生产中排放的废液对环境有哪些不利影响？

(3) 氯化法生产二氧化钛是以金红石为原料，氯气可以回收，循环使用。请写出有关的化学反应方程式。

(4) 请对比硫酸法与氯化法的优缺点。

14. 写出钒的三种同多酸的化学式。

15. VO_2为什么可以做节能玻璃材料？如何制备？

16. 如何实现Cr(Ⅵ)和Cr(Ⅲ)相互间的转化？写出相关的反应式。

17. 写出以软锰矿为原料制备高锰酸钾的各步反应的方程式。

18. 举出三种能将Mn(Ⅱ)直接氧化成Mn(Ⅶ)的氧化剂，写出有关反应的条件和方程式。

19. 完成并配平下列化学方程式。

(1) $KMnO_4 + H_2O_2 + H_2SO_4 \longrightarrow$

(2) $KMnO_4 + FeSO_4 + H_2SO_4 \longrightarrow$

(3) $K_2Cr_2O_7 + FeSO_4 + H_2SO_4 \longrightarrow$

(4) $Co(OH)_3 + HCl \longrightarrow$

(5) $V_2O_5 + NaOH \longrightarrow$

(6) $MnSO_4 + O_2 + NaOH \longrightarrow$

(7) $KMnO_4 + MnSO_4 + H_2O \longrightarrow$

(8) $Co(NH_3)_6^{2+} + O_2 + H_2O \longrightarrow$

(9) $Cr(OH)_4^- + Cl_2 + OH^- \longrightarrow$

(10) $K_2Cr_2O_7 + H_2O_2 + H_2SO_4 \longrightarrow$

20. 高锰酸钾溶液和亚硝酸溶液在酸性、中性和强碱性介质中各发生什么反应？用化学反应方程式表示这些反应。

21. Co^{3+}能氧化Cl^-，但$Co(NH_3)_6^{3+}$却不能，由此判断$Co(NH_3)_6^{3+}$和$Co(NH_3)_6^{2+}$的β值哪个大？

22. 设法分离下列各组阳离子

(1) Fe^{2+}、Mg^{2+}、Mn^{2+}　(2) Fe^{3+}、Cr^{3+}、Al^{3+}　(3) Sn^{2+}、Zn^{2+}、Fe^{2+}

23. 用化学方程式表示以下反应。

(1) 由金属铜制备硫酸铜、氯化铜和碘化亚铜。

(2) 由硝酸汞制备氧化汞、升汞和甘汞。

(3) 金属铜在空气中表面生成铜绿。

24. 用适当的溶剂溶解下列化合物，并写出有关方程式：AgBr、HgI_2、CuS、HgS。

25. 完成并配平下列反应式。

(1) $HgCl_2 + SnCl_2$(过量)$\longrightarrow$

(2) HgS＋王水$\longrightarrow$

(3) $Hg_2(NO_3)_2 + KI \longrightarrow$

(4) $HgCl_2 + NH_3 \longrightarrow$

(5) $ZnCl_2 + NaOH$ (过量)$\longrightarrow$

(6) $HgCl_2$(过量)$+ SnCl_2 \longrightarrow$

26. 分别向硝酸铜。硝酸银和硝酸汞的溶液中，加入过量的碘化钾溶液，问得到什么产物？写出化学反应方程式。

27. 试设计一个用 H_2S 或硫化物，能使下述各组离子分离的方案。

(1) Hg_2^{2+}、Al^{3+}、Cu^{2+} (2) Ag^+、Cd^{2+}、Hg^{2+}、Zn^{2+}

(3) Zn^{2+}、Cd^{2+} 和 Hg^{2+} (4) Cu^{2+} 和 Zn^{2+}

28. 请回答下列问题。

(1) $CuSO_4$ 是杀虫剂，为什么要和石灰混用？

(2) Hg_2Cl_2 是利尿剂，为什么有时候服用含 Hg_2Cl_2 的药剂后反而中毒？

(3) 为什么酸性 $ZnCl_2$ 溶液能做“熟砸水”用(焊铁件时除去铁表面的氧化物)？

(4) $HgCl_2$、$Hg(NO_3)_2$ 都是可溶的 Hg(Ⅱ)盐，哪一种需在相应的酸溶液中配制？

(5) 为什么要用棕色的瓶子储存 $AgNO_3$(固体或溶液)？

29. 废定影液中含有 Ag，处理方法如下：

(1) 用 Fe 还原，这个反应完全吗？

(2) 滴加 Na_2S 溶液到恰好不生成沉淀为止，过滤，溶液可作定影液用，写出反应式。若加了过量 Na_2S 溶液，则在定影时易使照片发黑？为什么？

30. 化合物 A 溶于水，加入 NaOH 后得蓝色沉淀 B。B 溶于盐酸，也溶于氨水，生成蓝色溶液 C。C 与稀 NaOH 无明显反应。通入 H_2S 时，有黑色沉淀 D 生成。D 难溶于盐酸，可溶于硝酸，得一蓝绿色溶液。在另一份 A 溶液中加入 $AgNO_3$ 溶液，有白色沉淀 E 生成，E 与溶液分离后加入氨水，可溶解为溶液 F，F 用 HNO_3 酸化又产生沉淀 E。判断 A→F 各为何物？写出相应的化学方程式。

参考文献

北京师范大学无机化学教研室，等. 2002. 无机化学. 第四版. 北京：高等教育出版社.

龚孟濂. 2010. 无机化学. 北京：科学出版社.

康晓春，等. 2008. VO_2 制备与应用进展. 材料导报，22.

刘新锦，朱亚先，高飞. 2005. 无机元素化学. 北京：科学出版社.

史苏华. 2013. 无机化学. 北京：科学出版社.

司学芝，刘捷，展海军. 2009. 无机化学. 北京：化学工业出版社.

宋天佑. 2007. 简明无机化学. 北京：高等教育出版社.

宋天佑. 2012. 无机化学教程. 北京：高等教育出版社.

宋天佑等. 2009. 无机化学. 第二版. 北京：高等教育出版社.

苏小云，藏祥云. 2004. 工科无机化学. 第三版. 上海：华东理工大学出版社.

天津大学无机化学教研室. 2010. 无机化学. 北京：高等教育出版社.

熊双贵，高之清. 2011. 无机化学. 武汉：华中科技大学出版社.

徐家宁，等. 2011. 无机化学核心教程. 北京：科学出版社.

徐甲强，邢彦军，周义锋. 2013. 工程化学. 北京：科学出版社.

徐甲强. 2013. 工程化学. 第三版. 北京：科学出版社.

杨宏孝，等. 无机化学. 第四版. 北京：高等教育出版社.

张祖德. 2008. 无机化学. 合肥：中国科学技术大学出版社.

周祖新. 2011. 无机化学. 北京：化学工业出版社.

朱裕贞，顾达，黑恩成. 2004. 现代基础化学(第二版). 北京：化学工业出版社.

附　录

附录 1　一些常见弱酸、弱碱的标准解离常数(298.15 K)

物　质	解 离 平 衡	解离常数 $K^{\ominus}_{a,b}$
H_3AsO_4	$H_3AsO_4 \rightleftharpoons H_2AsO_4^- + H^+$	5.5×10^{-3} (K_{a1})
	$H_2AsO_4^- \rightleftharpoons HAsO_4^- + H^+$	1.7×10^{-7} (K_{a2})
	$HAsO_4^- \rightleftharpoons AsO_4^- + H^+$	5.1×10^{-12} (K_{a3})
H_3BO_3	$H_3BO_3 \rightleftharpoons H_2BO_3^- + H^+$	5.4×10^{-10}
HClO	$HClO \rightleftharpoons ClO^- + H^+$	2.9×10^{-8}
CH_3COOH	$CH_3COOH \rightleftharpoons CH_3COO^- + H^+$	1.75×10^{-5}
H_2S	$H_2S \rightleftharpoons HS^- + H^+$	1.03×10^{-7} (K_{a1})
	$HS^- \rightleftharpoons S^{2-} + H^+$	1.26×10^{-13} (K_{a2})
HF	$HF \rightleftharpoons F^- + H^+$	6.31×10^{-4}
HCOOH	$HCOOH \rightleftharpoons HCOO^- + H^+$	1.78×10^{-4}
$H_2C_2O_4$	$H_2C_2O_4 \rightleftharpoons HC_2O_4^- + H^+$	5.9×10^{-2} (K_{a1})
	$HC_2O_4^- \rightleftharpoons C_2O_4^{2-} + H^+$	6.4×10^{-5} (K_{a2})
HSO_4^-	$HSO_4^- \rightleftharpoons SO_4^- + H^+$	1.02×10^{-2} (K_{a2})
H_2SO_3	$H_2SO_3 \rightleftharpoons HSO_3^- + H^+$	1.41×10^{-2} (K_{a1})
	$HSO_3^- \rightleftharpoons SO_3^{2-} + H^+$	6.31×10^{-8} (K_{a2})
HNO_2	$HNO_2 \rightleftharpoons NO_2^- + H^+$	5.62×10^{-4}
HCN	$HCN \rightleftharpoons CN^- + H^+$	6.17×10^{-10}
H_2CO_3	$H_2CO_3 \rightleftharpoons HCO_3^- + H^+$	4.47×10^{-7} (K_{a1})
	$HCO_3^- \rightleftharpoons CO_3^{2-} + H^+$	4.68×10^{-11} (K_{a2})

续 表

物 质	解 离 平 衡	解离常数 $K^{\ominus}_{a,b}$
H_3PO_4	$H_3PO_4 \rightleftharpoons H^+ + H_2PO_4^-$	$6.92 \times 10^{-3}(K_{a1})$
	$H_2PO_4^- \rightleftharpoons H^+ + HPO_4^{2-}$	$6.17 \times 10^{-8}(K_{a2})$
	$HPO_4^{2-} \rightleftharpoons H^+ + PO_4^{3-}$	$4.79 \times 10^{-13}(K_{a3})$
$NH_3 \cdot H_2O$	$NH_3 \cdot H_2O \rightleftharpoons NH_4^+ + OH^-$	$1.78 \times 10^{-5}(K_b)$

注：摘自 Lide D R. Handbook of Chemistry and Physics. 90th Edition. CRC PRESS，2010

附录 2 水溶液中的标准电极电势(298 K)

电 对	电 极 反 应	$E^{\ominus}$/V
	酸性溶液(C_{H}^{+}=1 mol·L^{-1})	
Li^+/Li	$Li^+ + e^- = Li$	−3.040 1
Cs^+/Cs	$Cs^+ + e^- = Cs$	−3.026
Rb^+/Rb	$Rb^+ + e^- = Rb$	−2.98
K^+/K	$K^+ + e^- = K$	−2.931
Ba^{2+}/Ba	$Ba^{2+} + 2e^- = Ba$	−2.912
Sr^{2+}/Sr	$Sr^{2+} + 2e^- = Sr$	−2.899
Ca^{2+}/Ca	$Ca^{2+} + 2e^- = Ca$	−2.868
Na^+/Na	$Na^+ + e^- = Na$	−2.71
Mg^{2+}/Mg	$Mg^{2+} + 2e^- = Mg$	−2.372
Sc^{3+}/Sc	$Sc^{3+} + 3e^- = Sc$	−2.077
Be^{2+}/Be	$Be^{2+} + 2e^- = Be$	−1.847
Al^{3+}/Al	$Al^{3+} + 3e^- = Al$	−1.662
Ti^{2+}/Ti	$Ti^{2+} + 2e^- = Ti$	−1.630
Mn^{2+}/Mn	$Mn^{2+} + 2e^- = Mn$	−1.185
V^{2+}/V	$V^{2+} + 2e^- = V$	−1.175
Cr^{2+}/Cr	$Cr^{2+} + 2e^- = Cr$	−0.913
Ti^{3+}/Ti^{2+}	$Ti^{3+} + e^- = Ti^{2+}$	−0.9
Zn^{2+}/Zn	$Zn^{2+} + 2e^- = Zn$	−0.761 8
Cr^{3+}/Cr	$Cr^{3+} + 3e^- = Cr$	−0.744
Ga^{3+}/Ga	$Ga^{3+} + 3e^- = Ga$	−0.549

续 表

电 对	电极反应	$E^\ominus$/V
Fe^{2+}/Fe	$Fe^{2+} + 2e^- = Fe$	−0.447
Cr^{3+}/Cr^{2+}	$Cr^{3+} + e^- = Cr^{2+}$	−0.407
Cd^{2+}/Cd	$Cd^{2+} + 2e^- = Cd$	−0.403 0
$PbSO_4/Pb$	$PbSO_4 + 2e^- = Pb + SO_4^{2-}$	−0.358 8
Co^{2+}/Co	$Co^{2+} + 2e^- = Co$	−0.28
Ni^{2+}/Ni	$Ni^{2+} + 2e^- = Ni$	−0.257
AgI/Ag	$AgI + e^- = Ag + I^-$	−0.152 24
Sn^{2+}/Sn	$Sn^{2+} + 2e^- = Sn$	−0.137 5
Pb^{2+}/Pb	$Pb^{2+} + 2e^- = Pb$	−0.126 2
H^+/H_2	$2H^+ + 2e^- = H_2$	0
$S_4O_6^{2-}/S_2O_3^{2-}$	$S_4O_6^{2-} + 2e^- = 2S_2O_3^{2-}$	0.08
S/H_2S	$S + 2H^+ + 2e^- = H_2S$	0.142
Sn^{4+}/Sn^{2+}	$Sn^{4+} + 2e^- = Sn^{2+}$	0.151
Cu^{2+}/Cu^+	$Cu^{2+} + e^- = Cu^+$	0.153
$AgCl/Ag$	$AgCl + e^- = Ag + Cl^-$	0.222 33
Cu^{2+}/Cu	$Cu^{2+} + 2e^- = Cu$	0.341 9
Cu^+/Cu	$Cu^+ + e^- = Cu$	0.521
I_2/I^-	$I_2 + 2e^- = 2I^-$	0.535 5
MnO_4^-/MnO_4^{2-}	$MnO_4^- + e^- = MnO_4^{2-}$	0.558
O_2/H_2O_2	$O_2 + 2H^+ + 2e^- = H_2O_2$	0.695
Fe^{3+}/Fe^{2+}	$Fe^{3+} + e^- = Fe^{2+}$	0.771
Hg_2^{2+}/Hg	$Hg_2^{2+} + 2e^- = 2Hg$	0.797 3
Ag^+/Ag	$Ag^+ + e^- = Ag$	0.799 6
Hg^{2+}/Hg	$Hg^{2+} + 2e^- = Hg$	0.851
NO_3^-/NO	$NO_3^- + 4H^+ + 3e^- = NO + 2H_2O$	0.957
Br_2/Br^-	$Br_2 + 2e^- = 2Br^-$	1.066
IO_3^-/I^-	$IO_3^- + 6H^+ + 6e^- = I^- + 3H_2O$	1.085
IO_3^-/I_2	$2IO_3^- + 12H^+ + 10e^- = I_2 + 6H_2O$	1.195
MnO_2/Mn^{2+}	$MnO_2 + 4H^+ + 2e^- = Mn^{2+} + 2H_2O$	1.224
O_2/H_2O	$O_2 + 4H^+ + 4e^- = 2H_2O$	1.229

续 表

电 对	电极反应	$E^\ominus$/V
Cl_2/Cl^-	$Cl_2 + 2e^- = 2Cl^-$	1.358 27
$Cr_2O_7^{2-}/Cr^{3+}$	$Cr_2O_7^{2-} + 14H^+ + 6e^- = 2Cr^{3+} + 7H_2O$	1.36
BrO_3^-/Br^-	$BrO_3^- + 6H^+ + 6e^- = Br^- + 3H_2O$	1.423
ClO_3^-/Cl^-	$ClO_3^- + 6H^+ + 6e^- = Cl^- + 3H_2O$	1.451
PbO_2/Pb^{2+}	$PbO_2 + 4H^+ + 2e^- = Pb^{2+} + 2H_2O$	1.455
ClO_3^-/Cl_2	$2ClO_3^- + 12H^+ + 10e^- = Cl_2 + 6H_2O$	1.47
BrO_3^-/Br_2	$2BrO_3^- + 12H^+ + 10e^- = Br_2 + 6H_2O$	1.482
Au^{3+}/Au	$Au^{3+} + 3e^- = Au$	1.498
MnO_4^-/Mn^{2+}	$MnO_4^- + 8H^+ + 5e^- = Mn^{2+} + 4H_2O$	1.507
$NaBiO_3/Bi^{3+}$	$NaBiO_3 + 6H^+ + 2e^- = Bi^{3+} + Na^+ + 3H_2O$	1.60
MnO_4^-/MnO_2	$MnO_4^- + 4H^+ + 3e^- = MnO_2 + 2H_2O$	1.679
Au^+/Au	$Au^+ + e^- = Au$	1.692
H_2O_2/H_2O	$H_2O_2 + 2H^+ + 2e^- = 2H_2O$	1.776
Co^{3+}/Co^{2+}	$Co^{3+} + e^- = Co^{2+}$	1.92
$S_2O_8^{2-}/SO_4^{2-}$	$S_2O_8^{2-} + 2e^- = 2SO_4^{2-}$	2.010
F_2/F^-	$F_2(g) + 2e^- = 2F^-$	2.866
	碱性溶液[$c(OH^-)=1\ mol \cdot L^{-1}$]	
SO_4^{2-}/SO_3^{2-}	$SO_4^{2-} + H_2O + 2e^- = SO_3^{2-} + 2OH^-$	−0.93
H_2O/H_2	$2H_2O + 2e^- = H_2 + 2OH^-$	−0.827 7
SO_3^{2-}/S^{2-}	$SO_3^{2-} + 3H_2O + 6e^- = S^{2-} + 6OH^-$	−0.61
$SO_3^{2-}/S_2O_3^{2-}$	$SO_3^{2-} + 3H_2O + 4e^- = S_2O_3^{2-} + 6OH^-$	−0.571
S/S^{2-}	$S + 2e^- = S^{2-}$	−0.476 27
$CrO_4^{2-}/Cr(OH)_3$	$CrO_4^{2-} + 4H_2O + 3e^- = Cr(OH)_3 + 5OH^-$	−0.13
O_2/HO_2^-	$O_2 + H_2O + 2e^- = HO_2^- + OH^-$	−0.076
O_2/OH^-	$O_2 + 2H_2O + 4e^- = 4OH^-$	0.401
ClO^-/Cl_2	$2ClO^- + H_2O + 2e^- = Cl_2 + 4OH^-$	0.52
MnO_4^-/MnO_2	$MnO_4^- + 2H_2O + 3e^- = MnO_2 + 4OH^-$	0.595
ClO^-/Cl^-	$ClO^- + H_2O + 2e^- = Cl^- + 2OH^-$	0.62

注：摘自 Lide D R. Handbook of Chemistry and Physics. 90th Edition. CRC PRESS, 2010

附录3　一些物质的溶度积常数(298 K)

物　质	溶度积 $K_{sp}^{\ominus}$	物　质	溶度积 $K_{sp}^{\ominus}$
$AgCl$	1.77×10^{-10}	$CuCl$	1.72×10^{-7}
$AgBr$	5.35×10^{-13}	CuI	1.27×10^{-12}
Ag_2CO_3	8.46×10^{-12}	CuS	6.3×10^{-36}
AgI	8.52×10^{-17}	$CuCO_3$	1.4×10^{-10}
Ag_2S	6.3×10^{-50}	$Cu(OH)_2$	2.2×10^{-20}
$AgOH$	2.0×10^{-8}	Cu_2S	2×10^{-48}
$Ag_2C_2O_4$	5.4×10^{-12}	$Fe(OH)_2$	4.87×10^{-17}
Ag_2CrO_4	1.12×10^{-12}	$Fe(OH)_3$	2.79×10^{-39}
Ag_2SO_4	1.20×10^{-5}	FeS	6.3×10^{-18}
Ag_3PO_4	8.89×10^{-17}	Hg_2Cl_2	1.43×10^{-18}
$Al(OH)_3$(无定形)	1.3×10^{-33}	Hg_2I_2	5.2×10^{-29}
BaC_2O_4	1.6×10^{-7}	HgI_2	2.9×10^{-29}
$BaCO_3$	2.58×10^{-9}	Hg_2S	1.0×10^{-47}
$BaCrO_4$	1.17×10^{-10}	Hg_2SO_4	6.5×10^{-7}
BaF_2	1.84×10^{-7}	$MgCO_3$	6.82×10^{-6}
$BaSO_4$	1.08×10^{-10}	$Mg(OH)_2$	5.61×10^{-12}
$Be(OH)_2$	6.92×10^{-22}	$Mn(OH)_2$	1.9×10^{-13}
$CaSO_4$	4.93×10^{-5}	MnS	2.5×10^{-13}
CaC_2O_4	2.32×10^{-9}	$MnCO_3$	2.24×10^{-11}
$CaCrO_4$	7.1×10^{-4}	$Ni(OH)_2$	5.48×10^{-16}
$CaCO_3$	3.36×10^{-9}	$Pb(OH)_2$	1.43×10^{-20}
CaF_2	3.45×10^{-11}	PbS	8.0×10^{-28}
$Ca(OH)_2$	5.02×10^{-6}	$PbCO_3$	7.40×10^{-14}
$Ca_3(PO_4)_2$	2.07×10^{-33}	$PbCl_2$	1.70×10^{-5}
CdS	8.0×10^{-27}	$PbCrO_4$	2.8×10^{-13}
$Cd(OH)_2$	7.2×10^{-15}	PbI_2	9.8×10^{-9}
$CdCO_3$	1.0×10^{-12}	$PbSO_4$	2.53×10^{-8}
$Co(OH)_2$(粉红色)	1.09×10^{-15}	$Sn(OH)_2$	5.45×10^{-27}
$Co(OH)_2$(蓝色)	5.92×10^{-15}	$Sn(OH)_4$	1×10^{-56}
CoS(新析出)	4.0×10^{-21}	SnS	1.0×10^{-25}
$Cr(OH)_3$	6.3×10^{-31}	$Zn(OH)_2$	3×10^{-17}
$CuBr$	6.27×10^{-9}	$ZnCO_3$	1.46×10^{-10}
$CdCO_3$	1.0×10^{-12}	ZnS	1.6×10^{-24}

注：摘自 Lide D R. Handbook of Chemistry and Physics. 90th Edition. CRC PRESS，2010

附录 4 一些常见配离子的稳定常数 $K^{\ominus}_{稳}$

配 离 子	$K^{\ominus}_{稳}$	配 离 子	$K^{\ominus}_{稳}$
$[Ag(CN)_2]^-$	1.0×10^{31}	$[Cu(en)_3]^{2+}$	1.0×10^{21}
$[AgCl_2]^-$	1.74×10^{5}	$[Fe(CNS)_2]^+$	2.29×10^{3}
$[AgBr_2]^-$	1.93×10^{7}	$[Fe(CN)_6]^{4-}$	1×10^{35}
$[AgI_2]^-$	5.5×10^{11}	$[Fe(CN)_6]^{3-}$	1×10^{42}
$[Ag(NH_3)_2]^+$	1.7×10^{7}	$[Fe-EDTA]^-$	1.70×10^{24}
$[Ag(S_2O_3)_2]^{3-}$	1×10^{13}	$[FeF_6]^{3-}$	1×10^{16}
$[Ag(SCN)_2]^-$	3.72×10^{7}	$[HgCl_4]^{2-}$	1.7×10^{16}
$[Ag(SCN)_4]^{3-}$	1.20×10^{10}	$[HgI_4]^{2-}$	2.0×10^{30}
$[AlF_6]^{3-}$	6×10^{19}	$[Hg(CN)_4]^{2-}$	2.5×10^{41}
$[Al-EDTA]^-$	1.29×10^{16}	$[Hg(SCN)_4]^{2-}$	1.70×10^{21}
$[Mg-EDTA]^{2-}$	5.0×10^{8}	$[Hg(S_2O_3)_4]^{6-}$	1.74×10^{33}
$[Ca-EDTA]^{2-}$	1.0×10^{11}	$[Hg(S_2O_3)_2]^{2-}$	2.75×10^{29}
$[Cd(CN)_4]^{2-}$	7.1×10^{16}	$[Ni(en)_3]^{2+}$	2.14×10^{18}
$[Cd(NH_3)_4]^{2+}$	4.0×10^{6}	$[Ni(CN)_4]^{2-}$	2.0×10^{31}
$[Co(NH_3)_6]^{3+}$	4.5×10^{33}	$[Ni(NH_3)_6]^{2+}$	4.8×10^{7}
$[Co(CNS)_4]^{2-}$	1×10^{3}	$[Ni(NH_3)_4]^{2+}$	9.09×10^{7}
$[Co(NH_3)_6]^{2+}$	7.7×10^{4}	$[Zn(en)_2]^{2+}$	6.76×10^{10}
$[Cu(CN)_2]^-$	9.98×10^{23}	$[Zn(NH_3)_4]^{2+}$	3.8×10^{9}
$[Cu(NH_3)_2]^+$	7.24×10^{10}	$[Zn(CN)_4]^{2-}$	5×10^{16}
$[Cu(NH_3)_4]^{2+}$	1.4×10^{13}	$[Zn(en)_3]^{2-}$	1.29×10^{14}

注:摘自 Langes Chemistry Handbook，2005

附录 5 一些物质的热力学函数值(298.15 K)

物质	状态	$\Delta H_f^{\ominus}$ /(kJ/mol)	$\Delta G_f^{\ominus}$ /(kJ/mol)	$S^{\ominus}$ /[J/(mol·K)]
Ag	s	0	0	42.6
AgBr	s	−100.4	−96.9	107.1
AgCl	s	−127.0	−109.8	96.3
AgI	s	−61.8	−66.2	115.5

续 表

物质	状态	$\Delta H_f^\ominus$ /(kJ/mol)	$\Delta G_f^\ominus$ /(kJ/mol)	$S^\ominus$ /[J/(mol·K)]
Al	s	0	0	28.3
$AlCl_3$	s	−704.2	−628.8	109.3
Al_2O_3(α,刚玉)	s	−1 675.7	−1 582.3	50.9
$BaCO_3$	s	−1 216.3	−1 137.6	112.1
Br_2	l	0	0	152.2
C(金刚石)	s	1.9	2.9	2.4
C(石墨)	s	0	0	5.7
CO	g	−110.5	−137.2	197.7
CO_2	g	−393.5	−394.4	213.8
$CaCO_3$(方解石)	s	−1 207.6	−1 129.1	91.7
CaO	s	−634.9	−603.3	38.1
$Ca(OH)_2$	s	−985.2	−897.5	83.4
$CaSO_4$	s	−1 434.5	−1 322.0	106.5
Cl_2	g	0	0	223.0
Cr	s	0	0	23.8
Cr_2O_3	s	−1 139.7	−1 058.1	81.2
Cu	s	0	0	33.2
CuO	s	−157.3	−129.7	42.6
Cu_2O	s	−168.6	−146.0	93.1
F_2	g	0	0	202.8
Fe	s	0	0	27.3
FeO	s	−272.0	−244.0	59.4
Fe_2O_3	s	−824.2	−742.2	87.4
Fe_3O_4	s	−1 118.4	−1 015.4	146.4
H_2	g	0	0	130.7
HBr	g	−36.3	−53.4	198.7
HCl	g	−92.3	−95.3	186.9
HF	g	−273.3	−273.2	173.8
HI	g	26.5	1.7	206.6
HNO_3	l	−174.1	−80.7	155.6
H_2O	l	−285.8	−237.1	70.0
	g	−241.8	−228.6	188.8

续 表

物质	状态	$\Delta H_f^\ominus$ /(kJ/mol)	$\Delta G_f^\ominus$ /(kJ/mol)	$S^\ominus$ /[J/(mol·K)]
H_2O_2	l	−187.8	−120.4	109.6
H_2S	g	−20.6	−33.4	205.8
H_2SO_4	l	−814.0	−690.0	156.9
Hg	l	0	0	75.9
	g	61.4	31.8	175.0
$HgCl_2$	s	−224.3	−178.6	146.0
Hg_2Cl_2	s	−265.4	−210.7	191.6
HgI_2	s	−105.4	−101.7	180.0
Hg_2I_2	s	−121.3	−111.0	233.5
HgO	s	−90.8	−58.5	70.3
HgS	s	−58.2	−50.6	82.4
I_2	s	0	0	116.1
	g	62.4	19.3	260.7
K	s	0	0	64.7
KCl	s	−436.5	−408.5	82.6
Mg	s	0	0	32.7
$MgCl_2$	s	−641.3	−591.8	89.6
$MgCO_3$	s	−1 095.8	−1 012.1	65.7
MgO	s	−601.6	−569.3	27.0
$Mg(OH)_2$	s	−924.5	−833.5	63.2
Mn	s	0	0	32.0
$MnCO_3$	s	−894.1	−816.7	85.8
MnO_2	s	−520.0	−465.1	53.1
N_2	g	0	0	191.6
NH_3	g	−45.9	−16.4	192.8
NH_4Cl	s	−314.4	−202.9	94.6
NH_4NO_3	s	−365.6	−183.9	151.1
N_2H_4	l	50.6	149.3	121.2
NO_2	g	33.2	51.3	240.1
NO	g	91.3	87.6	210.8
Na	s	0	0	51.3
NaCl	s	−411.2	−384.1	72.1
NaOH	s	−425.6	−379.5	64.5

续表

物质	状态	$\Delta H_f^\ominus$ /(kJ/mol)	$\Delta G_f^\ominus$ /(kJ/mol)	$S^\ominus$ /[J/(mol·K)]
Na_2O	s	−414.2	−375.5	75.1
Na_2O_2	s	−510.9	−447.7	95.0
Ni	s	0	0	29.9
$Ni(OH)_2$	s	−529.7	−447.2	88.0
O_2	g	0	0	205.2
O_3	g	142.7	163.2	238.9
P(白)	s	0	0	41.1
P(红)	s	−17.6	—	22.8
PCl_3	g	−287.0	−267.8	311.8
PCl_5	g	−374.9	−305.0	364.6
Pb	s	0	0	64.8
$PbCl_2$	s	−359.4	−314.1	136.0
$PbCO_3$	s	−699.1	−625.5	131.0
PbO(黄)	s	−217.3	−187.9	68.7
PbO_2	s	−277.4	−217.3	68.6
$PbSO_4$	s	−920.0	−813.0	148.5
S(正交晶体)	s	0	0	32.1
SO_2	g	−296.8	−300.1	248.2
SO_3	g	−395.7	−371.1	256.8
Si	s	0	0	18.8
SiO_2(α石英)	s	−910.7	−856.3	41.5
Sn(白)	s	0	0	51.2
$SnCl_2$	s	−325.1	—	—
$SnCl_4$	l	−511.3	−440.1	258.6
SnO_2	s	−577.6	−515.8	49.0
Ti	s	0	0	30.7
TiO_2	s	−944.0	888.8	50.6
Zn	s	0	0	41.6
$ZnCO_3$	s	−812.8	−731.5	82.4
ZnO	s	−350.5	−320.5	43.7

注：摘自 Lide D R. Handbook of Chemistry and Physics. 90th Edition. CRC PRESS，2010

附录6 元素周期表

元 素 周 期 表

原子序数 —— 92 U —— 元素符号，红色指放射性元素

元素名称 注*的是人造元素 —— 铀

$5f^36d^17s^2$ —— 外围电子层排布，括号指可能的电子层排布

238.0 —— 相对原子质量

非金属　金 属　过渡元素

周期＼族	IA 1	IIA	IIIB	IVB	VB	VIB	VIIB	VIII	VIII	VIII	IB	IIB	IIIA	IVA	VA	VIA	VIIA	0	电子层	0族电子数
1	1 H 氢 $1s^1$ 1.008																	2 He 氦 $1s^2$ 4.003	K	2
2	3 Li 锂 $2s^1$ 6.941	4 Be 铍 $2s^2$ 9.012											5 B 硼 $2s^22p^1$ 10.81	6 C 碳 $2s^22p^2$ 12.01	7 N 氮 $2s^22p^3$ 14.01	8 O 氧 $2s^22p^4$ 16.00	9 F 氟 $2s^22p^5$ 19.00	10 Ne 氖 $2s^22p^6$ 20.18	L K	8 2
3	11 Na 钠 $3s^1$ 22.99	12 Mg 镁 $3s^2$ 24.31											13 Al 铝 $3s^23p^1$ 26.98	14 Si 硅 $3s^23p^2$ 28.09	15 P 磷 $3s^23p^3$ 30.97	16 S 硫 $3s^23p^4$ 32.07	17 Cl 氯 $3s^23p^5$ 35.45	18 Ar 氩 $3s^23p^6$ 39.95	M L K	8 8 2
4	19 K 钾 $4s^1$ 39.10	20 Ca 钙 $4s^2$ 40.08	21 Sc 钪 $3d^14s^2$ 44.96	22 Ti 钛 $3d^24s^2$ 47.87	23 V 钒 $3d^34s^2$ 50.94	24 Cr 铬 $3d^54s^1$ 52.00	25 Mn 锰 $3d^54s^2$ 54.94	26 Fe 铁 $3d^64s^2$ 55.85	27 Co 钴 $3d^74s^2$ 58.93	28 Ni 镍 $3d^84s^2$ 58.69	29 Cu 铜 $3d^{10}4s^1$ 63.55	30 Zn 锌 $3d^{10}4s^2$ 65.39	31 Ga 镓 $4s^24p^1$ 69.72	32 Ge 锗 $4s^24p^2$ 72.61	33 As 砷 $4s^24p^3$ 74.92	34 Se 硒 $4s^24p^4$ 78.96	35 Br 溴 $4s^24p^5$ 79.90	36 Kr 氪 $4s^24p^6$ 83.80	N M L K	8 18 8 2
5	37 Rb 铷 $5s^1$ 85.47	38 Sr 锶 $5s^2$ 87.62	39 Y 钇 $4d^15s^2$ 88.91	40 Zr 锆 $4d^25s^2$ 91.22	41 Nb 铌 $4d^45s^1$ 92.91	42 Mo 钼 $4d^55s^1$ 95.94	43 Tc 锝 $4d^55s^2$ [99]	44 Ru 钌 $4d^75s^1$ 101.1	45 Rh 铑 $4d^85s^1$ 102.9	46 Pd 钯 $4d^{10}$ 106.4	47 Ag 银 $4d^{10}5s^1$ 107.9	48 Cd 镉 $4d^{10}5s^2$ 112.4	49 In 铟 $5s^25p^1$ 114.8	50 Sn 锡 $5s^25p^2$ 118.7	51 Sb 锑 $5s^25p^3$ 121.8	52 Te 碲 $5s^25p^4$ 127.6	53 I 碘 $5s^25p^5$ 126.9	54 Xe 氙 $5s^25p^6$ 131.3	O N M L K	8 18 18 8 2
6	55 Cs 铯 $6s^1$ 132.9	56 Ba 钡 $6s^2$ 137.3	57–71 La–Lu 镧系	72 Hf 铪 $5d^26s^2$ 178.5	73 Ta 钽 $5d^36s^2$ 180.9	74 W 钨 $5d^46s^2$ 183.8	75 Re 铼 $5d^56s^2$ 186.2	76 Os 锇 $5d^66s^2$ 190.2	77 Ir 铱 $5d^76s^2$ 192.2	78 Pt 铂 $5d^96s^1$ 195.1	79 Au 金 $5d^{10}6s^1$ 197.0	80 Hg 汞 $5d^{10}6s^2$ 200.6	81 Tl 铊 $6s^26p^1$ 204.4	82 Pb 铅 $6s^26p^2$ 207.2	83 Bi 铋 $6s^26p^3$ 209.0	84 Po 钋 $6s^26p^4$ [209]	85 At 砹 $6s^26p^5$ [210]	86 Rn 氡 $6s^26p^6$ [222]	P O N M L K	8 18 32 18 8 2
7	87 Fr 钫 $7s^1$ [223]	88 Ra 镭 $7s^2$ [226.0]	89–103 Ac–Lr 锕系	104 Rf 𬬻* $(6d^27s^2)$ [261]	105 Db 𬭊* $(6d^37s^2)$ [262]	106 * $(6d^47s^2)$ [263]	107 * $(6d^57s^2)$ [264]	108 * $(6d^67s^2)$ [265]	109 * $(6d^77s^2)$ [266]											

镧系	57 La 镧 $5d^16s^2$ 138.9	58 Ce 铈 $4f^15d^16s^2$ 140.1	59 Pr 镨 $4f^36s^2$ 140.9	60 Nd 钕 $4f^46s^2$ 144.2	61 Pm 钷 $4f^56s^2$ [147]	62 Sm 钐 $4f^66s^2$ 150.4	63 Eu 铕 $4f^76s^2$ 152.0	64 Gd 钆 $4f^75d^16s^2$ 157.3	65 Tb 铽 $4f^96s^2$ 158.9	66 Dy 镝 $4f^{10}6s^2$ 162.5	67 Ho 钬 $4f^{11}6s^2$ 164.9	68 Er 铒 $4f^{12}6s^2$ 167.3	69 Tm 铥 $4f^{13}6s^2$ 168.9	70 Yb 镱 $4f^{14}6s^2$ 173.0	71 Lu 镥 $4f^{14}5d^16s^2$ 175.0
锕系	89 Ac 锕 $6d^17s^2$ 227.0	90 Th 钍 $6d^27s^2$ 232.0	91 Pa 镤 $5f^26d^17s^2$ 231.0	92 U 铀 $5f^36d^17s^2$ 238.0	93 Np 镎 $5f^46d^17s^2$ 237.0	94 Pu 钚 $5f^67s^2$ [244]	95 Am 镅* $5f^77s^2$ [243]	96 Cm 锔* $5f^76d^17s^2$ [247]	97 Bk 锫* $5f^97s^2$ [247]	98 Cf 锎* $5f^{10}7s^2$ [251]	99 Es 锿* $5f^{11}7s^2$ [252]	100 Fm 镄* $5f^{12}7s^2$ [257]	101 Md 钔* $(5f^{13}7s^2)$ [258]	102 No 锘* $(5f^{14}7s^2)$ [259]	103 Lr 铹* $(5f^{14}6d^17s^2)$ [260]

注：

1. 相对原子质量录自1995年国际原子量表，并全部取4位有效数字。
2. 相对原子质量加括号的为放射性元素的半衰期最长的同位素的质量数。